面向新工科的电工电子信息基础课程系列教材

教育部高等学校电工电子基础课程教学指导分委员会推荐教材

“十三五”江苏省高等学校重点教材 （2018-1-068）

MATLAB/SystemView 通信原理实验与系统仿真

第2版

曹雪虹 杨 洁 童 莹 主 编

芮雄丽 潘子宇 副主编

清華大學出版社

北 京

内容简介

本书以通信系统原理与实例仿真相结合的形式，详细地介绍了基于MATLAB R2016a、SystemView 5.0的通信系统建模与仿真设计方法。通过大量仿真实例，加深读者对通信原理的理解，并加强对通信系统进行建模与分析的能力。本书共两篇，第一篇为MATLAB通信系统仿真，由第1～6章组成，分别介绍MATLAB/Simulink的操作方法、模拟调制与解调的MATLAB/Simulink仿真、数字基带信号与发送滤波器的MATLAB仿真、数字调制与解调的MATLAB/Simulink仿真、差错控制系统的MATLAB仿真以及现代通信系统的MATLAB设计与仿真。第二篇为SystemView通信系统仿真，由第7～11章组成，分别介绍SystemView操作基础、SystemView中的滤波器与线性系统、基础通信系统的SystemView仿真、新型数字频带调制技术的SystemView仿真、差错控制编码的SystemView仿真以及SystemView设计应用实例。

本书适合电子信息类专业本科生、研究生以及从事通信系统仿真设计的工程技术人员使用。

图书在版编目(CIP)数据

MATLAB/SystemView通信原理实验与系统仿真/曹雪虹等主编. —2版. —北京：清华大学出版社，2020.6(2023.1重印)
面向新工科的电工电子信息基础课程系列教材
ISBN 978-7-302-55020-4

Ⅰ. ①M… Ⅱ. ①曹… Ⅲ. ①Matlab软件—应用—通信系统—系统仿真—高等学校—教材 Ⅳ. ①TN914 ②TP317

中国版本图书馆CIP数据核字(2020)第041229号

责任编辑：文　怡
封面设计：王昭红
责任校对：胡伟民
责任印制：宋　林

出版发行：清华大学出版社
网　　址：http://www.tup.com.cn，http://www.wqbook.com
地　　址：北京清华大学学研大厦A座　　**邮　　编**：100084
社 总 机：010-83470000　　**邮　　购**：010-62786544
投稿与读者服务：010-62776969，c-service@tup.tsinghua.edu.cn
质量反馈：010-62772015，zhiliang@tup.tsinghua.edu.cn
课件下载：http://www.tup.com.cn,010-83470236
印 装 者：小森印刷霸州有限公司
经　　销：全国新华书店
开　　本：185mm×260mm　　**印　张**：19　　**字　　数**：465千字
版　　次：2015年1月第1版　2020年6月第2版　　**印　　次**：2023年1月第5次印刷
印　　数：6201～7700
定　　价：59.00元

产品编号：085777-01

第2版前言

随着国家面向高等教育的“卓越工程师教育培养计划 2.0”“新工科”等战略部署的实施，工科人才的培养变得愈发重要。工科学生除了要掌握本专业的基本理论之外，还需要具有较强工程意识、实践能力和创新能力，能够应用基本理论解决实际问题。近年来，我国实施“一带一路”“中国制造 2025”和“互联网+”等重大倡议和战略，电子信息技术成为推动创新发展的重要助力。电子信息类专业学生需要学习和掌握更多的计算机新技术、电子技术、通信技术，还需要具备通信电子系统的设计和开发能力。

MATLAB、SystemView 是目前工程界普遍使用的两种工具软件，都具有强大的仿真分析能力。MATLAB 是一种数值计算环境和编程语言，包括 MATLAB 和 Simulink 两大部分，主要应用于工程计算、控制设计、信号处理与通信、图像处理、信号检测、金融建模设计与分析等领域。SystemView 是用于电路与通信系统设计、仿真分析的专用软件，它能满足从信号处理、滤波器设计，直到复杂的通信系统数学模型的建立等不同层次的设计、仿真需要。

“通信原理”课程是高等院校电子信息类专业的重要专业基础课，其内容几乎囊括了所有通信系统的基本框架，学好这门课程对学生构建通信知识基础、提高研究能力，有着深远的意义。在 MATLAB 和 SystemView 平台上仿真各个通信系统，有助于学生深入理解本课程的内容，开拓思路，提高分析和设计通信系统的能力。

由于通信技术的快速发展和仿真软件版本的更新，本书在第 1 版的基础上对部分内容进行了修订和调整，除了基本涵盖本科课程“通信原理”的重要知识点外，还对无线通信的前沿技术，特别是 5G/B4G 中的部分典型系统与关键技术进行理论介绍与仿真分析。并且第 2 版采用了目前广泛使用的 MATLAB 版本(R2016a)。

本书的主要内容

本书共分两篇，分别介绍基于 MATLAB 的通信系统仿真和基于 SystemView 的通信系统仿真。在内容安排上依照循序渐进、由浅入深的原则，以便于教学内容的组织和学习。

第一篇介绍 MATLAB 通信系统仿真，由第 1～6 章组成。第 1 章主要介绍 MATLAB/Simulink 的操作方法，包括 MATLAB 运行环境、MATLAB 程序设计基础以及 Simulink 仿真基础。第 2 章介绍模拟调制的 MATLAB/Simulink 仿真，包括线性调制和非线性调制的基本原理、仿真与建模、时频特性分析等。第 3 章为数字基带信号与发送滤波器的 MATLAB 仿真，介绍数字基带信号波形、码型和波形成型滤波器，并进行相应仿真分析。第 4 章为数字调制方式的 MATLAB 仿真，介绍二进制数字调制、多进制

第2版前言

数字调制以及正交幅度调制的原理及其仿真。第5章介绍差错控制系统的MATLAB仿真，包括线性分组码、循环码、卷积码、循环冗余码和低密度校验码仿真。第6章为MATLAB通信系统仿真综合实例，通过跳频通信系统、多输入/多输出系统、正交频分复用系统、无线协作通信系统以及异构蜂窝网络，阐述MATLAB/Simulink通信系统仿真设计流程及实现方法。

第二篇介绍SystemView通信系统仿真，由第7～11章组成。第7章为SystemView仿真基础，介绍SystemView设计窗口、分析窗口、滤波器与线性系统及其使用方法。第8章介绍基础通信系统的SystemView仿真，包括模拟通信系统、数字基带通信系统和数字频带通信系统的分析及仿真。第9章为新型数字频带调制技术的SystemView仿真，介绍正交幅度调制、四进制相移键控等系统的原理及仿真。第10章为差错控制编码仿真，包括线性分组码、BCH码、交织码以及卷积码。第11章为SystemView设计综合实例，通过地面无线数字视频广播、扩频通信系统、多路时分复用系统、载波同步系统等设计实例，阐述SystemView通信系统仿真设计流程及实现方法。

本书由曹雪虹、杨洁、童莹任主编，由芮雄丽、潘子宇任副主编，全书由曹雪虹审阅定稿，杨洁、芮雄丽负责编写第一篇MATLAB/Simulink仿真部分，杨洁负责第一篇的统稿。童莹、潘子宇负责编写第二篇SystemView仿真部分，潘子宇负责第二篇的统稿。

随着通信技术和计算机仿真技术的飞速发展，通信系统的仿真技术也必将随之发展变化。在编写过程中，编者力求精益求精，及时吸纳最新的通信技术研究成果并予以仿真分析，但囿于编者理论水平和实践经验，不妥之处在所难免，恳请广大读者批评指正。

编　者

2020年5月

PPT＋代码＋模型

目录

第一篇　MATLAB 通信系统仿真

目录

第二篇 SystemView通信系统仿真

目录

第一篇

MATLAB通信系统仿真

目前，通信技术与计算机技术的相互融合越来越紧密，通信系统和信号处理技术也变得越来越复杂、要求越来越高。与此同时，各种通信新理念、新技术和新芯片的出现与应用对通信系统的系统结构、信号编码、调制/解调、信号检测、系统性能等都产生了重大的影响。因此，通信系统面临着不断的改进和变革。在对原有系统进行改进或设计新系统之前，通常需要对整个系统进行建模和仿真，通过仿真结果衡量方案的可行性。利用 MATLAB 以及 MATLAB 中的可视化仿真工具 Simulink 进行系统建模和仿真，可以为通信系统的设计和评估提供一个便捷高效的平台。

第1章 MATLAB/Simulink操作基础

MATLAB 全称 Matrix Laboratory,意为矩阵工厂(也叫矩阵实验室),是美国 MathWorks 公司出品的一种功能十分强大的商业数学软件。它将数值分析、矩阵计算、科学数据可视化以及非线性动态系统建模和仿真等诸多强大的功能集成在一个易于使用的视窗环境中,为科学研究、工程设计提供了一个全面的解决方案。MATLAB 在很大程度上摆脱了传统非交互式程序设计语言(如 C、Fortran)的编辑模式,代表了当今国际科学计算软件的先进水平。

Simulink 是 MATLAB 提供的用于系统建模、仿真和分析的工具包,广泛应用于通信、数字信号处理、模糊控制、神经网络和虚拟现实等领域的仿真中。Simulink 提供专用的信号显示输出模块,仿真数据可以即时输出显示,也可以保存在 MATLAB 的工作区域或者文件中,方便用户在仿真结束后对数据进行分析和处理。Simulink 提供框图化的建模方式,复杂的系统可以通过子系统组织成分层结构,并且支持模型和 MATLAB 程序之间的交互仿真,这使得 Simulink 成为 MATLAB 最重要的组成部分之一。

1.1 MATLAB 运行环境介绍

MATLAB 在 Windows、Linux、macOS 操作系统下都可以运行。本书以 Windows 操作系统下 MATLAB R2016a(对应版本号为 MATLAB 9.0)为基准进行介绍。

1.1.1 MATLAB 的运行方式

MATLAB 可以从桌面快捷方式启动,也可以从 Windows 开始菜单中启动。

MATLAB 的程序运行可以用两种方式:指令运行方式和 M 文件运行方式。指令运行方式通过直接在指令窗中输入指令来实现计算或作图功能。当解决问题所需的指令较少时,可采用此运行方式。M 文件运行方式是指先创建、编辑并保存 M 文件,然后在 M 文件编辑窗口菜单中运行;或者在指令窗中输入此文件名,回车运行。当解决问题所需的指令较多时,可采用 M 文件运行方式。

1.1.2 MATLAB 中的窗口

MATLAB 与普通 Windows 程序一样,主窗口是标准的 Windows 界面,具有一般 Windows 应用程序应该具有的菜单和工具栏。MATLAB 主窗口如图 1-1 所示。

MATLAB 默认的主窗口中主要包括 3 个窗口:指令窗口(Command Window)、工作区窗口(Workspace)、当前文件夹窗口(Current Folder)。

指令窗口主要用于输入各种指令并显示运算结果,是最常用的窗口;工作区窗口用于显示当前内存中变量的信息(包括变量名、维数、取值等);当前文件夹窗口用于显示当前文件夹下的文件信息。

此外,还会经常用到另外 4 个窗口:指令历史窗口、M 文件编辑窗口、显示图形窗口

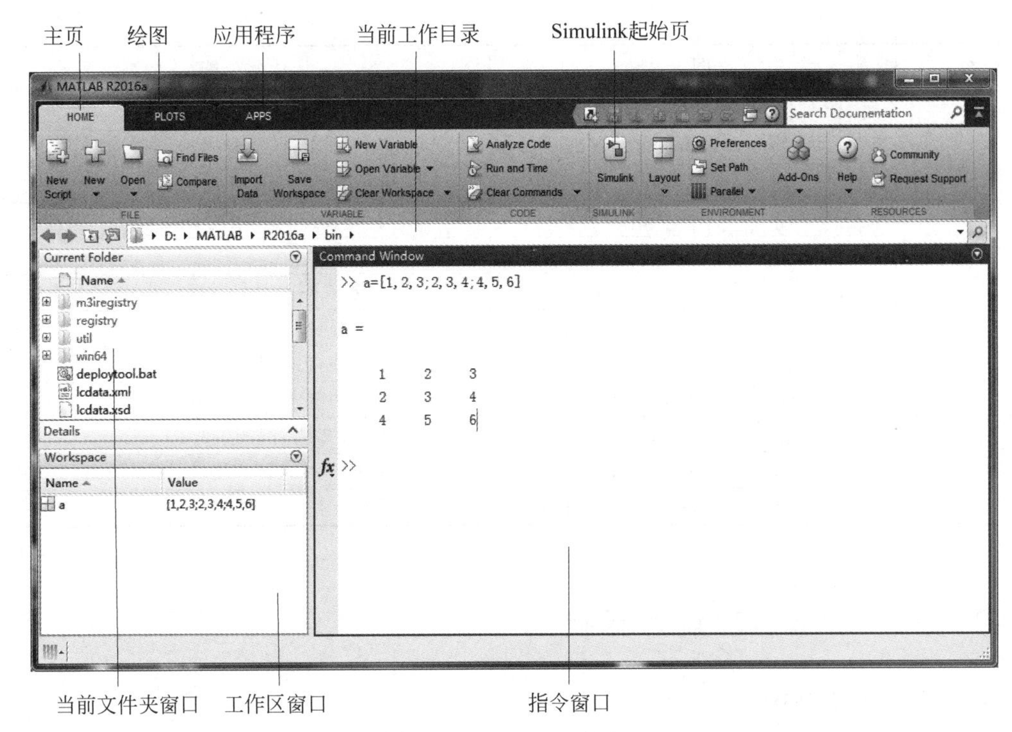

图 1-1　MATLAB 主窗口

和显示帮助文件的帮助窗口。

1.1.3　MATLAB 中的工具项

从 MATLAB R2013a 开始，MATLAB 的工作界面有所改变，其界面主要由“主页”(HOME)工具项、“绘图”(PLOTS)工具项及“应用”(APPS)工具项三部分构成。表 1-1 列出了主页工具项中支持的各项操作。

表 1-1　MATLAB 主页工具项

模　块	图　标		功　能
FILE （文件）		New Script	新建脚本
		New	新建(脚本、函数、类、模型等)
		Open	打开已经存在的文件
		Find Files	查找文件
		Compare	比较两个文件或文件夹
VARIABLE （变量）		Import Data	导入数据
		Save Workspace	保存工作区
		New Variable	新建变量
		Open Variable	打开变量
		Clear Workspace	清除工作区

续表

模　块	图　标		功　能
CODE（代码）		Analyse Code	分析代码
		Run and Time	运行并计时
		Clear Commands	清除命令
SIMULINK		Simulink	打开 Simulink 起始页
ENVIRONMENT（环境）		Layout	布局
		Preferences	预设
		Set Path	设置路径
		Parallel	多核并行编程
		Add-Ons	附加功能
RESOURCES（资源）		Help	帮助(文档、示例等)
		Community	社区
		Request Support	请求支持

1.2　MATLAB 程序设计基础

1.2.1　M 文件概述

M 文件是一个文本文件，扩展名为“.m”。它可以用任何文本编辑器来建立和编辑，也可以用 MATLAB 的内置编辑器编辑。使用 MATLAB 主界面菜单 New→Script 或直接单击图标可以新建 M 文件，也可以在 MATLAB 的命令行中输入命令 edit 打开 M 文件编辑器。

根据调用方式不同，M 文件可以分为两类：命令文件(Script File)和函数文件(Function File)。命令文件内保存的是一些命令，形式和在指令窗中的命令一样；函数文件以 function 命令开头，可以包含输入/输出参数。命令文件可以在 M 文件编辑器的菜单中，选取 Run 直接运行，但函数文件必须要有命令去调用该函数。函数文件的文件名必须与其文件中定义的函数名一致。路径设置正确的情况下，在命令窗口中直接输入 M 文件名可以运行 M 文件中的代码。

注意：M 文件的命名以英文字母开头，用字母和数字组成，不使用中文文件名称，也不能在文件名称中使用“(”“)”等特殊字符。M 文件的名称不能和 MATLAB 系统函数重名。

1.2.2　MATLAB 程序控制结构

1. 顺序结构

下面介绍适用于顺序结构中的输入和输出(命令交互)函数。

（1）input 函数：用于输入数据。

图 1-2 显示了提示字符串“请输入数据：”，要求用户从键盘输入 A 的值。

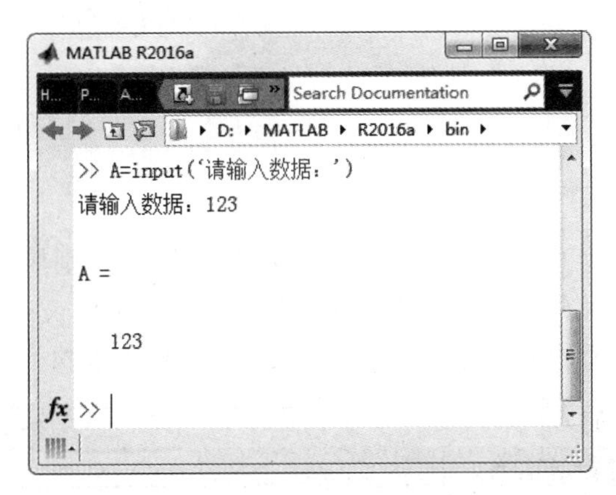

图 1-2　顺序结构代码示例

A = input('请输入数据：','s')：显示提示字符串“请输入数据：”，s 表示输入的是字符型数据。

（2）disp 函数：用于数据显示。与直接输出相比，数据间没有空行，可以用来输出字符串和变量。

如图 1-3 所示，这里变量 A 的值为 123，在图 1-2 中已经输入。如果变量 A 没有定义，disp(A)则会显示“Undefined function or variable 'A'.”

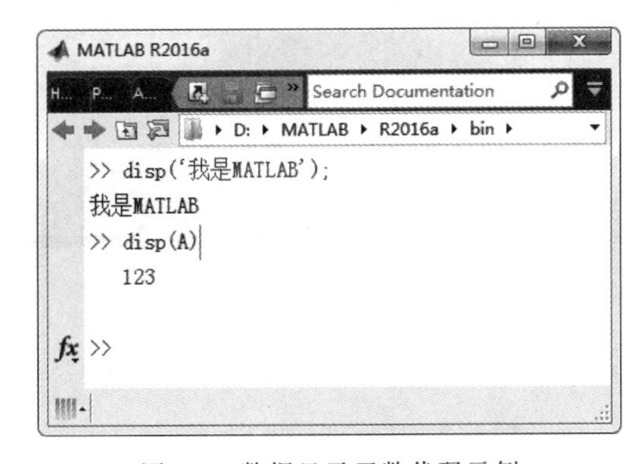

图 1-3　数据显示函数代码示例

（3）pause 函数：用于程序暂停。其调用格式有：

pause：暂停程序运行，按任意键继续。

pause(n)：程序暂停运行 n 秒后继续。

pause on/off：允许/禁止其后的程序暂停。

2. 分支结构

不同的条件选择执行不同的语句，MATLAB 分支结构的语句有 if、switch 和 try。

1) if 语句

if 语句的一般结构是：

```
if 表达式
   语句 1
else
   语句 2
end
```

其中，如果表达式为真，则执行语句 1；如果表达式为假，则执行语句 2。

在图 1-4 中，输入 X 的值为 4，执行 if 语句时，其后的条件表达式 X>1 为真，因此执行语句 disp(X)，显示 X 的值；语句 disp('输入太小')则不被执行。

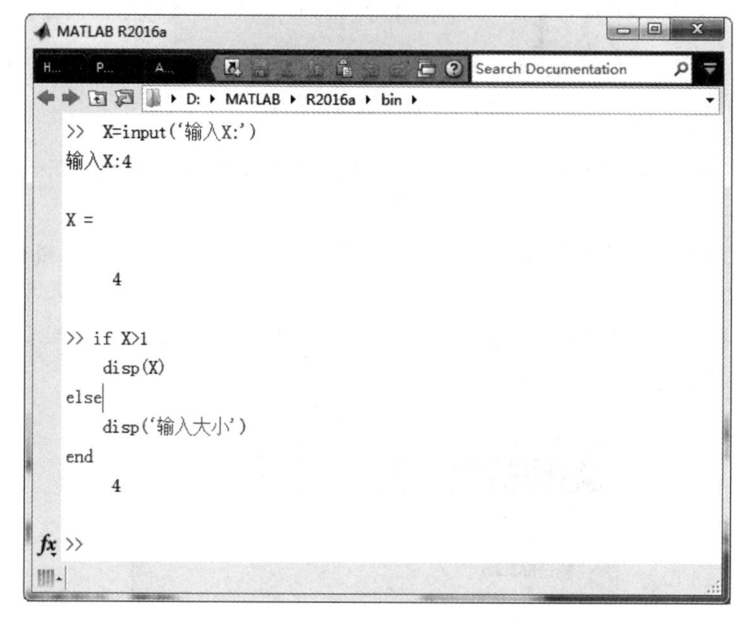

图 1-4　分支结构代码示例

当表达式为假时，程序不需要执行任何内容，则可以去掉 else 和语句 2。例如：

```
if 表达式
   语句 1
end
```

if 语句可以嵌套使用，例如：

```
if 表达式
   语句 1
else
   if 表达式
        语句 2
   end
end
```

也可以写为：

```
if 表达式
   语句 1
elseif 表达式
   语句 2
end
```

2）switch 语句

switch 语句的一般结构是：

```
switch 表达式
   case 表达式 1
      语句 1
   case 表达式 2
      语句 2
   …
   case 表达式 n
      语句 n
   otherwise
      语句 n + 1
end
```

当 switch 后面表达式的值等于表达式 1 的值时，执行语句 1；当表达式的值等于表达式 2 的值时，执行语句 2；……；当表达式的值等于表达式 n 的值时，执行语句 n；当表达式的值不等于任何 case 后面所列表达式的值时，执行语句 n+1。任何一个分支语句执行完后，都直接转到 end 语句的下一条语句。

图 1-5 在 Editor 编辑器中编写 M 文件，实现了将中文“星期一”至“星期日”翻译成英文，采用 input 函数提示用户从键盘输入中文表示的星期几，进行翻译。

3）try 语句

try 语句的一般结构是：

```
try
   语句 1
catch
   语句 2
end
```

程序先执行语句 1，如果出错，则将错误信息存入系统保留变量 lasterr 中，然后再执行语句 2；如果不出错，则转向执行 end 后面的语句。此语句可以提高程序的容错能力，增加编程的灵活性。

从图 1-6 可以看出，程序读取一个图片文件，如果由于文件不存在等情况导致读取错误，将会执行 catch 后的语句，显示错误信息。

3. 循环结构

1）for 循环语句

for 循环允许一组命令以预定的次数重复，其一般形式是：

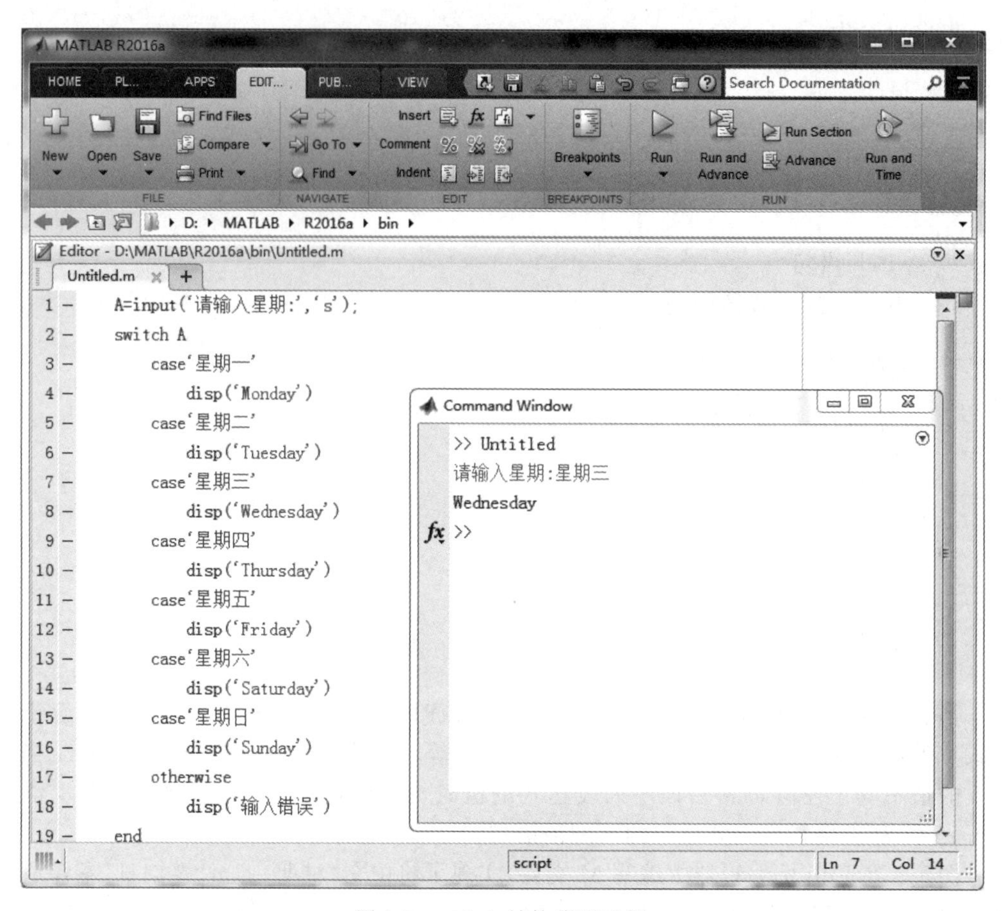

图 1-5 switch 结构代码示例

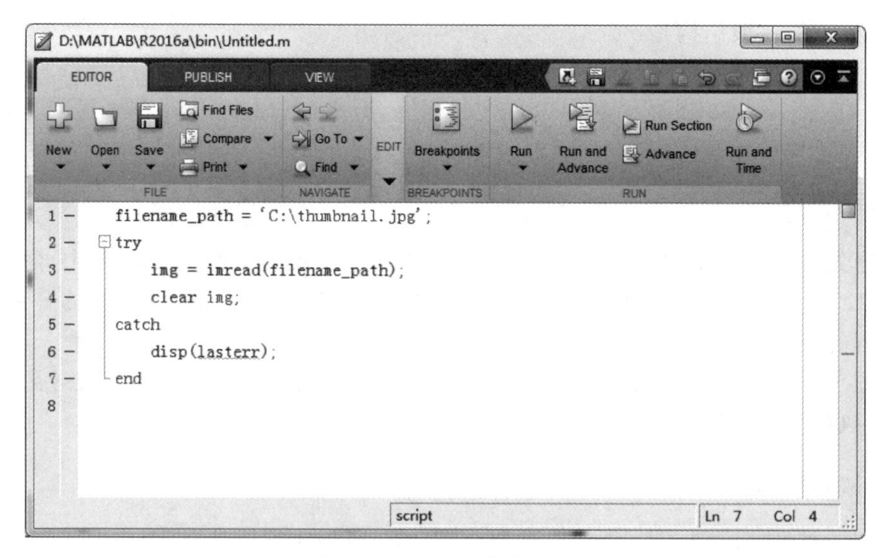

图 1-6 try 语句代码示例

```
for 循环控制变量 = 表达式 1:表达式 2:表达式 3
    语句
end
```

表达式 1 的值为循环控制变量的初值；表达式 2 的值为步长，每执行循环体一次，循环控制变量的值都将增加步长大小。步长可以为负值，当步长为 1 时，表达式 2 可省略；表达式 3 为循环控制变量的终值，当循环控制变量的值大于终值时循环结束。在 for 循环中，循环体内不能出现对循环控制变量的重新设置，否则将会出错。for 循环允许嵌套使用。

for 循环语句代码示例如图 1-7 所示。

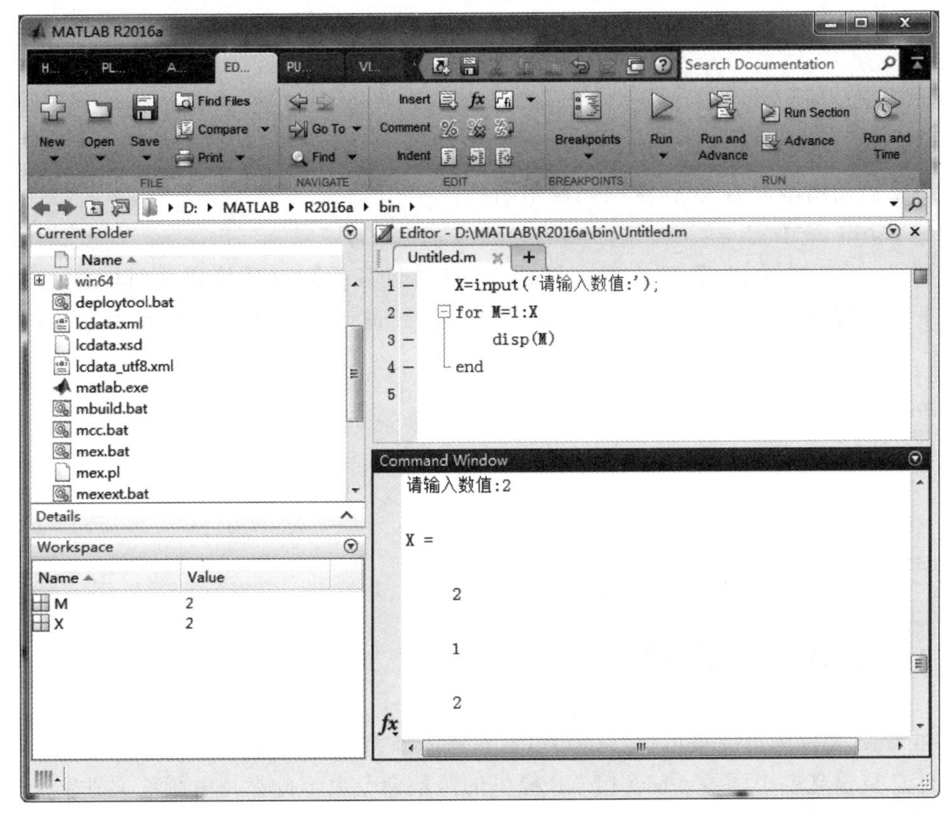

图 1-7　for 循环语句代码示例

2）while 循环语句

for 循环的循环次数往往是固定的，而 while 循环可不定循环次数，其一般形式为：

```
while 关系表达式
    语句
end
```

只要关系表达式的所有元素为真，就执行 while 和 end 语句之间的“语句”。通常，表达式的求值给出一个标量值，但数组值也同样有效。在数组情况下，所得到数组的所有元素必须都为真。

4. 程序流控制

1) break 语句

终止本层 for 或 while 循环,跳转到本层循环结束语句 end 的下一条语句。下面程序中 M>4 时就结束 for 循环,因此不管输入的值多大,最多只显示到 5。

```
X = input('输入数值:')
for M = 1:X
    disp(M)
    if M > 4
        break
    end
end
```

2) return 语句

终止被调用函数的运行,返回到调用函数。

3) continue 语句

在 for 循环或 while 循环中遇到该语句,将跳过其后的循环体语句,进行下一次循环。下面的程序中 M 值为 2 时,跳过显示语句,继续进行下一次循环,因此不会显示“2”。

```
X = input('输入数值:')
for M = 1:X
    if M == 2
        continue
    end
    disp(M)
end
```

1.2.3 MATLAB 函数文件

如果 M 文件的第一条可执行语句以 function 开始,该文件就是函数文件。每一个函数文件都只定义一个函数。MATLAB 提供的函数命令大部分都是由函数文件定义的。

函数如同一个“黑箱”,把一些数据送进去,经加工处理,再把结果送出来。从形式上看,函数文件区别于脚本文件之处在于:脚本文件的变量为命令工作空间变量,在文件执行完成后保留在命令工作空间中;而函数文件内定义的变量为局部变量,只在函数文件内部起作用,当函数文件执行完后,这些内部变量将被清除。

一般情况,函数文件由以下几部分组成:

(1) 函数定义行。函数定义行由关键字 function 引导,指明这是一个函数文件,并定义函数名、输入参数和输出参数。函数定义行必须为文件的第一条可执行语句,函数名与文件名相同,可以是 MATLAB 中任何合法的字符。输出参数如有多个,用“[ ]”括起;输入参数用“( )”括起。函数文件可以带有多个输入和输出参数,也可以没有输出参数,如下两种都合法：

```
function [x,y,z] = sphere(theta,phi,rho)
function printresults(x)
```

(2) H1行。H1行就是帮助文本的第一行，是函数定义行下的第一个注释行，是供lookfor查询时使用的。一般来说，为了充分利用MATLAB的搜索功能，在编制M文件时，应在H1行中尽可能多地包含该函数的特征信息。比如在搜索路径上包含average的函数很多，用lookfor average语句可能会查询到多个有关的命令，此时H1行信息能帮助进行区分。如：

```
>> lookfor average_2
```

average_2.m：%函数average_2(x)用以计算向量元素的平均值。

(3) 帮助文本：在函数定义行后面，连续的注释行不仅可以起到解释与提示作用，更重要的是为用户自己的函数文件建立在线查询信息，以供help命令在线查询时使用。如：

```
>> help average_2
```

函数average_2(x)用以计算向量元素的平均值。输入参数x为向量，输出参数y为计算的平均值。非向量输入将导致错误。

(4) 函数体。函数体包含了全部用于完成计算及给输出参数赋值等工作的语句，这些语句可以是调用函数、流程控制、交互式输入/输出、计算、赋值、注释和空行。

(5) 注释。以"%"起始到行尾结束的部分为注释部分，MATLAB的注释可以放置在程序的任何位置，可以单独占一行，也可以在一个语句之后，还可以进行多行块注释。如：

```
%{
 这里是注释内容行1
   ……
 这里是注释内容行2
%}
```

多行注释时可以通过MATLAB编辑器菜单实现。

多行注释：选中要注释的若干语句，在编辑器编辑模块中单击按钮%；或者使用快捷键Ctrl+R。

取消注释：选中要取消注释的语句，在编辑器编辑模块中单击按钮；或者使用快捷键Ctrl+T。

1.3 Simulink仿真环境及基本操作

1.3.1 Simulink特点及工作原理

Simulink是MATLAB中的一种可视化仿真工具，是一种基于MATLAB的框图设计环境,是实现动态系统建模、仿真和分析的一个集成环境,被广泛应用于线性系统、非线性系统、数字控制及数字信号处理的建模和仿真中。Simulink 可以用连续采样时间、离散采样时间,或两种混合的采样时间进行建模,它也支持多速率系统,也就是系统中的不同部分具有不同的采样速率。对各种时变系统,包括通信、控制、信号处理、视频处理和图像处理系统,Simulink 提供了交互式图形化环境和可定制模块库来对其进行设计、仿真、执行和测试。为了创建动态系统模型,Simulink 提供了一个建立模型方块图的图形用户接口(GUI)。用户只需单击和拖动鼠标操作就能完成模型的创建过程,而且可以很快看到系统的仿真结果。Simulink 是一种更快捷、直接明了的仿真方式。

Simulink 有以下特点:

(1) 基于矩阵的数值计算;

(2) 丰富的可扩充的预定义模块库;

(3) 交互式的图形编辑器来组合和管理直观的模块图;

(4) 以设计功能的层次性来分割模型,实现对复杂设计的管理;

(5) 通过 Model Explorer 导航、创建、配置、搜索模型中的任意信号、参数、属性,生成模型代码;

(6) 提供丰富的 API 用于与其他仿真程序的连接或与手写代码集成;

(7) 使用 Embedded MATLAB^{TM} 模块在 Simulink 和嵌入式系统执行中调用 MATLAB 算法;

(8) 使用定步长或变步长运行仿真,根据仿真模式(Normal,Accelerator,Rapid Accelerator)来决定以解释性的方式运行或以编译 C 代码的形式运行模型;

(9) 用图形化的调试器和剖析器来检查仿真结果,诊断设计的性能和异常行为;

(10) 可访问 MATLAB 从而对结果进行分析与可视化,定制建模环境,定义信号参数和测试数据;

(11) 提供模型分析和诊断工具来保证模型的一致性。

Simulink 按照信号可以分为输入(Input)、状态(states)和输出(Output)三个模块。输入模块即信号源模块,包括常数字信号源和用户自定义信号;状态模块即被模拟的系统模块,是系统建模的核心和主要部分;输出模块即信号显示模块,它能够以图形方式、文件格式进行显示。

Simulink 内置了几个重要功能模块组。

(1) 连续模块(Continuous)组:包含输入信号积分微分模块、状态空间模块、延时模块、PID 控制器、零一极点增益模块、传递函数等。

(2) 离散模块(Discrete)组:包含离散 FIR 滤波器、零阶保持器、一阶保持器、单位延时、离散时间积分器、离散状态空间系统模型等。

(3) 数学模块(Math Operations):包含加减运算、乘法运算、点乘运算、增益运算、常用数学运算、三角函数运算、复数运算等。

(4) 逻辑和位操作模块(Logic and Bit Operations):包含位的置位和清零模块、组合逻辑、逐位操作、跳变检测、下降/上升沿检测、移位运算、关系操作符、逻辑操作符等。

(5) 查找表模块(Lookup Table)：包含一维/二维输入信号查找表、余弦函数查找表、输入信号的预插值、动态查询、正弦函数查找表、N维信号查找表等。

(6) 端口和子系统模块(Ports & Subsystems)：包含单元子系统、代码重用子系统、可配置子系统、If操作、输入端口、输出串口、子系统、模型、触发操作等。

(7) 信号属性模块(Signal Attributes)：包括总线到向量转换、数据类型转换、数据类型继承、数据类型传播、信号输入属性、探针点、速率转换、信号转换、加权采样时间、信号特征指定、信号宽度等。

(8) 信号线路模块(Signal Routing)：包含总线分配、总线生成、数据存储、数据读写、分路、环境控制器、信号来源、信号去向、信号合并、多路开关、合路、信号选择器等。

(9) 信宿模块(Sinks)：包含示波器、图形显示模块、工作空间写入模块、文件写入模块、数字显示、浮动示波器、输出端口、停止仿真等。

(10) 信源模块(Sources)：包括带限白噪声、常数信号、时钟信号、脉冲发生器、重复信号、信号发生器、正弦波信号、斜坡信号、阶跃信号等模块。

(11) 用户自定义函数模块(User Defined Functions)：包含用户自定义的函数、解释的MATLAB函数、S函数等。

Simulink仿真有两个阶段：模型初始化阶段和模型执行阶段。

模型初始化阶段是Simulink创建系统模型的阶段，是进行动态系统仿真的第一个环节，其模块是Simulink的基本单元，主要工作包括展开模型的各个层次并对模型的参数进行估计计算、确定信号属性确保每个模块能够接收连接它们输入端的信号、确定所有非显式的信号采样时间模块的采样时间以及分配和初始化存储空间。

模型执行阶段是Simulink利用模型进行仿真的阶段，通过仿真情况及时调整设计。

1.3.2 Simulink基本操作

Simulink的仿真环境由Simulink库浏览器(Simulink Library Browser)和模型窗口组成。Simulink库浏览器为用户提供了进行Simulink建模和仿真的标准模块库和专业工具箱。模型窗口是用户创建模型的主要场所。

在MATLAB的命令窗口中输入Simulink命令，或单击工具栏中的图标，打开Simulink的起始页(Simulink Start Page)窗口，如图1-8所示。

单击Blank Model按钮，创建一个空白的模型编辑窗口，用户在这个窗口中搭建自己仿真模型。搭建过程中需要的模块通过库浏览器获得。图1-9显示了Simulink建模的模型窗口，主要由菜单栏、工具栏、模型浏览器窗口、模型框图窗口以及状态栏组成。

从Simulink模型编辑窗口单击工具栏中的图标，打开库浏览器(Simulink Library Browser)模块，如图1-10所示。

窗口的左半部分显示Simulink所有的库的名称，第一个库是Simulink库，该库为Simulink的公共模块库；Simulink库下面的模块库为专业模块库，服务于不同专业领域，普通用户很少用到。

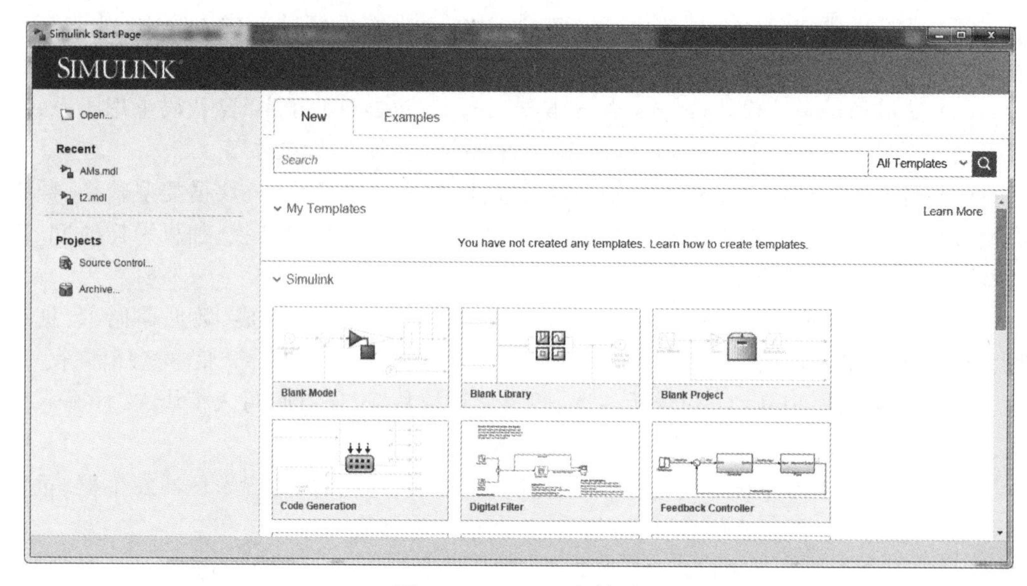

图 1-8　Simulink 起始页

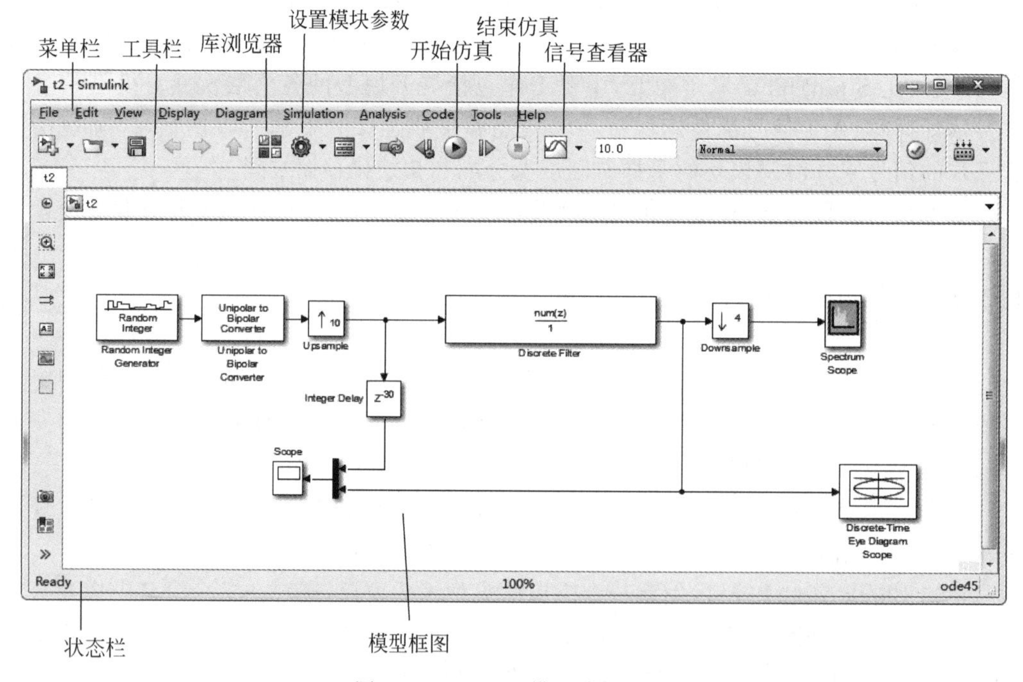

图 1-9　Simulink 模型编辑窗口

窗口的右半部分是对应于左窗口打开的库中包含的子库或模块，是 Simulink 仿真所需的基本模块。

Simulink 模型的基本操作如下。

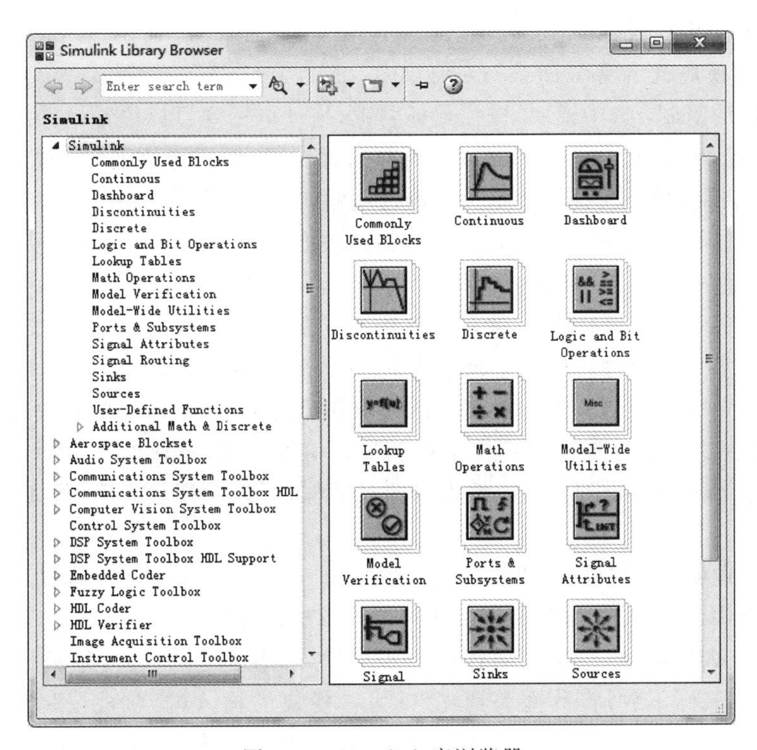

图 1-10 Simulink 库浏览器

1. 模型文件的操作

(1) 新模型的创建：通过 Simulink 模型编辑窗口或者 Simulink 库浏览器窗口，单击工具栏中的创建新模型图标，即可打开一个空的模型窗口。

(2) 已有模型文件的打开：如果文件在 MATLAB 搜索路径范围内，直接在 MATLAB 指令窗口输入模型文件名(不要加扩展名“.mdl”)即可打开；或者在起始页单击 Open file 按钮，然后选择已有模型文件即可打开；或者通过模型编辑窗口 File→Open，选择已有模型文件也可打开；或者单击库浏览器或模型窗口的图标选择需要打开的模型文件。

(3) 模型的保存：通过模型编辑窗口 File→Save，将模型以模型文件格式存储。MATLAB R2012b 之前版本的模型存储为 MDL(文件扩展名为.mdl)，之后的版本增加了 SLX 格式(文件扩展名为.slx)。保存文件的格式与当前系统支持的字符编码有关，若模型中有中文字符，建议以 SLX 格式存储。

(4) 模型的打印：打印模型既可以用 File→Print，也可以用指令的方式。

2. 模块的操作

(1) 模块的选定：单击选中所需要的模块，然后将其拖到需要创建仿真模型的窗口，释放鼠标，这时所需要的模块将出现在模型窗口中；或者选中所需的模块，然后右击，在弹出的快捷菜单中执行 Add block to model filename 命令(其中 filename 是模型的文件名),该选中的模块就出现在 filename 窗口中。

(2) 模块的复制：选中模块,按住鼠标右键,拖动鼠标到目标位置,然后释放鼠标；或者按住 Ctrl 键,再按住鼠标左键,拖动鼠标到目标位置,然后释放鼠标；或者使用快捷键 Ctrl+C 进行复制,使用快捷键 Ctrl+V 进行粘贴。

(3) 模块的移动：选中要移动的模块,将模块拖动到目标位置,释放鼠标按键。多个模块移动时,要先选中模块和它们的信号线再移动到目标位置。

(4) 模块的删除：选中模块,按常规方法即可删除。

(5) 模块参数和特性的设置：最直接的方法就是双击模块,打开模块参数对话框(Block Parameters),设置参数。大多数的模块输出为标量信号,某些模块通过对参数的设定,可以使模块输出为向量信号。而对于输入信号而言,模块能够自动匹配。右击模块选择 properties 即可得到模块特性设置的对话框,可以对模块说明、优先级、标记等内容进行设置。

(6) 模块调整：选中模块,模块四角出现了小方块,点选小方块并拖动鼠标可以调整模块大小；选中模块右击鼠标,有相应的菜单可以旋转模块。

(7) 模块间连接：将鼠标指向连线起点(某个模块的输出端),待鼠标的指针变成十字形后按住鼠标不放,将其拖动到终点(另一模块的输入端)释放鼠标即可；也可以选中源模块,按住 Ctrl 键,同时单击目标模块。单击信号线,拖动小方块可以调整连线。

1.3.3 子系统及其封装

当模型规模变大时,模型的复杂度就会提高,同时可读性会变差。这时就需要把大的模型分割、封装成几个小的模块,以使得整个模型更加简捷、容易读懂。这些小的模块就称为子系统。Simulink 子系统可以被反复调用,以节省建模时间；同时支持建立分层次的子系统结构,利于整个模型的管理和更新,使系统模型更加简捷。

创建 Simulink 子系统有两种方法：

1. 使用 SubSystems 模块库中的 SubSystem 模块直接创建子系统

(1) 单击 Simulink 模型编辑窗口或 Simulink Library Browser 窗口的新建模型图标,如图 1-11 所示。

(2) 将 Commonly Used Blocks(常用模块)下面的 Subsystem(子系统)模块拖到模型窗口中,如图 1-12 所示。图中左边为库浏览器窗口,右边为模型窗口。

(3) 接着在 Commonly Used Blocks(常用模块)中分别选择 In1(输入)和 Out1(输出)模块拖到模型窗口中,并单击模块边上的箭头拖动信号线进行模块连接,如图 1-13 所示。

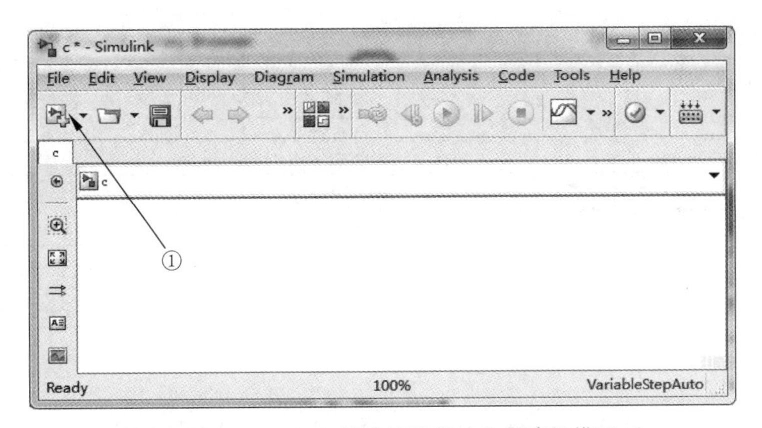

图 1-11　Simulink 模型编辑窗口中创建新模型

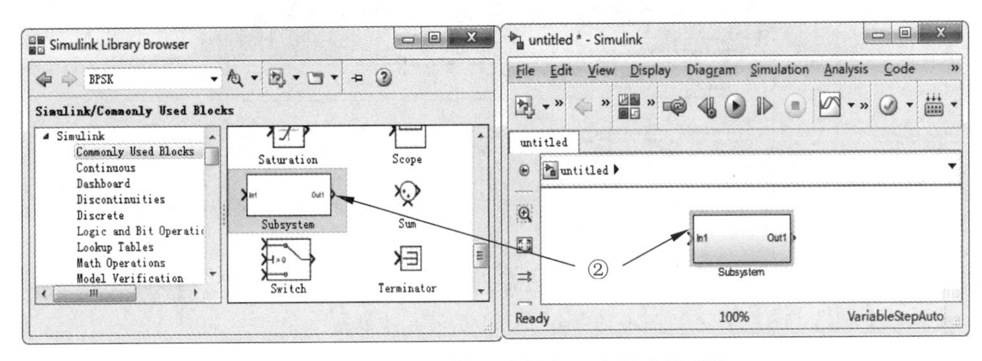

图 1-12　Simulink 模型编辑窗口中创建子系统

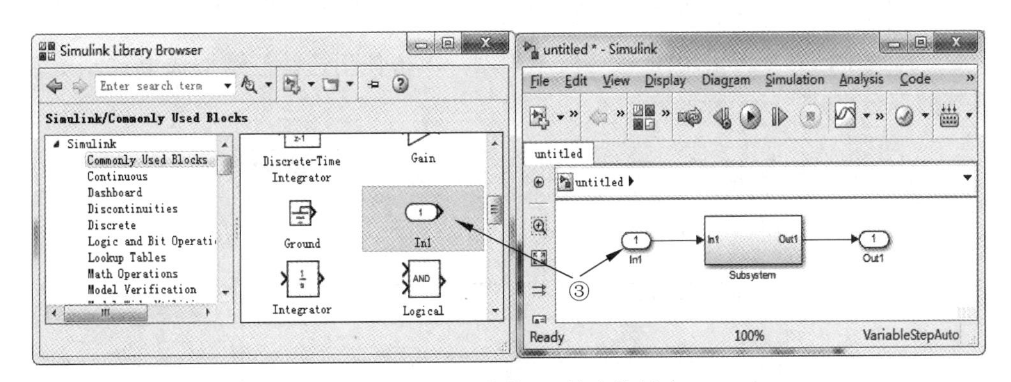

图 1-13　子系统输入/输出的创建

(4) 双击模型窗口中的 Subsystem 模块，弹出子系统模块窗口，如图 1-14 所示。此时 In1(输入)和 Out1(输出)之间没有任何模块。

(5) 根据需要在子系统的 In1(输入)和 Out1(输出)之间添加所需要的模块。例如，创建一个模拟直线方程 $y=ax+b$ 的子系统，如图 1-15 所示。

(6) 根据需要修改子系统模块的参数和内容，保存子系统。

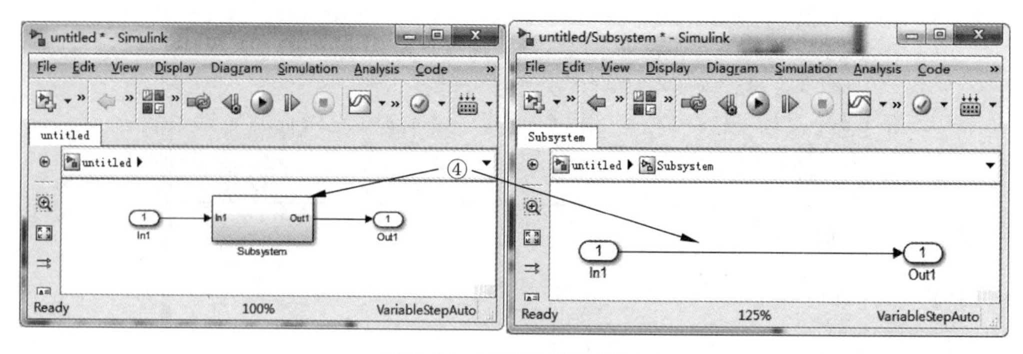

图 1-14　子系统模块窗口

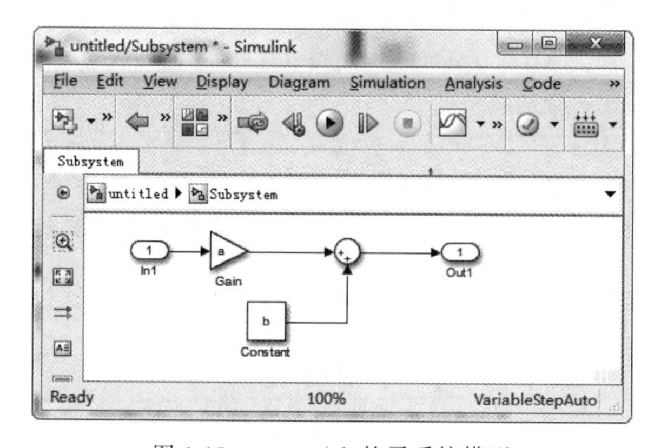

图 1-15　y=ax+b 的子系统模型

2. 使用菜单命令 Edit→CreatSubsystem,把已经存在的部分模型压缩转换为子系统

(1) 本例中已有模型采用图 1-15 所示模型。单击使用选择范围框选中需要压缩成子系统的部分,如图 1-16 所示。

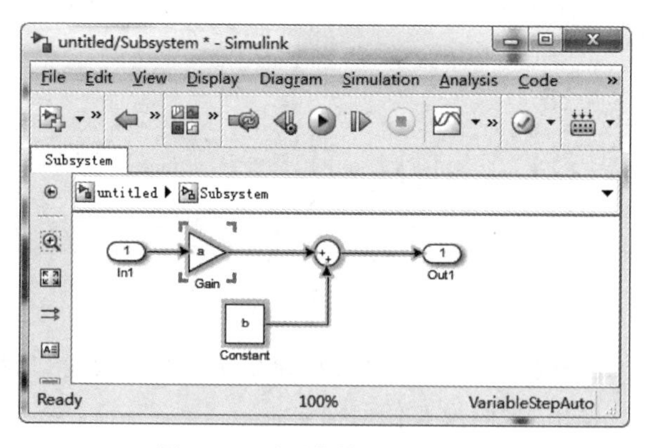

图 1-16　子系统模型压缩选择

(2) 执行模块窗口的菜单 Diagram→Subsystem & Model Reference→Create Subsystem from Selection 命令,选中部分将会被一个子系统(Subsystem)所替代,结果如图 1-17 所示。

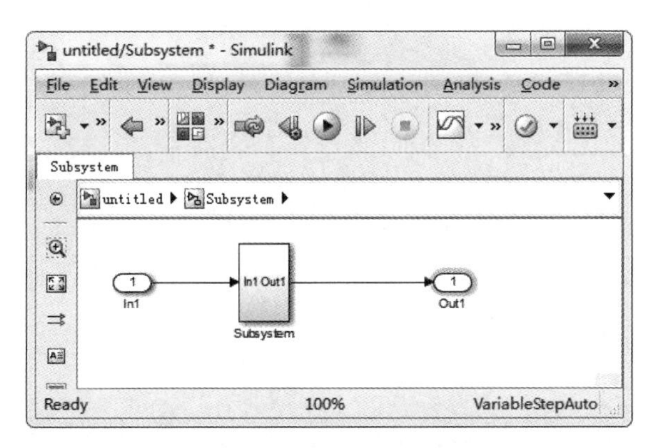

图 1-17 压缩的子系统模型

(3) 如果想查看或者编辑子系统的内容,可以双击子系统,会出现子系统模块窗。本例中将出现如图 1-15 所示模块。

除了把模型封装成子系统,Simulink 还可以进一步将子系统封装成模块,并且可以像 Simulink 内部模块一样使用。子系统封装形成的模块可以有自己的图标、参数、控制对话框,甚至帮助文档,同时参数的修改更为方便,不用深入子系统,只需在对话框中修改即可,内部结构也不易被修改。

对于图 1-17 创建的子系统,通过菜单 Diagram→Mask→Create Mask,打开封装编辑器(Mask editor)对话框,设置相应 4 个选项页的参数,即可将其封装成模块。4 个选项页中 Icon&Port 主要是对子系统的外观图标进行设置;Parameters&Dialog 主要对封装子系统的参数进行设置;Initialization 提供了一个 MATLAB 语言命令框,可以在其中写入一些程序,当子系统有被载入、改变参数或初始化等情况发生时,Simulink 会自动执行这些程序;Documentation 主要生成帮助文档。

第2章 模拟调制/解调方式的MATLAB/Simulink仿真

模拟调制方式是载频信号的幅度、频率或相位随着欲传输的模拟输入基带信号的变化而相应发生变化的调制方式，包括线性调制和非线性调制两大类。模拟线性调制是指用调制信号去控制高频载波的振幅，使其按调制信号的规律变化，其他参数不变，包括常规幅度调制（AM）、抑制载波的双边带调制（DSB-SC）和单边带调制（SSB）。所得的已调信号分别称为调幅波信号、双边带信号和单边带信号。而模拟非线性调制是用调制信号去控制高频载波的频率和相位，包括频率调制（FM）和相位调制（PM）两种。本章在介绍模拟调制/解调技术的基础上，通过 MATLAB/Simulink 实现对模拟调制系统的仿真，并对系统性能进行分析。

2.1 模拟线性调制与解调仿真

2.1.1 常规调幅信号的产生与解调

在线性调制中，最先应用的一种幅度调制是常规调幅，简称调幅（AM）。调幅信号的包络与调制信号成正比，其时域表示式为

$$s_{AM}(t)=[A_0+m(t)]\cos\omega_c t=A_0\cos\omega_c t+m(t)\cos\omega_c t \tag{2-1}$$

式中，A_0 为外加直流分量；$m(t)$为调制信号，均值为 0，可以是确知信号，也可以是随机信号；ω_c 为载波角频率。AM 调制模型如图 2-1 所示。

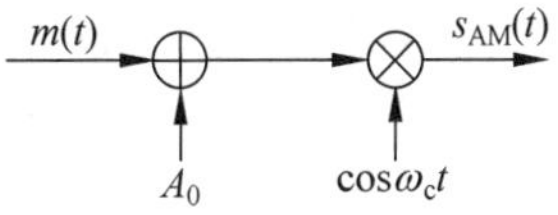

图 2-1 AM 调制模型

若 $m(t)$为确知信号，则 AM 信号的频谱为

$$S_{AM}(\omega)=\pi A_0[\delta(\omega+\omega_c)+\delta(\omega-\omega_c)]+\frac{1}{2}[M(\omega+\omega_c)+M(\omega-\omega_c)] \tag{2-2}$$

其典型波形和频谱如图 2-2 所示。

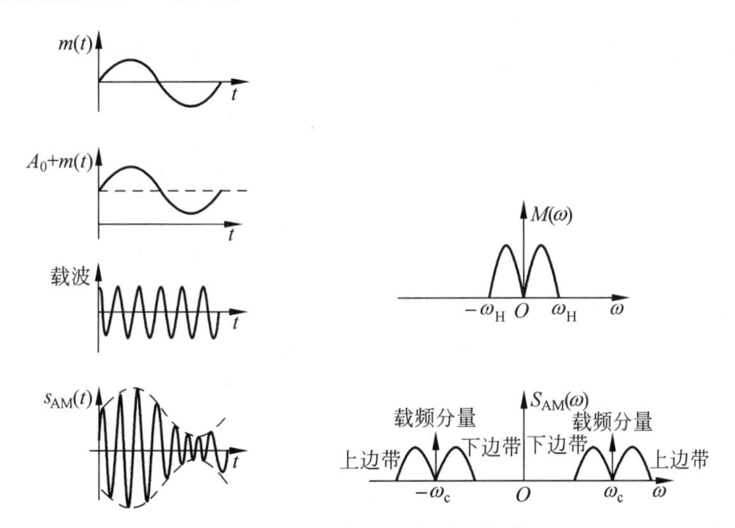

图 2-2 AM 信号的波形和频谱

若 $m(t)$ 为随机信号,则 AM 信号的频域表示式必须用功率谱描述。

由图 2-2 中的波形可知,为了在解调时使用包络检波不失真地恢复出原基带信号 $m(t)$,要求 $|m(t)|_{max} \leqslant A_0$,使 AM 信号的包络 $A_0 + m(t)$ 总是正的,否则会出现"过调幅"现象,用包络检波时会发生失真。当出现过调幅时,可采用其他的解调方法,如相干解调。AM 信号的相干解调模型如图 2-3 所示。

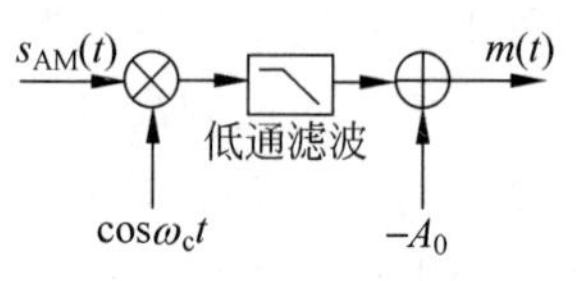

图 2-3　AM 信号的相干解调模型

1. AM 信号产生与相干解调的 MATLAB 仿真

设调制信号为 $m(t) = \cos(150\pi t)$,载波中心频率为 1000Hz。AM 信号的产生与相干解调的 MATLAB 仿真程序如下:

```
t0 = 0.1;
fs = 12000;
fc = 1000;                                    % 载波频率
Vm = 2;                                       % 载波振幅
A0 = 1;                                       % 直流分量
n = - t0/2:1/fs:t0/2;
x = cos(150 * pi * n);                        % 调制信号
y2 = Vm * cos(2 * pi * fc * n);               % 载波信号
N = length(x);
Y2 = fft(y2);
figure(1);
subplot(4,2,1);plot(n,y2);                    % 载波信号时域图
axis([ - 0.01,0.01, - 5,5]);
title('载波信号');
w = ( - N/2:1:N/2 - 1);
subplot(4,2,2);plot(w,abs(fftshift(Y2)));     % 载波信号频域图
title('载波信号频谱');
y = (A0 + x). * cos(2 * pi * fc * n);         % 调制
subplot(4,2,3);plot(n,x);                     % 调制信号时域图
title('调制信号');
X = fft(x);Y = fft(y);                        % 傅里叶变换
subplot(4,2,4);plot(w,abs(fftshift(X)));      % 调制信号频域图
% axis([0,pi/4,0,1000]);
title('调制信号频谱');
% 分别绘制已调信号时域图和频谱图
subplot(4,2,5);plot(n,y)                      % 已调信号时域图
title('已调信号');
subplot(4,2,6);plot(w,abs(fftshift(Y)));      % 已调信号频域图
% axis([pi/6,pi/4,0,1200]);
title('已调信号频谱');
y2 = y. * Vm. * cos(2 * pi * fc * n);         % 解调,频谱搬移
```

```
wp = 40/N * pi;ws = 60/N * pi;Rp = 1;As = 15;T = 1;    % 巴特沃斯滤波器
OmegaP = wp/T;OmegaS = ws/T;
[cs,ds] = afd_butt(OmegaP,OmegaS,Rp,As);
[b,a] = imp_invr(cs,ds,T);
y3 = filter(b,a,y2);
y = y3 - A0;                                        % 减去直流分量后得解调后信号
subplot(4,2,7);plot(n,y)                            % 解调信号时域图
title('解调信号');
Y = fft(y);
subplot(4,2,8);plot(w,abs(fftshift(Y)));            % 解调信号频域图
% axis([0,pi/4,0,1000]);
title('解调信号频谱');

% 巴特沃斯低通滤波器原型设计函数:要求 Ws > Wp > 0,As > Rp > 0。wp(或 Wp)为通带截
止频率,ws(或 Ws)为阻带截止频率,Rp 为通带衰减, As 为阻带衰减
function [b,a] = afd_butt(Wp,Ws,Rp,As)
% 为求滤波器阶数,N 为整数
% ceil 朝正无穷大方向取整
N = ceil((log10((10^(Rp/10) - 1)/(10^(As/10) - 1)))/(2 * log10(Wp/Ws)));
fprintf('\n Butterworth Filter Order = %2.0f\n',N)
OmegaC = Wp/((10^(Rp/10) - 1)^(1/(2 * N)))
% 求对应于 N 的 3dB 截止频率
[b,a] = u_buttap(N,OmegaC);

function [b,a] = u_buttap(N,Omegac);
[z,p,k] = buttap(N);
      p = p * Omegac;
      k = k * Omegac^N;
      B = real(poly(z));
      b0 = k;
      b = k * B;
      a = real(poly(p));

function [b,a] = imp_invr(c,d,T)
[R,p,k] = residue(c,d);
p = exp(p * T);
[b,a] = residuez(R,p,k);
b = real(b'); a = real(a');
```

仿真结果如图 2-4 所示。

2. AM 信号产生与相干解调的 Simulink 仿真

AM 信号的产生与相干解调的 Simulink 仿真模型如图 2-5 所示。
模型中各模块的主要参数设置见表 2-1。

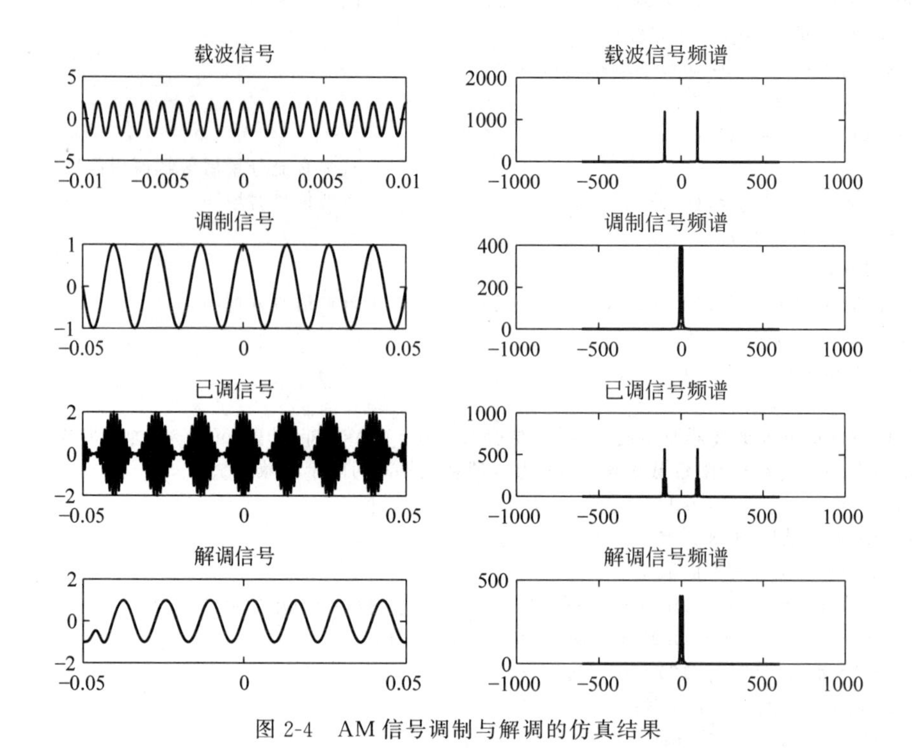

图 2-4　AM 信号调制与解调的仿真结果

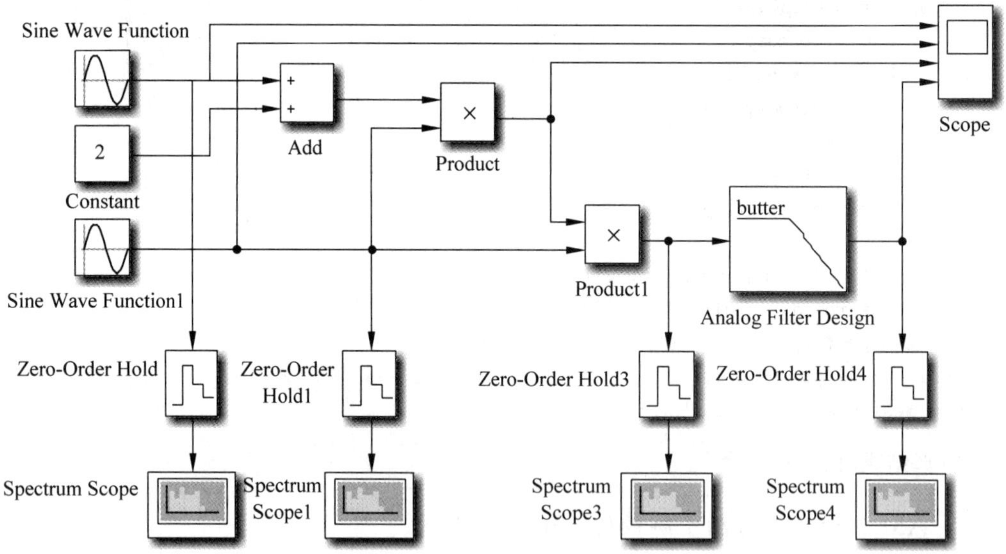

图 2-5　AM 信号的 Simulink 仿真模型

表 2-1 AM 信号的 Simulink 仿真参数

模块名称	参数名称	参数取值
Sine Wave Function(调制信号)	Frequency	5
Sine Wave Function 1 (载波)	Frequency	100
Constant	Constant value	2
AnalogFilter Design	Design method	Butterworth
	Filter type	Lowpass
	Filter order	7
	Passband edge frequency	50

Simulink 仿真结果如图 2-6 所示,示波器输出波形从上到下依次为调制信号、载波、AM 信号和相干解调器输出信号。

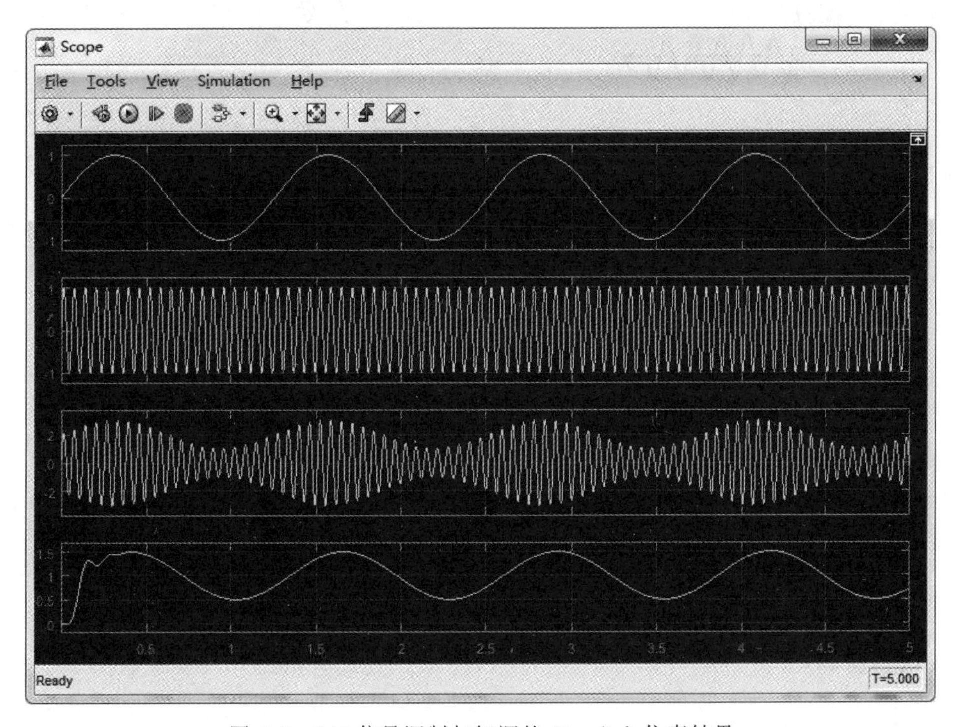

图 2-6 AM 信号调制与解调的 Simulink 仿真结果

2.1.2 抑制载波双边带调幅信号的产生与解调

为了节约发射功率,除了民用广播外,多数应用中采用抑制载波双边带信号(DSB-SC)调制,简称双边带(DSB)信号。其时域表示式为

$$s_{DSB}(t)=m(t)\cos 2\pi f_c t \tag{2-3}$$

假设调制信号 $m(t)$是平均值为 0 的确知信号,DSB 信号的频谱为

$$S_{\mathrm{DSB}}(f)=\frac{1}{2}[M(f+f_c)+M(f-f_c)] \tag{2-4}$$

式中,$M(f)$为$m(t)$的频谱。接收端采用相干解调,解调信号可以表示为

$$r(t)=s_{\mathrm{DSB}}(t)\cos 2\pi f_c t=\frac{1}{2}m(t)+\frac{1}{2}m(t)\cos 2\pi f_c t \tag{2-5}$$

再用低通滤波器滤除高频分量,就可以恢复出原始信号。DSB信号的波形和频谱如图2-7所示。DSB信号的相干解调模型与图2-3一致,这里不再赘述。本节仍采用相干解调方式对DSB信号进行解调,MATLAB仿真程序与Simulink模型如下所述。

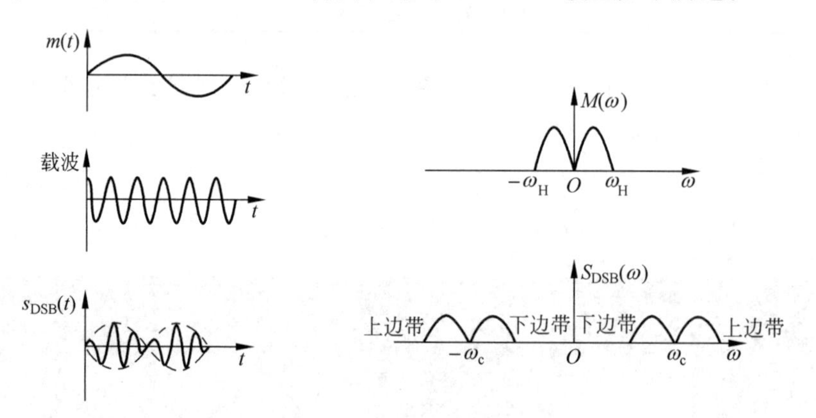

图2-7 DSB信号的波形和频谱

1. DSB信号产生与相干解调的MATLAB仿真

设调制信号为$m(t)=\mathrm{e}^{-640\pi\left(t-\frac{1}{7}\right)^2}+\mathrm{e}^{-640\pi\left(t-\frac{3}{7}\right)^2}+\mathrm{e}^{-640\pi\left(t-\frac{4}{7}\right)^2}+\mathrm{e}^{-640\pi\left(t-\frac{6}{7}\right)^2}$,载波中心频率为100Hz。抑制载波双边带调幅信号产生与相干解调的MATLAB仿真程序如下:

```
n = 1024;fs = n;                                            % 设采样频率 fs = 1024Hz
s = 320 * pi;                                               % 产生调制信号 m(t)
i = 0:1:n - 1;
t = i/n;
t1 = (t - 1/7).^2;t3 = (t - 3/7).^2;t4 = (t - 4/7).^2;
t6 = (t - 6/7).^2;
m = exp( - s * t1) + exp( - s * t3) + exp( - s * t4) + exp( - s * t6) + exp( - s * t7);
                                                            % 产生调制信号
c = cos(2 * pi * 100 * t);                                  % 产生载波信号,载波频率 fc = 100Hz
x = m. * c;                                                 % 正弦波幅度调制(DSB)
y = x. * c;                                                 % 解调
wp = 0.1 * pi;ws = 0.12 * pi;Rp = 1;As = 15;                % 设计巴特沃斯数字低通滤波器
[N,wn] = buttord(wp/pi,ws/pi,Rp,As);
[b,a] = butter(N,wn);
m1 = filter(b,a,y);                                         % 滤波
```

```
m1 = 2 * m1;
M = fft(m,n);                                    % 求上述各信号及滤波器的频率特性
C = fft(c,n);
X = fft(x,n);
Y = fft(y,n);
[H,w] = freqz(b,a,n,'whole');
f = ( - n/2:1:n/2 - 1);                          % 绘图
subplot(341),plot(t,m,'k');,axis([0,1, - 0.25,1.25]);
title('调制信号的波形')
subplot(342),plot(f,abs(fftshift(M)),'k');axis([ - 300,300,0,250]);
title('调制信号的频谱')
subplot(343),plot(t,c,'k');axis([0,0.2, - 1.2,1.2]);
title('载波的波形')
subplot(344),plot(f,abs(fftshift(C)),'k');axis([ - 300,300,0,600]);
title('载波的频谱')
subplot(345),plot(t,x,'k');axis([0,1, - 1.2,1.2]);
title('已调信号的波形')
subplot(346),plot(f,abs(fftshift(X)),'k');axis([ - 300,300,0,120]);
title('已调信号的频谱')
subplot(347),plot(t,y,'k'); axis([0,1,0,1.2]);
title('解调信号的波形')
subplot(348),plot(f,abs(fftshift(Y)),'k');axis([ - 300,300,0,120]);
title('解调信号的频谱')
subplot(3,4,10),plot(f,abs(fftshift(H)),'k');axis([ - 300,300,0,1.25]);
title('滤波器传输特性')
subplot(3,4,11),plot(t,m1,'k'),axis([0,1, - 0.25,1.25]);
title('解调滤波后的信号')
```

仿真结果如图 2-8 所示。

2. DSB 信号产生与相干解调的 Simulink 仿真

抑制载波双边带调幅信号产生与相干解调的 Simulink 仿真模型如图 2-9 所示。模型中各模块的主要参数设置见表 2-2。

表 2-2 DSB 信号的 Simulink 仿真参数

模 块 名 称	参 数 名 称	参 数 取 值
Sine Wave Function(调制信号)	Frequency	5
Sine Wave Function1(载波)	Frequency	70
Analog Filter Design	Design method	Butterworth
	Filter type	Lowpass
	Filter order	5
	Passband edge frequency	30

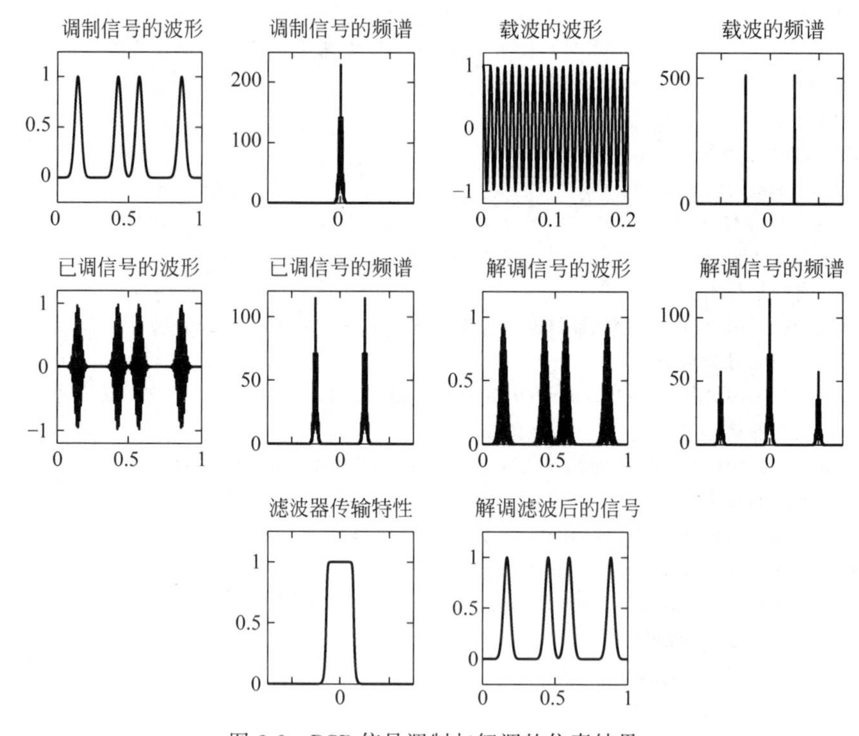

图 2-8 DSB 信号调制与解调的仿真结果

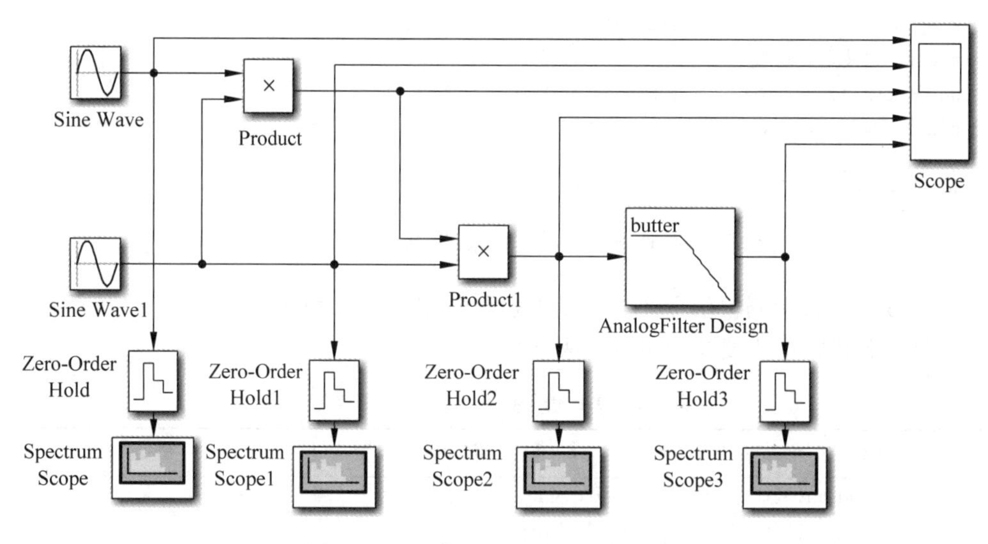

图 2-9 DSB 信号的 Simulink 仿真模型

Simulink 仿真结果如图 2-10 所示，示波器输出波形从上到下依次为调制信号、载波、DSB 信号、相干解调器低通滤波前信号和相干解调器低通滤波后信号。

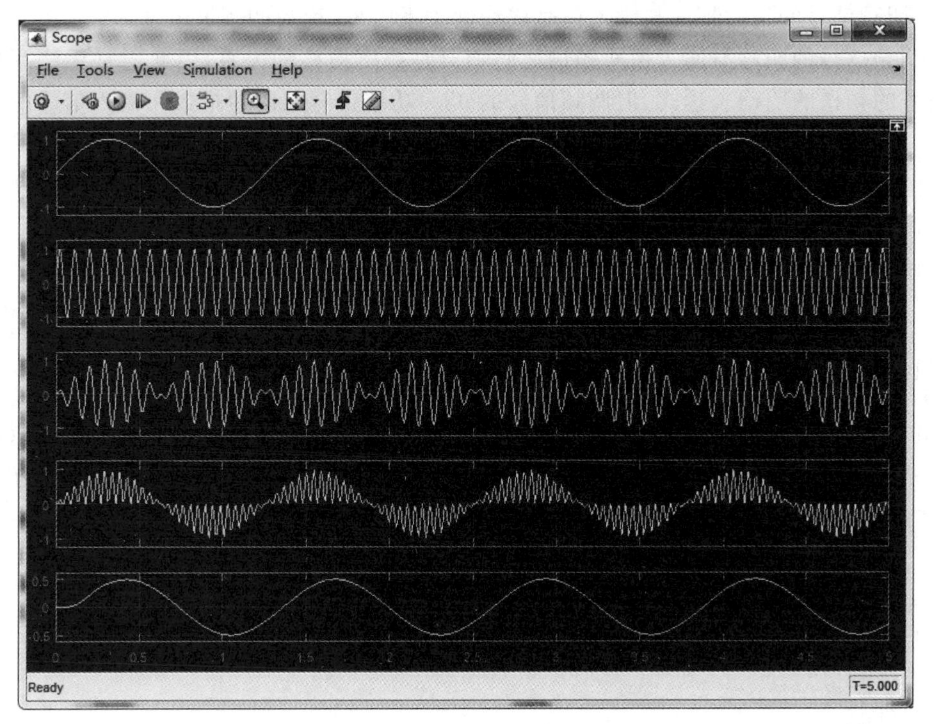

图 2-10　DSB信号的 Simulink 仿真结果

2.2　模拟非线性调制与解调仿真

2.2.1　调频信号的产生与解调

角度调制信号可表示为

$$s_m(t)=A\cos[\omega_c t+\varphi(t)] \tag{2-6}$$

式中，A 为载波振幅；$\omega_c t+\varphi(t)$为已调信号的瞬时相位，记为 $\theta(t)$；$\varphi(t)$为相对于载波相位 $\omega_c t$ 的瞬时相位偏移。$\mathrm{d}[\omega_c t+\varphi(t)]/\mathrm{d}t$ 定义为已调信号的瞬时角频率，记为 $\omega(t)$；而 $\mathrm{d}\varphi(t)/\mathrm{d}t$ 称为相对于载波频率 ω_c 的瞬时频偏。

当正弦载波的频率变化与输入基带信号幅度的变化成线性关系时，就构成了调频(FM)信号。FM 信号可以写成

$$s_{FM}(t)=A\cos[2\pi f_c t+2\pi K_f\int_{-\infty}^{t}m(\tau)\mathrm{d}\tau] \tag{2-7}$$

该信号的瞬时相位为

$$\varphi(t)=2\pi f_c t+2\pi K_f\int_{-\infty}^{t}m(\tau)\mathrm{d}\tau \tag{2-8}$$

瞬时频率为

$$\frac{1}{2\pi}\frac{\mathrm{d}\varphi}{\mathrm{d}t}=f_c+K_f m(t) \tag{2-9}$$

因此,调频信号的瞬时频率与输入信号成线性关系。K_f 称为调频灵敏度。

调频信号的频谱与输入信号频谱之间不再是频率搬移的关系,因此通常无法写出调频信号的频谱的明确表达式,但调频信号的98%功率带宽与调频指数和输入信号的带宽有关。调频指数定义为最大的频率偏移与输入信号带宽 f_m 的比值,即

$$m_f = \frac{\Delta f_{max}}{f_m} \tag{2-10}$$

调频信号的带宽可以根据经验公式—卡森公式近似计算,即

$$B = 2(m_f + 1)f_m \tag{2-11}$$

1. FM信号产生与解调的MATLAB仿真

FM信号可以采用MATLAB的库函数demod()进行解调。设调制信号为 $m(t)=\cos 2\pi t$,载波中心频率为10Hz,调频器的调频灵敏度 $K_f=5\text{Hz/V}$,载波平均功率为1W。FM信号产生与解调的MATLAB仿真程序如下:

```
Kf = 5;                                          % 调频灵敏度
fc = 10;                                         % 载波频率
T = 5;
dt = 0.001;
fs = 1/dt;
t = 0:dt:T;
fm = 1;                                          % 产生调制信号
mt = cos(2 * pi * fm * t);
A = sqrt(2);
mti = 1/2/pi/fm * sin(2 * pi * fm * t);          % 求信号 m(t)的积分
st = A * cos(2 * pi * fc * t + 2 * pi * Kf * mti);  % FM 调制
figure(1);
subplot(311);plot(t,st,'k');hold on;
plot(t,mt,'k--');
title('调频信号')
subplot(312);
[f sf] = T2F(t,st);                              % 调频信号的傅里叶变换
plot(f,abs(sf),'k');                             % 调频信号的幅度谱
axis([-25 25 0 3])
title('调频信号幅度谱')
mo = demod(st,fc,fs,'fm');                       % FM 解调
subplot(313);plot(t,mo,'k');
title('解调信号')

% 脚本文件 T2F.m 定义了函数 T2F,计算信号的傅里叶变换
function[f,sf] = T2F(t,st)
dt = t(2) - t(1);
T = t(end);
df = 1/T;
N = length(st);
f = -N/2 * df:df:N/2 * df - df;
sf = fft(st);
sf = T/N * fftshift(sf);
```

仿真结果如图 2-11 所示。

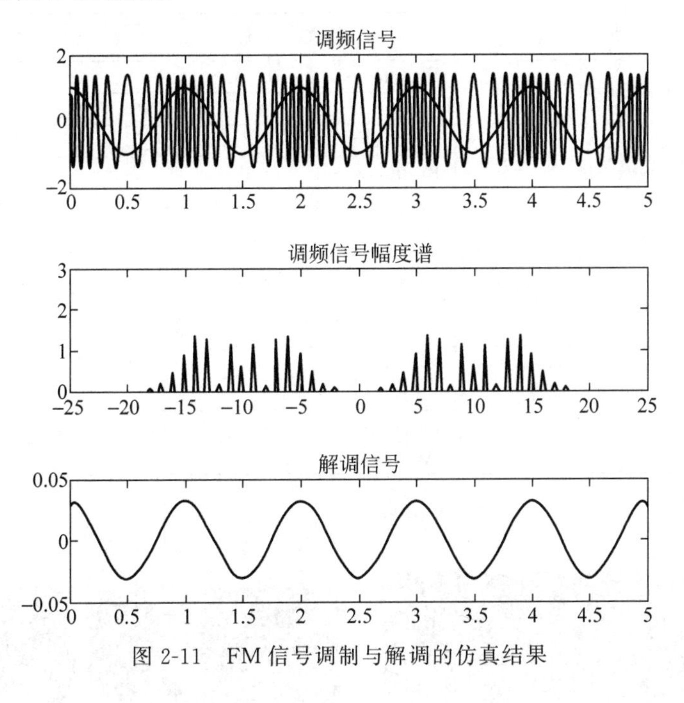

图 2-11　FM 信号调制与解调的仿真结果

2. FM 信号产生与解调的 Simulink 仿真

FM 信号产生与解调的 Simulink 仿真模型如图 2-12 所示。

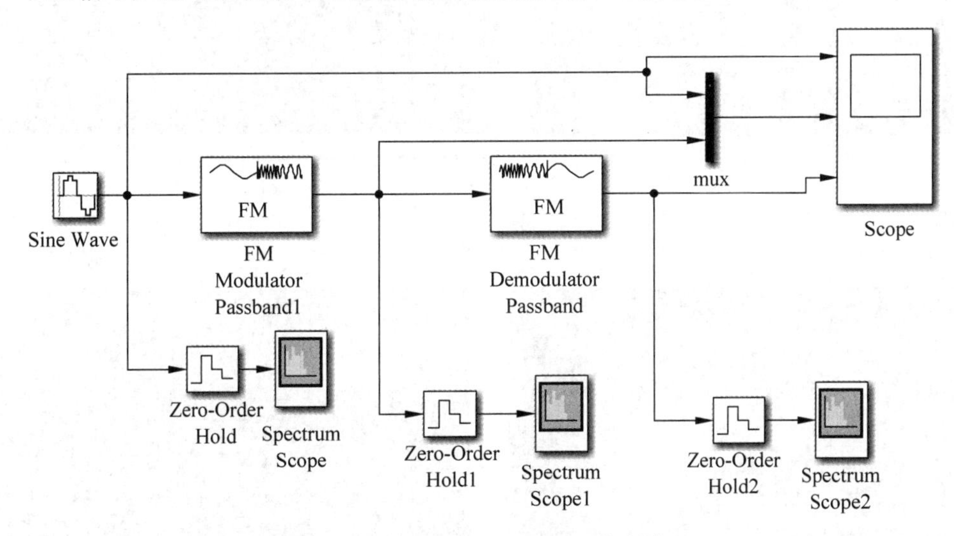

图 2-12　FM 信号的 Simulink 仿真模型

模型中各模块的主要参数设置见表 2-3。

Simulink 仿真结果如图 2-13 所示，示波器输出波形从上到下依次是调制信号、调频信号、解调信号。

表 2-3　FM 信号的 Simulink 仿真参数

模　　块	参数名称	参数取值
Sine Wave Function(调制信号)	Frequency(rad/s)	200 * pi
	Amplitude	1
FM Modulator Passband	CarrierFrequency(Hz)	1000
	Frequency deviation(Hz)	100
FM Demodulator Passband	Carrier Frequency(Hz)	1000
	Frequency deviation(Hz)	100
	Hilbert transform filter order	100
Zero-Order Hold/Zero-Order Hold1/Zero-Order Hold2	Sample Time(s)	1/4000
Spectrum Scope/Spectrum Scope1/Spectrum Scope2	Window length	1024
	NFFT	1024
	Overlap	9.7656
	Averages	2

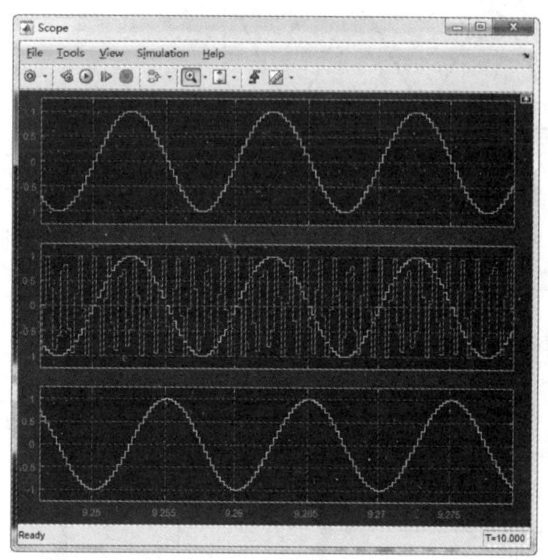

示波器波形

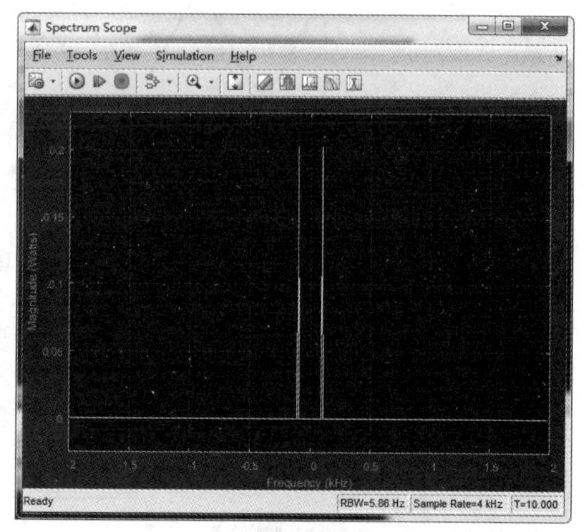

调制信号频谱

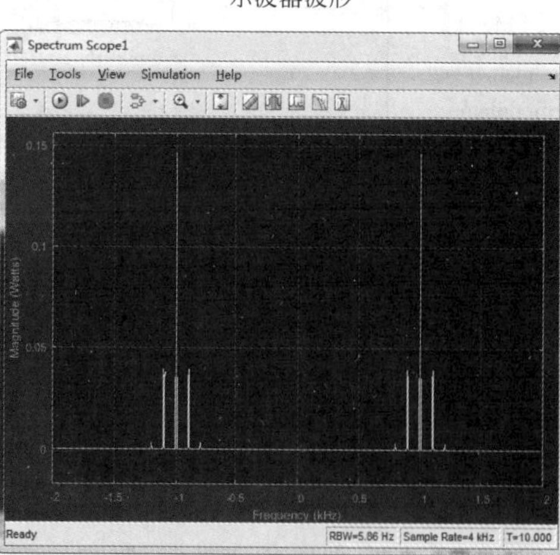

FM信号频谱

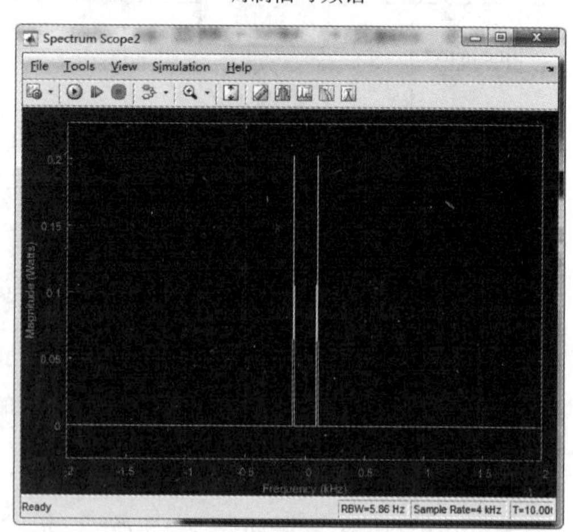

解调信号频谱

图 2-13　FM 信号的 Simulink 仿真结果

2.2.2 调相信号的产生与解调

当瞬时相位偏移随调制信号 $m(t)$作线性变化时,这种调制方式称为调相,此时瞬时相位偏移可表达为

$$\varphi(t)=K_{\mathrm{p}}m(t) \tag{2-12}$$

式中,K_{p} 为相移指数(调相灵敏度),含义是单位调制信号幅度引起调相信号的相位偏移量,单位是 rad/V。因此调相(PM)信号为

$$s_{\mathrm{PM}}(t)=A\cos[\omega_{\mathrm{c}}t+K_{\mathrm{p}}m(t)] \tag{2-13}$$

1. PM 信号产生与解调的 MATLAB 仿真

设调制信号为 $m(t)=\cos(10\pi t)$,载波中心频率为 100Hz,调相器的调相灵敏度 K_{p} 为 5rad/V,载波平均功率为 1W。调频信号产生与解调的 MATLAB 仿真程序如下:

```
%主程序
t0 = 1;                                    %信号的持续时间,用来定义时间向量
ts = 0.001;                                %采样间隔
fs = 1/ts;                                 %采样频率
fc = 100;                                  %载波频率,fc 可以任意改变
t = [ - t0/2:ts:t0/2];                     %时间向量
kf = 100;                                  %偏差常数
df = 0.25;                                 %频率分辨率,用在求傅里叶变换时,它表示快速
                                           %傅里叶变换的最小频率间隔
m = cos(pi * 10 * t);                      %调制信号,m(t)可以任意更改
int_m(1) = 0;                              %求信号 m(t)的积分
fori = 1:length(t) - 1
int_m(i + 1) = int_m(i) + m(i) * ts;
end
[M,m,df1] = fftseq(m,ts,df);               %对调制信号 m(t)求傅里叶变换
M = M/fs;                                  %缩放,便于在频谱图上整体观察
f = [0:df1:df1 * (length(m) - 1)] - fs/2;  %时间向量对应的频率向量
u = cos(2 * pi * fc * t + 2 * pi * kf * int_m);  %调制后的信号
[U,u,df1] = fftseq(u,ts,df);               %对调制后的信号 u 求傅里叶变换
U = U/fs;                                  %缩放
%通过调用子程序 env_phas 和 loweq 来实现解调功能
[v,phase] = env_phas(u,ts,fc);             %解调,求出 u 的相位
phi = unwrap(phase);                       %校正相位角,使相位在整体上连续,便于后面对
                                           %该相位角求导
dem = (1/(2 * pi * kf)) * (diff(phi) * fs);  %对校正后的相位求导
                                           %再经一些线性变换来恢复
%原调制信号乘以 fs 是为了恢复原信号,因为前面使用了缩放
subplot(2,2,1)                             %子图形式显示结果
plot(t,m(1:length(t)))                     %现在的 m 信号是重新构建的信号,
%因为在对 m 求傅里叶变换时 m = [m,zeros(1,n - n2)]
axis([ - 0.5 0.5 -1 1])                    %定义两轴的刻度
```

```
xlabel('时间 t')
title('调制信号的时域图')
subplot(2,2,3)
plot(t,u(1:length(t)))
axis([ - 0.5 0.5  - 1 1])
xlabel('时间 t')
title('已调信号的时域图')
subplot(2,2,2)
plot(f,abs(fftshift(M)))                    % fftshift:将快速傅里叶变换中的 DC 分量移到频谱中心
axis([ - 600 600 0 0.05])
xlabel('频率 f')
title('调制信号的频谱图')
subplot(2,2,4)
plot(f,abs(fftshift(U)))
axis([ - 600 600 0 0.05])
xlabel('频率 f')
title('已调信号的频谱图')

% 求信号相角的子函数,这是调频、调相都要用到的方法
function [v,phi] = env_phas(x,ts,f0)
if nargout == 2                              % nargout 为输出参量的个数
   z = loweq(x,ts,f0);                       % 产生调制信号的正交分量
    phi = angle(z);                          % angle 是对一个复数求相角的函数
end
v = abs(hilbert(x));                         % abs 用来求复数 hilbert(x)的模

% 求傅里叶变换的子函数
function [M,m,df] = fftseq(m,ts,df)
fs = 1/ts;
if nargin == 2 n1 = 0;                       % nargin 为输入参量的个数
else n1 = fs/df;
end
n2 = length(m);
n = 2^(max(nextpow2(n1),nextpow2(n2)));
% nextpow2(n)取 n 最接近的较大 2 次幂
M = fft(m,n);                                % 傅里叶变换,n 为快速傅里叶变换的点数
m = [m,zeros(1,n - n2)];                     % 构建新的 m 信号
df = fs/n;                                   % 重新定义频率分辨率

% 产生调制信号的正交分量
function x1 = loweq(x,ts,f0)
t = [0:ts:ts * (length(x) - 1)];
z = hilbert(x);                              % 希尔伯特变换对的应用——通过实部来求虚部
x1 = z. * exp( - j * 2 * pi * f0 * t);       % 产生信号 z 的正交分量,并将 z 信号与它的
                                             % 正交分量加在一起
```

Simulink 仿真结果如图 2-14 所示。

2. PM 信号产生与解调的 Simulink 仿真

PM 信号的 Simulink 仿真模型如图 2-15 所示。

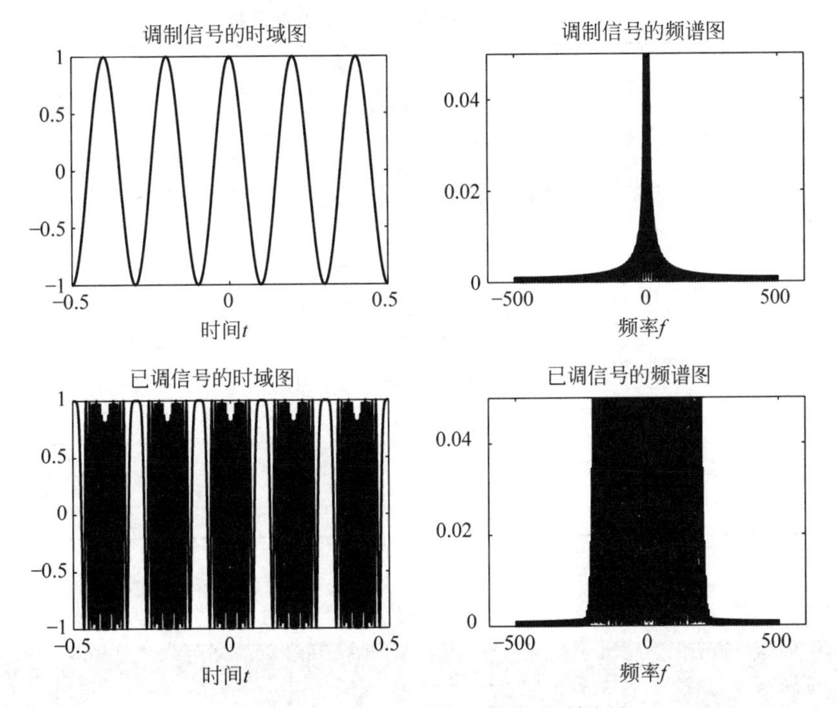

图 2-14　PM 信号调制与解调的仿真结果

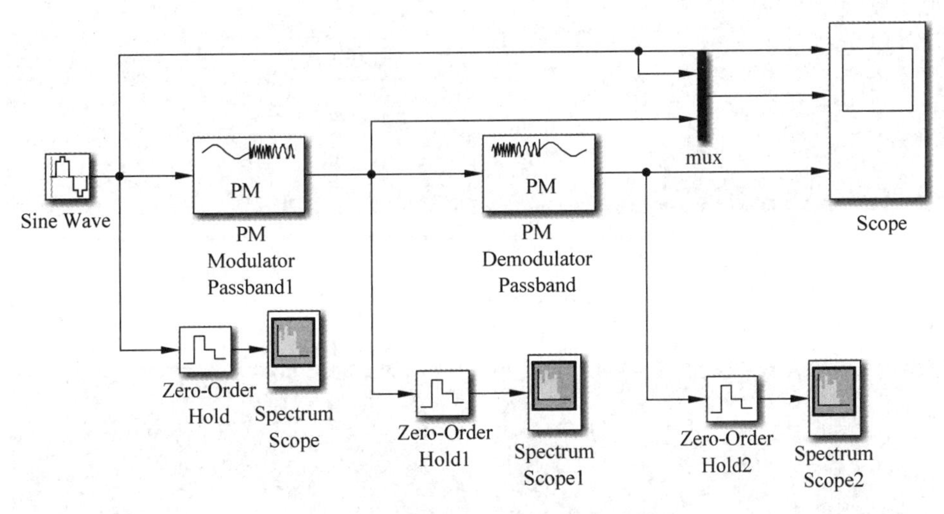

图 2-15　PM 信号的 Simulink 仿真模型

模型中各模块的主要参数设置见表 2-4。

Simulink 仿真结果如图 2-16 所示，示波器从上到下依次是调制信号、调相信号、解调信号。

表 2-4　PM 信号的 Simulink 仿真参数

模　　块	参 数 名 称	取　　值
Sine Wave Function(调制信号)	Frequency(rad/s)	20 * pi
	Amplitude	1
	Sample Time(s)	1/400
PM Modulator Passband	Carrier Frequency(Hz)	100
	Phase deviation(rad)	pi/2
PM Demodulator Passband	CarrierFrequency(Hz)	100
	Phase deviation(rad)	pi/2
	Hilbert transform filter order	100
Zero-Order Hold/Zero-Order Hold1/Zero-Order Hold2	Sample Time(s)	1/400
Spectrum Scope/Spectrum Scope1/Spectrum Scope2	Window length	1024
	NFFT	1024
	Overlap	9.7656
	Averages	2

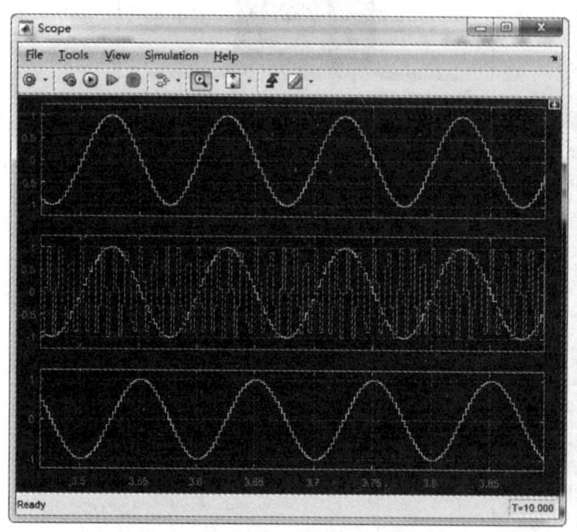

示波器波形

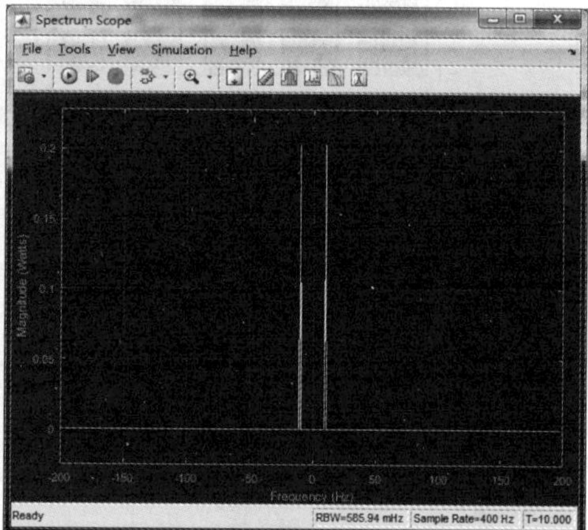

调制信号频谱

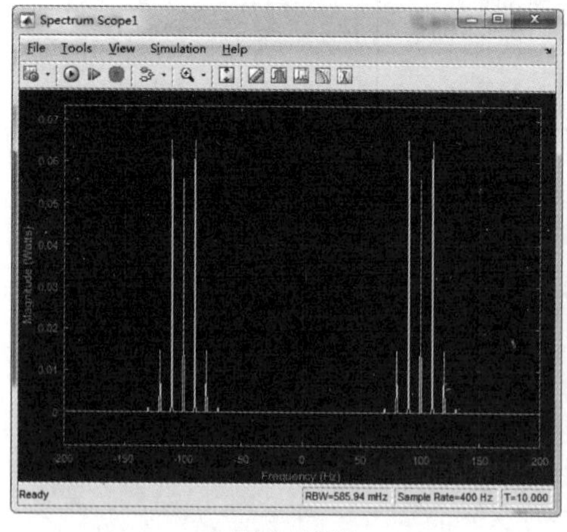

已调信号频谱

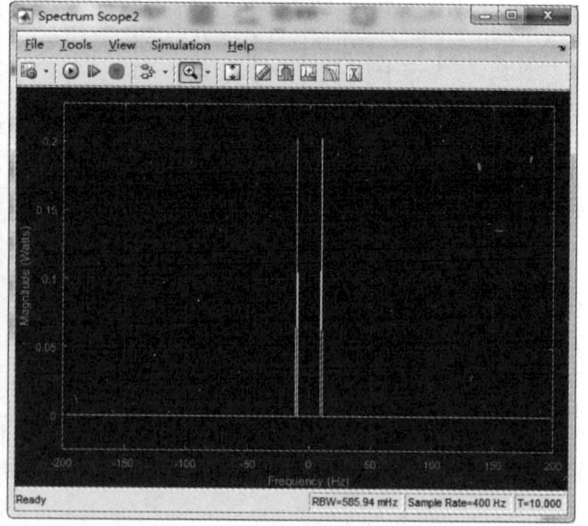

解调信号频谱

图 2-16　PM 信号的 Simulink 仿真结果

第3章 数字基带信号与发送滤波器的MATLAB/Simulink仿真

数字通信系统中，从信源发出的数字信息可以表示成数字码元序列，数字基带信号是数字码元序列的脉冲电压或电流表现形式。数字基带信号的波形可以采用方波、三角波、升余弦波形等。由于数字信道的特性及要求不同，例如，很多信道不能传输信号的直流分量和频率很低的分量。另外，为了在接收端得到每个码元的起止时刻，需要在发送的信号中带有码元起止时刻的信息，为此需要将原码元依照一定的规则转换成适合信道传输要求的传输码(又称作线路码)。

为了保证信号在传输时不出现或少出现码间干扰，基带传输系统的设计必须满足奈奎斯特(Nyquist)第一准则。满足奈奎斯特第一准则的基带传输系统有很多种，最简单的一种就是理想低通系统。但实际传输中，不可能有绝对理想的基带传输系统，常常采用具有奇对称“滚降”特性的低通滤波器(发送滤波器)对信号进行成形滤波。本章将介绍基带信号波形、码型以及成形滤波器的仿真方法。

3.1　数字基带信号波形仿真

数字基带信号的波形经常采用方波，其中最基本的二进制基带信号波形有单极性归零波形、单极性不归零波形、双极性归零波形、双极性不归零波形，如图 3-1 所示。

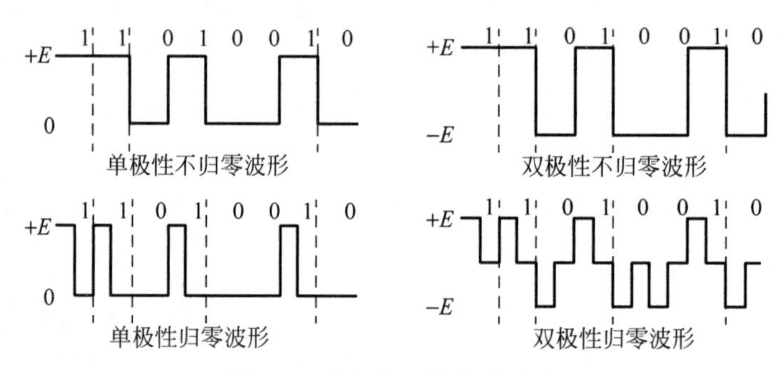

图 3-1　常见的基带信号波形

1. 数字基带信号波形的 MATLAB 仿真

下面通过 MATLAB 程序来仿真一串随机消息代码的基带信号波形，首先产生 1000 个随机信号序列，分别用单极性归零码、单极性不归零码、双极性归零码和双极性不归零码编码，并且求平均功率谱密度。其中基本波形的 MATLAB 仿真流程如图 3-2 所示。

源代码(以双极性为例)如下：

```
close all
clear all
k = 14;                                    %采样点数的设置
L =  32;                                   %每码元采样数的设置
N = 2^k;
M = N/L;                                   %M为码元个数
dt = 1/L;                                  %时域采样间隔
```

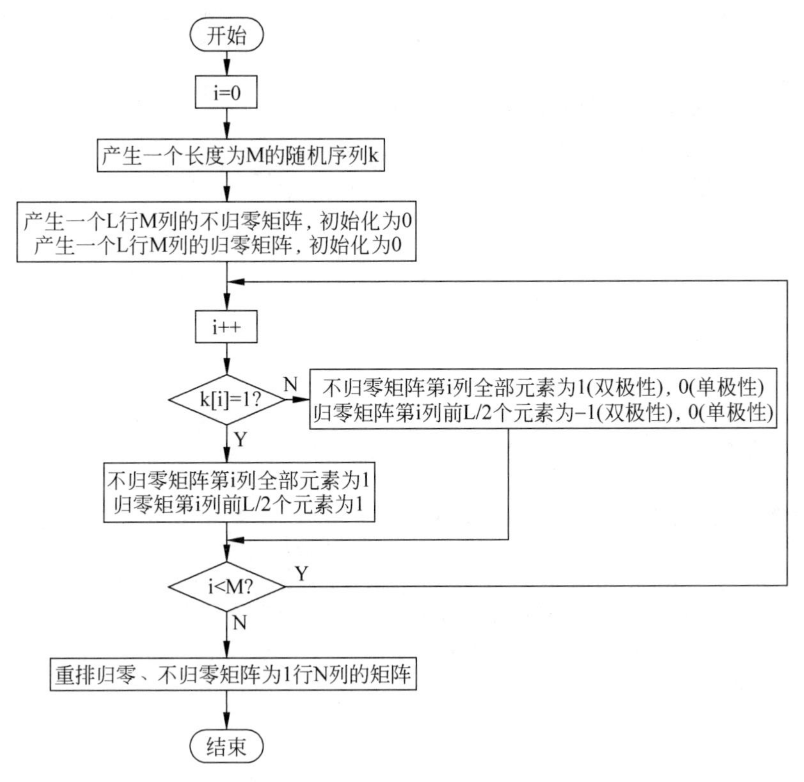

图 3-2　二进制基带信号仿真流程

```
T = N * dt;                               % 时域截断区间
df = 1.0/T;                               % 频域采样间隔
Bs = N * df/2;                            % 频域截断区间
t = linspace( - T/2,T/2,N);               % 产生时域采样点
f = linspace( - Bs,Bs,N);                 % 产生频域采样点
EP1 = zeros(size(f));
EP2 = zeros(size(f));
EP3 = zeros(size(f));

% 程序第 1 部分:随机产生 1000 列 0、1 信号序列,分别对其进行归零编码和不归零编码,求各自的功率谱密度,并求功率谱密度的均值
for x = 1:1000                            % 采样 1000 次
    k = round(rand(1,M));                 % 产生一个长度为 M 的随机序列 k,0 和 1 等概率出现
    nrz = zeros(L,M);                     % 产生一个 L 行 M 列的不归零矩阵,初始化为全 0 矩阵
    rz = zeros(L,M);                      % 产生一个 L 行 M 列的归零矩阵,初始化为全 0 矩阵
      for i = 1:M
      ifk(i) == 1
                nrz(:,i) = 1;             % 使不归零矩阵第 i 列全部元素都为 1
      rz(1:L/2,i) = 1;                    % 使归零矩阵第 i 列前 L/2 个元素为 1
      else
      nrz(:,i) = - 1;                     % 使不归零矩阵第 i 列全部元素都为 - 1
```

```
        rz(1:L/2,i) = -1;                    %使归零矩阵第 i 列前 L/2 个元素为 -1
        end
        end
      %分别重排 nrz、rz 矩阵为 1 行 N 列的矩阵
      nrz = reshape(nrz,1,N);
      rz = reshape(rz,1,N);
          %作傅里叶变换并计算功率谱密度
          NRZ = t2f(nrz,dt);
          P1 = NRZ.*conj(NRZ)/T;
          RZ = t2f(rz,dt);
      P2 = RZ.*conj(RZ)/T;
          %求功率谱密度的均值
          EP1 = (EP1*(x-1) + P1)/x;
          EP2 = (EP2*(x-1) + P2)/x;
end
%程序第 2 部分:绘制波形图和功率谱密度曲线
figure(1)                                    %开启一个编号为 1 的绘图窗口
subplot(2,2,1);plot(t,nrz)                   %绘制双极性不归零码的时域图
axis([-5,5,min(nrz)-0.1,max(nrz)+0.1])
title('双极性不归零码','fontsize',12)
xlabel('t(ms)','fontsize',12)
ylabel('nrz(t)','fontsize',12)
grid on
subplot(2,2,2);plot(t,rz)                    %绘制双极性归零码的时域图
axis([-5,5,min(rz)-0.1,max(rz)+0.1])
title('双极性归零码','fontsize',12)
xlabel('t(ms)','fontsize',12)
ylabel('rz(t)','fontsize',12)
grid on
subplot(2,2,3);plot(f,EP1)                   %绘制双极性不归零码的功率谱密度图
axis([-5,5,0,1.2])
title('双极性不归零码功率谱密度图','fontsize',12)
xlabel('f(kHz)','fontsize',12)
ylabel('P1(f)','fontsize',12)
grid on
subplot(2,2,4);plot(f,EP2)                   %绘制双极性归零码的功率谱密度图
axis([-5,5,0,0.3])
title('双极性归零码功率谱密度图','fontsize',12)
xlabel('f(kHz)','fontsize',12)
ylabel('P2(f)','fontsize',12)
grid on
```

上面程序中需要调用一个傅里叶变换的函数 t2f,该函数定义如下:

```
%将时域信号作傅里叶变换到频域, x 必须是二阶的矩阵,dt 是信号的时域分辨率
function X = t2f(x,dt)
X = fftshift(fft(x))*dt;
```

双极性和单极性二进制信号的波形及功率谱分别如图 3-3、图 3-4 所示。

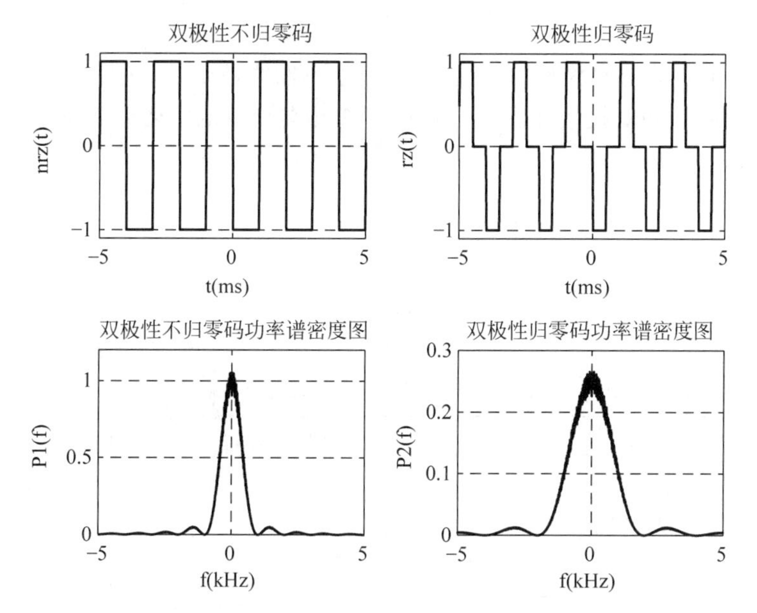

图 3-3　双极性二进制信号波形的 MATLAB 仿真结果

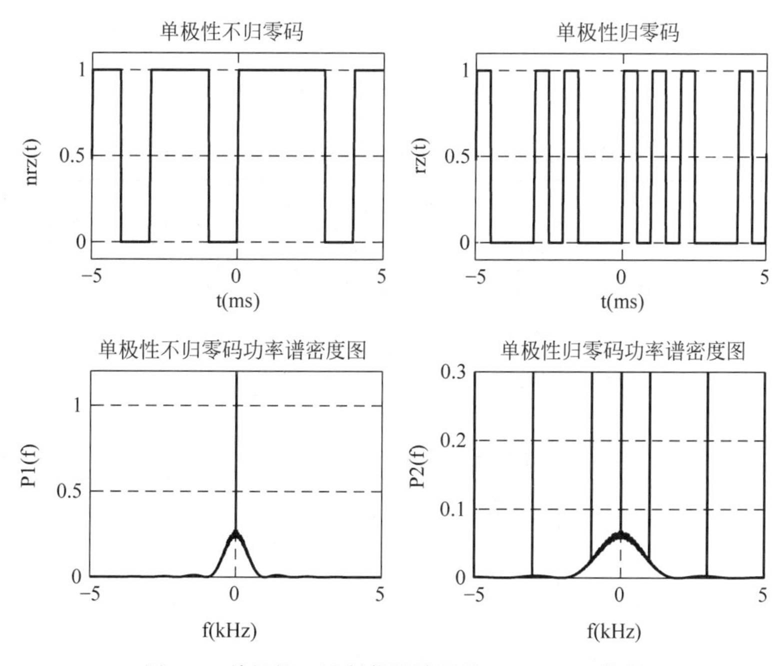

图 3-4　单极性二进制信号波形的 MATLAB 仿真

2. 数字基带信号波形的 Simulink 仿真

用 Simulink 实现对单极性归零波形、单极性不归零波形、双极性归零波形和双极性不归零波形的仿真，仿真模型如图 3-5 所示，模型中各模块的主要参数设置见表 3-1。

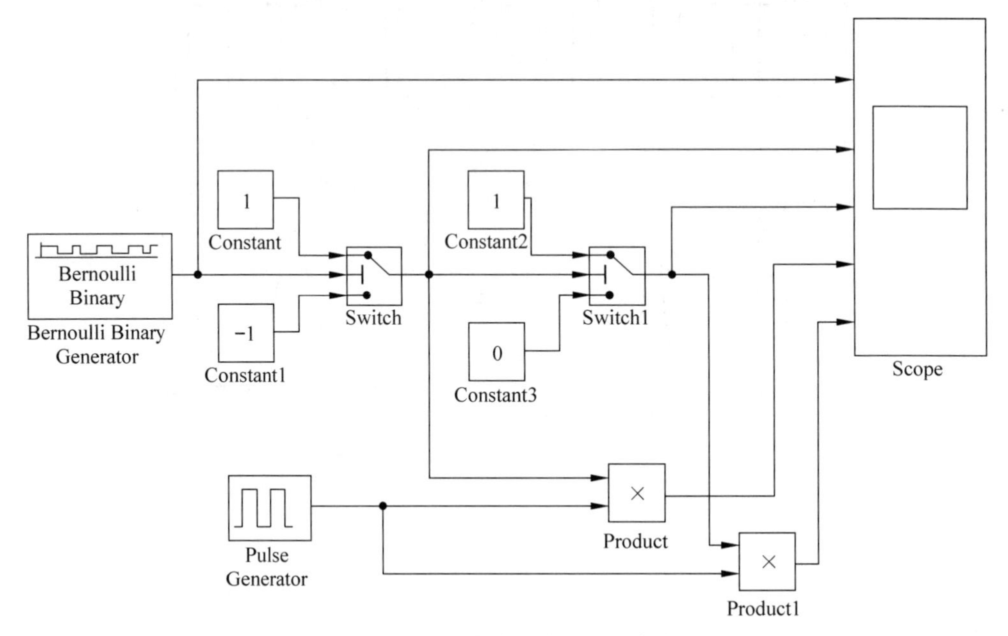

图 3-5 数字基带信号波形的仿真模型

表 3-1 数字基带信号波形的 Simulink 仿真参数

模　　块	参数名称	取　　值
Bernoulli Binary Generator	Probability of a zero	0.3
	Initial seed	61
	Sample time	1(s)
Switch	Criteria for passing first in put	u2>=Threshold
	Threshold	0.5
Switch 1	Criteria for passing first in put	u2>=Threshold
	Threshold	0
Pulse Generator	Period	1(s)
	Pulse Width	50(% of period)

Simulink 仿真结果如图 3-6 所示，示波器从上到下依次是原始信号、双极性不归零信号、单极性不归零信号、双极性归零信号和单极性归零信号。

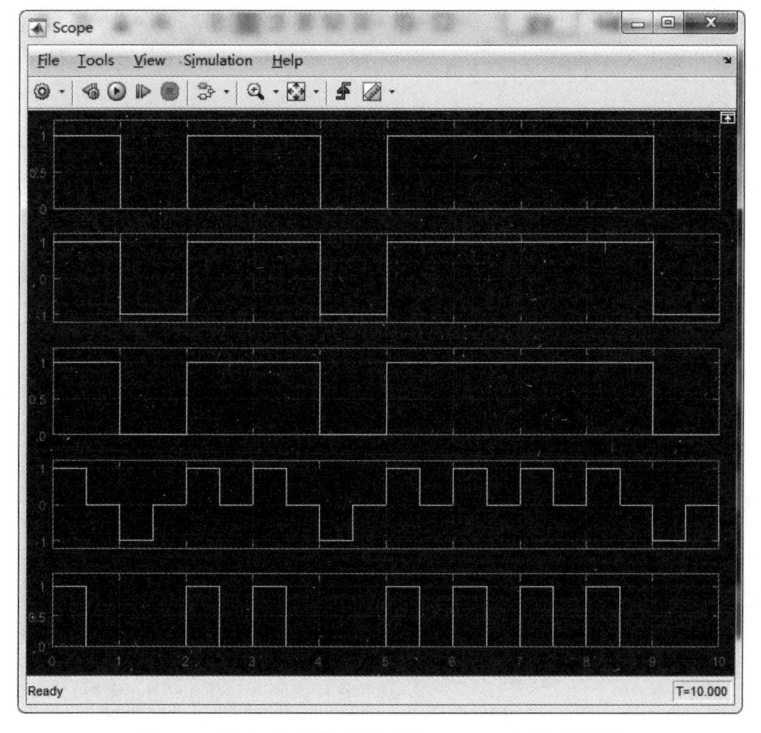

图 3-6 数字基带信号波形的 Simulink 仿真结果

3.2 数字基带信号码型仿真

在基带信号传输时，由于不同传输媒介具有不同的传输特性，需要使用不同的接口线路码型（传输码）。为了匹配于基带信道的传输特性，并考虑到接收端提取时钟方便，传输码应具备以下的特性：

（1）不含直流分量，且低频分量较少；

（2）含有分富的定时信息，便于从接收码流中提取位同步时钟信号；

（3）功率谱主瓣宽度窄，以节省传输频带；

（4）不受信息源统计特性的影响；

（5）具有内在的监错能力；

（6）编译码简单，以降低通信延时和成本。

满足或部分满足以上特性的传输码型种类很多，下面介绍目前常用的几种传输码的仿真。

3.2.1 数字双相码

双相码，又名曼彻斯特（Manchester）码，其编码规则是：将信息代码“0”编码为线路码“01”；信息代码“1”编码为线路码“10”。双相码常用于局域网传输，每一位的中间的跳变既作时钟信号,又作数据信号。

1. 数字双相码的 MATLAB 仿真

下面通过 MATLAB 程序来仿真一串随机消息代码的基带信号波形。首先产生 1000 个随机信号序列,用双相码的编码规则进行编码,并且求平均功率谱密度。其中编码部分的 MATLAB 仿真流程如图 3-7 所示。

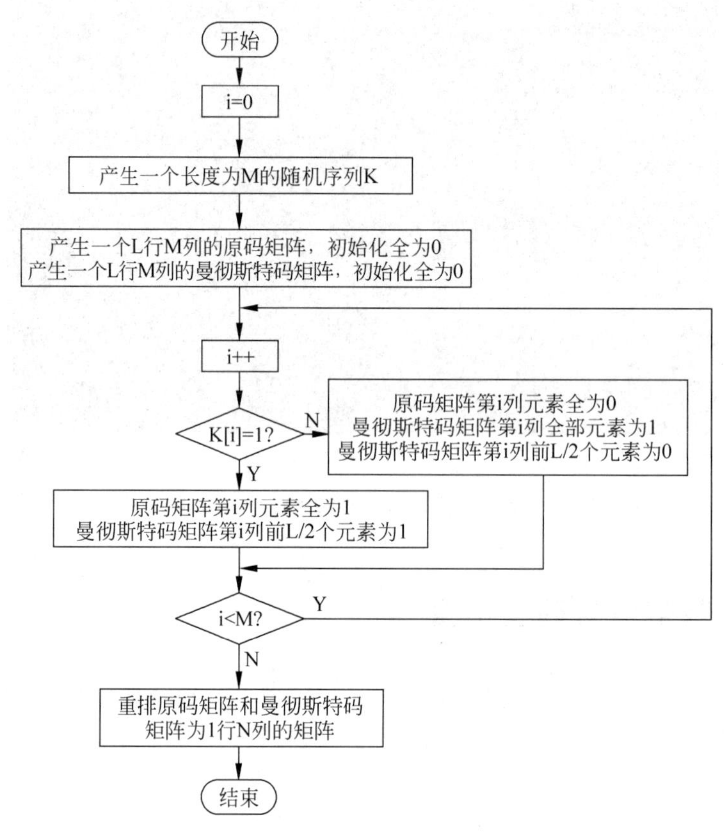

图 3-7　数字双相码的仿真流程

源代码如下：

```
close all
clear all
%采样点数的设置
k = 14;
%每码元采样数的设置
L = 128;
N = 2^k;
M = N/L;                          %M 为码元个数
dt = 1/L;                         %时域采样间隔
T = N * dt;                       %时域截断区间
df = 1.0/T;                       %频域采样间隔
```

```
Bs = N * df/2;                    % 频域截断区间
t = linspace( - T/2,T/2,N);       % 产生时域采样点
f = linspace( - Bs,Bs,N);         % 产生频域采样点
EP1 = zeros(size(f));
EP2 = zeros(size(f));
EP3 = zeros(size(f));
for x = 1:1000                    % 采样 1000 次
  K = round(rand(1,M));           % 产生一个长度为 M 的随机序列 K,0 和 1 等概率出现
  original = zeros(L,M);          % 产生一个 L 行 M 列的原码矩阵,初始化为全 0 矩阵
  Manchester  = zeros(L,M);       % 产生一个 L 行 M 列的曼彻斯特码矩阵,初始化为全 0 矩阵
  for i = 1:M
      if K(i) == 1
          original (:,i) = 1;        % 原码
          Manchester (1:L/2,i) = 1; % 使曼彻斯特码矩阵第 i 列前 L/2 个元素为 1
      else
          original (:,i) = 0;        % 原码
          Manchester (:,i) = 1;      % 使曼彻斯特码矩阵第 i 列为 1
          Manchester (1:L/2,i) = 0; % 使曼彻斯特码矩阵第 i 列前 L/2 个元素为 0
      end
  end
  %% ------------- 分别重排 nrz、曼彻斯特码矩阵为 1 行 N 列的矩阵 ----------- %%
    original  = reshape(original,1,N);
    Manchester  = reshape(Manchester,1,N);
     % 作傅里叶变换并算出功率谱密度
    ORIGINAL  = t2f(original,dt);
    P1 = ORIGINAL. * conj(ORIGINAL)/T;
    MANCHESTER = t2f(Manchester,dt);
    P2 = MANCHESTER. * conj(MANCHESTER)/T;
     % 求功率谱密度的均值
    EP1 = (EP1 * (x - 1) + P1)/x;
    EP2 = (EP2 * (x - 1) + P2)/x;
end
figure(1)                         % 开启一个编号为 1 的绘图窗口
subplot(2,2,1);
plot(t,original);                 % 绘制原码的时域图
axis([ - 5,5,min(original) - 0.1,max(original) + 0.1]);
title('原码','fontsize',12);
xlabel('t(ms)','fontsize',12);
ylabel('original(t)','fontsize',12);
grid on
subplot(2,2,2);
plot(t,Manchester) ;              % 绘制数字双相码的时域图
axis([ - 5,5,min(Manchester) - 0.1,max(Manchester) + 0.1]);
title('数字双相码','fontsize',12);
xlabel('t(ms)','fontsize',12);
ylabel('Manchester (t)','fontsize',12);
grid on
subplot(2,2,3);plot(f,EP1);       % 绘制原码的功率谱密度图
axis([ - 5,5,0,0.3]);
title('原码功率谱密度图','fontsize',12);
xlabel('f(kHz)','fontsize',12);
ylabel('P1(f)','fontsize',12);
```

```
grid on
subplot(2,2,4);plot(f,EP2) ;        %绘制数字双相码的功率谱密度图
axis([-5,5,0,0.15]);
title('数字双相码功率谱密度图','fontsize',12);
xlabel('f(kHz)','fontsize',12);
ylabel('P2(f)','fontsize',12);
grid on
```

数字双相码的仿真结果如图 3-8 所示。

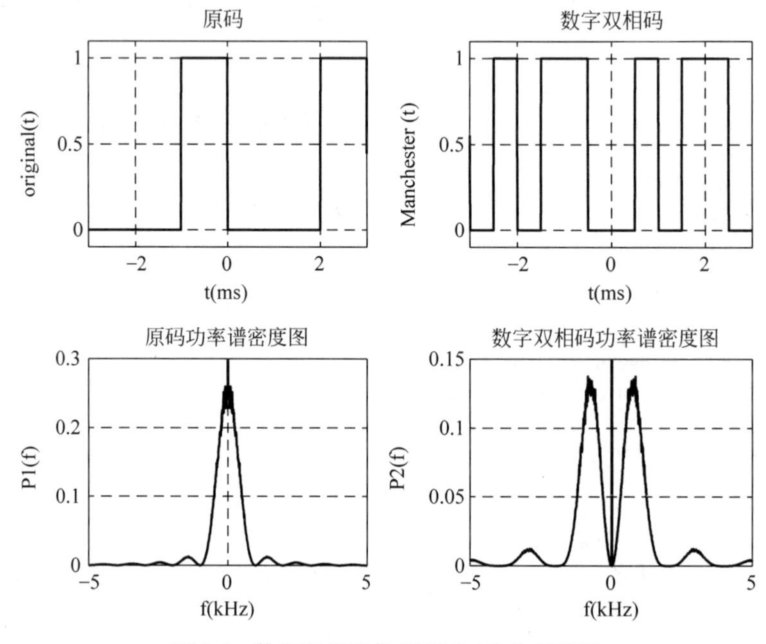

图 3-8 数字双相码的 MATLAB 仿真结果

2. 数字双相码的 Simulink 仿真

用 Simulink 实现对数字双相码的仿真，仿真模型如图 3-9 所示，模型中各模块的主要参数设置见表 3-2。

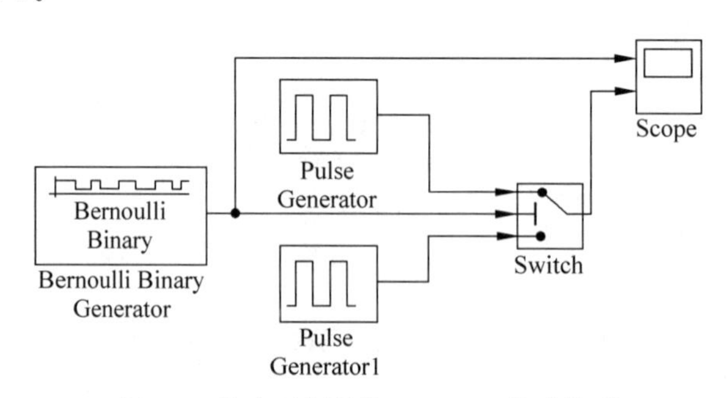

图 3-9 数字双相码的 Simulink 仿真模型

表 3-2 数字双相码的 Simulink 仿真参数

模　　块	参数名称	取　　值
Bernoulli Binary Generator	Probability of a zero	0.5
	Initial seed	61
	Sample time	1(s)
Switch	Criteria for passing first in put	u2>=Threshold
	Threshold	0.5
Pulse Generator	Period	1(s)
	Pulse Width	50(% of period)
	Phase delay	0
Pulse Generator1	Period	1(s)
	Pulse Width	50(% of period)
	Phase delay	0.5

Simulink 仿真结果如图 3-10 所示，示波器输出从上到下依次为原始信号波形、数字双相码波形。

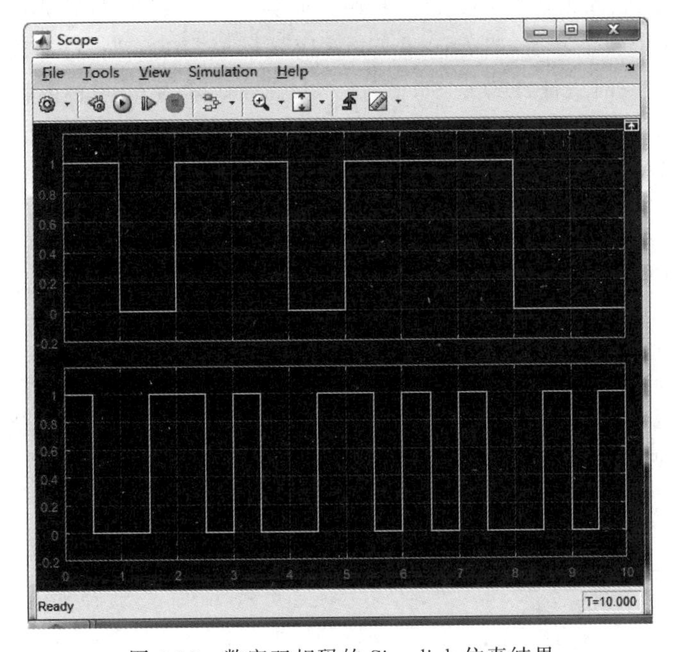

图 3-10 数字双相码的 Simulink 仿真结果

3.2.2 三阶高密度双极性码

三阶高密度双极性码(HDB_3 码)，其编码规则是：当信息代码中连“0”个数不大于 3 时，“1”码用正负脉冲交替表示；当信息代码中连“0”个数大于 3 时，将每 4 个连“0”串的第 4 个“0”编码为与前一非“0”码同极性的正脉冲或负脉冲，该脉冲为破坏码或 V 码，为保证加V码后输出仍无直流分量，则需要：①相邻V码的极性必须相反，为此当相邻V码间有偶数个“1”时，将后面的连“0”串中第1个“0”编码为B符号，B符号的极性与前一非“0”码的极性相反，而B符号后面的V码与B符号的极性相同；②V码后面的非“0”符号的极性再交替反转。HDB_3码是CCITT推荐作为PCM语音系统四次群线路接口码型，在光缆传输系统中采用。图3-11是原码与HDB_3码的波形图。

原码：1000 0 1 000 0 1 1000 0 0 1 1

HDB_3码：+1 [000 +V] −1 [000 −V] +1 −1 [+B 0 0 +V] 0 −1+1

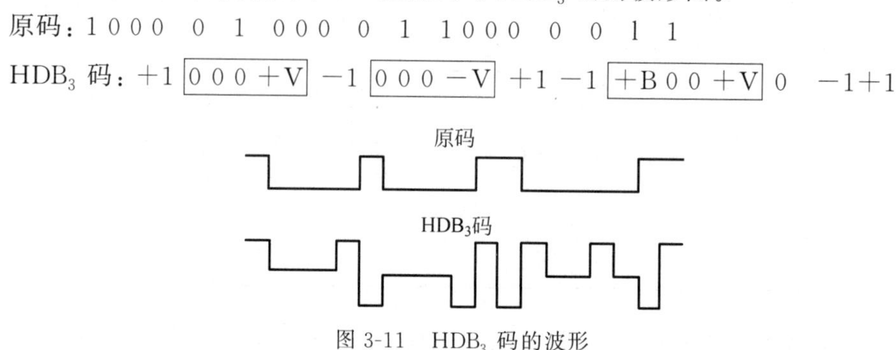

图3-11 HDB_3码的波形

HDB_3码虽然编码很复杂，但解码规则很简单：若3连“0”前后非零脉冲同极性，则将最后一个非零元素译为零，如+1000+1就应该译成“10000”；若2连“0”前后非零脉冲极性相同，则两零前后都译为零，如−100−1就应该译为0000。再将所有的−1变换成+1后，就可以得到原消息代码。

HDB_3的MATLAB仿真

源程序如下：

```
x = [1 0 1 1 0 0 0 0 0 0 0 1 1 1 0 0 0 0 0 0 0 1 0];    % 输入原码
y = x;                                                  % 输出y初始化
num = 0;                                                % 计数器初始化
for k = 1:length(x)
   if x(k) == 1
      num = num + 1;                                    % "1"计数器
         if num/2  ==  fix(num/2)                       % 奇数个"1"时输出-1,进行极性交替
              y(k) = 1;
         else
              y(k) = -1;
         end
    end
end
% HDB3 编码
num = 0;                                                % 连零计数器初始化
yh = y;                                                 % 输出初始化
sign = 0;                                               % 极性标志初始化为0
V = zeros(1,length(y));                                 % 记录V脉冲位置的变量
B = zeros(1,length(y));                                 % 记录B脉冲位置的变量
```

```
for k = 1:length(y)
    if y(k) == 0
        num = num + 1;                      % 连"0"个数计数
        if num == 4                         % 如果 4 连"0"
          num = 0;                          % 计数器清零
          yh(k) = 1 * yh(k - 4);            % 让 4 连"0"的最后一个"0"变为与前一个非零
                                            % 符号相同极性的符号

          V(k) = yh(k);                     % V 脉冲位置记录
          if yh(k) == sign                  % 如果当前 V 符号与前一个 V 符号的极性相同
              yh(k) = - 1 * yh(k);          % 则让当前 V 符号极性反转
              yh(k - 3) = yh(k);            % 添加 B 符号,与 V 符号同极性
              B(k - 3) = yh(k);             % B 脉冲位置记录
              V(k) = yh(k);                 % V 脉冲位置记录
              yh(k + 1:length(y)) = - 1 * yh(k + 1:length(y));
                                            % V 后面的非零符号从 V 开始再交替

          end
        sign = yh(k);                       % 记录前一个 V 符号的极性
      end
  else
      num = 0;                              % 当前输入为"1"则连零计数器清零
  end
end                                         % 编码完成
% HDB3 解码
input = yh;                                 % HDB3 码输入
decode = input;                             % 输出初始化
sign = 0;                                   % 极性标志初始化
for k = 1:length(yh)
    if input(k) ~= 0
        if sign == yh(k)                    % 如果当前码与前一个非零码的极性相同
            decode(k - 3:k) = [0 0 0 0];    % 则该码判为 V 码并将 * 00V 清零
        end
        sign = input(k);                    % 极性标志
    end
end
decode = abs(decode);                       % 整流
subplot(3,1,1);stairs([0:length(x) - 1],x);axis([0 length(x)  - 0.2 1.2]);
title('原码');
subplot(3,1,2);stairs([0:length(x) - 1],yh);axis([0 length(x)  - 1.2 1.2]);
title('HDB3 编码');
subplot(3,1,3);stairs([0:length(x) - 1],decode);axis([0 length(x)  - 0.2 1.2]);
title('HDB3 解码');
```

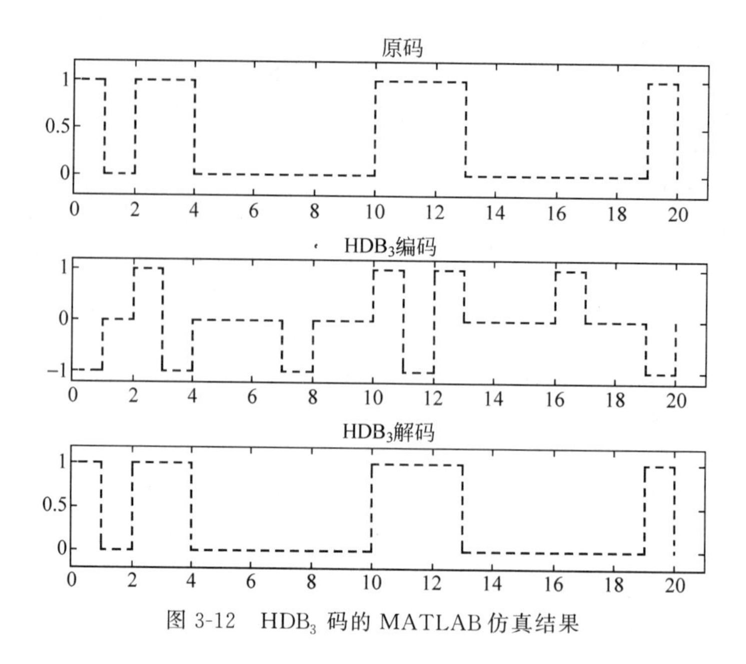

图 3-12　HDB_3 码的 MATLAB 仿真结果

3.3　发送滤波器仿真

在数字通信系统中,基带信号进入调制器前,波形是矩形脉冲,突变的上升沿和下降沿包含高频成分较丰富,信号的频谱一般比较宽,通过带限信道时,单个符号的脉冲将延伸到相邻符号的码元内,产生码间串扰。因此在信道带宽有限的条件下,要降低误码率,需在信号传递前,通过发送滤波器(脉冲成形滤波器)对其进行脉冲成形处理,改善其频谱特性,产生适合信道传输的波形。数字通信系统中常用的波形成形滤波器有升余弦脉冲滤波器、平方根升余弦滤波器、高斯滤波器等。下面分别讨论这三种滤波器的特性及仿真。

3.3.1　升余弦脉冲滤波器

余弦脉冲滤波器即系统函数具有余弦波的变化特点,如图 3-13 所示。余弦滚降系统的传输特性可用下式表示:

$$H(\omega)=\begin{cases}1, & 0\leqslant|\omega|\leqslant\dfrac{(1-\alpha)\pi}{T_s}\\ 1+\cos\dfrac{T_s}{2\alpha}\left(\omega-\dfrac{(1-\alpha)\pi}{T_s}\right), & \dfrac{(1-\alpha)\pi}{T_s}\leqslant|\omega|\leqslant\dfrac{(1+\alpha)\pi}{T_s}\\ 0, & |\omega|\geqslant\dfrac{(1+\alpha)\pi}{T_s}\end{cases}\tag{3-1}$$

式中，α 为滚降系数；T_s 为码元间隔。由图 3-13 可以看出，滚降特性所形成的波形 $h(t)$ 除采样点 $t=0$ 处不为零外，其余采样点上均为零，并且“拖尾”现象随着 α 的增大而振荡幅度减小、衰减速度加快。

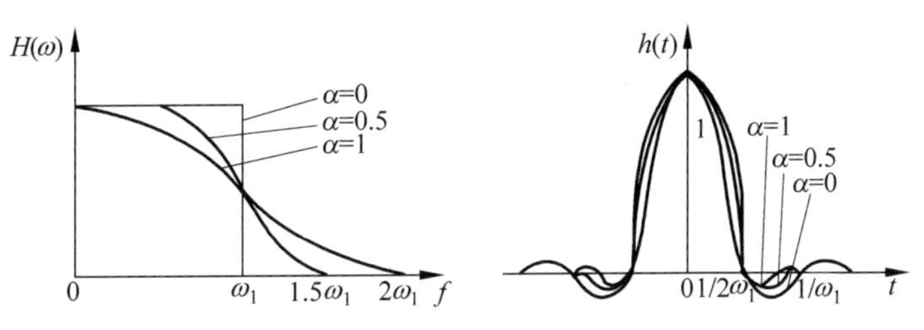

图 3-13　余弦滚降系统特性

以下程序实现对升余弦滚降滤波器的仿真，升余弦滚降滤波器的频谱和时域波形仿真结果分别如图 3-14 和图 3-15 所示。

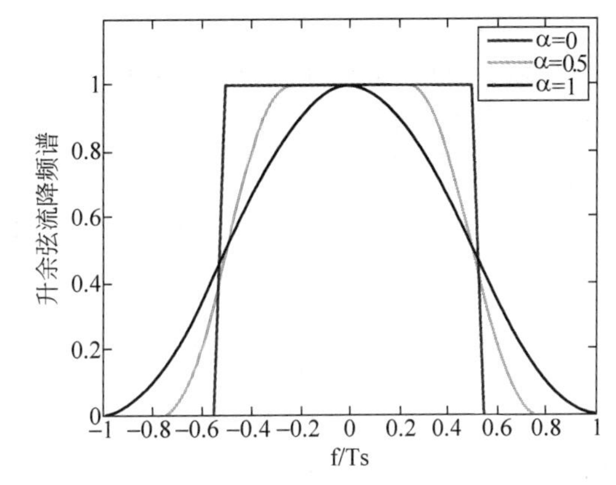

图 3-14　升余弦滚降滤波器频谱

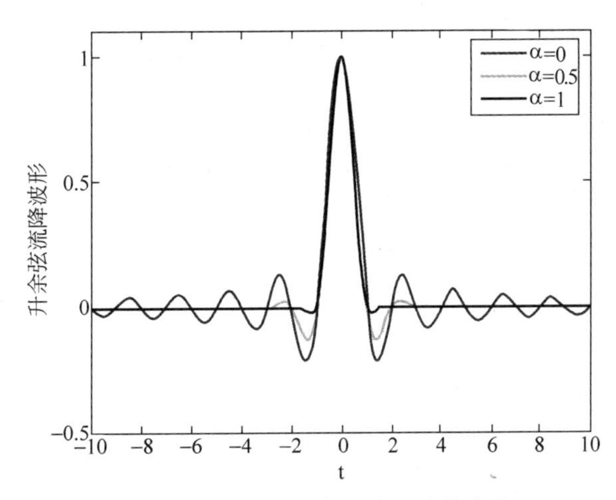

图 3-15　升余弦滚降滤波器时域波形

```
%升余弦滚降系统
clear all;
close all;
Ts = 1;
N_sample = 17;
dt = Ts/N_sample;
df = 1.0/(20.0 * Ts);
t = - 10 * Ts:dt:10 * Ts;
f = - 2/Ts:df:2/Ts;
alpha = [0,0.5,1];
for n = 1:length(alpha)
    for k = 1:length(f)
        if abs(f(k))> 0.5 * (1 + alpha(n))/Ts
            Xf(n,k) = 0;
        elseif abs(f(k))< 0.5 * (1 - alpha(n))/Ts
            Xf(n,k) = Ts;
        else
            Xf(n,k) = 0.5 * Ts * (1 + cos(pi * Ts/(alpha(n) + eps) * (abs(f(k)) - 0.5 * (1 -
alpha(n))/Ts)));
        end
    end
    xt(n,:) = sinc(t/Ts). * (cos(alpha(n) * pi * t/Ts))./(1 - 4 * alpha(n)^2 * t.^2/Ts^2 +
eps);
end
figure(1)
plot(f,Xf(1,:),'b',f,Xf(2,:),'r',f,Xf(3,:),'k');
axis([ - 1 1 0 1.2]);xlabel('f/Ts');ylabel('升余弦滚降频谱');
legend('alpha = 0','alpha = 0.5','alpha = 1');
figure(2)
plot(t,xt(1,:),'b',t,xt(2,:),'r',t,xt(3,:),'k');
legend('alpha = 0','alpha = 0.5','alpha = 1');
axis([ - 10 10 - 0.5 1.1]);xlabel('t');ylabel('升余弦滚降波形);
```

下面来仿真升余弦滤波器对信号的影响。采用MATLAB工具箱中专门用于升余弦FIR滤波器的指令[NUM，DEN]=RCOSINE(Fd,Fs,TYPE_FLAG,R)，可以返回一个具有升余弦过渡带的低通线性相位FIR滤波器，截止频率为Fd，滚降系数为R，采样频率为Fs，TYPE_FLAG规定设计的是规范的升余弦滚降滤波器(normal)还是平方根升余弦滤波器(sqrt)，用整型参数Delay设定延时。

```
%设置参量,采用4倍采样速率,滚降系数为0.5
Fd = 1; Fs = 4; Delay = 2; R = 0.5;
% ---------------------- 建立升余弦滚降滤波器 ------------------------- %
[yf,tf] = rcosine(Fd,Fs,'fir/normal',R,Delay);
%画图得到升余弦滚降滤波器波形
%b1 = ones(1,length(t2));                    % 滤波器输入矩形脉冲
figure(1);
```

```
subplot(3,1,1);
plot(yf);
grid;
xlabel('Time');
ylabel('Amplitude');
title('升余弦滚降滤波器 h(t)');
% ---------- 定义一个与二元序列对应的时间序列作为原始信号 ----------- %
x = [zeros(1,10),ones(1,10),ones(1,10),zeros(1,10),zeros(1,10),zeros(1,10)];
y = filter(yf,tf,x)/Fs;
% 画出原始信号波形
subplot(3,1,2);
plot(x);
axis([0,61, - 0.2,1.2]);
title('原始信号');
% -------------- 原始信号通过升余弦滚降滤波器后的输出 --------------- %
subplot(3,1,3);
plot(y);
axis([2,61, - 0.2,1.2]);
title('滤波后输出')
grid;
```

由图 3-16 可见，原始信号通过该升余弦滚降滤波器可以使波形平滑，有效地改变突变的上升沿和下降沿，从而消除波形中的高频成分，达到降低码间串扰的可能性，提高频带利用率的效果。由于滤波器的影响，原始信号和滤波后信号之间存在一定的延迟。

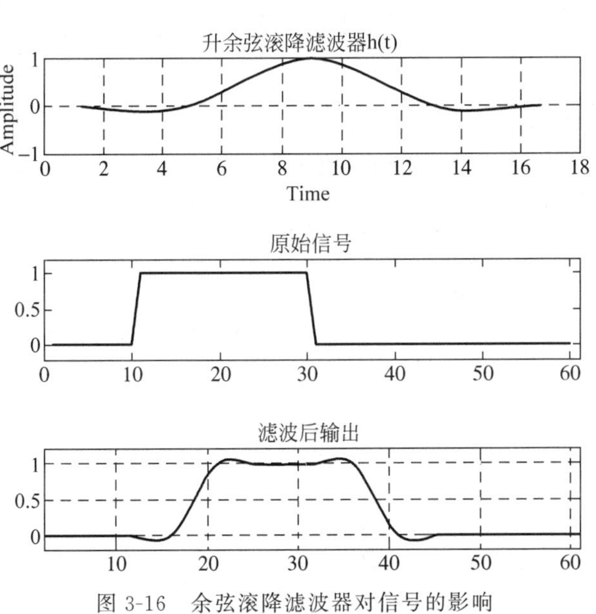

图 3-16　余弦滚降滤波器对信号的影响

3.3.2 平方根升余弦滤波器

可以将波形成形滤波器放置在收发两端,即在发送端和接收端分别用一个平方根升余弦滤波器(平方根升余弦函数),并且使两个滤波器满足匹配滤波原则,则既实现升余弦滤波器的作用,也满足匹配滤波器的实现,从而提升接收端信噪比,更便于准确接收信号。如果不考虑由于信道引起的码间串扰,两个平方根升余弦函数相乘(相当于时域卷积)就得到升余弦形式的合成的系统传输函数。平方根升余弦滤波器可以表示为

$$H_T(\omega)=H_R(\omega)=H(\omega)=\begin{cases}1, & 0\leqslant|\omega|\leqslant\dfrac{(1-\alpha)\pi}{T_s}\\ \sqrt{1+\cos\dfrac{T_s}{2\alpha}\left(\omega-\dfrac{(1-\alpha)\pi}{T_s}\right)}, & \dfrac{(1-\alpha)\pi}{T_s}\leqslant|\omega|\leqslant\dfrac{(1+\alpha)\pi}{T_s}\\ 0, & |\omega|\geqslant\dfrac{(1+\alpha)\pi}{T_s}\end{cases} \tag{3-2}$$

平方根升余弦冲激响应的表达式为

$$h(t)=\frac{\sqrt{T}}{\pi t(T^2-16t^2T^2)}\{T^2\sin[2\pi f_0(1-\alpha)t]+4\alpha tT\cos[2\pi f_0(1+\alpha)t]\} \tag{3-3}$$

采用 MATLAB 工具箱中专门用于升余弦 FIR 滤波器的指令[NUM,DEN]=RCOSINE(Fd,Fs,TYPE_FLAG,R),可以返回一个具有平方根升余弦过渡带的低通线性相位 FIR 滤波器,截止频率为 Fd,滚降系数为 R,采样频率为 Fs,TYPE_FLAG 用来规定滤波器类型,整型参数 Delay 设定延时。

```
%设置参量,采用4倍采样速率,滚降系数为0.5
Fd = 1; Fs = 4; Delay = 2; R = 0.5;
% ------------------- 建立升余弦滚降滤波器 --------------------- %
[yf,tf] = rcosine(Fd,Fs,'sqrt',R,Delay);
%画图得到升余弦滚降滤波器波形
%b1 = ones(1,length(t2));                    % 滤波器输入矩形脉冲
figure(1);
subplot(3,1,1);
plot(yf);
grid;
xlabel('Time');
ylabel('Amplitude');
title('平方根升余弦滚降滤波器 h(t)');
% ----------------- 定义原始信号 ---------------------------- %
x = [zeros(1,10),ones(1,10),ones(1,10),zeros(1,10),zeros(1,10),zeros(1,10)];
y1 = filter(yf,tf,x)/(Fs^0.5);
%y2 = filter(yf,tf,y1)/(Fs^0.5);
```

```
%画出原始信号波形
subplot(3,1,2);
plot(x);
axis([0,61, - 0.2,1.2]);
title('原始信号');
% -------------- 原始信号通过升余弦滚降滤波器后的输出 ------- %
subplot(3,1,3);
plot(y1);
axis([2,61, - 0.2,1.2]);
title('滤波后输出')
grid;
```

由图 3-17 可见，原始信号通过该平方根升余弦滚降滤波器后也可以使波形平滑，有效地改变突变的上升沿和下降沿，作用与升余弦滤波器类似。实际应用中，收、发两端的平方根升余弦滚降滤波器可以按照匹配滤波器的原则进行设计。

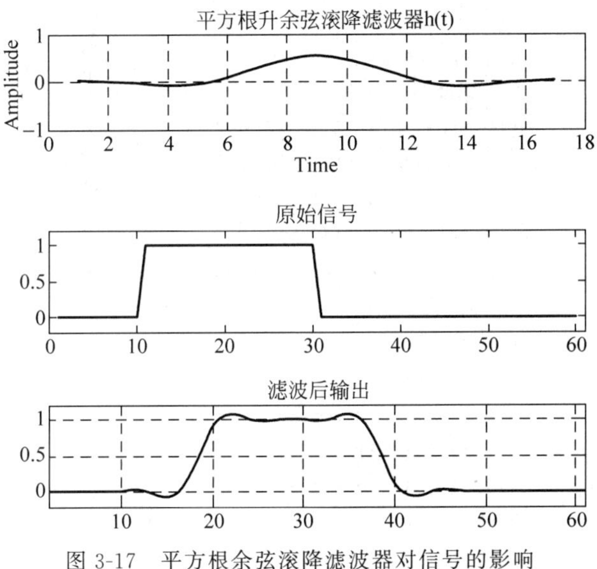

图 3-17　平方根余弦滚降滤波器对信号的影响

3.3.3　高斯滤波器

在一些通信场合(如移动通信)，对信号带外辐射功率的限制十分严格，比如要求衰减达到 70～80dB 以上，从而减小对邻道的干扰，这时可以采用高斯低通滤波器。高斯低通滤波器的特点是：

(1) 带宽窄，具有良好的截止特性；

(2) 具有较低的过冲脉冲响应，以防止调制器的瞬间频偏过大；

(3) 保持滤波器输出脉冲的面积不变，以便于进行相干解调。

高斯型滤波器的传输函数 $H(f)$为

$$H(f)=\exp(-a^2f^2) \tag{3-4}$$

高斯型滤波器的冲激响应为

$$h(t)=\frac{\sqrt{\pi}}{a}\exp\left(-\frac{\pi^2}{a^2}t^2\right) \tag{3-5}$$

下面通过仿真来说明高斯脉冲成形滤波器对矩形脉冲输入的影响。假设 $b(t)$是高度为 1、宽度为 T_b 的矩形脉冲,则 $b(t)$通过高斯脉冲成形滤波器的输出波形 $g(t)$为

$$\begin{aligned} g(t)=h(t)*b(t)&=\int_{t-\frac{T_b}{2}}^{t+\frac{T_b}{2}}\frac{\sqrt{\pi}}{a}\exp\left(-\frac{\pi^2}{a^2}\tau^2\right)\mathrm{d}\tau \\ &=\frac{1}{2}\left\{\mathrm{erfc}\left[\frac{\pi}{a}\left(t-\frac{T_b}{2}\right]-\mathrm{erfc}\left[\frac{\pi}{a}\left(t+\frac{T_b}{2}\right)\right]\right\}\right. \end{aligned} \tag{3-6}$$

源代码如下:

```
t1 = -1.5:0.01:1.5;
t2 = -1.5:0.01:1.5;
b1 = [zeros(1,50),ones(1,200),zeros(1,51)];
%% -------------产生滤波器 1,a = 0.25---------------- %%
y1 = sqrt(pi)/0.25 * exp( - ((pi * t1).^2)/0.25.^2);
z1 = 0.5 * (erfc(pi/0.25 * (t1 - 1)) - erfc(pi/0.25 * (t1 + 1)));
%% -------------产生滤波器 2,a = 0.5----------------- %%
y2 = sqrt(pi)/0.5 * exp( - ((pi * t1).^2)/0.5.^2);
z2 = 0.5 * (erfc(pi/0.5 * (t1 - 1)) - erfc(pi/0.5 * (t1 + 1)));
%% -------------产生滤波器 3,a = 1------------------- %%
y3 = sqrt(pi) * exp( - (pi * t1).^2);
z3 = 0.5 * (erfc(pi * (t1 - 1)) - erfc(pi * (t1 + 1)));
%% -------------产生滤波器 4,a = 2------------------- %%
y4 = sqrt(pi)/2 * exp( - ((pi * t1).^2)/2.^2);
z4 = 0.5 * (erfc(pi/2 * (t1 - 1)) - erfc(pi/2 * (t1 + 1)));
subplot(3,1,1),plot(t2,b1);axis([ - 1.5 1.5 0 1.2]);xlabel('t/T');ylabel('b(t)');
title('高斯脉冲成形滤波器的输入(矩形脉冲)');
subplot(3,1,2),plot(t1,y1,'r',t1,y2,'g',t1,y3,'b',t1,y4,'m');
legend('\alpha = 0.25','\alpha = 0.5','\alpha = 1','\alpha = 2');
xlabel('t/T');ylabel('h(t)');title('高斯脉冲成形滤波器的冲激响应 h(t)');
subplot(3,1,3),plot(t1,z1,'r',t1,z2,'g',t1,z3,'b',t1,z4,'m');
xlabel('t/T');
ylabel('g(t)');
legend('\alpha = 0.25,','\alpha = 0.5','\alpha = 1','\alpha = 2');
axis([ - 1.5 1.5 0 1.2]);
title('高斯脉冲成形滤波器的输出');
```

由图 3-18 可以看出,矩形脉冲通过高斯脉冲成形滤波器后变成了高斯脉冲,有效地改变了矩形波突变的上升沿和下降沿。

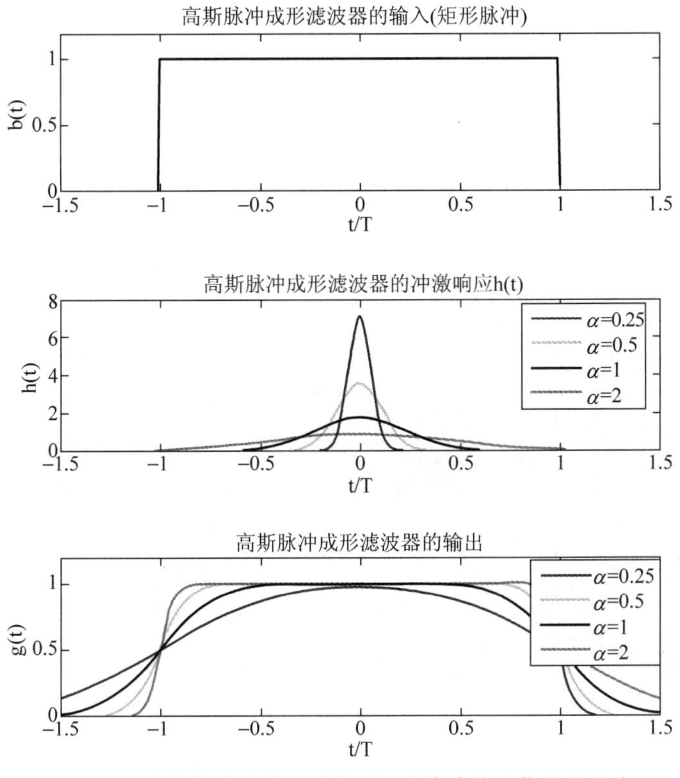

图 3-18　高斯脉冲成形滤波器对矩形脉冲输入信号的影响

第4章 数字调制方式的MATLAB/Simulink仿真

实际通信中的多数信道是带通信道,如卫星通信、移动通信、光纤通信等均是在规定带通信道内传输频带信号,数字基带信号通过这些信道传输必须要进行数字调制。通过用数字基带信号改变正弦载波的幅度、频率和相位,获得适合于在信道中传输的数字频带信号,即幅度调制、频率调制和相位调制。

在信息传输的过程中,数字码元有二进制和多进制之分,所以,数字调制也有二进制和多进制之分。二进制数字调制是将"0"和"1"这两个二进制符号分别映射为相应的波形,多进制数字调制则是将多个码元符号映射为相应的波形。

随着对通信系统质量要求的不断提高,普通调制方式存在的不足逐步显现,如频谱利用率低、抗多径衰落能力差、功率谱衰减慢、带外辐射严重等。为了改善这些不足,人们提出一些改进的调制解调方法,以适应各种新的通信系统的要求,例如正交幅度调制、正交频分复用等。本章将对二进制数字调制系统、多进制数字调制系统以及正交幅度调制系统进行仿真分析。

4.1 简单数字调制仿真

4.1.1 二进制数字振幅调制与解调

振幅键控是利用正弦载波的幅度变化来传递数字信息,而其频率和初始相位保持不变。根据二进制振幅键控(2ASK)的基本原理,可以写出2ASK信号的一般表达式:

$$e_{2ASK}(t)=s(t)\cos\omega_c t \tag{4-1}$$

式中,$s(t)=\sum_n a_n g(t-nT_s)$,为二进制单极性基带信号;$a_n$为二进制码元序列,取值为1或0;基带波形$g(t)$通常取幅值为$A$、宽度为$T_s$的矩形脉冲,$T_s$为码元持续时间。

2ASK信号有两种调制方法:模拟调幅法和键控法;两种解调方法:相干解调和非相干解调。相干解调需要在接收端接入同频同相的载波,所以又称同步检测;非相干解调只需检测出信号包络,所以又称包络检波。模拟调幅法和相干解调法的原理分别如图4-1和图4-2所示。

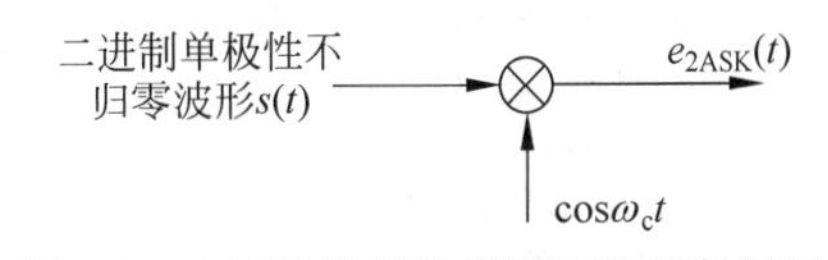

图4-1 2ASK信号模拟调幅法调制原理

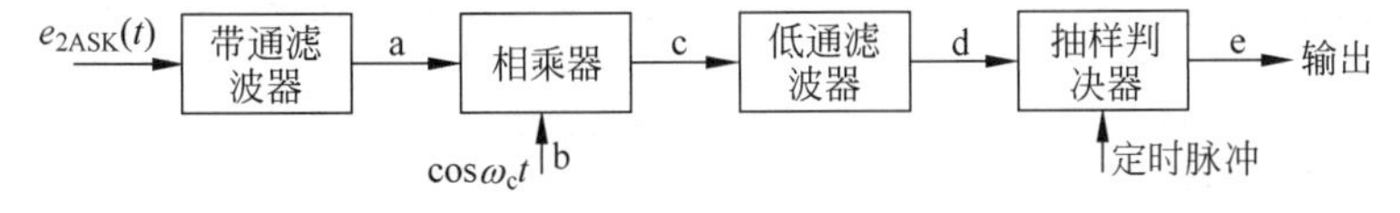

图4-2 2ASK信号的相干解调原理

1. 2ASK信号产生与解调的MATLAB仿真

以下程序实现了对随机产生的二进制数字基带信号的2ASK模拟调幅调制与相干解调,并绘制调制后的波形。仿真结果如图4-3所示。

```
clear all
close all
i = 5; % 5 个码元
j = 5000;
t = linspace(0,5,j);                    % 0～5 之间产生 5000 个点行向量,即分成 5000 份
fc = 2;                                 % 载波频率
fm = i/4;                               % 码元速率
% 产生基带信号
x = (rand(1,i))                         % rand 函数产生在 0～1 之间随机数,共 1～10 个
a = round(x);                           % 随机序列,round 取最接近小数的整数
st = t;
for n = 1:i
if a(n)< 1;
for m = j/i * (n - 1) + 1:j/i * n
st(m) = 0;
end
else
for m = j/i * (n - 1) + 1:j/i * n
st(m) = 1;
end
end
end
figure(1);
subplot(221);
plot(t,st);
axis([0,5, - 0.2,1.2]);
title('基带信号');
s1 = cos(2 * pi * fc * t);              % 载波
subplot(222);
plot(t,s1);
axis([0,5, - 1,1]);
title('载波信号');
e_2ask = st. * s1;                      % 调制
subplot(223);
plot(t,e_2ask);
axis([0,5, - 1,1]);
title('已调信号');
at = e_2ask. * cos(2 * pi * fc * t);    % 相干解调

at = at - mean(at);                     % 因为是单极性波形,还有直流分量,应去掉
subplot(223);
[f,af] = T2F(t,at);                     % 通过低通滤波器
[t,at] = lpf(f,af,2 * fm);
% 采样判决
for m = 0:i - 1;
if at(1,m * 1000 + 500) + 0.5 < 0.5;
for j = m * 1000 + 1:(m + 1) * 1000;
at(1,j) = 0;
end
else
for j = m * 1000 + 1:(m + 1) * 1000;
at(1,j) = 1;
```

```
end
end
end
subplot(224);
plot(t,at);
axis([0,5,-0.2,1.2]);
title('相干解调后波形')
```

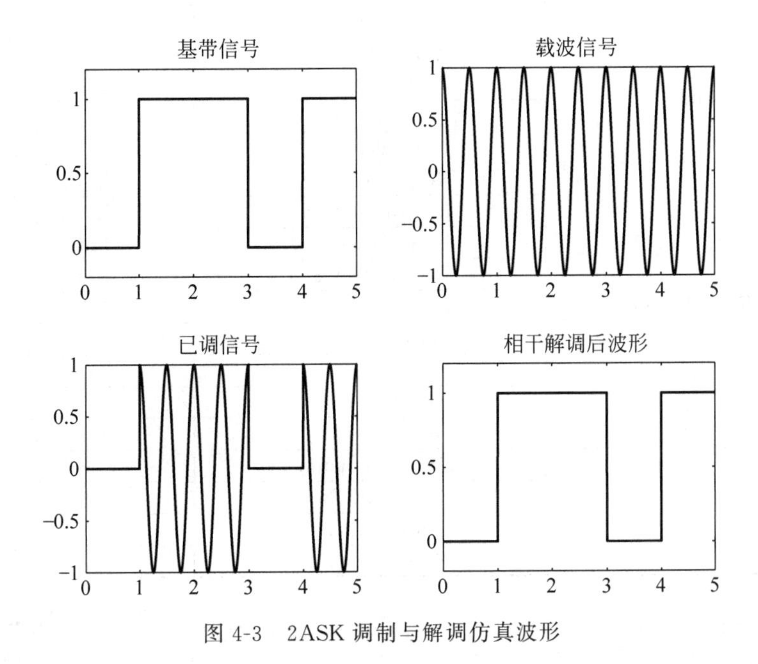

图 4-3 2ASK 调制与解调仿真波形

2. 2ASK 信号调制与解调的 Simulink 仿真

用 Simulink 实现对 2ASK 信号调制与相干解调的仿真，仿真模型如图 4-4 所示，模型中各模块的主要参数设置见表 4-1。

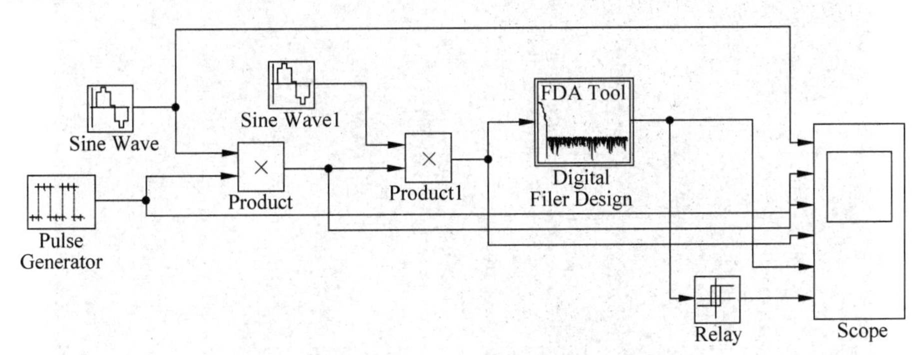

图 4-4 2ASK 信号调制与解调的仿真模型

Simulink 仿真结果如图 4-5 所示，示波器显示波形从上到下分别为载波、基带信号、已调信号、乘法器输出信号、滤波器输出信号和判决结果。

表 4-1　2ASK 调制与解调的 Simulink 仿真参数

模块名称	参数名称	参数取值
Sine Wave	Frequency	8 * pi
	Amplitude	1
Sine Wave1	Frequency	8 * pi
	Amplitude	1
	Sample time	0.01
Pulse Generator	Amplitude	1
	Period	3
	Pulse width	2
	Phase delay	0
Digital Filter Design	Response type	Lowpass
	Design method	Equiripple
	Filter order	Minimum order
	Density factor	30
	Fs	480
	Fpass	8
	Fstop	25
	Apass	1
	Astop	80
Relay	Switch on point	0.3
	Switch off Point	0.3
	Output when on	1
	Output when off	0

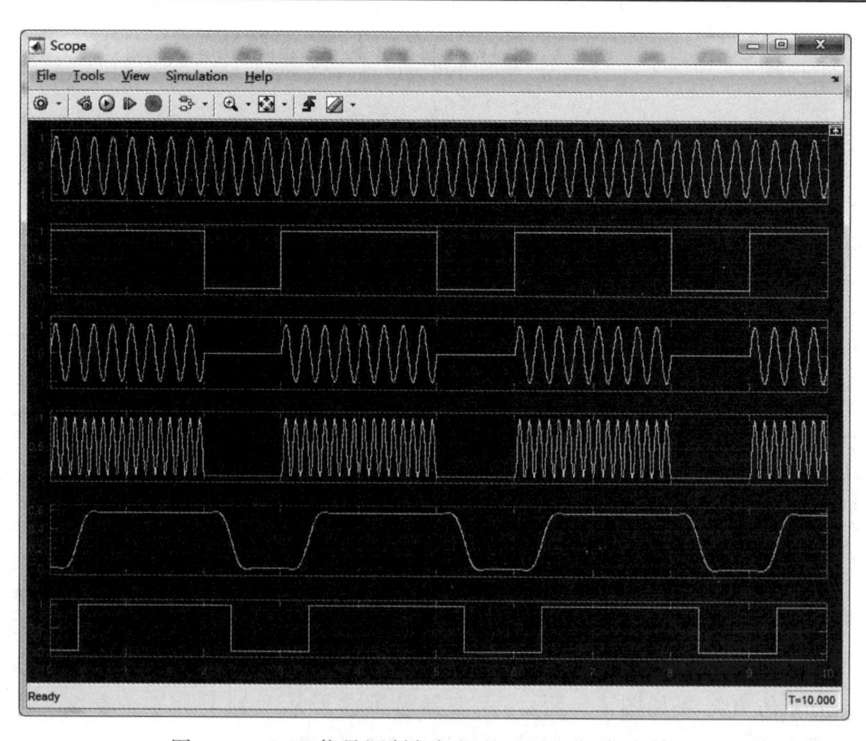

图 4-5　2ASK 信号调制与解调的 Simulink 仿真结果

4.1.2 多进制数字振幅调制与解调

M 进制数字振幅键控(MASK)信号的载波幅度有 M 种取值,在每个符号时间间隔 T_s 内发送其中一种幅度的载波信号,基本表达式为

$$e_{\text{MASK}}(t)=\left[\sum_{n=-\infty}^{+\infty} a_n g(t-nT_s)\right]\cos\omega_c t \tag{4-2}$$

式中,$g(t)$为矩形脉冲,其幅值为 1;T_s 为持续时间;a_n 为第 n 个码元的幅度值,可以有 M 种取值,这些取值的概率和为 1。一种四进制数字振幅键控信号的时间波形如图 4-6 所示。

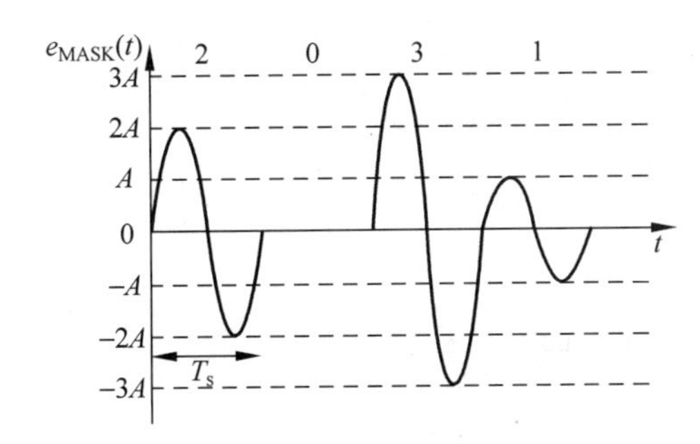

图 4-6　M 进制数字振幅键控信号的时间波形($M=4$)

以下程序实现对 4ASK 信号调制与相干解调的仿真,仿真结果如图 4-7 所示。

```
% 主要功能:实现 4ASK 调制与解调
M = 4;
d = 1;
t = 0:0.001:0.999;
a = randi([0,1],20,2);                    % randi 函数产生在范围在 0~1 的整数随机数
i = 1000;
for n = 0:9
sym(n + 1) = a(2 * n + 1) * 2 + a(2 * n + 2);
end
s = sym(ceil(10 * t + 0.01)). * cos(2 * pi * 100 * t);
subplot(4,1,1);
plot(t,a(ceil((100 * t + 0.1)/5)));
title('二进制信号');
axis([0,1, - 0.2,1.2]);
subplot(4,1,2);
plot(t,sym(ceil(10 * t + 0.01)));
title('四进制信号');
subplot(4,1,3);
plot(t,s)
title('4ASK 信号');
%相干解调
at = s. * cos(2 * pi * 100 * t);
```

```
at = at - mean(at);
[f,af] = T2F(t,at);                          %通过低通滤波器
[t,at] = lpf(f,af,80);
%采样判决
for m = 0:9;
    if at(1,m * 100 + 50)> 0.5;
        for j = m * 100 + 1:(m + 1) * 100;
            at(1,j) = 3;
        end
    else
        if at(1,m * 100 + 50)> 0;
            for j = m * 100 + 1:(m + 1) * 100;
                at(1,j) = 1;
            end
        else
            if at(1,m * 100 + 50)> - 0.5;
                for j = m * 100 + 1:(m + 1) * 100;
                  at(1,j) = - 1;
                end
            else
                for j = m * 100 + 1:(m + 1) * 100;
                  at(1,j) = - 3;
                end
            end
        end
    end
end
subplot(4,1,4);
plot(t,at);
axis([0,1, - 3.2,3.2]);
title('相干解调后波形');

%脚本文件 F2T.m 定义了函数 F2T,计算信号的傅里叶逆变换
function [t,st] = F2T(f,sf)
%This function calculate the time signal using ifft function for the input
%signal's spectrum
df  =  f(2) - f(1);
Fmx  =  ( f(end) - f(1)  + df);
dt  =  1/Fmx;
N  =  length(sf);
T  =  dt * N;
%t = - T/2:dt:T/2 - dt;
t  =  0:dt:T - dt;
sff  =  fftshift(sf);
st  =  Fmx * ifft(sff);

%脚本文件 lpf.m:定义低通滤波函数
function [t,st] = lpf(f,sf,B)
```

```
df = f(2) - f(1);
T = 1/df;
hf = zeros(1,length(f));                    % 全零矩阵
bf = [ - floor( B/df ): floor( B/df )] + floor( length(f)/2 );
hf(bf) = 1;
yf = hf. * sf;
[t,st] = F2T(f,yf);
st = real(st);

% 脚本文件 T2F.m 定义函数 T2F,计算信号的傅里叶变换
function [f,sf] = T2F(t,st)
dt = t(2) - t(1);
T = t(end);
df = 1/T;
N = length(st);
f = - N/2 * df:df:N/2 * df - df;
sf = fft(st);
sf = T/N * fftshift(sf);
```

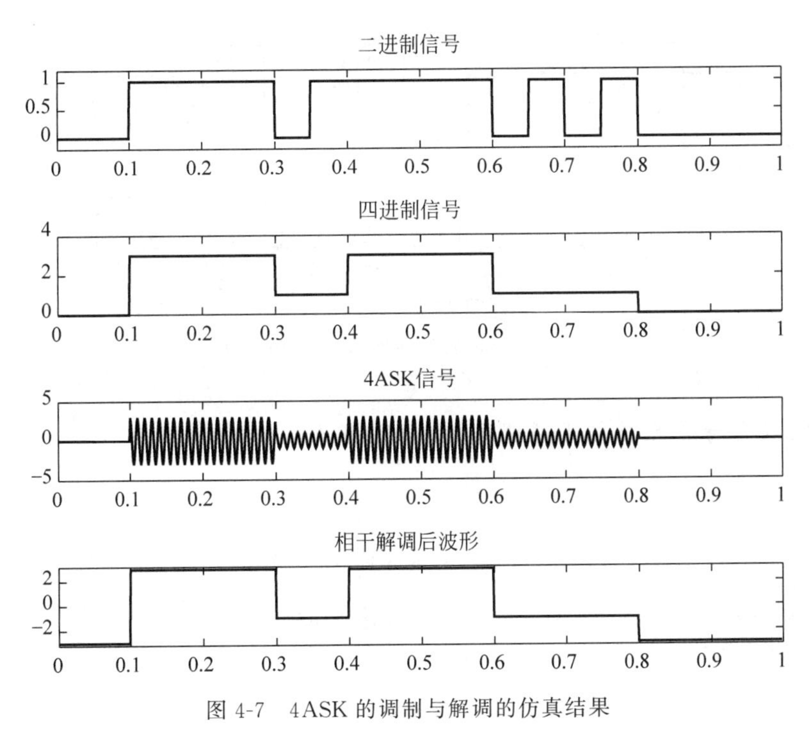

图 4-7　4ASK 的调制与解调的仿真结果

4.1.3　二进制数字频率调制

频移键控是利用正弦载波的频率变化来传递数字信息,而其幅度和初始相位保持不变。对于二进制频移键控,当发送码元“1”时,取余弦载波的频率为 ω_1,当发送码元“0”

时,取频率为 ω_2,根据载波的频率不同,来区分码元信息。

$$e_{2FSK}(t)=\begin{cases}A\cos(\omega_1 t+\varphi), & \text{以概率 } P \text{ 发送“1”时}\\ A\cos(\omega_2 t+\varphi), & \text{以概率 } 1-P \text{ 发送“0”时}\end{cases} \tag{4-3}$$

式中,A 为载波的振幅;φ 为载波的初始相位。假设 $\varphi=0$,可得到 2FSK 信号的一般表达式:

$$e_{2FSK}(t)=s_1(t)\cos\omega_1 t+s_2(t)\cos\omega_2 t \tag{4-4}$$

式中,$s_1(t)$和 $s_2(t)$均为二进制单极性基带信号。因此,2FSK 信号可以看成两个不同载频的互补 2ASK 信号的叠加。

与 2ASK 调制方法一样,2FSK 也有两种调制方法:模拟调频法和数字键控法。数字键控法原理框图如图 4-8 所示。

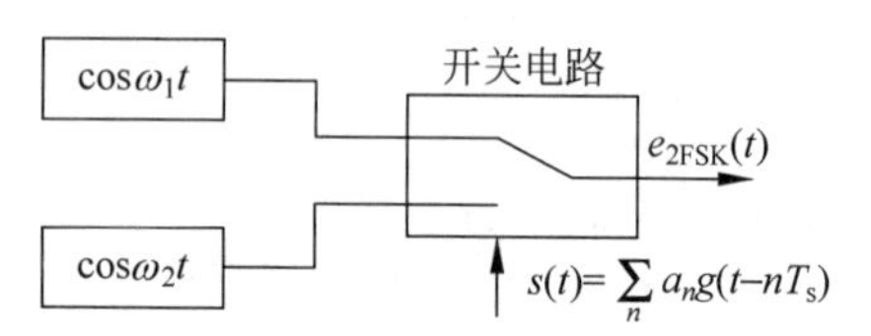

图 4-8　2FSK 调制原理图(数字键控法)

对于 2FSK 信号的解调同样也有两种基本方法:相干解调和非相干解调。相干解调原理如图 4-9 所示。

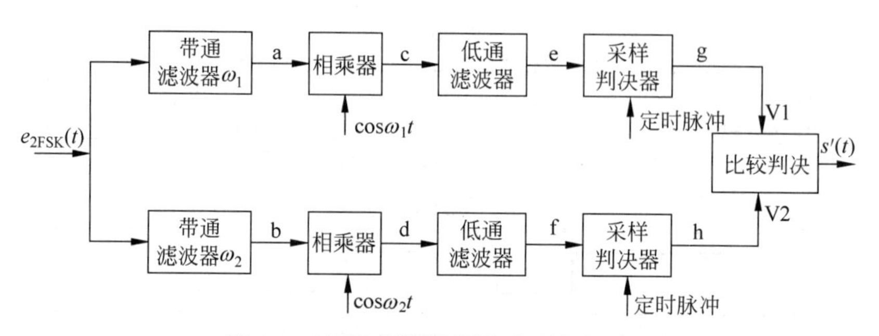

图 4-9　2FSK 解调原理图(相干解调法)

1. 2FSK 信号产生与相干解调的 MATLAB 仿真

```
clear all
close all
i = 10;                                  % 基带信号码元数
j = 5000;
a = round(rand(1,i));                    % 产生随机序列
t = linspace(0,5,j);
f1 = 10;                                 % 载波 1 频率
f2 = 5;                                  % 载波 2 频率
fm = i/5;                                % 基带信号频率
%% ----------------- 产生基带信号 ----------------- %%
st1 = t;
for n = 1:10
if a(n)< 1;
for m = j/i * (n - 1) + 1:j/i * n
st1(m) = 0;
end
```

```
else
for m = j/i * (n - 1) + 1:j/i * n
st1(m) = 1;
end
end
end
st2 = t;
%% -------------------- 基带信号求反 --------------- %%
for n = 1:j;
if st1(n)> = 1;
st2(n) = 0;
else
st2(n) = 1;
end
end;
figure(1);
subplot(511);
plot(t,st1);
title('基带信号');
axis([0,5, - 1,2]);
%% -------------------- 载波信号 ------------------- %%
s1 = cos(2 * pi * f1 * t)
s2 = cos(2 * pi * f2 * t)
subplot(512),plot(s1);
title('载波信号 1');
subplot(513),plot(s2);
title('载波信号 2');
%% --------------------- 调制 ---------------------- %%
F1 = st1. * s1;                     % 加入载波 1
F2 = st2. * s2;                     % 加入载波 2
fsk = F1 + F2;
subplot(514);
plot(t,fsk);
title('2FSK 信号')
%% -------------------- 相干解调 -------------------- %%
st1 = fsk. * s1;                    % 与载波 1 相乘
[f,sf1]  =  T2F(t,st1);             % 通过低通滤波器
[t,st1]  =  lpf(f,sf1,2 * fm);
st2 = fsk. * s2;                    % 与载波 2 相乘
[f,sf2]  =  T2F(t,st2);             % 通过低通滤波器
[t,st2]  =  lpf(f,sf2,2 * fm);
%% -------------------- 采样判决 -------------------- %%
for m = 0:i - 1;
if st1(1,m * 500 + 250)< st2(1,m * 500 + 250);
for j = m * 500 + 1:(m + 1) * 500;
at(1,j) = 0;
end
else
for j = m * 500 + 1:(m + 1) * 500;
at(1,j) = 1;
end
end
```

```
end;
subplot(515);
plot(t,at);
axis([0,5,-1,2]);
title('采样判决后波形')
```

与 4.1.2 节一样,源程序中也需要用到脚本文件 F2T.m、lpf.m 和 T2F.m。2FSK 信号产生与解调的 MATLAB 仿真结果如图 4-10 所示。

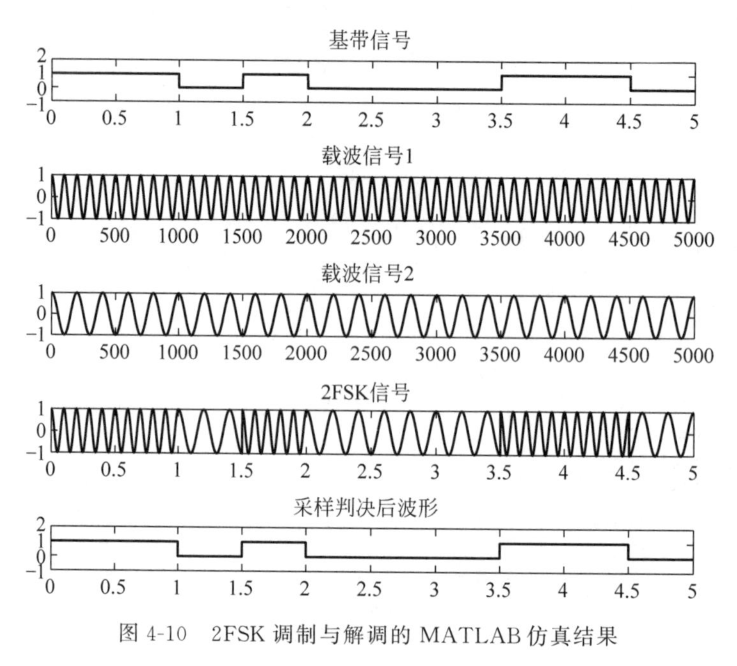

图 4-10　2FSK 调制与解调的 MATLAB 仿真结果

2. 2FSK 信号产生与相干解调的 Simulink 仿真

用 Simulink 实现对 2FSK 信号调制与解调的仿真,仿真模型如图 4-11 所示,模型中各模块的主要参数设置见表 4-2。

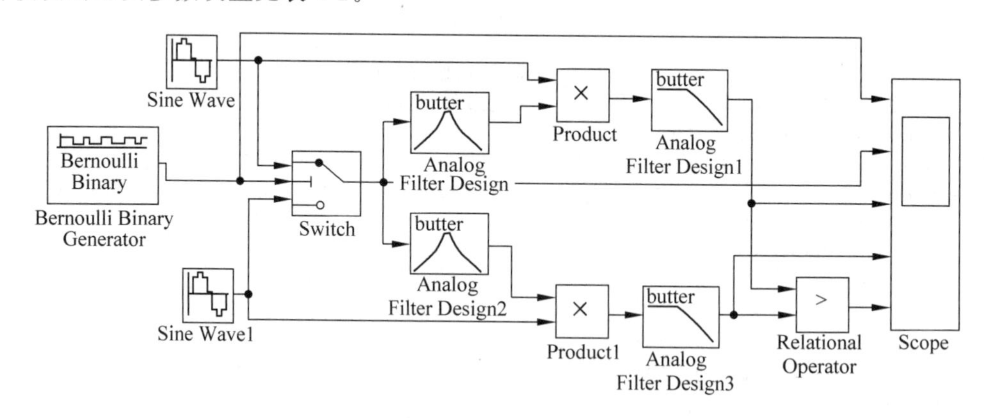

图 4-11　2FSK 数字键控法的 Simulink 仿真模型

表 4-2　2FSK 调制的 Simulink 仿真参数

模块名称	参数名称	参数取值
Sine Wave(载波)	Frequency	200 * pi
	Sample time	0.0001
Sine Wave1(载波)	Frequency	400 * pi
	Sample time	0.0001
Bernoulli Binary Generator	Probability of zero	0.5
Switch	Threshold	0.0001
Analog Filter Design	Design method	Butterworth
	Filter type	Bandpass
	Filter order	3
	Lower passband edge frequency	80 * 2 * pi
	Upper passband edge frequency	120 * 2 * pi
Analog Filter Design1	Design method	Butterworth
	Filter type	Lowpass
	Filter order	3
	Passband edge frequency	50 * 2 * pi
Analog Filter Design2	Design method	Butterworth
	Filter type	Bandpass
	Filter order	3
	Lower passband edge frequency	180 * 2 * pi
	Upper passband edge frequency	220 * 2 * pi
Analog Filter Design3	Design method	Butterworth
	Filter type	Lowpass
	Filter order	3
	Lower passband edge	50 * 2 * pi
Relational Operator	Relational operator	>

Simulink 仿真结果如图 4-12 所示，示波器显示波形从上到下分别为基带信号、2FSK 信号、上支路解调信号、下支路解调信号、比较判决结果(基带信号)。

4.1.4　多进制数字频率调制

多进制频移键控(MFSK)是二进制频移键控(2FSK)的推广，用 M 个不同频率的载波代表 M 种码元，基本表达式为

$$e_{\mathrm{MFSK}}(t)=\sum_{n=-\infty}^{+\infty} g(t-nT_{\mathrm{s}})\cos\omega_n t \tag{4-5}$$

式中，$g(t)$为矩形脉冲，其幅值为 1；T_{s} 为持续时间；ω_n 为第 n 个码元的载波频率，共有

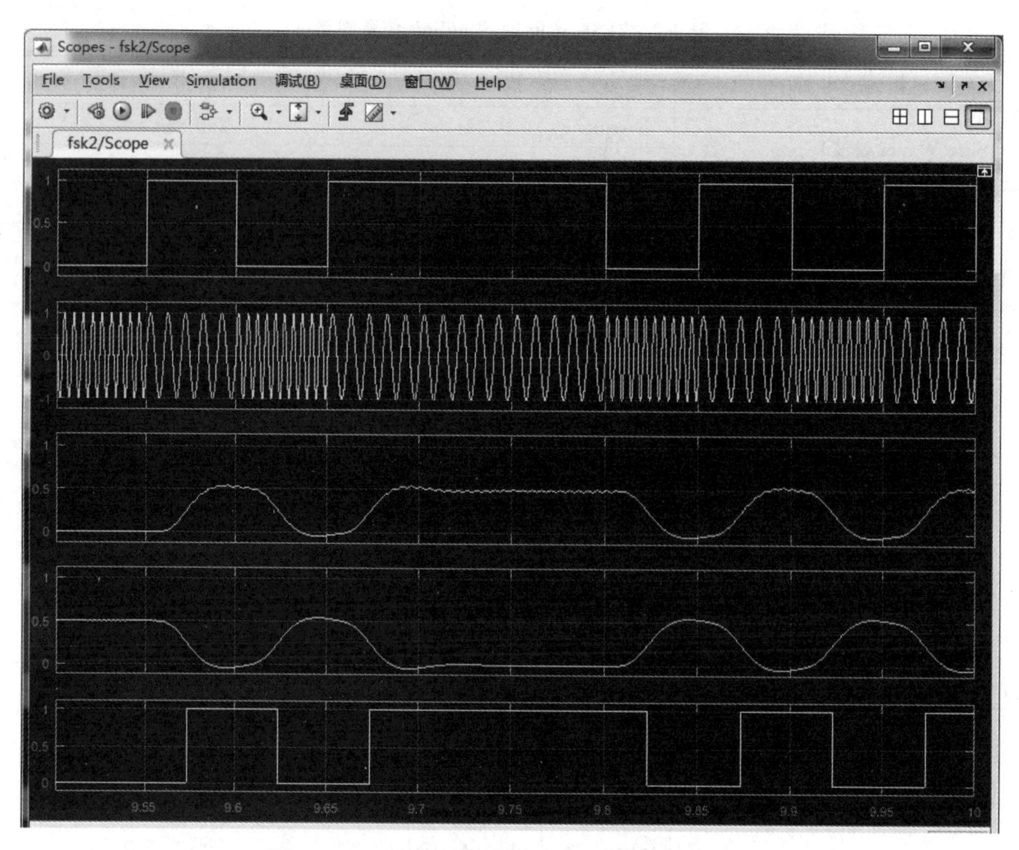

图 4-12　2FSK 数字键控法的 Simulink 仿真结果

M 种取值。一般取 M 种载波频率为 $\omega_i=\dfrac{\pi i}{T_s}(i=1,2,\cdots,M)$,由此获得的 M 种发送信号相互正交。MFSK 信号具有较宽的频带,所以信道频带利用率不高。一种四进制数字频移键控信号的时间波形如图 4-13 所示。

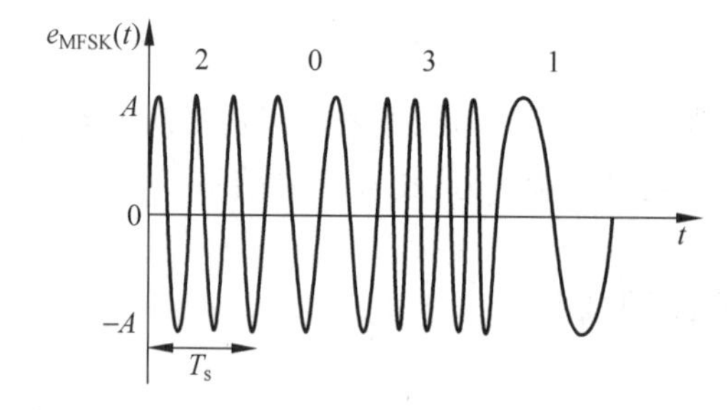

图 4-13　4FSK 数字频移键控信号的时间波形

以下程序实现对 4FSK 信号调制的仿真:

```
% 主要功能:实现 4FSK 调制
% s 代表输入的整型序列【0 - 3】,f0、f1、f2、f3 分别代表 4 个载波
```

```
% nSamples 代表每个符号的采样个数,必须为偶数
s = randi([0,1],10,4);
f0 = 1;f1 = 2;f2 = 4;f3 = 8;
nSamples = 100;
t = 0:2 * pi/99:2 * pi;                    % 注意 t 长度与 nSamples 长度一致
cp = [ ];mod = [ ];bit = [ ];
for n = 1:length(s)
if s(n) == 0
         cp1 = ones(1,nSamples);c = sin(f0 * t);
         bit1 = zeros(1,nSamples);     % 00
elseif s(n) == 1
         cp1 = ones(1,nSamples);c = sin(f1 * t);
         bit11 = zeros(1,nSamples/2); %01
         bit12 = ones(1,nSamples/2);
         bit1 = [bit11 bit12];
elseif s(n) == 2
         cp1 = ones(1,nSamples);c = sin(f2 * t);
         bit11 = ones(1,nSamples/2);   %10
         bit12 = zeros(1,nSamples/2);
         bit1 = [bit11 bit12];
else s(n) == 3
         cp1 = ones(1,nSamples);c = sin(f3 * t);
         bit11 = ones(1,nSamples/2);   %11
         bit12 = ones(1,nSamples/2);
         bit1 = [bit11 bit12];
end

cp = [cp cp1];
mod = [mod c];
bit = [bit bit1];
end
y = cp. * mod;
subplot(2,1,1);
plot(bit,'LineWidth',1.0);grid on;
ylabel('Binary signal');
axis([0 nSamples * length(s)  - 0.5 1.5]);
title('输入的二进制信号');
subplot(2,1,2);
plot(y,'LineWidth',1.0);grid on;
ylabel('FSK Modulation');
axis([0 nSamples * length(s)  - 1.5 1.5]);
title('输出的 4FSK 信号');
```

4FSK 信号调制的 MATLAB 仿真结果如图 4-14 所示。

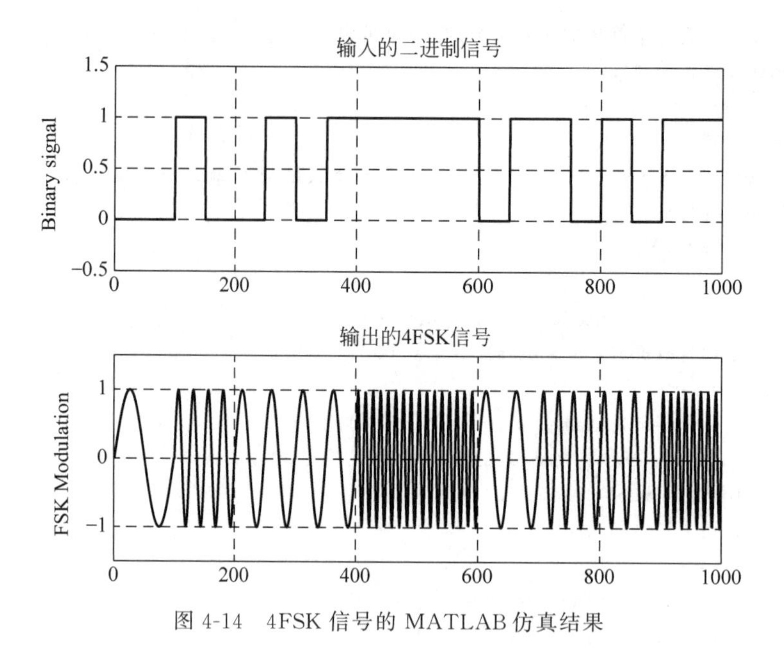

图 4-14　4FSK 信号的 MATLAB 仿真结果

4.1.5　二进制数字相位调制

数字相位调制是利用正弦载波的相位变化来传递数字信息，而其频率和幅度保持不变。对于二进制数字相位调制(2PSK)，当发送码元"1"时，取正弦载波的相位为 φ_1，当发送码元"0"时，取相位为 φ_2，根据载波的相位不同，来区分码元信息。2PSK 信号可用式(4-6)表示：

$$e_{2PSK}(t)=\begin{cases}A\cos(\omega_c t+\varphi_1), & \text{以概率 } P \text{ 发送“1”时}\\ A\cos(\omega_c t+\varphi_2), & \text{概率 } 1-P \text{ 发送“0”时}\end{cases} \tag{4-6}$$

一般情况下，取 $\varphi_1=0,\varphi_2=\pi$。

1. 2PSK 信号产生与相干解调的 MATLAB 仿真

以下程序实现对二进制数字基带信号进行 2PSK 调制与解调，并绘制各阶段的波形。仿真结果如图 4-15 所示。

```
clear all
close all
i = 10;
j = 5000;
fc = 4;                                  %载波频率
fm = i/5;                                %码元速率
B = 2 * fm;
t = linspace(0,5,j);
%% ------------------------- 产生基带信号 ---------------------------- %%
```

```
a = round(rand(1,i));                    % 随机序列,基带信号
st1 = t;
for n = 1:10
if a(n)< 1;
for m = j/i * (n - 1) + 1:j/i * n
st1(m) = 0;
end
else
for m = j/i * (n - 1) + 1:j/i * n
st1(m) = 1;
end
end
end
figure(1);
subplot(511);
plot(t,st1);
title('基带信号');
axis([0,5, - 1,2]);
%% ---------------------------- 产生双极性基带信号 -------------------- %%
st2 = t;
for k = 1:j;
if st1(k)> = 1;
st2(k) = 0;
else
st2(k) = 1;
end
end;
st3 = st1 - st2;                         % 双极性基带信号
%% -------------------------- 载波信号 ------------------------------ %%
s1 = sin(2 * pi * fc * t);
subplot(512);
plot(s1);
title('载波信号');
%% --------------------------------- 调制 ---------------------------- %%
psk = st3. * s1;
subplot(513);
plot(t,psk);
title('2PSK 信号');
%% -------------------------------- 相干解调 ------------------------- %%
psk = psk. * s1;                         % 与载波相乘
[f,af] = T2F(t,psk);                     % 通过低通滤波器
[t,psk] = lpf(f,af,B);
subplot(514);
plot(t,psk);
title('低通滤波后波形');
%% ---------------------------- 采样判决 ---------------------------- %%
for m = 0:i - 1;
ifpsk(1,m * 500 + 250)< 0;
for j = m * 500 + 1:(m + 1) * 500;
psk(1,j) = 0;
```

```
end
else
for j = m * 500 + 1:(m + 1) * 500;
psk(1,j) = 1;
end
end
end
subplot(515);
plot(t,psk);
axis([0,5,-1,2]);
title('采样判决后波形')
```

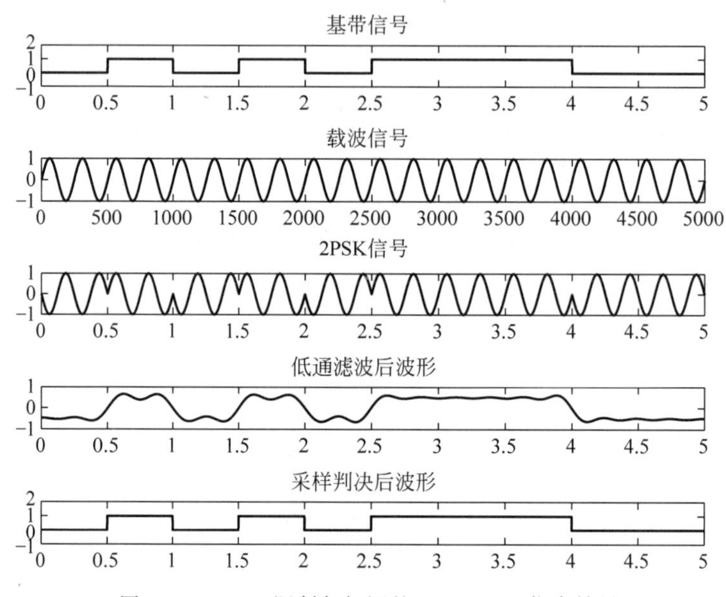

图 4-15 2PSK 调制与解调的 MATLAB 仿真结果

2. PSK 信号的 Simulink 仿真

用 Simulink 实现对 2PSK 信号调制与相干解调的仿真，仿真模型如图 4-16 所示，模型中各模块的主要参数设置见表 4-3。

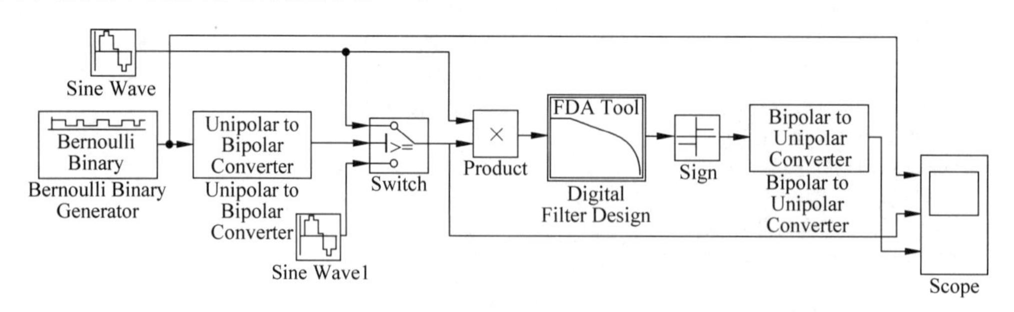

图 4-16 2PSK 信号调制与解调的 Simulink 仿真模型

表 4-3 2PSK 信号调制与解调的 Simulink 仿真参数

模块名称	参数名称	参数取值
Sine Wave(载波)	Frequency	2 * pi
	Sample time	0.01
	Phase	0
Sine Wave1(载波)	Frequency	2 * pi
	Sample time	0.01
	Phase	pi
Bernoulli Binary Generator	Probability of zero	0.5
Switch	Threshold	0.0001
Unipolar to Bipolar Converter	M-ary number	2
	Polarity	Positive
Digital Filter Design	Response type	Lowpass
	Design method	Butterworth
	Filter order	10
	Fs	10
	Fc	1
Bipolar to Unipolar Converter	M-ary number	2
	Polarity	Positive

Simulink 仿真结果如图 4-17 所示,示波器显示波形从上到下分别为基带信号、2PSK 信号和解调信号。

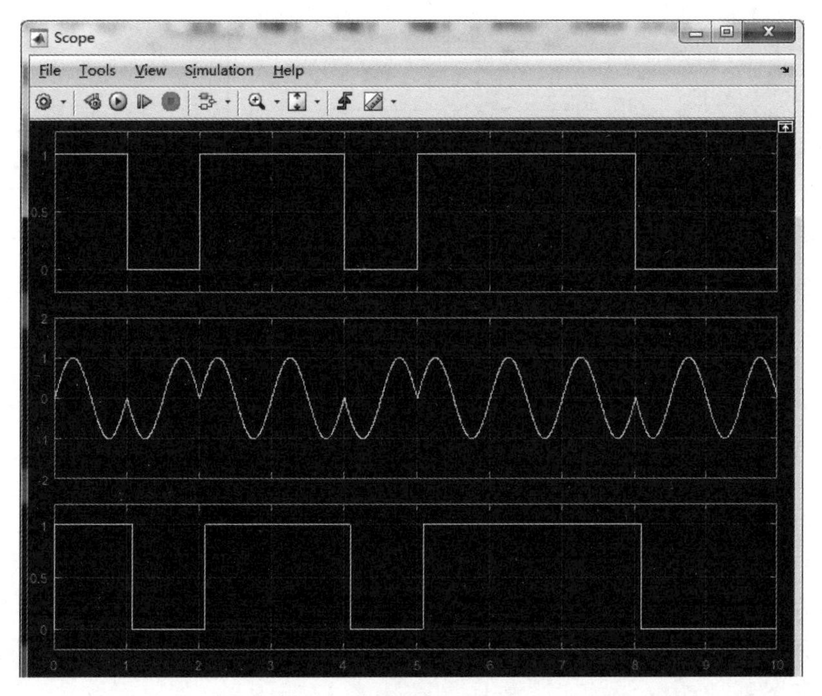

图 4-17 2PSK 信号调制与解调的 Simulink 仿真结果

4.1.6 多进制数字相位调制

多进制相移键控(MPSK)是利用载波的多种不同相位来表征数字信息的调制方法。其一般表达式为

$$e_{\mathrm{MPSK}}(t)=\sum_{n=-\infty}^{+\infty} g(t-nT_{\mathrm{s}})\cos(\omega_{\mathrm{c}}t+\theta_n) \tag{4-7}$$

式中,$g(t)$为矩形脉冲,其幅值为1;T_{s}为持续时间;θ_n为第n个码元的初始相位,有M种取值。当$M=4$时,4PSK又称为正交相移键控(Quadrature Phase Shift Keying,QPSK),可用4个不同相位表示4组码元,即00,01,10,11。根据相位的不同取值,可分为A方式和B方式,信号向量图如图4-18所示。

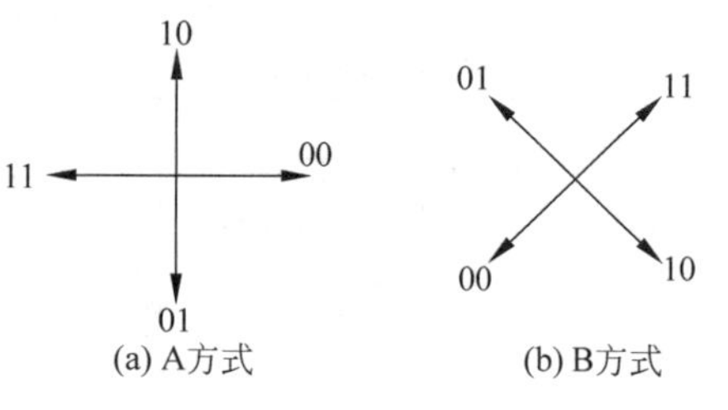

图4-18 QPSK信号向量图

A方式和B方式的QPSK信号产生原理如图4-19所示。

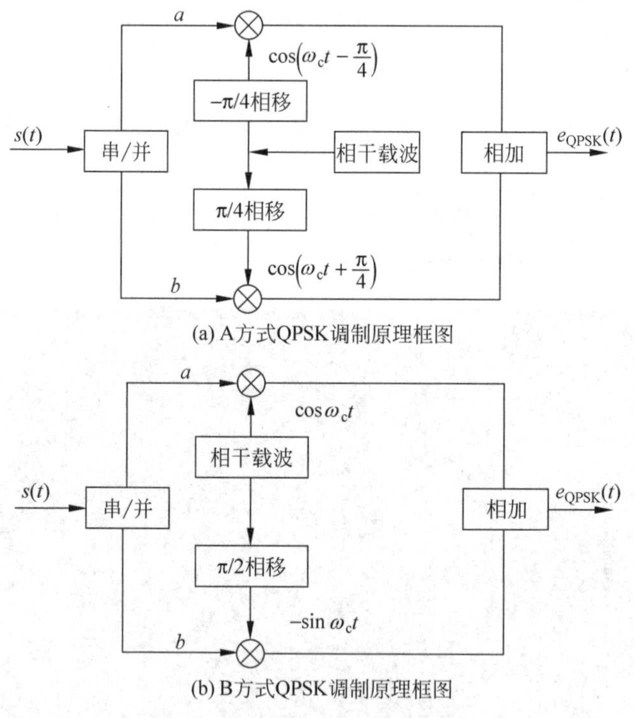

图4-19 QPSK信号的调制原理图

A方式和B方式的QPSK信号解调原理如图4-20所示。

以下程序实现对二进制数字基带信号的QPSK调制与解调,并绘制各阶段的波形。仿真结果如图4-21所示。

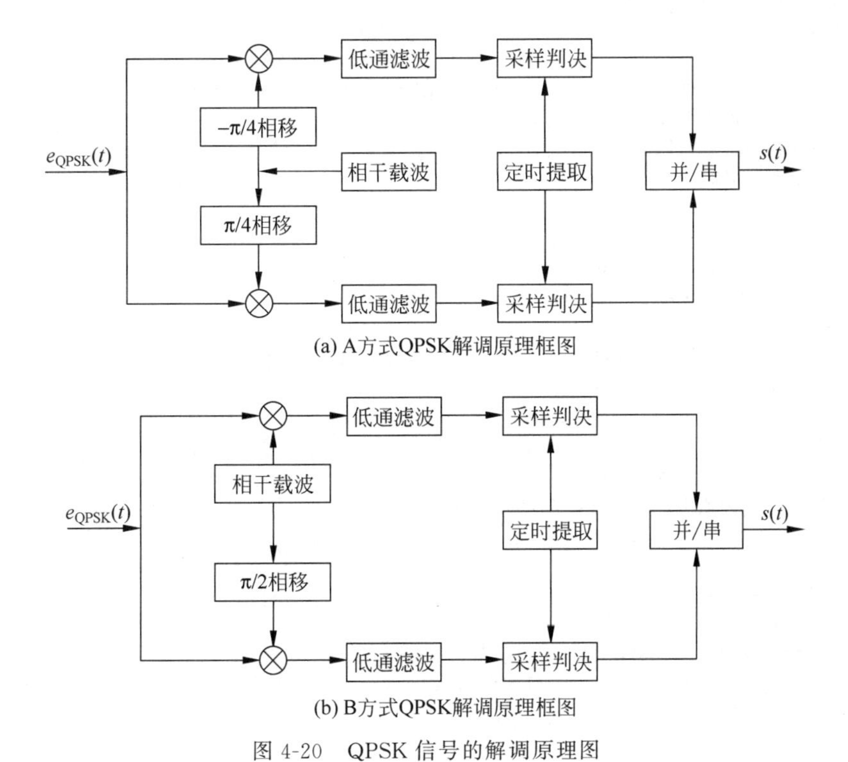

图 4-20　QPSK 信号的解调原理图

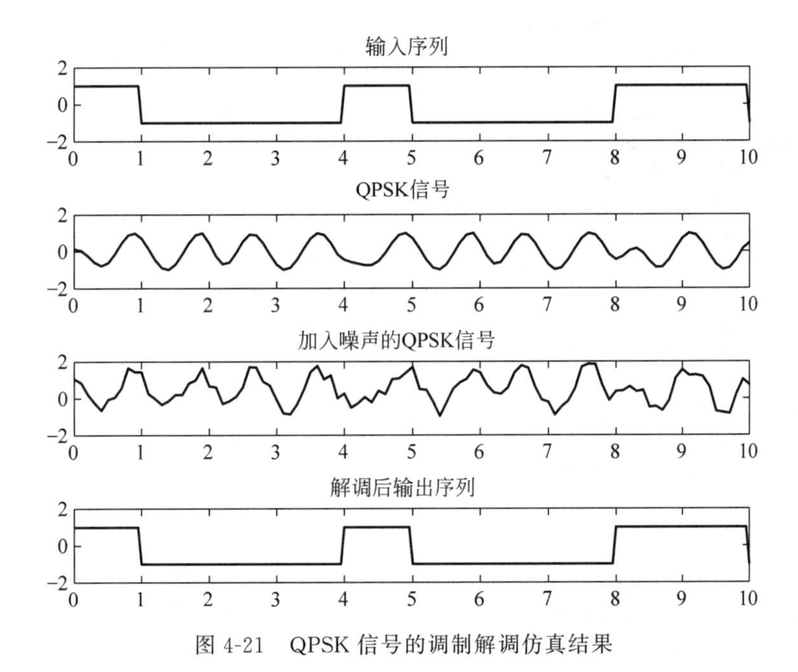

图 4-21　QPSK 信号的调制解调仿真结果

```
% QPSK 解调与解调
clear all
close all
%% ---------------------------- 调制 -------------------------------- %%
bit_in = randint(1e3, 1, [0 1]);
bit_I = bit_in(1:2:1e3);
bit_Q = bit_in(2:2:1e3);
data_I = -2 * bit_I + 1;
data_Q = -2 * bit_Q + 1;
data_I1 = repmat(data_I',20,1);
data_Q1 = repmat(data_Q',20,1);
fori = 1:1e4
    data_I2(i) = data_I1(i);
    data_Q2(i) = data_Q1(i);
end;
f = 0:0.1:1;
xrc = 0.5 + 0.5 * cos(pi * f);
data_I2_rc = conv(data_I2,xrc)/5.5;
data_Q2_rc = conv(data_Q2,xrc)/5.5;
f1 = 1;
t1 = 0:0.1:1e3 + 0.9;
n0 = rand(size(t1));
I_rc = data_I2_rc. * cos(2 * pi * f1 * t1);
Q_rc = data_Q2_rc. * sin(2 * pi * f1 * t1);
QPSK_rc = (sqrt(1/2). * I_rc + sqrt(1/2). * Q_rc);
QPSK_rc_n0 = QPSK_rc + n0;
% ------------------------------- 解调 ----------------------------- %%
I_demo = QPSK_rc_n0. * cos(2 * pi * f1 * t1);
Q_demo = QPSK_rc_n0. * sin(2 * pi * f1 * t1);
%% ------------------------- 低通滤波 -------------------------------- %%
I_recover = conv(I_demo,xrc);
Q_recover = conv(Q_demo,xrc);
I = I_recover(11:10010);
Q = Q_recover(11:10010);
t2 = 0:0.05:1e3 - 0.05;
t3 = 0:0.1:1e3 - 0.1;
%% --------------------------- 采样判决 ---------------------------- %%
data_recover = [];
fori = 1:20:10000
data_recover = [data_recover I(i:1:i + 19) Q(i:1:i + 19)];
end;
bit_recover = [];
fori = 1:20:20000
if sum(data_recover(i:i + 19))> 0
data_recover_a(i:i + 19) = 1;
bit_recover = [bit_recover 1];
else
data_recover_a(i:i + 19) = -1;
bit_recover = [bit_recover -1];
end
end
error = 0;
```

```
dd = - 2 * bit_in + 1;
ddd = [dd'];
ddd1 = repmat(ddd,20,1);
fori = 1:2e4
ddd2(i) = ddd1(i);
end
figure(1)
subplot(4,1,1);plot(t2,ddd2);axis([0 10 - 2 2]);title('输入序列');
subplot(4,1,2);plot(t1,QPSK_rc);axis([0 10 - 2 2]);title('QPSK 信号');
subplot(4,1,3);plot(t1,QPSK_rc_n0);axis([0 10 - 2 2]);title('加入噪声的 QPSK 信号');
subplot(4,1,4);plot(t2,data_recover_a);axis([0 10 - 2 2]);title('解调后输出序列');
```

4.2 正交幅度调制仿真

正交幅度调制(QAM)是一种在两个正交载波上进行幅度调制的调制方式,即数据信号是用相互正交的两个载波的幅度变化来表示,这两个载波通常是相位差为 $\pi/2$ 的正弦波,因此称作正交载波。与其他几种多进制调制方式相比,相同信噪比下,MQAM 的误码率最低。

在 QAM 信号体制中,一个 QAM 码元可表示为

$$s_k(t)=A_k\cos(\omega_c t+\theta_k),\quad kT<t\leqslant(k+1)T \tag{4-8}$$

式中,$k=1,2,3,\cdots,M$,共有 M 个可能的信号;A_k 和 θ_k 分别为 QAM 信号的幅度和相位。

将式(4—8)展开,得到

$$s_k(t)=X_k\cos\omega_c t+Y_k\sin\omega_c t \tag{4-9}$$

式中,$X_k=A_k\cos\theta_k$;$Y_k=-A_k\sin\theta_k$。

QAM 信号是由两路在频谱上成正交的抑制载波的双边带调幅信号所组成,每一种调制波形可用空间中的一个向量点 A_k 和 θ_k 或 X_k 和 Y_k 来表示,向量端点表示了调制后的一种可能的信号。k 有 M 种选择,可以构成 M 个向量点,也称之为 MQAM 调制,其向量图形似星座,因此又称之为星座(Constellation)调制,如图 4-22 所示。

以下程序用于仿真 QAM 调制与解调:首先产生随机信号,用 QAM 调制;然后分别绘制发射端和接收端的星座图;最后解调并计算出误码率。

(1) 准备调制:产生随机二进制数据序列,二进制数据序列转换成十六进制序列。

程序如下:

```
M = 16;
k = log2(M);
n = 100000;                    % 比特序列长度
samp = 1;                      % 过采样率
x = randint(n,1);              % 生成随机二进制比特流
subplot(211);
stem(x(1:50),'filled');        % 绘制相应的二进制比特流信号 title('二进制随机比特流')
xlabel('二进制比特序列');ylabel('信号幅度');
x4 = reshape(x,k,length(x)/k); % 将原始的二进制比特序列每四个一组分组,并排列成 k 行
                               % length(x)/k 列的矩阵
```

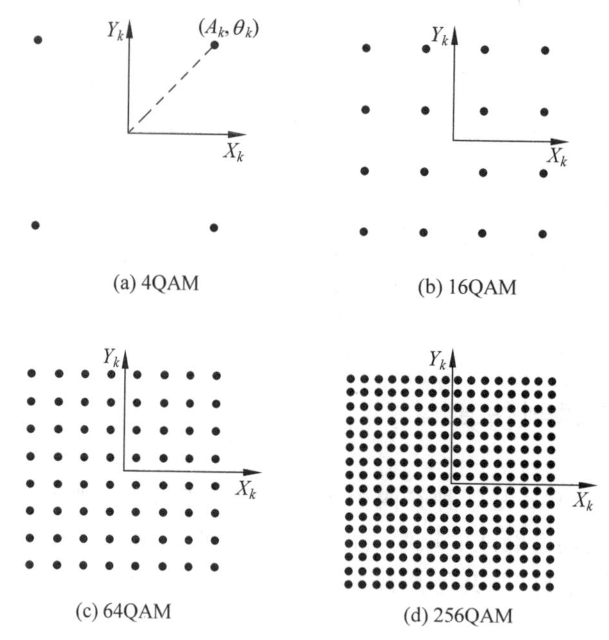

图 4-22　M=4、16、64、256 的 QAM 星座图

```
xsym = bi2de(x4.','left - msb');    % 将矩阵转化为相应的十六进制信号序列 figure
subplot(212);
stem(xsym(1:50));                   % 绘制相应的十六进制信号序列 title('十六进制随机信号')
xlabel('十六进制信号序列');
ylabel('信号幅度');
```

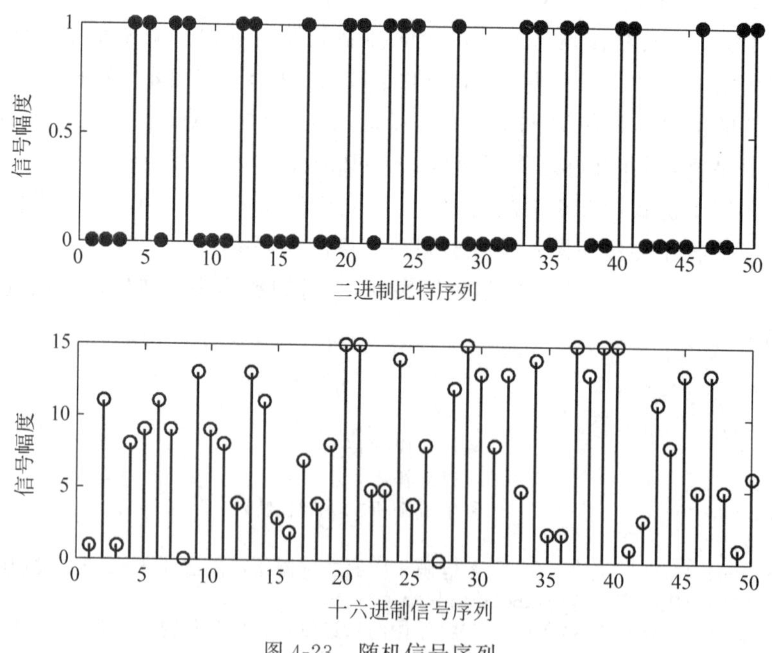

图 4-23　随机信号序列

(2) 16-QAM 调制：利用 qammod 函数进行调制，调制的结果是复数列向量，其取值为 16 点 QAM 信号星座图。对已调制信号可采用 awgn 函数添加加性高斯噪声。对发射和接收信号利用 scatterplot 函数可显示信号星座图的图形及噪声对信号造成的失真程度。图 4-24、图 4-25 中，横轴代表了信号的同相分量，纵轴代表正交分量。

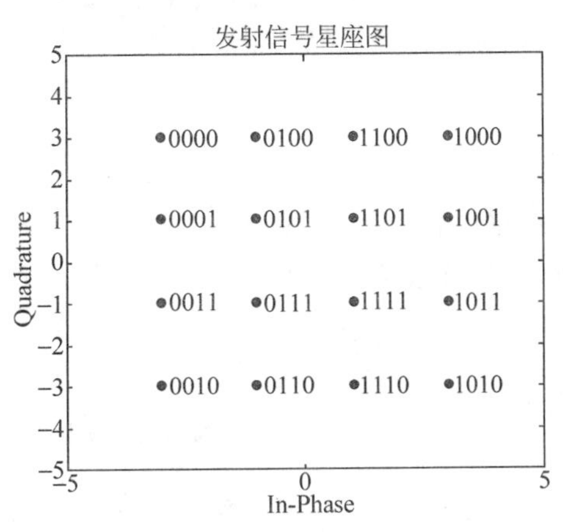

图 4-24　发射信号的星座图

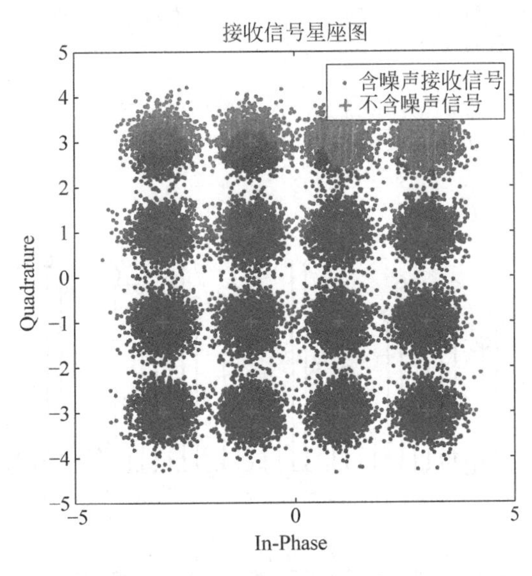

图 4-25　接收信号的星座图

程序如下：

```
%% Modulation
y = qammod(xsym,M);                        % 用 16QAM 调制器对信号进行调制
scatterplot(y);                            % 画出 16QAM 信号的星座图
title('发射信号星座图');
text(real(y) + 0.1,imag(y),dec2bin(xsym));
axis([ - 5 5  - 5 5]);
```

```
EbNo = 10;
snr = EbNo + 10 * log10(k) - 10 * log10(samp); % 信噪比
yn = awgn(y,snr,'measured');                   % 加入高斯白噪声
h = scatterplot(yn,samp,0,'b.');               % 经过信道后接收到的含白噪声的信号星座图
hold on;
scatterplot(y,1,0,'r+',h);                     % 加入不含白噪声的信号星座图
title('接收信号星座图');
legend('含噪声接收信号','不含噪声信号');
axis([-5 5 -5 5]);
hold on;
```

(3) 16-QAM 解调：对接收信号利用 qamdemod 函数进行解调。解调结果为包含 0～15 之间整数的列向量，再将整数信号转换成二进制比特序列，如图 4-26 所示。

程序如下：

```
%% Demodulation
yd = qamdemod(yn,M);                           % 此时解调出来的是十六进制信号
figure;
stem(yd(1:50));                                % 画出相应的十六进制信号序列
title('解调出的十六进制信号');
xlabel('信号序列');ylabel('信号幅度');
z = de2bi(yd,'left-msb');                      % 转化为对应的二进制比特流
z = reshape(z.',numel(z),1');
figure;
stem(z(1:50));                                 % 画出相应的二进制信号序列
title('解调出的二进制信号');
xlabel('信号序列');
ylabel('信号幅度');
```

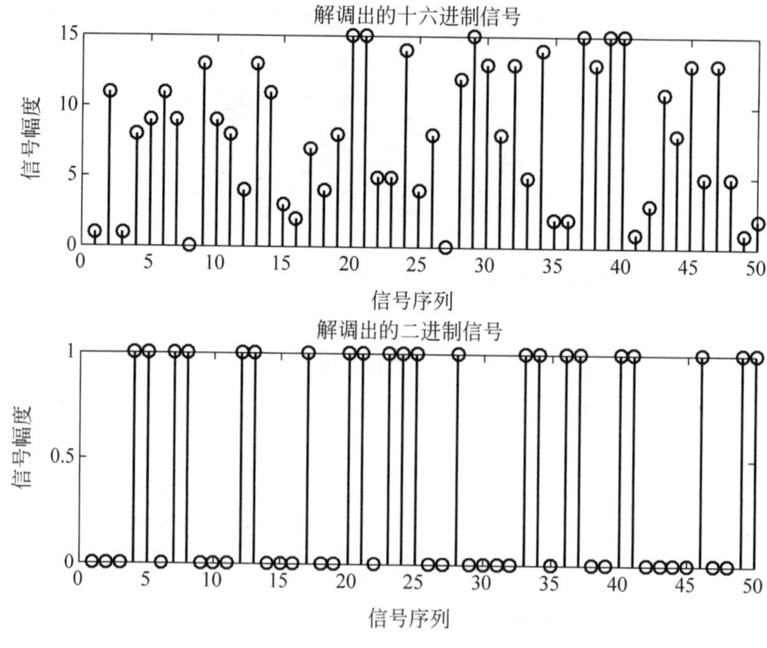

图 4-26　16QAM 信号的解调结果

(4) 计算系统误码率：利用biterr函数对原始二进制序列和上述步骤解调得到的二进制序列进行对比，可得到误比特数和误码率。

程序如下：

```
[number_of_errors,bit_error_rate] = biterr(x,z)
```

结果为：

```
number_of_errors  =  227
bit_error_rate  =  0.0023
```

第5章 差错控制系统的MATLAB/Simulink仿真

差错控制技术是指在发送端加入差错控制码元，即监督码元，利用监督码元和信息码元之间的某种确定关系来进行自动纠错和检错。一般来说，增加的监督码元越多，传输效率就越低，纠错和检错能力反而就越强。所以，差错控制技术是通过降低传输效率来提高信息在通信系统中传输的可靠性。本章介绍几种常用差错控制编码的基本原理，并通过 MATLAB/Simulink 对其进行仿真分析。

5.1 基于线性分组码的差错控制系统仿真

对信源编码器输出的序列进行分组，并对每一组独立变换，称为分组码，记为(n,k)码，其中 k 表示每分组输入符号数，n 为编码输出符号数。编码后的码组具有抗信道干扰的能力。若这种变换是线性变换，则称变换后的码组为线性分组码；若变换是非线性的，则称变换后的码组为非线性分组码。常用的是线性分组码。

线性分组码具有如下两个性质：

(1) 线性(包含全零码字，封闭性)；

(2) 最小码距等于除零码外的码字的最小码重。

为了具体说明线性分组码的基本原理，以(7,3)线性分组码为例。设(7,3)线性分组码为 $\boldsymbol{C}=(c_6,c_5,c_4,c_3,c_2,c_1,c_0)$，其中 c_6,c_5,c_4 为信息位，c_3,c_2,c_1,c_0 为监督位。将信息流分成每 3 位为一组，构成原码，即 $\boldsymbol{A}=(a_2,a_1,a_0)$，按下列线性方程进行编码：

$$\begin{cases} c_6=a_2 \\ c_5=a_1 \\ c_4=a_0 \\ c_3=a_1\oplus a_0 \\ c_2=a_2\oplus a_1 \\ c_1=a_2\oplus a_1\oplus a_0 \\ c_0=a_2\oplus a_0 \end{cases} \tag{5-1}$$

写成矩阵形式，则可表示为：

$$\boldsymbol{C}=[c_6,c_5,c_4,c_3,c_2,c_1,c_0]=[a_2,a_1,a_0]\begin{bmatrix}1\,0\,0\,0\,1\,1\,1\\0\,1\,0\,1\,1\,1\,0\\0\,0\,1\,1\,0\,1\,1\end{bmatrix}=\boldsymbol{A}\cdot\boldsymbol{G} \tag{5-2}$$

式中，$\boldsymbol{A}$ 为原码；$\boldsymbol{C}$ 为生成的线性分组码；$\boldsymbol{G}$ 为生成线性分组码的生成矩阵。一般情况下，生成(n,k)线性分组码的生成矩阵大小为 $k\times n$。

由式(5-1)进一步变换可以得到监督位与信息位的关系：

$$\boldsymbol{H}\cdot\boldsymbol{G}^{\mathrm{T}}=\boldsymbol{0}^{\mathrm{T}} \tag{5-3}$$

式中，H 为监督矩阵。监督矩阵中的每一个行向量与线性分组码中的任一码元内积为 0，并且其中每一个行向量都线性无关。

1. 线性分组码的编码译码仿真

采用MATLAB仿真程序完成对(7,4)线性分组码的编码、解码,其中信息位和检验位的约束关系为 c1=a1; c2=a2; c3=a3; c4=a4; c5=a1+a2+a3; c6=a2+a3+a4; c7=a1+a2+a4;生成矩阵为G,校验矩阵为H,原码为A,生成码字为C,纠错后的码字为Cr。

```
clear all;
G1 = eye(4);                                  % 生成 4×4 单位阵
G2 = [1,0,1;1,1,1;1,1,0;0,1,1];               % 约束关系
G = [G1,G2];                                  % 生成矩阵 G
fprintf('生成矩阵为:G = ')
disp(G);
A = [0,0,0,1;0,0,1,0;0,0,1,1;0,1,0,0;0,1,0,1;0,1,1,0;0,1,1,1;1,0,0,0;1,0,0,1;1,0,1,0;
1,0,1,1;1,1,0,0;1,1,0,1;1,1,1,0;1,1,1,1;]; % A = [a1,a2,a3,a4]编码的原码
fprintf('原码为:A = ')
disp(A);
C1 = A * G;
C = mod(C1,2);                                % 模 2 运算
fprintf('输出的编码为:C = ')
disp(C);
H = gen2par(G)                                % 生成校验矩阵
fprintf('校验矩阵为:H = ')

%% 以下输入接收到的码字,译出原码
Rev = input('请输入 7 位接收码字,用空格隔开:','s');
Rev = str2num(Rev)                            % 接收到的码字
S1 = Rev * (H');                              % S 为校阵子
S = mod(S1,2);
E = [1,1,1,1,1,1,1];
for i = 1:7;                                  % 取出 H 中的每一列,与 S 相加
  Hi = H(:,[i]);
  Sum = S + Hi';
  Sum = mod(Sum,2);
  if (all(Sum(:) == 0));                      % 如果 S 与 H 的第 i 列之和 Sum 为 0 矩阵,则表示
                                              % Rev 中第 i 个码字有误
      fprintf('接收码字中错误码位是第:');
      disp(i)
  else
      E(1,i) = 0;
  end;
end;
Cr = mod((Rev + E),2);
fprintf('正确接收码字:Cr = ');
disp(Cr);
```

程序运行结果:

```
生成矩阵为:
G =
     1     0     0     0     1     0     1
     0     1     0     0     1     1     1
     0     0     1     0     1     1     0
     0     0     0     1     0     1     1
原码为:
A =
     0     0     0     1
     0     0     1     0
     0     0     1     1
     0     1     0     0
     0     1     0     1
     0     1     1     0
     0     1     1     1
     1     0     0     0
     1     0     0     1
     1     0     1     0
     1     0     1     1
     1     1     0     0
     1     1     0     1
     1     1     1     0
     1     1     1     1
输出的编码为:
C =
     0     0     0     1     0     1     1
     0     0     1     0     1     1     0
     0     0     1     1     1     0     1
     0     1     0     0     1     1     1
     0     1     0     1     1     0     0
     0     1     1     0     0     0     1
     0     1     1     1     0     1     0
     1     0     0     0     1     0     1
     1     0     0     1     1     1     0
     1     0     1     0     0     1     1
     1     0     1     1     0     0     0
     1     1     0     0     0     1     0
     1     1     0     1     0     0     1
     1     1     1     0     1     0     0
     1     1     1     1     1     1     1
校验矩阵为:
H =
     1     1     1     0     1     0     0
     0     1     1     1     0     1     0
     1     1     0     1     0     0     1
请输入7位接收码字,用空格隔开:0 1 1 1 1 0 1
接收码字中错误码位是第:     2
正确码字为:Cr =      0     0     1     1     1     0     1
```

2. 线性分组码信号的传输仿真

采用MATLAB和Simulink交互的方式仿真实现线性分组码编码后的信号在通信

系统中的传输。Simulink仿真模型如图5-1所示。模型中Bernoulli Binary Generator(伯努利二进制序列产生器)模块产生的信源序列经过Binary Linear Encoder(二进制线性编码器)进行线性分组码编码。编码后的序列经过Binary Symmetric Channel(二元对称信道)传输,该信道具有误码概率。在接收端进行译码。译码后的序列和信源序列输入Error Rate Calculation(误码率统计)模块,统计接收端误码率。

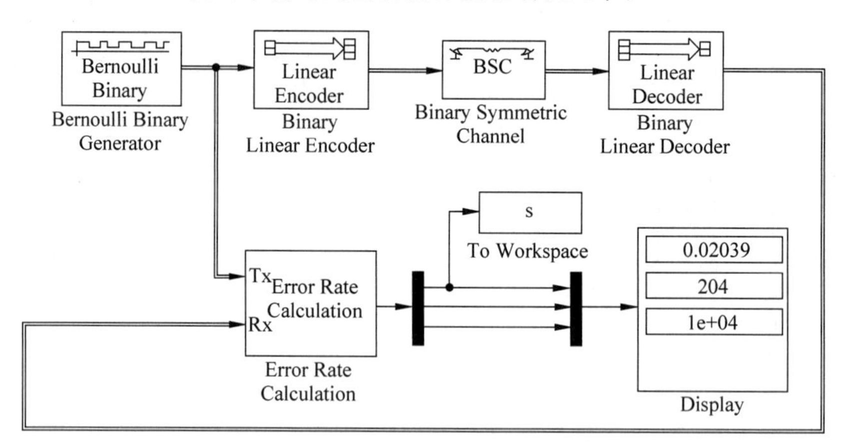

图5-1 线性分组码的Simulink仿真模型

模型中各模块的主要参数设置见表5-1。

表5-1 线性分组码Simulink仿真参数

模块名称	参数名称	参数值
Bernoulli Binary Generator(伯努利二进制序列产生器)	Probability of zero	0.5
	Initial seed	10000
	Sample time	1
	Frame-based output	Checked
	Samples per frame	4
Binary Linear Encoder(二进制线性编码器)	Generator matrix	[[1 1 0; 0 1 1; 1 1 1; 1 01]eye(4)]
Binary Symmetric Channel(二元对称信道)	Error probability	errB
	Initial seed	2137
Error Rate Calculation(误码率统计)	Receive delay	0
	Computation delay	0
	Computation mode	Entire frame
	Output data	port
To Workspace(工作区间)	Variable name	s
	Limit data point to last	inf
	Decimation	1
	Sample time	−1
	Save format	Array

本例仿真采用 MATLAB 和 Simulink 交互的方式，分析经过线性分组码编码的信号在不同误码率的信道中传输后，接收端收到信号的误码率情况，代码如下：

```
Clear;
x = 0:0.01:0.05;
y = x;
hold off;
fori = 1:length(x)
   errB = x(i);
   sim('m');                                  % 实现 MATLAB 和 Simulink 模块的交互
   y(i) = mean(s);
end
plot(x,y);
hold on
grid on;
xlabel('信道误码率');
ylabel('接收端误码率 Pe ');
```

图 5-2 为线性分组码的 MATLAB 和 Simulink 交互仿真结果。通过对图中信道误码率和接收端信号误码率的分析，可以看出使用线性分组码的差错控制仿真编码以后，差错率明显下降，比如信道误码率在 0.04 时，接收端信号误码率不足 0.015。

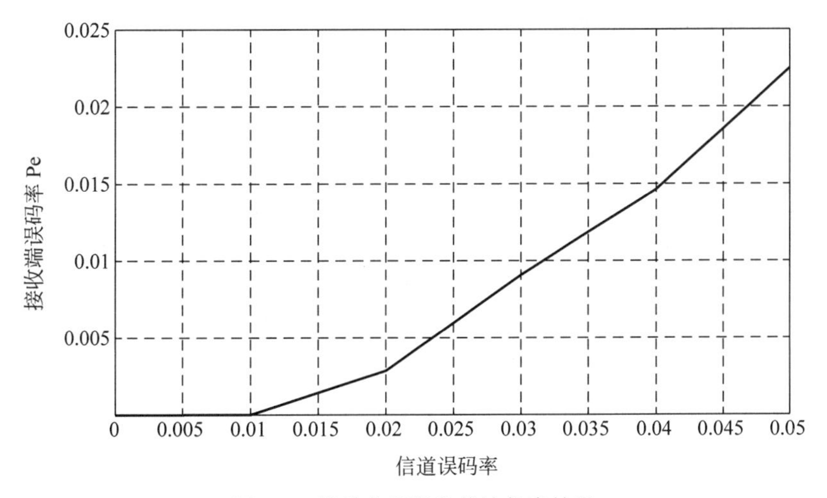

图 5-2　线性分组码的传输仿真结果

5.2　基于循环码的差错控制系统仿真

设 $\boldsymbol{C}$ 是某(n,k)线性分组码的码字集合，如果将任一码字 $c=(c_{n-1},c_{n-2},...,c_0)$ 向左移一位，记为 $c^{(1)}=(c_{n-2},c_{n-3},\cdots,c_0,c_{n-1})$也属于码集 $\boldsymbol{C}$，则该线性分组码为循环码。循环码的特点是具有循环性，即任何许用码字的循环移位仍然是一个许用码字。

对于一个任意长为 n 的码字 $c=(c_{n-1},c_{n-2},\cdots,c_1,c_0)$，用多项式的形式表示，即

$c(x)=c_{n-1}x^{n-1}+c_{n-2}x^{n-2}+\cdots+c_1x+c_0$,此多项式即为码多项式,系数不为0的$x$的最高次数称为多项式$c(x)$的次数或阶数。在进行码多项式简单运算时,所得系数需进行模2运算。这就是循环码的编码原理。

构造循环码主要是要找出一组线性分组码的生成矩阵,将信息位与生成矩阵$\boldsymbol{G}$相乘得到码字。由于循环码的码字多项式是生成多项式$g(x)$的倍式,且根据线性码生成矩阵的特性,(n,k)码的生成矩阵可以由(n,k)码k个不相关的码组构成。根据以上两点,可以挑选出k个线性不相关的循环码的码多项式。

接收端检测时,用码多项式$y(x)$除以生成多项式$g(x)$。若不能除尽,则说明接收码不属于循环码,在传输过程中发生错误,即$\dfrac{y(x)}{g(x)}=Q(x)+\dfrac{R(x)}{g(x)}$。因此,可用其余式$R(x)$是否为零来判断接收码组中是否有错。但当码字中错误位数超过循环码的检错能力时,接收码多项式仍有可能被$g(x)$整除,利用以上方法则不能检测出误码。

1. 循环码的编码仿真

下面程序完成(7,4)循环码的编码。代码中cyclpoly(n,k,'all')返回(n,k)循环码的所有生成多项式(1个生成多项式为返回矩阵的1行);cyclgen(n,g)返回循环码的监督矩阵和生成矩阵,其中g为生成多项式向量;rem(msg * G,2)返回循环码的所有需用码组,其中G为生成矩阵,msg为信息矩阵。

```
clear all;
close all;
n = 7;
k = 4;
p = cyclpoly(n,k,'all');                    % 产生循环码的生成多项式
[H,G] = cyclgen(n,p(1,:));                  % 产生循环码的生成矩阵和校验矩阵
Msg = [0 0 0 0;0 0 0 1;0 0 1 0;0 0 1 1;0 1 0 0;0 1 0 1;0 1 1 0;0 1 1 1;
    1 0 0 0;1 0 0 1;1 0 1 0;1 0 1 1;1 1 0 0;1 1 0 1;1 1 1 0;1 1 1 1 ];
C = rem(Msg * G,2)
```

运行结果:

```
C =
     0     0     0     0     0     0     0
     0     1     1     0     0     0     1
     1     1     0     0     0     1     0
     1     0     1     0     0     1     1
     1     1     1     0     1     0     0
     1     0     0     0     1     0     1
     0     0     1     0     1     1     0
     0     1     0     0     1     1     1
     1     0     1     1     0     0     0
     1     1     0     1     0     0     1
     1     1     0     1     0     0     1
     0     1     1     1     0     1     0
     0     0     0     1     0     1     1
```

0	1	0	1	1	0	0
0	0	1	1	1	0	1
1	0	0	1	1	1	0
1	1	1	1	1	1	1

2. 循环码信号的传输仿真

循环码的 Simulink 仿真模型如图 5-3 所示。Bernoulli Binary Generator 模块产生的信源序列经过 Binary Cyclic Encode 编码后在 Binary Symmetric Channel 中传输。Error Rate Calculation 模块将接收端 Binary Cyclic Decode 译码后的序列和信源序列输入进行比较，统计误码率。

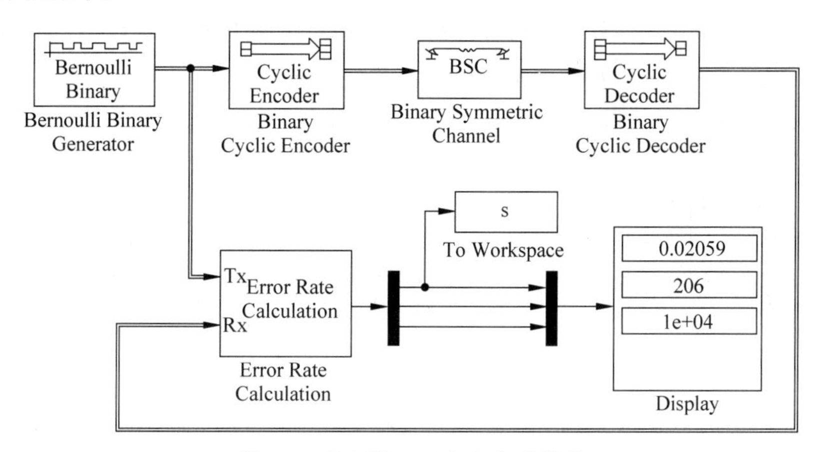

图 5-3 循环码 Simulink 仿真模型

表 5-2 是模型中各模块的主要参数设置。

表 5-2 循环码 Simulink 仿真参数

模块名称	参数名称	参数值
Bernoulli Binary Generator	Probability of zero	0.5
	Initial seed	10000
	Sample time	1
	Samples per frame	4
Binary Cyclic Encoder	Codeword length N	7
	Message length K	4
Binary Symmetric Channel	Error probability	errB
	Initial seed	2137
Binary Cyclic Decoder	Codeword length N	7
	Message length K	4
Error Rate Calculation	Receive delay	0
	Computation delay	0
	Computation mode	Entire frame
	Output data	port

续表

模块名称	参数名称	参数值
To Workspace	Variable name	s
	Limit data point to last	inf
	Decimation	1
	Sample time	−1
	Save format	Array

本例仿真同样采用 MATLAB 和 Simulink 交互的方式，利用 5.1 节线性分组码的 MATLAB 和 Simulink 交互代码调用图 5-3 循环码 Simulink 仿真模型，可以完成不同信道误码率下接收端的误码率统计，仿真结果见图 5-4。从图中可以看出，循环码同样降低了接收端的误码率，提高了通信质量。

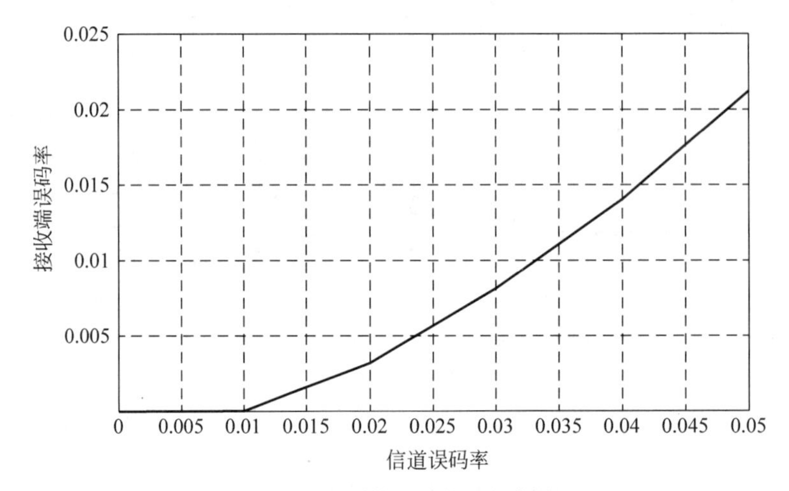

图 5-4　循环码信号传输的仿真结果

5.3　基于卷积码的差错控制系统仿真

卷积码是结合本码组和其他码组之间的关系来进行编码的。卷积码通常记作(n,k,N)的形式，其中 n 为编码后码组的长度，k 为输入的信息位的长度，N 为编码约束长度。约束长度就是编码过程中互相约束的码组个数。卷积码编码的码字不仅与本码组中 k 个码字有关，同时和前$(N-1)$组输入的信息码字有关。相互有关系的码字一共有 $N\times n$ 个。约束长度越长纠错能力就越强，但码率会因此降低。$R=k/n$ 是卷积码的码率，表示信息位在所有要传输的码字中占有的比重。卷积码的一般结构如图 5-5 所示。

卷积码中 k 和 n 的值通常比较小，延时也相应小，适合串行传输。

下面利用 MATLAB 和 Simulink 两种方式进行仿真，对输入信号进行卷积编码，经过 AWGN 信道传输，接收端解码后统计传输误码率。

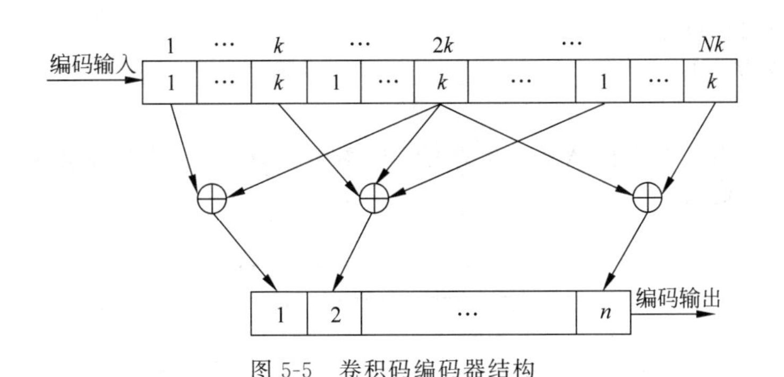

图 5-5　卷积码编码器结构

1. 卷积码的 MATLAB 仿真

下面采用(2,1,9)卷积码。程序利用 randint 函数产生信源序列，经过 convenc 卷积编码后，进行 BPSK 调制并在 AWGN 信道中传输。卷积码生成多项式为 G0=561(八进制)，G1=753(八进制)。接收端 BPSK 解调后利用软判决滑动窗维特比译码，译码深度为 40。

```
clear all;
close all
SNRdB = 0:0.5:3;                     % 设置信噪比范围,0～3dB
declen = 40;                         % 译码深度
SNRnum = length(SNRdB);              % 信噪比数目
iter = 10;                           % 每个信噪比下的迭代次数
for i = 1:SNRnum                     % 循环内计算每个信噪比下的误码率
  for j = 1:iter                     % 每个信噪比下迭代计算误码率 10 次,再求平均误码率
     trel = poly2trellis(9,[561 753]); % 卷积码(2,1,9)网格图,约束长度为 9
     siglen = 1000000;               % 设置信号长度
     msg = randi([0,1],siglen,1);    % 生成 0,1 序列,长度同信号长度
     encode = convenc(msg,trel,0);   % 从 0 状态开始作卷积编码
     I = 0.5 * ones(siglen * 2,1);
     y = encode - I;
     bpsk = sign(y);                 % BPSK 调制
     channelout = awgn(bpsk,SNRdB(i)); % 添加高斯白噪声,AWGN 信道
     debpsk = channelout * 0.5 + 0.5;  % 解调
     parti = 0:.15:.9;               % 设置量化等级划分
     codebk = 0:7;                   % 设输出等级
     [x,qcode] = quantiz(debpsk,parti,codebk); % 量化,准备维特比软判决
      % 维特比译码,量化级数 = 2^3
     decode =  vitdec(qcode',trel,declen,'cont','soft',3);
      % 计算本次 BER
     [errorbit,errorrate(j)]  =  biterr(decode(declen + 1:end),msg(1:end - declen));
  end
   BER(i) = sum(errorrate)/iter;        % 求平均 BER
end
semilogy(SNRdB,BER);                 % 绘制不同信噪比下的误码率
```

```
xlabel('信噪比 SNR(dB)');
ylabel('误码率');
grid on;
```

图 5-6 为卷积码 MATLAB 仿真结果。从图中可以看出，接收端误码率随着信道信噪比的提高迅速降低。

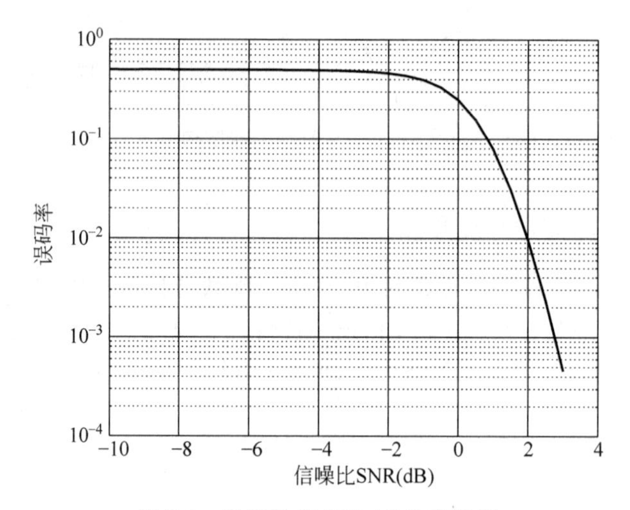

图 5-6 卷积码 MATLAB 仿真结果

2. 卷积码的 Simulink 仿真

图 5-7 为卷积码的 Simulink 仿真模型。信源序列由 Bernoulli Binary Generator 模块产生，经过 Convolution Encoder 编码后进行 BPSK 调制，输入 AWGN 信道。接收端将信号 BPSK 解调后，采用 Viterbi Decoder 译码。译码后的序列和信源序列一起输入 Error Rate Calculation 模块统计误码率。

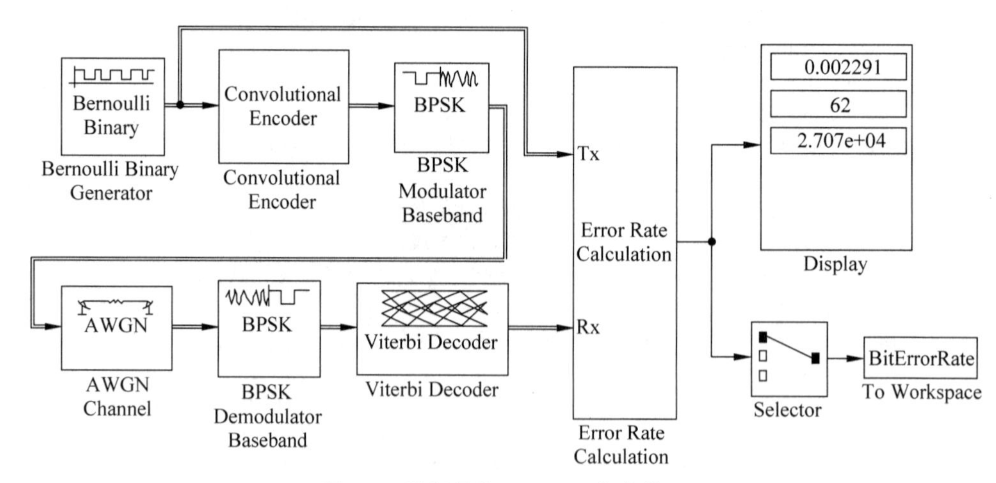

图 5-7 卷积码的 Simulink 仿真模型

表 5-3 为卷积码的 Simulink 仿真参数设置。

表 5-3 卷积码 Simulink 仿真参数

模块名称	参数名称	参数值
Bernoulli Binary Generator	Probability of zero	0.5
	Initial seed	61
	Sample time	0.02/268
	Frame-based output	Checked
	Samples per frame	268
BPSK Modulator Baseband (BPSK 调制)	Phase offset(rad)	0
	Samples per symbol	1
AWGN Channel(加性高斯白噪声信道)	Initial seed	67
	Mode	Signal to noise ratio(SNR)
	SNR(dB)	SNR
	Input signal power(watts)	1
Convolution Encoder	Trellis structure	STRUCTURE
	Operation mode	Truncated(reset every frame)
Selector(数据选通器)	Number of input dimensions	1
	Index mode	One-based
	Index Option	Index Vector(dialog)
	Index	[1]
Viterbi Decoder	Trellis structure	STRUCTURE
	Decision type	Hard Decision
	Operation mode	Truncated
	Traceback depth	34

本例通过 MATLAB 和 Simulink 交互的方式，完成不同码率、不同信噪比下接收端误码率的计算，代码如下：

```
x = - 10:2;                              % x 表示信噪比
% 卷积方式分别取 1/3 卷积和 1/2 卷积
A = [poly2trellis(9, [557 663 711]),poly2trellis(7, [171 133])];
% 不同卷积方式、信噪比下重复调用图 5 - 7 的 Simulink 模型
for j = 1:2
    STRUCTURE = A(j);
        for i = 1:length(x)
        SNR = x(i);                      % 信道的信噪比依次取 x 中的元素
        sim('book_c');                   % 实现 MATLAB 和 Simulink 模块的交互
        y(j,i) = mean(BitErrorRate);     % 计算 BitErrorRate 的均值
    end
end
semilogy(x,y(1,:),'r',x,y(2,:),'b')      % 绘图,采用对数坐标
xlabel('信道信噪比'),ylabel('接收端误码率');
legend('1/3 卷积码','1/2 卷积码');
grid on
```

图 5-8 为卷积码的 MATLAB 和 Simulink 交互仿真结果。图中两条曲线分别表示不同码率的卷积码在不同信噪比下误码率性能,其中上面的曲线码率为 1/2,下面的曲线码率为 1/3。

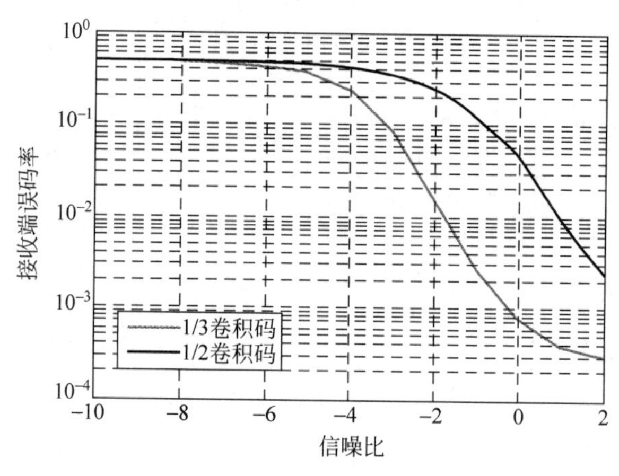

图 5-8　卷积码的仿真结果

5.4　基于循环冗余码的差错控制系统仿真

为了满足实际中对 n、k 取值的多样性要求,通常在传送码字的后部预留一定的空间,用于差错校验。循环冗余码是最常见的校验码,由信息位和校验位两部分组成。其编码方法如下:

(1) 移位:将 k 比特原码左移 r 位,形成 $k+r=n$ 位。

(2) 相除:用生成多项式 $g(x)$,以模 2 除的方式去除移位后的式子,得到的余数就是校验码。

接收端收到数据后对其进行 CRC 校验,方法是将整个数据串当作一个整体去除生成矩阵,判断循环冗余校验器产生的余数。若余数为零,则说明接收正确;否则接收错误,并不纠错。

循环冗余校验编解码的 MATLAB 仿真:

```
clear all;
close all;
%编码
crcmsg = input('请输入信息原码,空格隔开:','s');
crcmsg = str2num(crcmsg);
msglen  =  length(crcmsg);                    %原码长度
crcgen  = input('请输入生成多项式 g(x),空格隔开:','s');
                                              %如 g(x) = x^5 + x^4 + x + 1,输入 1 1 0 0 1 1
crcgen = str2num(crcgen);
critlen = length(crcgen);
critbit  =  zeros(1,critlen);                 %添加冗余比特
```

```
crcencode = [crcmsg zeros(1,critlen)];          % 原码左移,左移位数为校验位长度
crcmsg = [crcmsg critbit];
divddvec = crcmsg;                              % 被除数向量
for k = 1:msglen                                % 开始循环计算长除得到最终余数
   added = zeros(1,msglen - k + 1);             % 生成多项式向量左移位数,准备模2除
   divvec = [crcgen added];                     % 除数向量
   if divddvec(1) == 0                          % 被除数第1位为0,不必除
      divvec = zeros(1,length(divvec));
   end
   divddvec = bitxor(divvec,divddvec);          % 模2除,等同异或
   divvec = crcgen;                             % 恢复除数
   divddvec(1) = [];                            % 去除被除数第1位
end
crclen= length(crcencode)
divdlen= length(divddvec);
divddvec = [zeros(1,crclen - divdlen),divddvec];      % 余数序列
crcencode = crcencode + divddvec                % 编码后序列
% msglen = length(crcencode);                   % 得到冗余编码的长度

% 解码
divddvec = crcencode;                           % 余数初始化
crcdecode = crcencode;                          % 解码初始化

divnum = crclen - length(crcgen) + 1;           % 长除的循环次数
for k = 1:divnum                                % 计算余数
   added = zeros(1,divnum - k);
   divvec = [crcgen added];                     % 除数向量
   if divddvec(1) == 0                          % 被除数第1位为0,不必除
      divvec = zeros(1,length(divvec));
   end
   divddvec = bitxor(divvec,divddvec);          % 模2除,等同异或
   divvec = crcgen;                             % 恢复除数
   divddvec(1) = [];                            % 去除被除数第1位
end
if sum(divddvec) == 0                           % 校验正确
   crcdecode = crcencode(1:divnum - 1)
else
fprintf('校验错误');
end
```

运行结果：

```
请输入信息原码,空格隔开:1 1 1 1 0 0 0 1 0
请输入生成多项式 g(x),空格隔开:1 1 0 1 1
crclen = 14
crcencode = 1 1 1 1 0 0 0 1 0 0 0 1 0 0
crcdecode = 1 1 1 1 0 0 0 1 0
```

5.5 基于LDPC码的差错控制系统仿真

低密度校验码也称LDPC码,属于信道编码的一种,分为规则码和非规则码。因为低密度校验码编码方式不止一种,所以低密度校验码码的结构也会有所分类,码结构的不同或者选用低密度校验码译码算法不同,这些因素都会影响LDPC码的性能表现。在传统的信道中,如果信道中的噪声水平低于一个特定值,LDPC码的传输错误概率会随着码长的增加而减小。理论上,如果码长变得无穷大,传输的错误概率会无限趋近于零,只是在物理上这个理念并不能被实现。受益于LDPC码本身的编码方式,其自带抗突发性错误这个特性,所以当其运用在通信系统中时是不需要交织器的,结果就是减少了通信系统中的时延,从而提高通信系统的性能。

低密度校验(LDPC)码具有以下特点:

(1) LDPC码译码具有很低的复杂度,所以不会因为码长的增加而急剧增加运算量,译码算法不仅在理论上,在物理上也是可以实现的,并且实际译码的仿真性接近于理论分析。

(2) LDPC码译码方法采用迭代译码算法,在物理上可以实现并行操作,并且译码速度高于其他编码。

(3) LDPC码拥有大的吞吐量,可以提高传输系统的传输效率,尤其在硬件模块更能体现这个优点。

(4) LDPC码的奇偶校验矩阵具有稀疏性,译码复杂度随着码长的改变而线性改变,所以不会出现码长过大而导致计算复杂度指数型增长这种情况。因为编码的码结构特性本身就自带抗突发差错这个能力,不像Turbo码那样需要交织器引入就拥有随机性,因此没有因交织器的存在而带来延时。

LDPC码也是一种分组码,其校验矩阵只含有很少量非零元素。正是校验矩阵$\boldsymbol{H}$的这种稀疏性,保证了译码复杂度和最小码距都只随码长呈现线性增加。校验矩阵$\boldsymbol{H}$的每一行对应一个校验方程,每一列对应码字中的一比特。因此,对于一个二进制码,如果它有m个奇偶校验约束关系,码字的长度为n,则校验矩阵是$m\times n$的二进制矩阵。对于$m\times n$维校验矩阵为$\boldsymbol{H}$,当且仅当向量$c=[c(1)\ c(2)\ \cdots\ c(m)]$满足

$$\boldsymbol{H}\cdot\boldsymbol{c}^{\mathrm{T}}=0 \tag{5-4}$$

时,它才是该码的一个有效码字。

LDPC码可通过伪随机的方法构造,需要在给定一些设计规范后得到所有LDPC码的集合,而不仅限于如何选择一些特殊的校验矩阵使之满足设计规范。LDPC码常常通过Tanner图来表示,而Tanner图所表示的其实是LDPC码的校验矩阵。Tanner图包含两类顶点:n个码字比特顶点(称为比特节点),分别与校验矩阵的各列相对应;m个校验方程顶点(称为校验节点),分别与校验矩阵的各行相对应。校验矩阵的每行代表一个校验方程,每列代表一个码字比特。所以,如果一个码字比特包含在相应的校验方程中,那么就用一条连线将所涉及的比特节点和校验节点连起来,所以Tanner图中的连线

数与校验矩阵中1的个数相同。图5-9是式(5-5)校验矩阵的Tanner图,其中上面的圆形节点表示校验节点,下面的圆形节点表示比特节点,黑线表示的是一个6循环。

$$\boldsymbol{H}=\begin{bmatrix}1&1&0&1&0&0\\0&1&1&0&1&0\\1&0&0&0&1&1\\0&0&1&1&0&1\end{bmatrix}\tag{5-5}$$

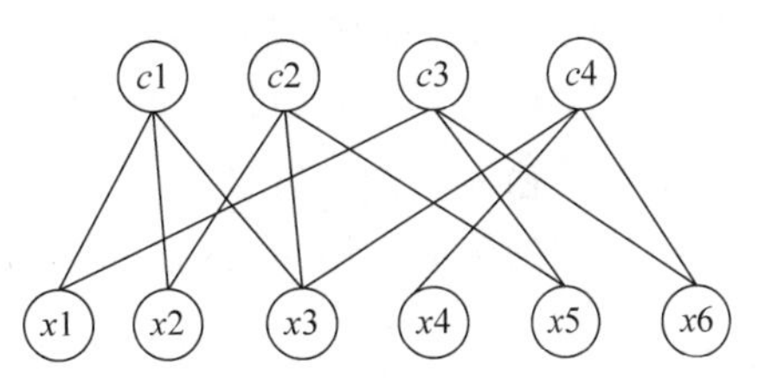

图5-9 LDPC码的Tanner图

除了校验矩阵 $\boldsymbol{H}$ 是稀疏矩阵外,LDPC码本身与任何其他的分组码并无二致。如果现有的分组码可以被稀疏矩阵所表达,那么用于LDPC码的迭代译码算法也可以成功地移植到它身上。不同的是,LDPC码的设计是以构造一个校验矩阵开始的,然后才通过它确定一个生成矩阵进行后续编码。

LDPC编码方法采用高斯消元算法,算法流程图如图5-10所示。

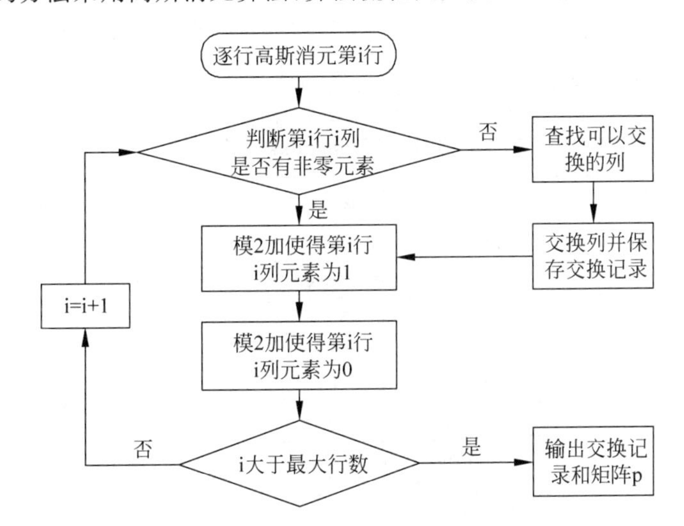

图5-10 高斯消元算法流程图

LDPC码的译码方法采用概率BP译码算法,流程图如图5-11所示。

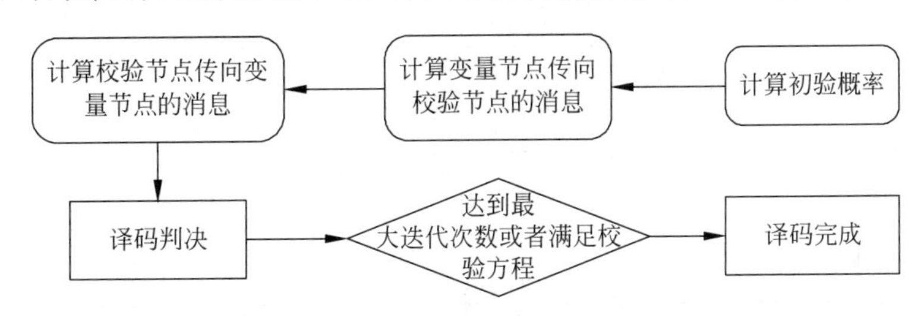

图5-11 概率BP译码算法过程

LDPC码的Simulink仿真模型如图5-12所示。Bernoulli Binary Generator模块采样频率是32400。信道模块和程序设计选用的信道模型一样,都是选用的加性高斯白噪声信道(AWGN),调制/解调模块选用的是二进制相移键控(BPSK),误码率的计算就用 Error Rate Calculation 模块,这个模块的作用原理就是把信源的原始数据接入 Tx 端口,经过信道传输后的输出信号接入 Rx 端口,将输出信号与原始信号进行对比来计算误码率。对比后的数据就用输出端口接入 Display 模块来显示误码率的大小。

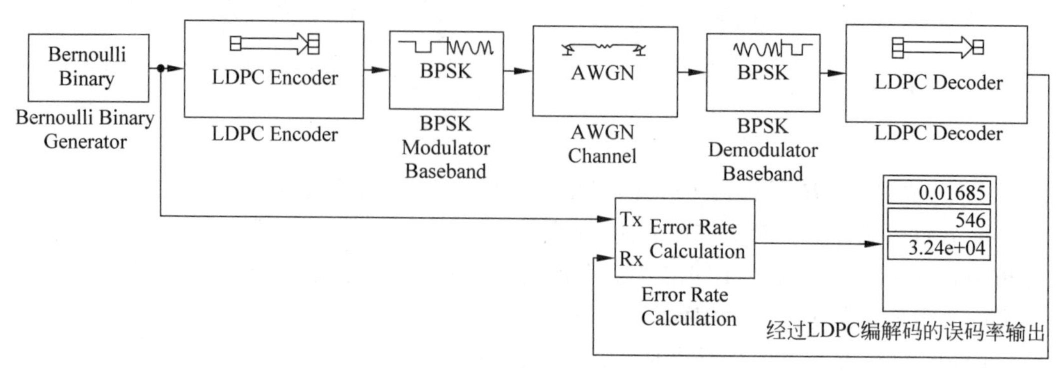

图 5-12 LDPC 码 Simulink 仿真模型

表 5-4 是模型中各模块的主要参数设置。

表 5-4 LDPC 码 Simulink 仿真参数

模块名称	参数名称	参数值
Bernoulli Binary Generator	Probability of zero	0.7
	Source of initial seed	61
	Sample time	1
	Samples per frame	32400
LDPC Encoder	Parity-check matrix	dvbs2ldpc(1/2)
BPSK Modulator	Phase offset (rad)	0
	Output type	double
AWGN Channel	Initial seed	67
	Mode	Signal to noise ratio(Eb/No)
	Eb/No(dB)	10
	Number of bits per symbol	1
	Input signal power(watts)	1
	Symbol period (s)	1
LDPC Decoder	Output format	Information part
	Decision type	Soft decision
	Number of interation(迭代次数)	50
BPSK Demodulator	Decision type	Soft decision
	Phase offset (rad)	0
Error Rate Calculation	Receive delay	0
	Computation delay	0
	Computation mode	Entire frame
	Output data	port

图 5-13 是信噪比为 10dB 时 LDPC 码 Simulink 仿真系统的输出结果图,从图中可以看出 LDPC 码经过 BPSK 调制/解调后输出消息的误码率较低。

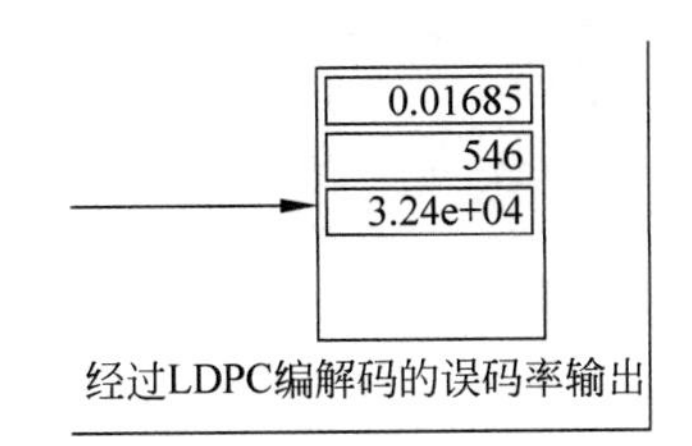

图 5-13　LDPC 码信号传输的仿真结果

第6章 现代通信系统的MATLAB/Simulink设计与仿真

随着人们对通信质量和速度要求的不断提高,现代通信技术的发展日新月异。在过去的十几年里,无线通信是通信领域发展最快、应用最广和最前沿的通信技术。MATLAB被广泛地运用在各种无线通信系统的建模和仿真中。本章介绍了几种常见的现代通信系统的建模与仿真方法,包括跳频通信系统、直接序列扩频通信系统、正交频分复用通信系统,以及目前正处于研究热点的多输入/多输出系统和无线协作通信系统。

6.1 跳频通信系统

频率跳变扩展频谱通信系统(Frequecy Hopping Spread Spectrum Communication Systems,FH-SS)简称为跳频扩频通信系统。在同步的情况下,收发两端以特定形式的窄频载波来传送信号,对于一个非特定的接收器,FH-SS所产生的跳频信号对它而言,也只算是窄带脉冲噪声。因此,跳频技术可以确保通信的秘密性和抗干扰性。

6.1.1 跳频技术简介

跳频是最常用的扩频方式之一,其工作原理是指收发双方传输信号的载波频率按照预定规律进行离散变化的通信方式,通信中使用的载波频率受伪随机变化码的控制而随机跳变。跳频技术可提供几千到2^{20}个离散频率,跳频系统结构如图6-1所示。

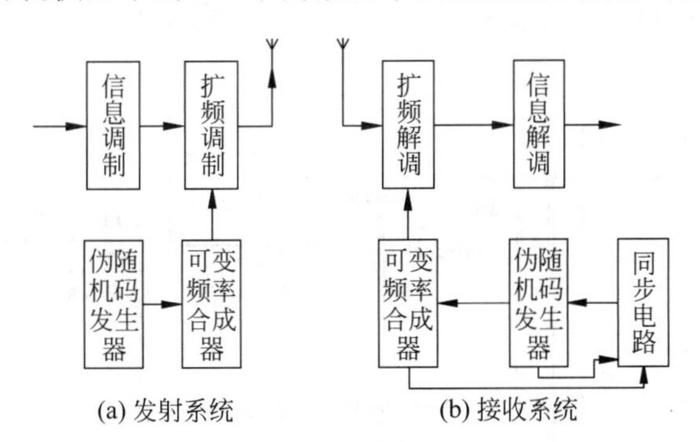

图6-1 频率跳变扩频通信系统简化方框图

跳频系统与常规通信系统最大的区别在于发射机的载波发生器和接收机中的本地振荡器。在常规通信系统中这二者输出信号的频率是固定不变的,然而在跳频通信系统中这二者输出信号的频率是跳变的。在跳频通信系统中发射机的载波发生器和接收机中的本地振荡器主要由伪随机码发生器和频率合成器两部分组成。

6.1.2 跳频通信系统仿真

跳频通信系统主要包括扩频和解扩两个环节,其仿真流程如图6-2所示。

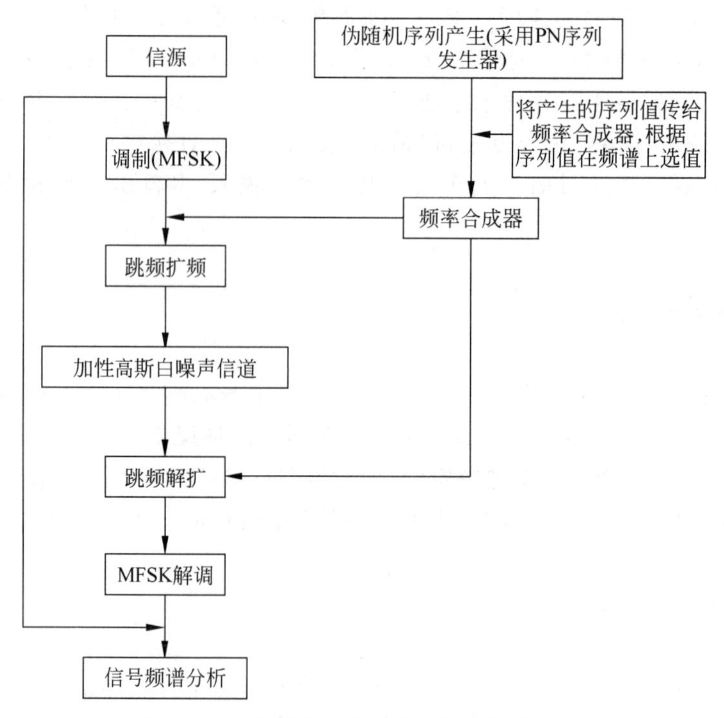

图 6-2　频率跳变扩频通信系统的仿真流程

按照上述的仿真流程,设计出跳频通信系统的仿真模型如图 6-3 所示。模型中各模块的参数设计见表 6-1。

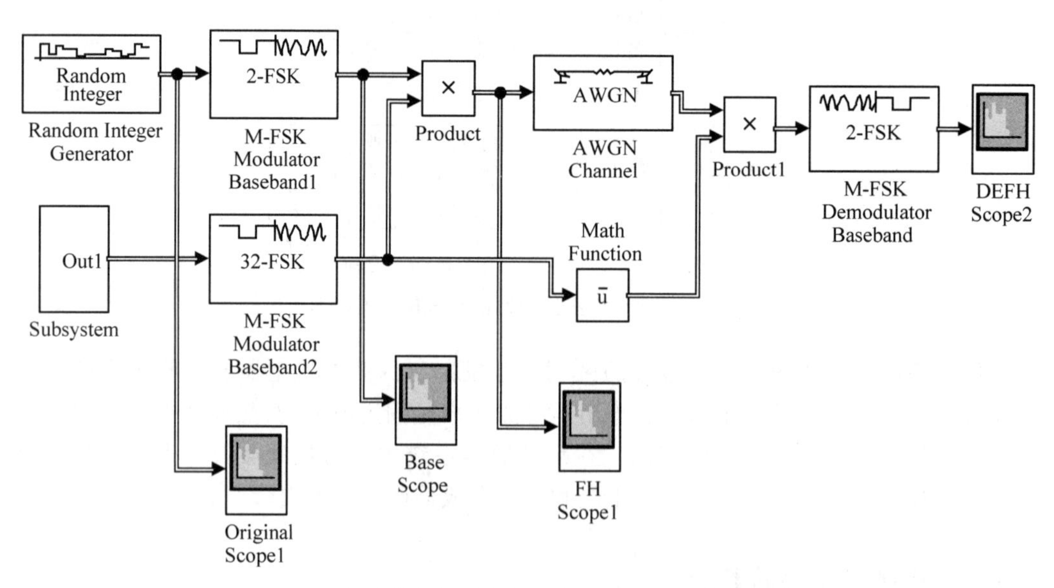

图 6-3　频率跳变扩频通信系统的 Simulink 仿真模型

其中，Subsystem 子系统为 PN 伪随机序列发生器模块,具体构成如图 6-4 所示。

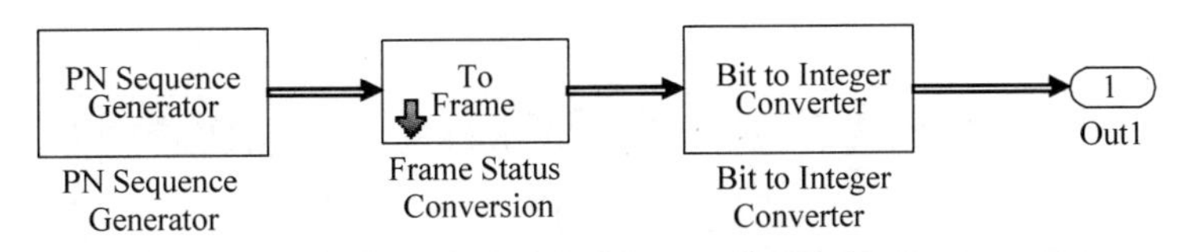

图 6-4　PN 伪随机序列发生器模块

表 6-1　跳频通信系统 Simulink 仿真参数

模块名称	参数名称	参数取值
M-FSK Modulator Baseband1	M-ary number	2
	Input type	Bit
	Symbol set ordering	Binary
	Frequency separation	100
	Samples per symbol	40
Random Integer Generator	M-ary number	2
	Initial seed	37
	Sample time	0.01
AWGN Channel	Initial seed	67
	Mode	SNR
	SNR	−10
	Input signal power	1
PN Sequence Generator	Generator polynomial	[1 1 0 0 1]
	Initial states	[1 1 0 1]
	Samples per frame	5
	Sample time	1/250
Bit to Integer Converter	Number of bits per integer	5
M-FSK Modulator Baseband2	M-ary number	32
	Input type	integer
	Frequency separation	200
	Samples per symbol	40
M-FSK Demodulator Baseband	M-ary number	2
	Output type	Bit
	Frequency separation	100
	Samples per symbol	40

仿真后各个阶段的信号频谱如图 6-5～图 6-8 所示。

由图 6-7 可以观察出，跳频扩频后的信号较之原来的信号，产生了跳频点。通过跳频点，可有效地避开部分干扰频点，达到降低误码率的目的。

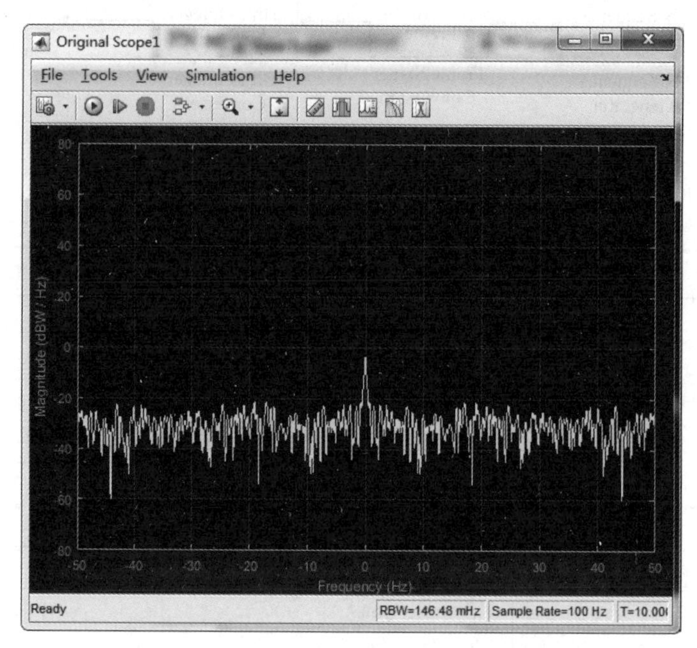

图 6-5　原始信号(二进制伪随机序列)的频谱

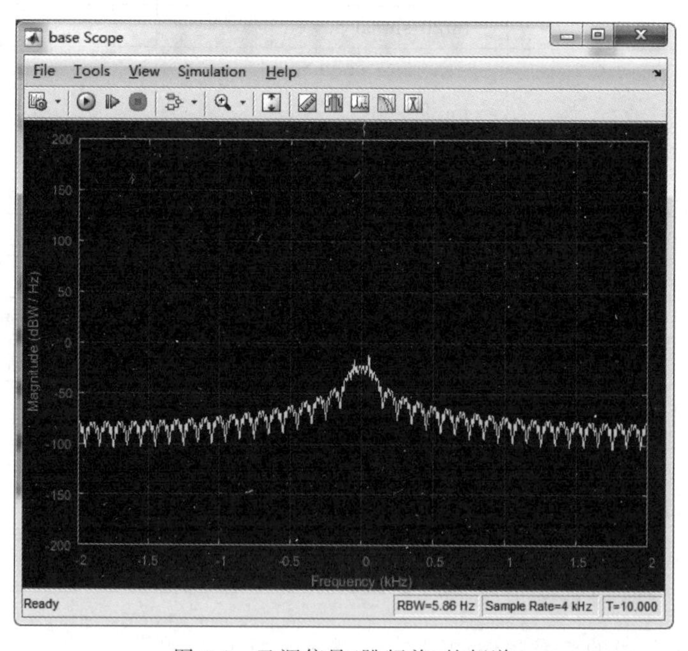

图 6-6　已调信号(跳频前)的频谱

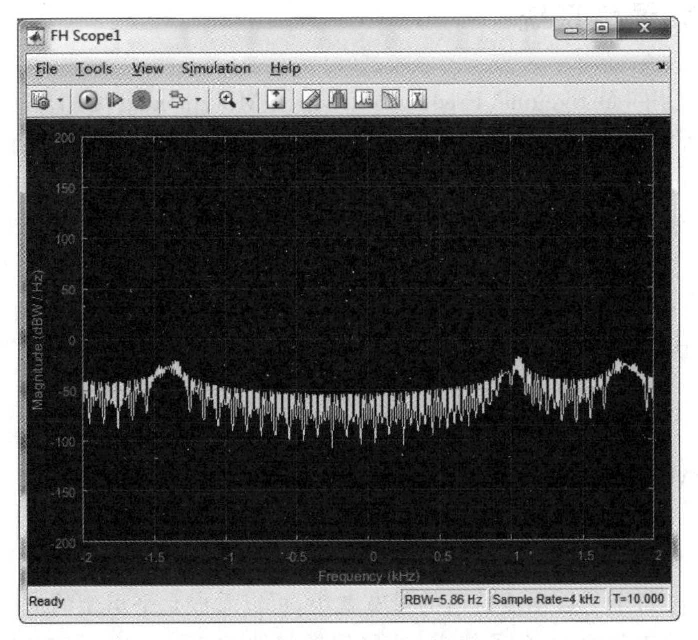

图 6-7　已调信号(跳频后)的频谱

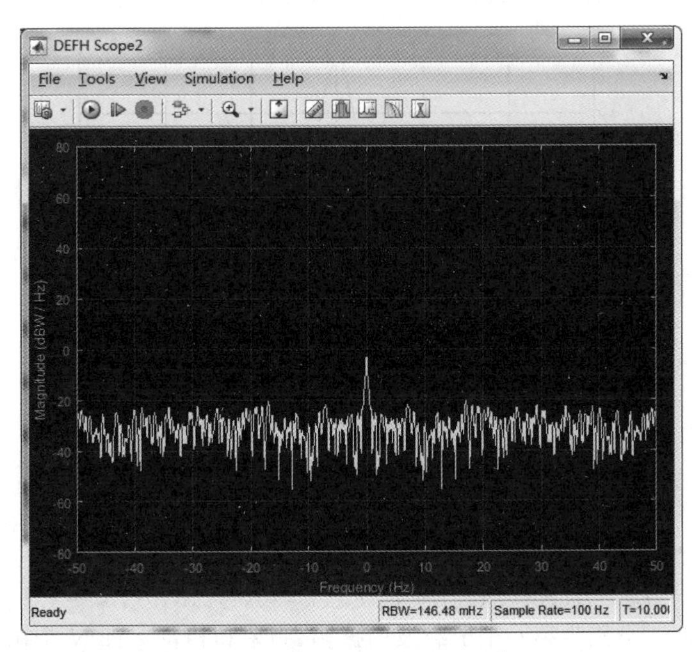

图 6-8　解扩解调后信号的频谱

6.2 OFDM 通信系统

正交频分复用(Orthogonal Frequency Division Multiplexing,OFDM)技术是多载波数字调制技术的一种。由于 OFDM 对信道载波的要求相当复杂,因此 20 世纪 50 年代中期,OFDM 技术只在军事通信系统中应用。1971 年,Weistein 和 Ebert 研究证实将快速傅里叶变换(Fast Fourier Transformation,FFT)应用于 OFDM 中能简化调制/解调过程,提高计算速度,加上 OFDM 技术具有的频带利用率高、传输速度快、抗干扰能力强等优点,很快这种技术得到了迅速推广。目前 OFDM 已经成为在频率选择性衰减特性通信环境中实现高速信号传输的主流技术,是第四代移动通信中的核心技术之一。

6.2.1 OFDM 技术简介

OFDM 技术是一种独特的多载波调制技术。从时域看,它把输入信号分解成多路子数据流传输,这样每个子数据流信道的带宽就小,可以看成是平坦型的信道衰落;从频域上看,它把整个信道分成 N 个子信道,这些信道间彼此相互正交,其频谱示意见图 6-9。OFDM 技术对 N 个子载波信号调制并相加后同时发送,实现将高速传输的串行数据信号调制成并行的相对低速子数据流在子载波上并行传送。

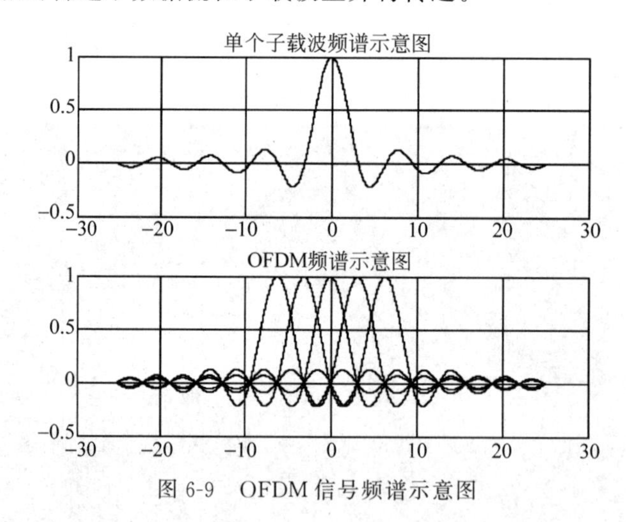

图 6-9 OFDM 信号频谱示意图

OFDM 的 N 个子信道的 N 个子载波,可以表示为

$$x_k = A_k \cos(2\pi f_k t + \varphi_k), \quad k = 0,1,2,3,\cdots,N-1 \tag{6-1}$$

式中,A_k、f_k 和 φ_k 分别为第 k 个子载波的振幅、频率和相位。将 N 个调制后的子载波相加得到

$$s(t) = \sum_{k=0}^{N-1} x_k = \sum_{k=0}^{N-1} A_k \cos(2\pi f_k t + \varphi_k) \tag{6-2}$$

当 f_k 满足 $f_k=(2k+m)/2T$，m 为任意正整数，T 为码元周期，则一个码元周期内，子载波彼此间保持正交，即

$$\int_0^T \cos(2\pi f_k t+\varphi_k)\cos(2\pi f_{k+i}+\varphi_{k+i})\mathrm{d}t=0 \tag{6-3}$$

式中，φ_k 和 φ_{k+i} 可为任意值。子载波间的正交性可使重叠的信号在接收端被完全分离。

OFDM 通信系统模型框图如图 6-10 所示。信号经过信道编码和交织后进行 QPSK 或者 QAM 基带调制，并插入导频，以便接收端进行信道估计。插入导频后的信号序列经过串/并转换、IFFT 运算调制到各个子载波上再叠加。OFDM 内所有子载波正交，且在时间和频率上都同步，子载波之间的相互干扰被严格控制。叠加后形成的频分复用数据流插入保护间隔，对抗符号间干扰，然后进行数字上变频、进入信道。最常用的保护间隔就是循环前缀数据，其长度应该大于信道的最大时延。接收端去除复用数据流中的循环前缀后，经过串/并转换并 FFT 运算分离出各个子信道的信号，然后进行并/串转换、信道均衡、基带解调等逆向过程，恢复出信号。

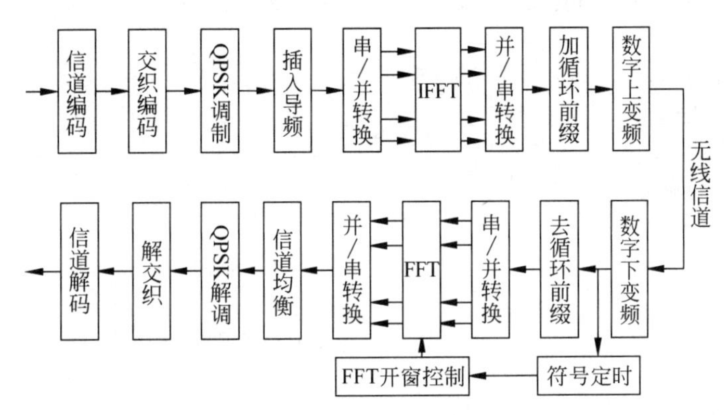

图 6-10　OFDM 的系统模型框图

6.2.2　OFDM 通信系统仿真

下面程序实现基本的 OFDM 通信系统仿真，包括 QPSK 调制、串/并转换、IFFT、并/串转换、插入保护间隔 AWGN 信道传输以及相应的逆过程。程序中采用 128 个子载波，每个载波传输 6 个符号，添加的保护间隔为 32 个时隙。基带调制采用 QPSK，接收端信噪比为 10dB。

```
clear all;
close all;
clc;
SubCarryN = 128;                          % 子载波数
fftLen = 128;                             % FFT 长度为 128
SymbN = 6;                                % 一帧中 OFDM 符号个数
GuardLen = 32;                            % 保护时隙的长度
```

```
SNR = 10;                                   % 信噪比取值,以 dB 为单位
%% ------------------------- 发射端 ------------------------------ %%
% 输入比特序列长度 = 子载波数 × 每载波符号数 × 每符号比特数
SignalLen = SubCarryN * SymbN * 2;
Signal = round(rand(1,SignalLen));          % 输出待调制的二进制比特流

for i = 1:SubCarryN
    for j = 1:SymbN * 2
        ParaBitSig(i,j) = Signal(i * j);    % 串/并转换为行数 SubCarryN,列数 2 * SymbN
    end
end
% 进行 QPSK 数据调制,将数据分为两个通道
for j = 1:SymbN
    ich(:,j) = ParaBitSig(:,2 * j - 1);     % 同相分量
    qch(:,j) = ParaBitSig(:,2 * j);         % 正交分量
end
kmod = 1./sqrt(2);
ich0 = ich. * 2 - 1;
qch0 = qch. * 2 - 1;
ich1 = ich0. * kmod;
qch1 = qch0. * kmod;
x = ich1 + qch1. * sqrt( - 1);              % 产生复信号

y = ifft(x);                                % 通过傅里叶反变换,将频域数据转换为时域
数据
ich2 = real(y);                             % I 信道取变换后的实部
qch2 = imag(y);                             % Q 信道取变换后的虚部

% 插入保护间隔
ich3 = [ich2(fftLen - GuardLen + 1:fftLen,:);ich2];
qch3 = [qch2(fftLen - GuardLen + 1:fftLen,:);qch2];

% 并串转换
ich4 = reshape(ich3,1,(fftLen + GuardLen) * SymbN);
qch4 = reshape(qch3,1,(fftLen + GuardLen) * SymbN);
TrData = ich4 + qch4. * sqrt( - 1);         % 形成复数发射数据
ReData = awgn(TrData,SNR,'measured');       % 信道,加入高斯白噪声
%% ------------------------- 接收端 ------------------------------ %%
% 移去保护时隙
idata = real(ReData);
qdata = imag(ReData);
idata1 = reshape(idata,fftLen + GuardLen,SymbN);
qdata1 = reshape(qdata,fftLen + GuardLen,SymbN);
```

```
idata2 = idata1(GuardLen + 1:GuardLen + fftLen, :);
qdata2 = qdata1(GuardLen + 1:GuardLen + fftLen, :);

Rex = idata2 + qdata2 * sqrt( - 1);
ry = fft(Rex);                                  % FFT
% QPSK 解调
ReIChan = real(ry);
ReQChan = imag(ry);
ReIChan1 = ReIChan/kmod;
ReQChan1 = ReQChan/kmod;
ReIChan0 = (ReIChan1 + 1)/2;
ReQChan0 = (ReQChan1 + 1)/2;
% QPSK 逆映射
for j = 1:SymbN
    RePara(:,2 * j - 1) = ReIChan0(:,j);
    RePara(:,2 * j) = ReQChan0(:,j);
end
ReSig = reshape(RePara',1,SubCarryN * SymbN * 2);

Resig = ReSig > 0.5;                            % 符号采样判决
%% ------------------------ 绘图 --------------------------- %%
figure(1);
subplot(211);stem(Signal(1:40),'b'),grid;
title('输入的前 40 比特信号')
subplot(212),stem(Signal(1:40),'b'),grid;
title('接收到前 40 比特序列')
figure(2);
subplot(121),plot(ich1,qch1,'o'),grid;
ylabel('正交分量'),xlabel('同相分量');
title('发送端的 QPSK 星座映射')
subplot(122);plot(ReIChan,ReQChan,'o'),grid;
ylabel('正交分量'),xlabel('同相分量');
title('接收端的 QPSK 星座映射')
figure(3);
subplot(311),stem(ich2(:,1),'b'),grid;
title('IFFT 后的实部序列')
subplot(312),stem(ich3(:,1),'b'),grid;
title('插入保护间隔后的实部序列')
subplot(313),stem(idata2(:,1),'b'),grid;
title('接收端去除保护间隔后的实部序列')
```

图 6-11 为仿真结果。图中列出了收发两端的部分数据、QPSK 星座映射以及添加保护间隔前后的信号。

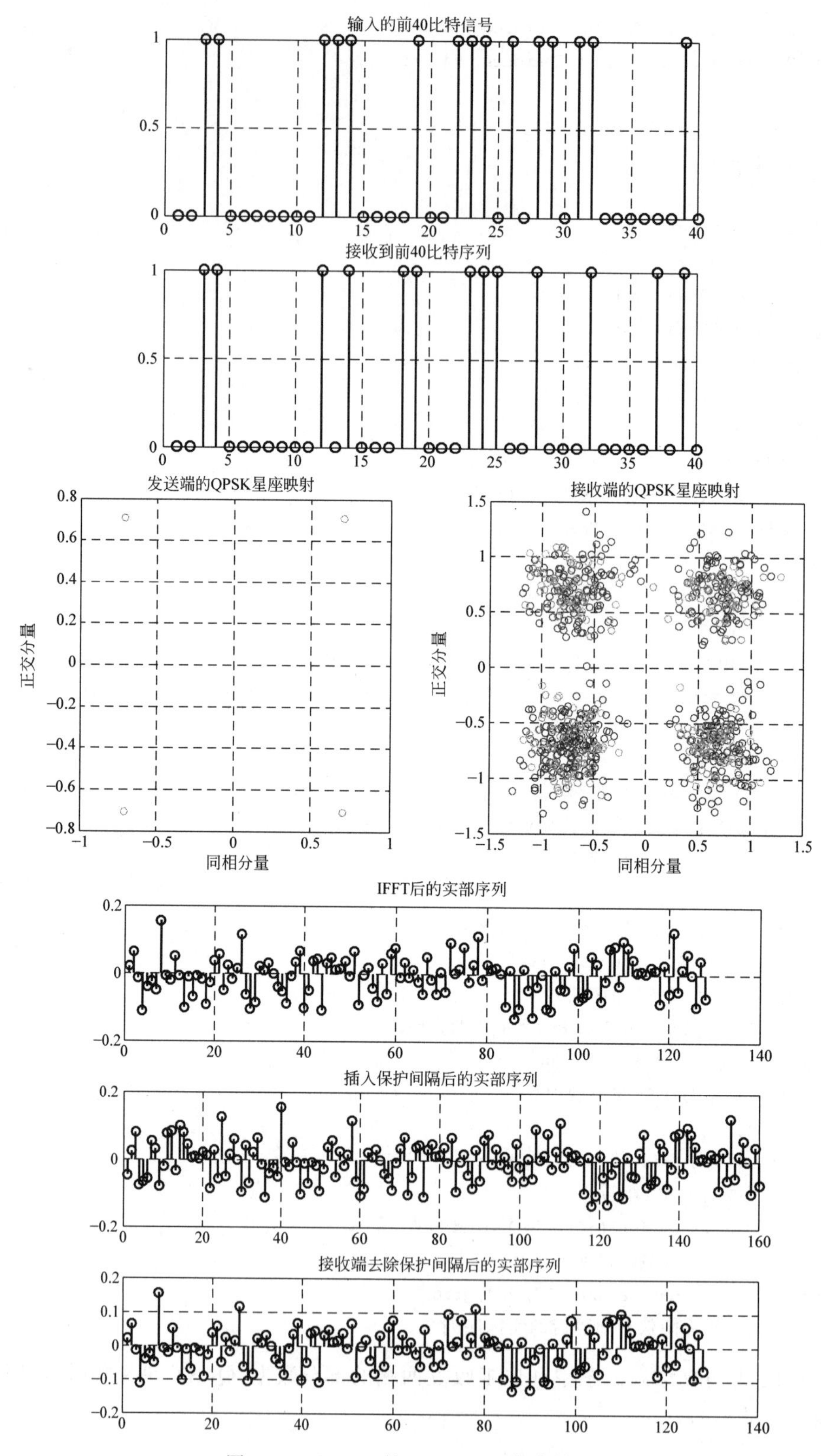

图 6-11　OFDM 的 MATLAB 仿真结果

6.3 MIMO 通信系统

MIMO(Multiple-Input-Multiple-Output)即为多输入/多输出,有时也称为空间分集。MIMO 的主要思想是在收发两端都运用多个天线单元,利用相关的技术和多径传播,建立空间并行传输通道,在发射功率和带宽不变的前提下,提升数据传输速度和无线通信的质量,可以说是现代通信中很大的突破。

6.3.1 MIMO 技术简介

假设发送端采用 N 个天线,接收端采用 M 个天线,从任意一个发射天线到任意一个接收天线间的无线信道是彼此独立的,对于 $N\times M$ 的天线阵列,其相关信道矩阵 $\boldsymbol{H}_{\mathrm{c}}$ 可以表示为

$$\boldsymbol{H}_{\mathrm{c}}=\begin{bmatrix} h_{1,1} & h_{1,2} & \cdots & h_{1,M} \\ h_{2,1} & h_{2,2} & \cdots & h_{2,M} \\ \vdots & \vdots & & \vdots \\ h_{N,1} & h_{N,2} & \cdots & h_{N,M} \end{bmatrix} \tag{6-4}$$

式中,$h_{i,j}(i=1,2,3,\cdots,N;\ j=1,2,3,\cdots,M)$表示第 i 个发射天线与第 j 个接收天线之间的信道衰落系数。信道类型不同,衰落系数计算不同。多径传输时,要求收发两端天线的距离要足够大,以保证多径信道中传输信号彼此间相互独立。图 6-12 是 3×3 的 MIMO 系统原理图。

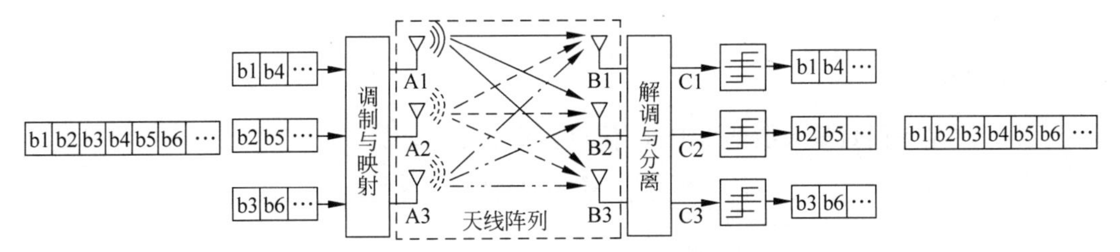

图 6-12　3×3 的 MIMO 系统原理图

假设 MIMO 系统总发射功率为 P,噪声总功率为 $M\cdot\sigma^2$。每个天线上的发送功率为 P/N,每个接收天线上的信噪比 $\mathrm{SNR}=P/\sigma^2$。在未知信道的瞬时衰落系数情况下,信道容量可以描述为

$$C=\log_2\left[\det\left(I_m+\frac{\mathrm{SNR}}{N_T}\boldsymbol{H}\boldsymbol{H}^{\mathrm{H}}\right)\right] \tag{6-5}$$

式中,$m=\min(N,M)$;$\boldsymbol{H}$ 为 $N_{\mathrm{R}}\times N_{\mathrm{T}}$ 阶随机矩阵。

下面程序对不同天线阵列下的 MIMO 信道容量进行比较,信道为瑞利衰落信道。

```
clear;clf;
max_snr = 30; % dB
c11 = zeros(1,max_snr + 1);
c11 = mimocsnr(1,1);                              % 1 × 1 信道容量
```

```
c33 = zeros(1,max_snr + 1);
c33 = mimocsnr(3,3);                                    % 3 × 3 信道容量
c77 = zeros(1,max_snr + 1);
c77 = mimocsnr(7,7);                                    % 7 × 7 信道容量
c1515 = zeros(1,max_snr + 1);
c1515 = mimocsnr(15,15);                                % 15 × 15 信道容量
plot(0:max_snr,c11,'k-+',0:max_snr,c33,'r-+',0:max_snr,c77,'b-+',0:max_snr,c1515,'m-+');
grid on;
legend('1Tx 1Rx','3Tx 3Rx','7Tx 7Rx','15Tx 15Rx',2)    % 图形注解
xlabel('SNR (dB)')
ylabel('信道容量 (b/s/Hz)')
title('不同数量天线的 MIMO 信道容量对比')
% MIMO 信道容量函数
function c = mimocsnr(Nr,Nt)
max_snr = 30;
c = zeros(1,max_snr + 1);
H = RayleighCH(Nr,Nt);                                  % 产生瑞利衰落信道矩阵
w = H * H';                                             % H 矩阵及其复矩阵共轭转置
u = eye(Nr,Nr);                                         % 产生 Nr * Nr 的单位矩阵
for snr_in_db = 0:max_snr                               % 分贝换算成数字
    SNR = 10^(snr_in_db/10);
    v = u + w/Nt * SNR;
    delt = det(v);                                      % 求行列式
c(snr_in_db + 1) = log2(delt);
end
end
% 瑞利信道矩阵函数
function H = RayleighCH(Nr,Nt)
H = zeros(Nr,Nt);
R = eye(Nr * Nt);
X = randn(Nr * Nt,1)/sqrt(2) + j * randn(Nr * Nt,1)/sqrt(2);
H = reshape(R' * X,Nr,Nt);
```

图 6-13 是不同数量天线的 MIMO 信道容量对比图。

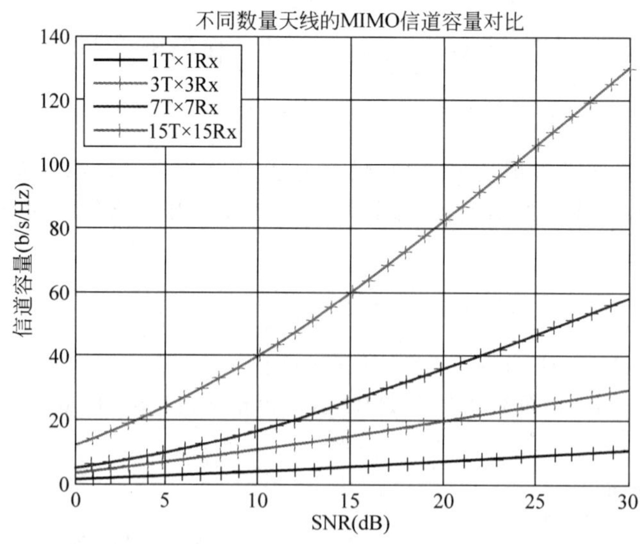

图 6-13　不同数量天线的 MIMO 信道容量对比图

6.3.2 MIMO空时编码系统仿真

MIMO技术通常和空时编码技术相结合。空时编码技术是分集技术的一种，利用发射分集将编码技术和阵列天线结合，在不同天线单元发送的数据流中加入了时间-空间相关性，在不额外使用频带的情况下，可以有效抵消多径衰落，提高信号功率和频谱效率，为接收端提供额外的信道增益。空时编码的基本工作原理是把从信源发出的信息数据流，按一定规则形成多个信号向量，分别从不同的发射天线发射。目前提出的空时编码方式主要有空时分组码(Space Time Block Coding，STBC)、贝尔分层空时结构(Bell Layered Space Time Architecture，BLAST)、空时格型编码(Space Time Trellis Coding，STTC)等。

STBC根据正交原理构造码字，要求设计出的码字各行各列之间满足正交性，接收时采用最大似然解码。STBC最早由Alamouti提出，当时只适合2个发射天线、1个接收天线，因此又称Alamouti空时编码，后由Tarokh改进、推广以适用于多个天线。

STBC通常由一个$p\times N_T$的传输矩阵$\boldsymbol{X}$来表示，p为发射一组符号所需要的符号周期数，N_T为发射天线数。N_T个天线上的码字同时发送。编码时，输入信号先选择具有2^b个星座点的星座图进行映射，b为整数，映射后的符号数为k个。将映射得到的调制信号进行空时编码，并通过N_T个天线并行发射。空时编码的码率为编码器输入符号个数与发射符号个数比值，表示为

$$R=k/p \tag{6-6}$$

早期Alamouti空时编码的k和p都为2，码率为1。图6-14为基于星座映射的Alamouti空时编码原理图。

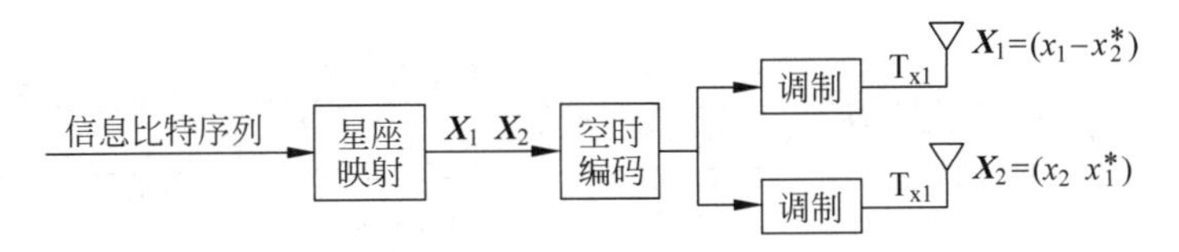

图6-14 基于星座映射的Alamouti编码的原理

图中二进制信息比特序列经过星座映射后得到调制符号x_1、x_2。调制后的符号进行Alamouti空时编码，编码矩阵表示如下：

$$\boldsymbol{X}=\begin{pmatrix} x_1 & x_2 \\ -x_2^* & x_1^* \end{pmatrix} \tag{6-7}$$

从天线1和2发送的符号分别为$\boldsymbol{X}_1=[x_1 \quad -x_2^*]$，$\boldsymbol{X}_2=[x_2 \quad x_1^*]$，$\boldsymbol{X}_1\cdot\boldsymbol{X}_2=0$。若信道在两个连续符号周期内保持不变，那么接收端的信号可以表示为：

$$\boldsymbol{Y}=\boldsymbol{X}^{\mathrm{T}}\boldsymbol{H}+\boldsymbol{N} \tag{6-8}$$

式中，$\boldsymbol{H}=\begin{bmatrix} h_1 \\ h_2 \end{bmatrix}$，$h_1$和$h_2$分别表示天线1和2的信道；$\boldsymbol{N}=\begin{bmatrix} n_1 \\ n_2 \end{bmatrix}$为加性高斯白噪声。假

设符号周期为 T,则可以把 $\boldsymbol{Y}$ 表示为

$$\boldsymbol{Y}=\begin{bmatrix} y(t) \\ y(t+T) \end{bmatrix}=\begin{bmatrix} h_1x_1+h_2x_2+n_1 \\ -h_1x_2^*+h_2x_1^*+n_2 \end{bmatrix} \tag{6-9}$$

接收端通过信道估计获得信道信息后可以通过式(6-9)进行解码,获得发送数据。

MIMO 空时编码系统的原理框图如图 6-15 所示,MIMO 空时编码系统的 Simulink 仿真模型如图 6-16 所示,模型中各模块的主要参数设置见表 6-2。该仿真以伯努利二元发生器模块来模拟生成信息源,经过 QPSK 调制后,通过 OSTBC 编码器,利用 2 根发射天线的 Alamouti 码对来自 QPSK 调制器的信息符号进行编码,经过无线信道中传输后,进入 OSTBC 组合器将来自接收天线的接收信号与信道状态信息(CSI)组合,以输出发送符号的估计,然后将其馈送到 QPSK 解调器,解码后恢复出原始信号。两个封装的子系统模型分别如图 6-17 和图 6-18 所示,子系统各模块的主要参数设置见表 6-3。

图 6-15 MIMO 空时编码系统的原理框图

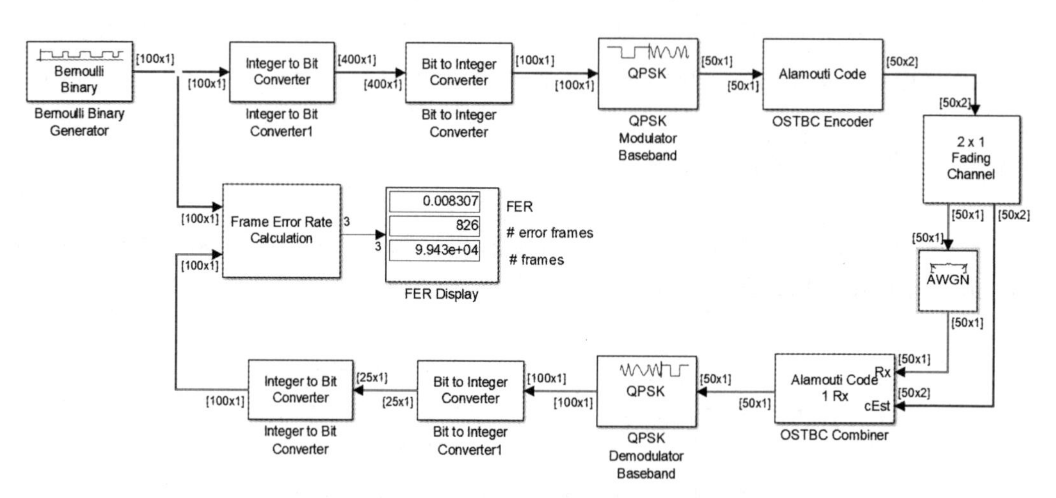

图 6-16 MIMO 空时编码系统的 Simulink 仿真模型

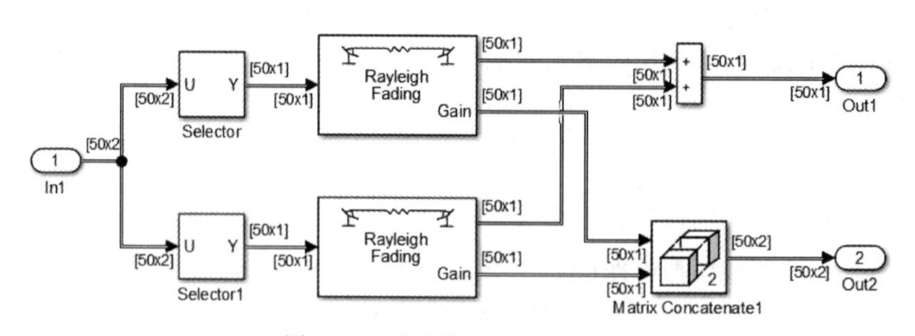

图 6-17 子系统 Fading Channel

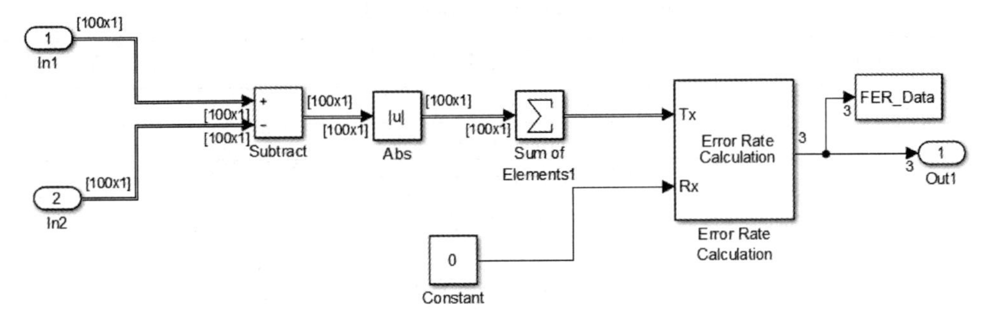

图 6-18　子系统 Frame Error Rate Calculation

表 6-2　主系统的 Simulink 仿真参数

模块名称	参数名称	参数取值
Bernoulli Binary Generator	Probability of a zero	0.5
	Initial seed	61
	Sample time	1/1000000
QPSK Modulator Baseband	Input type	Bit
	Constellation ordering	Gray
	Phase offset(rad)	0
OSTBC Encoder	Number of transmit antennas	2
AWGN Channel	Initial seed	188
	Mode	SNR
	SNR(dB)	20
	Input signal power	2
OSTBC Combiner	Number of transmit antennas	2
	Number of receive antennas	1
QPSK Demodulator Baseband	Output type	Bit
	Decision type	Hard decision
	Constellation ordering	Gray
	Phase offset(rad)	0
Integer to Bit Converter	Number of bits per integer	4
	Treat input values as	Unsigned
	Output bit order	MSB first
	Output data type	double
Bit to Integer Converter	Number of bits per integer	4
	Input bit order	MSB first
	Output date type	Same as input

表 6-3　子系统的 Simulink 仿真参数

模块名称	参数名称	参数取值
Error Rate Calculation	Receive delay	0
	Computation delay	0
Multipath Rayleigh Fading Channel	Maximum Doppler shift(Hz)	200
	Doppler spectrum type	Jakes
	Discrete path delay vector	0
	Average path gain vector	0
	Initial seed	12345
Selector	Number of input dimensions	2
	Index mode	One-based
	Select al	n/a
	Index vector(dialog)	1
Matrix Concatenate1	Number of inputs	2
	Concatenate	2

系统模型中误帧率 FER Display 框中的数据如图 6-19 所示，可以看出总帧数为 99430，误帧数为 826，误码率为 0.0083。

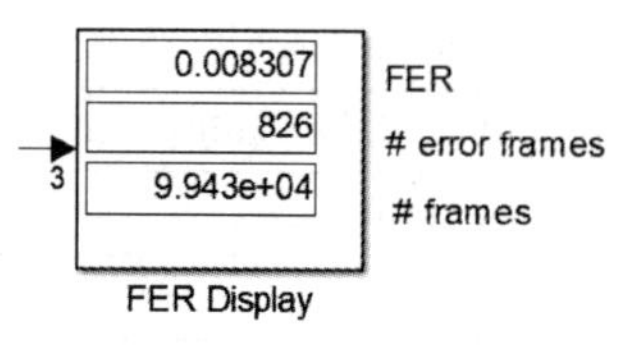

图 6-19　误帧率

6.3.3　MIMO-OFDM 系统设计

由于实际无线传输环境中的信道多为频率选择性衰落信道，而 OFDM 技术通过将频率选择性信道转换为多个在频域上平坦的子信道，可以有效消除多径衰落的影响，因此，可以将 MIMO 和 OFDM 有效结合起来，并联合空时编码形成 MIMO-OFDM 系统，将时间、频率、空间三种分集技术有效地结合起来。

图 6-20 为基于空时分组码 STBC 的 MIMO-OFDM 系统框图。发射端高速信号通过串/并转换后分成多路，每一路分别进行信道编码和比特交织。比特交织后的数据进行星座图映射转换成调制符号，并通过空时编码进一步分成多路数据流。经过 IFFT 变换将各路数据调制到相互正交的子载波上。IFFT 前插入导频，便于在接收端进行信道估计，一般导频采用训练序列。IFFT 之后进行串/并转换并插入循环前缀，由 MIMO 信道中的各个发射天线发送到无线环境中。接收端各天线将接收到的数据去除循环前缀、经过串/并转换进行 FFT 运算，并取出确知的导频估计信道矩阵。利用估计的信道矩阵进行空时解码，获得调制后的符号，从而解调出基带信号、恢复数据。

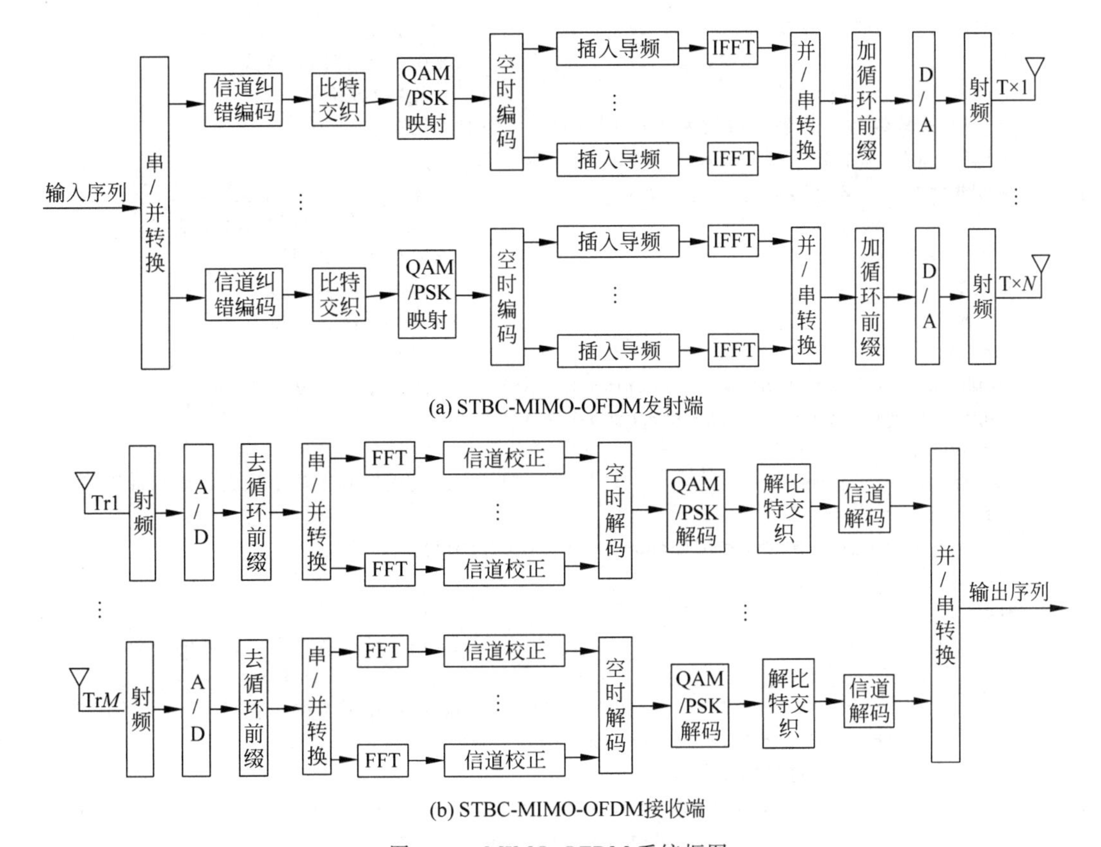

(a) STBC-MIMO-OFDM发射端

(b) STBC-MIMO-OFDM接收端

图 6-20　MIMO-OFDM 系统框图

6.3.4　MIMO-OFDM 通信系统仿真

下面程序实现基于 STBC 的 MIMO-OFDM 通信系统在不同信噪比情况下接收端的误符号率和误比特率仿真。发射端包括基带调制、空时编码、导频插入、IFFT、并/串合并及添加循环前缀；接收端包括去除循环前缀、取出导频估计信道、FFT 运算以及并串合并、空时解码等。仿真中星座映射采用 QPSK，空时编码采用 4×3 的复正交空时编码矩阵。OFDM 子载波数为 100，每载波传输 66 个符号，每个符号 2 比特。IFFT 长度为 512 个符号。发射天线 3 个，接收天线 2 个。

```
clear all
close all
clc
i = sqrt( - 1);
CarryN = 100;                                        % 子载波数
IFFTLen = 512;                                       % 傅里叶变换长度
SymbN = 66;                                          % 符号数/载波
CPLen = 10;                                          % 循环前缀长度
```

```
AddPreLen = IFFTLen + CPLen;                              % 添加循环前缀后的长度
Mpsk = 4;                                                 % QPSK 基带调制方式
BitPerSym = log2(Mpsk);                                   % 比特数/符号
% 调制符号数为 4,发射天线数为 3 的 4×3 复正交空时编码矩阵
%[x1 - x2 - x3;x2 * x1 * 0;x3 * 0 x1 * ;0 - x3 * x2 * ]
SendMetr = [1 - 2 - 3;2 + j 1 + j 0;3 + j 0 1 + j;0 - 3 + j 2 + j];
co_time = size(SendMetr,1);                               % 发射一组符号的时间周期:4
Nt = size(SendMetr,2);                                    % 发射天线数目:3
Nr = 2;                                                   % 接收天线数目:2
snr_min = 3;                                              % 最小信噪比 ,dB
snr_max = 15;                                             % 最大信噪比 ,dB
graph_inf_bit = zeros(snr_max - snr_min + 1,2,Nr);        % 绘图信息存储矩阵
graph_inf_sym = zeros(snr_max - snr_min + 1,2,Nr);
num_X = 1;
for cc_ro = 1:co_time                                     % 找出编码矩阵中最大的调制符号标号
  for cc_co = 1:Nt
    num_X = max(num_X,abs(real(SendMetr(cc_ro,cc_co))));
  end
end
co_x = zeros(num_X,1);                                    % 用于统计各个调制符号的个数
for con_ro = 1:co_time
    for con_co = 1:Nt                  % 用于确定矩阵"SendMetr"中元素的位置、符号以及共轭情况
        if abs(real(SendMetr(con_ro,con_co)))~ = 0
    % 判断各个编码符号的正负
    delta(con_ro,abs(real(SendMetr(con_ro,con_co)))) = sign(real(SendMetr(con_ro,con_co)));
    epsilon(con_ro,abs(real(SendMetr(con_ro,con_co)))) = con_co;      % 天线号
                                                          % 相同调制符号的个数
co_x(abs(real(SendMetr(con_ro,con_co))),1) = co_x(abs(real(SendMetr(con_ro,con_co))),1) + 1;
                                                          % 各符号传输时隙
eta(abs(real(SendMetr(con_ro,con_co))),co_x(abs(real(SendMetr(con_ro,con_co))),1)) =
con_ro;
coj_mt(con_ro,abs(real(SendMetr(con_ro,con_co)))) = imag(SendMetr(con_ro,con_co));
                                                          % 虚部
        end
    end
end
eta = eta.';
eta = sort(eta);
eta = eta.';
carriers = (1: CarryN) + (floor(IFFTLen/4) - floor(CarryN/2));        % 载波坐标 79 : 178
conjugate_carriers = IFFTLen - carriers + 2;              % 载波变换坐标 435 : 336
tx_training_symbols = training_symbol(Nt,CarryN);         % 准备训练序列
baseband_out_length = CarryN * SymbN;                     % 基带输出长度
% Start simulation
snrlength = snr_max - snr_min + 1;
x_sym = zeros(snrlength,1);
y_sym = zeros(snrlength,1);
n_sym = zeros(snrlength,1);
```

```
m_sym = zeros(snrlength,1);
for itNum = 1: 10                                          % 迭代仿真次数:10
    for SNR = snr_min:snr_max
    n_err_sym = zeros(1,Nr);
    n_err_bit = zeros(1,Nr);
    Perr_sym = zeros(1,Nr);
    Perr_bit = zeros(1,Nr);
    re_met_sym_buf = zeros(CarryN,SymbN,Nr);
    re_met_bit = zeros(baseband_out_length,BitPerSym,Nr);
    baseband_out = round(rand(baseband_out_length,BitPerSym));
                                                           % 生成随机输入序列
    de_data = bi2de(baseband_out);                         % 二进制向十进制转换
    data_buf = pskmod(de_data,Mpsk,0);                     % QPSK 调制 ,Mpsk = 4
    carrier_matrix = reshape(data_buf,CarryN,SymbN);       % 按子载波数进行串/并转换
    for tt = 1:Nt:SymbN
    data = [];
    for ii = 1:Nt
        tx_buf_buf = carrier_matrix(:,tt + ii - 1);
        data = [data;tx_buf_buf];
    end
    XX = zeros(co_time * CarryN,Nt);                       % 用于存放空时编码后的符号
    for con_r = 1:co_time                                  % 本循环进行空时编码
        for con_c = 1:Nt
            if abs(real(SendMetr(con_r,con_c)))~ = 0
                if imag(SendMetr(con_r,con_c)) == 0
XX((con_r - 1) * CarryN + 1:con_r * CarryN,con_c) = data((abs(real(SendMetr(con_r,con_c))) - 1) *
CarryN + 1:abs(real(SendMetr(con_r,con_c))) * CarryN,1) * sign(real(SendMetr(con_r,con_c)));
                else                                       % 如果虚部不为 0,求复共轭
XX((con_r - 1) * CarryN + 1:con_r * CarryN,con_c) = conj(data((abs(real(SendMetr(con_r,con_
c))) - 1) * CarryN + 1:abs(real(SendMetr(con_r,con_c))) * CarryN,1)) * sign(real(SendMetr
(con_r,con_c)));
                end
            end
        end
     end                                                   % 空时编码结束
    XX = [tx_training_symbols;XX];                         % 插入导频,即训练序列
    rx_buf = zeros(1,AddPreLen * (co_time + 1),Nr);        % 准备各天线接收缓冲
    for rev = 1:Nr
        for ii = 1:Nt
          tx_buf = reshape(XX(:,ii),CarryN,co_time + 1);   % 各天线串/并转换,准备 IFFT
            IFFT_tx_buf = zeros(IFFTLen,co_time + 1);
            IFFT_tx_buf(carriers,:) = tx_buf(1:CarryN,:);  % 准备 IFFT 复数序列
            IFFT_tx_buf(conjugate_carriers,:) = conj(tx_buf(1:CarryN,:));
                                                           % 准备 IFFT 共轭序列
            time_matrix = ifft(IFFT_tx_buf);               % IFFT 运算
time_matrix = [time_matrix((IFFTLen - CPLen + 1):IFFTLen,:);time_matrix];
                                                           % 插循环前缀
            tx = time_matrix(:)';                          % 各天线数据并/串转换,准备发射
```

```
            tx_tmp = tx;
            d = [4,5,6,2;4,5,6,2;4,5,6,2;4,5,6,2];      % 模拟 4 径传输中各径时延
a = [0.2,0.3,0.4,0.5;0.2,0.3,0.4,0.5;0.2,0.3,0.4,0.5;0.2,0.3,0.4,0.5];
                                                    % 模拟 4 径传输中各径衰落
            for jj = 1:size(d,2)
                copy = zeros(size(tx)) ;
                for kk  =  1  +  d(ii,jj): length(tx)
                    copy(kk)  =  a(ii,jj) * tx(kk  -  d(ii,jj)) ;
                end
                tx_tmp = tx_tmp + copy;                 % 多径传输后的信号
            end
            txch = awgn(tx_tmp,SNR,'measured');         % AWGN 信道,添加高斯白噪声
            rx_buf(1,:,rev) = rx_buf(1,:,rev) + txch;   % 接收数据
        end
        rx_spectrum = reshape(rx_buf(1,:,rev),AddPreLen,co_time + 1);
                                                    % 串/并转换,准备各路 FFT
        rx_spectrum = rx_spectrum(CPLen + 1:AddPreLen,:);
                                                    % 去除循环前缀
        FFT_tx_buf = zeros(IFFTLen,co_time + 1);
        FFT_tx_buf = fft(rx_spectrum);                  % FFT 运算
        spectrum_matrix = FFT_tx_buf(carriers,:);       % 分离各子载波数据,含导频
        Y_buf = (spectrum_matrix(:,2:co_time + 1));     % 去除导频
        Y_buf = conj(Y_buf');                           % 求复共轭
        spectrum_matrix1 = spectrum_matrix(:,1);        % 取出导频
        Wk = exp(( - 2 * pi/CarryN) * i);               % DFT 基波
        L = 10;
        p = zeros(L * Nt,1);
        % 进行基于导频的信道估计
        for jj = 1:Nt
            for l = 0:L - 1
                for kk = 0:CarryN - 1
p(l + (jj - 1) * L + 1,1) = p(l + (jj - 1) * L + 1,1) + spectrum_matrix1(kk + 1,1) * conj(tx_
training_symbols(kk + 1,jj)) * Wk^( - (kk * l));
                end
            end
        end
        h = p/CarryN;
        H_buf = zeros(CarryN,Nt);
        for ii = 1:Nt
            for kk = 0:CarryN - 1
                for l = 0:L - 1
                    H_buf(kk + 1,ii) = H_buf(kk + 1,ii) + h(l + (ii - 1) * L + 1,1) * Wk^(kk * l);
                end
            end
        end
        H_buf = conj(H_buf');
        RRR = [];
        for kk = 1:CarryN                               % 本循环完成空时解码
```

```
            Y = Y_buf(:,kk);                               % 接收到的数据
            H = H_buf(:,kk);                               % 估计的信道矩阵
            for co_ii = 1:num_X
                for co_tt = 1:size(eta,2)
                    if eta(co_ii,co_tt)~ = 0
                        if coj_mt(eta(co_ii,co_tt),co_ii) == 0      % 虚部为零
r_til(eta(co_ii,co_tt),:,co_ii) = Y(eta(co_ii,co_tt),:);
a_til(eta(co_ii,co_tt),:,co_ii) = conj(H(epsilon(eta(co_ii,co_tt),co_ii),:));
                        else                               % 虚部不为零,求复共轭
r_til(eta(co_ii,co_tt),:,co_ii) = conj(Y(eta(co_ii,co_tt),:));
a_til(eta(co_ii,co_tt),:,co_ii) = H(epsilon(eta(co_ii,co_tt),co_ii),:);
                        end
                    end
                end
            end
            RR = zeros(num_X,1);
            for iii = 1:num_X                              % 本循环完成调制符号的估计
                for ttt = 1:size(eta,2)
                    if eta(iii,ttt)~ = 0
RR(iii,1) = RR(iii,1) + r_til(eta(iii,ttt),1,iii) * a_til(eta(iii,ttt),1,iii) * delta(eta
(iii,ttt),iii);
                    end
                end
            end
            RRR = [RRR;conj(RR')];
        end                                                % 空时解码结束
         r_sym = pskdemod(RRR,Mpsk,0);                     % QPSK 解调
         re_met_sym_buf(:,tt:tt + Nt - 1,rev) = r_sym;
    end
    end
    re_met_sym = zeros(baseband_out_length,1,Nr);         % 两个接收天线存储准备
    for rev = 1:Nr
        re_met_sym_buf_buf = re_met_sym_buf(:,:,rev);
        re_met_sym(:,1,rev) =  re_met_sym_buf_buf(:);     % 取出一根接收天线上的符号
        re_met_bit(:,:,rev) = de2bi(re_met_sym(:,1,rev)); % 十进制到二进制转换
        for con_dec_ro = 1:baseband_out_length
            if re_met_sym(con_dec_ro,1,rev)~ = de_data(con_dec_ro,1)
                n_err_sym(1,rev) = n_err_sym(1,rev) + 1;  % 统计误符号个数
                for con_dec_co = 1:BitPerSym
                    if
re_met_bit(con_dec_ro,con_dec_co,rev)~ = baseband_out(con_dec_ro,con_dec_co)
                        n_err_bit(1,rev) = n_err_bit(1,rev) + 1;         % 统计误比特个数
                    end
                end
            end
        end
        % 计算误码率
        graph_inf_sym(SNR - snr_min + 1,1,rev) = SNR;
```

```
            graph_inf_bit(SNR - snr_min + 1,1,rev) = SNR;
            Perr_sym(1,rev) = n_err_sym(1,rev)/(baseband_out_length);               % 误符号率
            graph_inf_sym(SNR - snr_min + 1,2,rev) = Perr_sym(1,rev);
            Perr_bit(1,rev) = n_err_bit(1,rev)/(baseband_out_length * BitPerSym);   % 误比特率
            graph_inf_bit(SNR - snr_min + 1,2,rev) = Perr_bit(1,rev);
        end
        end
        x_sym1 = graph_inf_sym(:,2,1);                          % 天线 1 误符号率
        y_sym1 = graph_inf_bit(:,2,1);                          % 天线 1 误比特率
        n_sym1 = graph_inf_sym(:,2,2);                          % 天线 2 误符号率
        m_sym1 = graph_inf_bit(:,2,2);                          % 天线 2 误比特率
        x_sym = x_sym + x_sym1;                                 % 各次仿真天线 1 误符号率累计
        y_sym = y_sym + y_sym1;
        n_sym = n_sym + n_sym1;
        m_sym = m_sym + m_sym1;
    end
    x_sym = x_sym./10;                                          % 求平均
    y_sym = y_sym./10;
    n_sym = n_sym./10;
    m_sym = m_sym./10;
    % 画图
    plot(3:15,x_sym,'b-+',3:15,n_sym,'r-o',3:15,y_sym,'b-d',3:15,m_sym,'r-*')
    legend('天线 1 误符号率','天线 2 误符号率','天线 1 误比特率','天线 2 误比特率')
    xlabel('信噪比/dB');
    ylabel('误符号率、误比特率');
    title('信道信噪比与接收端误符号率、误比特率的关系')
    grid on
```

图 6-21 为程序运行的结果,显示了接收端两根天线的误符号率和误比特率情况。可以看出,随着信道信噪比的提高,接收端误符号率迅速降低。

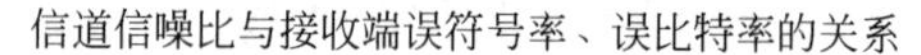

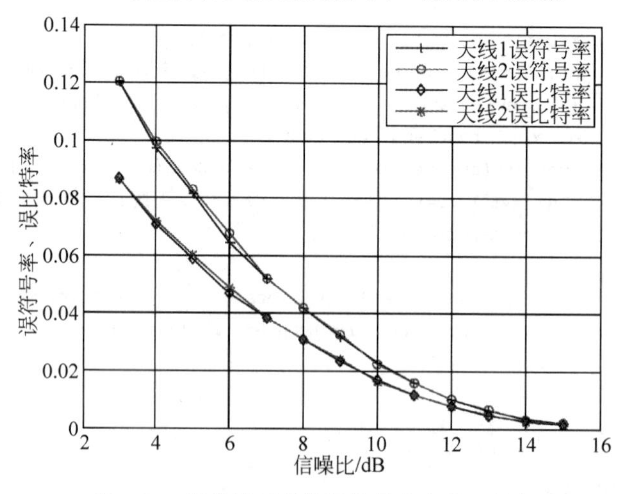

图 6-21　接收端天线的误符号率和误比特率

6.4 协作通信系统

协作通信的基本思想是通过多用户之间共享天线和其他网络资源的形式构造“虚拟多天线阵列”，并通过分布式处理产生协作来获得一定的空间分集增益。这种多节点相互协作的传输技术称为协作通信，其本质上是一种虚拟的 MIMO 技术。协作通信技术应用于蜂窝网、无线局域网和无线自组织网络，可以提高覆盖率、吞吐量、中断性能和误码性能。

6.4.1 协作通信技术简介

经典的两跳协作通信模型如图 6-22 所示，模型包含一个信源节点(S)、一个中继节点(R)和一个目的节点(D)。该系统的通信过程分为两个阶段。第一阶段，源节点 S 广播其发送信号至中继节点 R 和目的节点 D。第二阶段，R 采用适当的通信协议，将接收到的信号发送至 D，D 将两次接收到的信号通过某个合并算法(如：选择合并、最大比合并、门限合并、等增益合并等)还原出原始信号。

多跳协作通信模型如图 6-23 所示，模型包含一个信源节点(S)、$N-1$ 个中继节点($R_1, R_2, \cdots, R_{N-1}$)和一个目的节点(D)组成。目的节点除了接收中继信号外，还接收从源节点传来的原始信号。

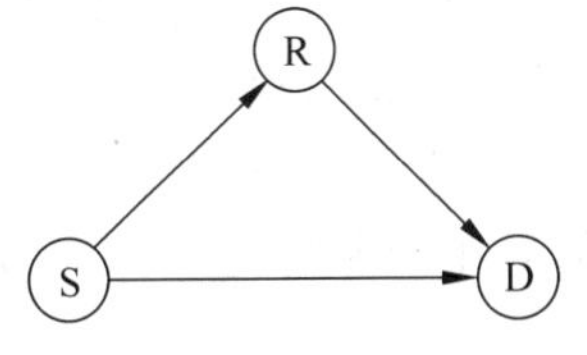

图 6-22　两跳协作通信模型

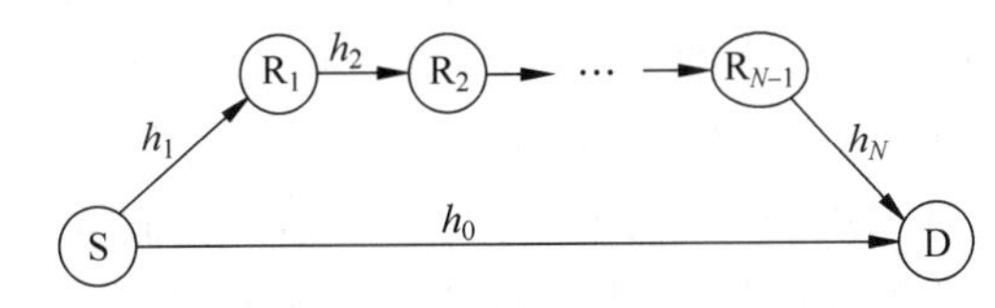

图 6-23　多跳协作通信模型

根据中继对信息的不同处理方式，中继协议分为以下几种：

(1) 放大转发(Amplify-and-Forward，AAF)。AAF 协议又称非再生协议，在该协议下，中继节点将接收到的源节点的信息直接放大，并转发到目的节点。AAF 模式在信号转发过程中的时延很小。尽管在 AAF 协议中，中继节点在放大信号的同时也放大了噪声，但是由于接收节点可以收到两个独立的衰落信号，所以能够得到比较好的判决结果。

(2) 译码转发(Decode－and－Forward，DAF)。DAF 协议又称再生协议，在该协议下，中继节点对接收到的源节点的信号进行译码，然后再采用相同(或不同)的编码方式对信号重新编码，再转发到目的节点。相对于 AAF 而言，DAF 的优势在于避免了中继节点对噪声的放大传播；缺点是中继节点的错误译码会导致误码传播，并且中继处编解码的计算复杂度较大，会导致一定的传播时延。由于中继采用译码转发协议时会引入解码误差，而采用放大转发协议时又会放大噪声。一般认为当源节点与中继节点间信道(S-R)的状态优于中继到目的节点间信道(R-D)的状态时，系统采用译码转发协议。

(3) 编码协作(Coded Cooperation,CC)。编码协作是协作通信与信道编码的结合。在编码协作模式下,用户通过重新编码传送了不同的冗余信息,相当于将空域分集与码域分集相结合,从而改善了目的端的解码性能。相对AAF和DAF模式而言,CC模式在性能上更有优势。但是,由于协作节点需要先解码再编码,实现复杂度很高。

协作通信系统的接收端可以采用多种信号合并方式来合并各个独立信号。比较常见的合并方式有等增益合并(Equal Ratio Combining,ERC)、固定增益合并(Fixed Ratio Combining,FRC)、最大比合并(Maximum Ratio Combining,MRC)等。ERC是指在接收端各个接收的信号副本直接相加,适用于计算时间比较紧迫,或者各个信号质量不能被有效地估计等场合。FRC是指各合并信号被辅以一个固定的权重系数,这个系数代表了信道的平均质量,因此能够克服由于衰落或其他因素对信道的短暂影响。MRC方式通过将各路输入信号乘上相应的共轭信号增益,可以取得理论上的最佳性能,但是接收端需要知道信道的相位偏移和幅度。

6.4.2 协作通信系统仿真

下面介绍通过MATLAB程序仿真协作通信系统的方法。协作通信系统的性能指标只包括误码率、中断概率、吞吐量等。其中误码率最能直观地反映出协作传输对系统性能的改善,所以本小节主要讨论协作通信系统误码率的仿真。仿真流程如图6-24所示。

下面的程序是不同信噪比下两跳协作通信系统分别采用AAF或DAF协议时接收端的误码率仿真的主函数,主函数中涉及的一些功能子函数将在后文给出。为了便于性能比较,程序中还对直接传输和两个独立发送端的场景进行了仿真。假设信道为瑞利信道,S-R、R-D、S-D的距离都为1m,信号调制方式为BPSK,信噪比的区间为−15~15dB,接收端合并方式为ERC,迭代次数为1000。

```
% 两跳协作通信系统误码率仿真主函数:twohop.m
nr_of_iterations = 1000;                                   % 迭代次数
SNR = [-15:1:15];
use_direct_link = 1;
use_relay = 1;
global statistic;
statistic = generate_statistic_structure;                  % 创建所有数据的结构参数
global signal;
signal = generate_signal_structure;                        % 创建所有信号的结构参数
signal(1).nr_of_bits = 2^10;
signal(1).modulation_type = 'BPSK';                        %  调制方式
calculate_signal_parameter;                                % 计算一些额外的信号参数
channel = generate_channel_structure;
channel(1).attenuation(1).pattern = 'Rayleigh'; % 'no','Rayleigh'
channel(1).attenuation(1).block_length = 1;
channel(2) = channel(1);
channel(3) = channel(1);
```

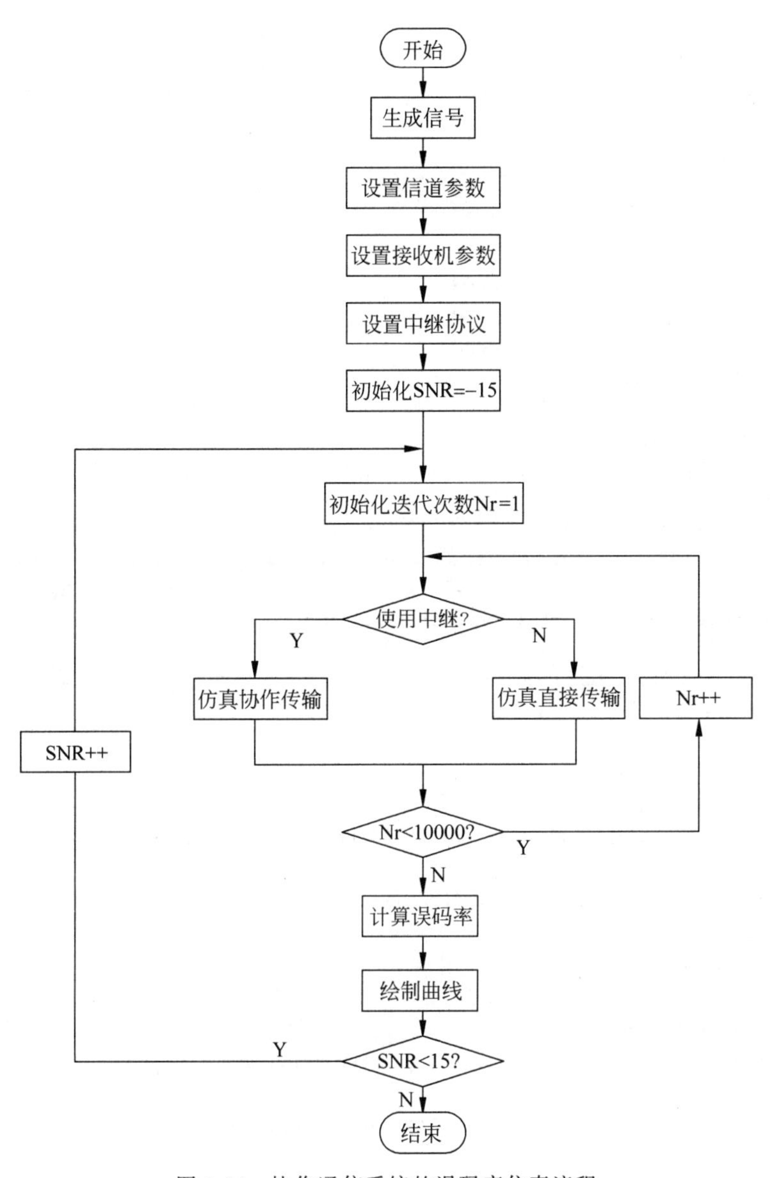

图 6-24 协作通信系统的误码率仿真流程

```
channel(4) = channel(1);
channel(5) = channel(1);
channel(6) = channel(1);
%% ------------ AAF 协议的误码率仿真开始 -------------------- %%
channel(1).attenuation.distance = 1;                   % S - D 的距离
channel(2).attenuation.distance = 1;                   % S - R 的距离
channel(3).attenuation.distance = 1;                   % R - D 的距离
rx = generate_rx_structure;                            % 创建所有接收器(Rx)的结构参数
rx(1).combining_type = 'ERC'; % ERC, FRC, MRC,合并方式
rx(1).sd_weight = 3;                                   % 用于 FRC 方式
```

```
global relay;
relay = generate_relay_structure;
relay(1).mode = 'AAF'; % AAF 或 DAF
relay.magic_genie = 0;
relay(1).rx(1) = rx(1);
% Start Simulation
BER = zeros(size(SNR));
for iSNR = 1:size(SNR,2)
channel(1).noise(1).SNR = SNR(iSNR);
channel(2).noise(1).SNR = SNR(iSNR);
channel(3).noise(1).SNR = SNR(iSNR);
for it = 1:nr_of_iterations;
% -------------- 重置接收机 ------------------- %
rx = rx_reset(rx);
relay.rx = rx_reset(relay.rx);
% Direct link
if (use_direct_link == 1)
[channel(1), rx] = add_channel_effect(channel(1), rx,... signal.symbol_sequence);
                                                        % 增加信号衰减和路径损失
rx = rx_correct_phaseshift(rx, channel(1).attenuation.phi);
end
% --------- Two - hop --------- %
if (use_relay == 1)
% Sender to relay
[channel(2), relay.rx] = add_channel_effect(channel(2),...
relay.rx, signal.symbol_sequence);
relay = prepare_relay2send(relay,channel(2));           % 中继准备发送信号
% 中继到目的端
[channel(3),rx] = add_channel_effect(channel(3),rx,relay.signal2send)
switch relay.mode
% Correct phaseshift
case 'AAF'
rx = rx_correct_phaseshift(rx,...
channel(3).attenuation.phi + channel(2).attenuation.phi);
case 'DAF'
rx = rx_correct_phaseshift(rx,channel(3).attenuation.phi);
end
end
% 目的端接收信号
[received_symbol, signal.received_bit_sequence] = ...
rx_combine(rx, channel, use_relay);
BER(iSNR) = BER(iSNR) + sum(not(...
signal.received_bit_sequence == signal.bit_sequence));
if (BER(iSNR) > 10000)
% Stop iterate
break;
end
end % Iteration
if (BER(iSNR)< 100)
```

```
warning(['Result might not be precise when SNR equal ',...
num2str(SNR(iSNR))])
end
BER(iSNR) = BER(iSNR) ./ it ./ signal.nr_of_bits;
end
%% ---------------------计算仿真结果并显示-------------- %%
txt_distance = [' - distance: ',...
num2str(channel(1).attenuation.distance), ':',...
num2str(channel(2).attenuation.distance), ':',...
num2str(channel(3).attenuation.distance)];
txt_distance = '';
if (use_relay == 1)
if (relay.magic_genie == 1)
txt_genie = ' - Magic Genie';
else
txt_genie = '';
end
txt_combining = [' - combining: ', rx(1).combining_type];
switch rx(1).combining_type
case 'FRC'
txt_combining = [txt_combining, ' ',...
num2str(rx(1).sd_weight),':1']                    ;%数字转字符
end
add2statistic(SNR,BER,[signal.modulation_type,' - ',relay.mode, ...
txt_combining])
else
switch channel(1).attenuation.pattern
case 'no'
txt_fading = ' - no fading';
otherwise
txt_fading = ' - Rayleigh fading';
end
add2statistic(SNR,BER,[signal.modulation_type,' - ',relay.mode,... txt_combining])
end
%% --------- AAF协议的误码率仿真结束------------------ %%
%% ----------DAF协议的误码率仿真开始------------------ %%
channel(4).attenuation.distance = 1;
channel(5).attenuation.distance = 1;
channel(6).attenuation.distance = 1;
rx(1).combining_type = 'ERC';                     %ERC,FRC,MRC,合并方式
rx(1).sd_weight = 3;                              % 用于FRC
global relay;
relay = generate_relay_structure;
relay(1).mode = 'DAF';                            %AAF或DAF
relay.magic_genie = 0;
relay(1).rx(1) = rx(1);
BER = zeros(size(SNR));
for iSNR = 1:size(SNR,2)
```

```
channel(4).noise(1).SNR = SNR(iSNR);                    % iSNR
channel(5).noise(1).SNR = SNR(iSNR);
channel(6).noise(1).SNR = SNR(iSNR);
for it = 1:nr_of_iterations;
% ---- Reset receiver ----------
rx = rx_reset(rx);
relay.rx = rx_reset(relay.rx);
% ---------- 对直接链路的处理 --------------- %
if (use_direct_link == 1)                               %采用直接链路
[channel(4), rx] = add_channel_effect(channel(4), rx,...
signal.symbol_sequence);
rx = rx_correct_phaseshift(rx, channel(4).attenuation.phi);
end
% --------- 以下是两跳协作处理部分 --------- %
if (use_relay == 1)
% Sender to relay
[channel(5), relay.rx] = add_channel_effect(channel(5),...
relay.rx, signal.symbol_sequence);
relay = prepare_relay2send(relay,channel(5));           % 中继准备发送信号
% Relay to destination
[channel(6), rx] = add_channel_effect(channel(6), rx,...
relay.signal2send);
switch relay.mode
% 相位校正
case 'AAF'
rx = rx_correct_phaseshift(rx,...
channel(6).attenuation.phi + channel(5).attenuation.phi);
case 'DAF'
rx = rx_correct_phaseshift(rx,channel(6).attenuation.phi);
end
end
% 目的端接收信号
[received_symbol, signal.received_bit_sequence] = ...
rx_combine(rx, channel, use_relay);
BER(iSNR) = BER(iSNR) + sum(not(...
signal.received_bit_sequence == signal.bit_sequence));
if (BER(iSNR) > 10000)
% Stop iterate
break;
end
end % Iteration
if (BER(iSNR)< 100)
warning(['Result might not be precise when SNR equal ',...
num2str(SNR(iSNR))])
end
BER(iSNR) = BER(iSNR) ./ it ./ signal.nr_of_bits;
end
%% --------------------- 计算仿真结果并显示 -------------- %%
```

```
txt_distance = [' - distance: ',...
num2str(channel(4).attenuation.distance), ':',...
num2str(channel(5).attenuation.distance), ':',...
num2str(channel(6).attenuation.distance)];
% txt_distance = '';
if (use_relay == 1)
if (relay.magic_genie == 1)
txt_genie = ' - Magic Genie';
else
txt_genie = '';
end
txt_combining = [' - combining: ', rx(1).combining_type];
switch rx(1).combining_type
case 'FRC'
txt_combining = [txt_combining, ' ',...
num2str(rx(1).sd_weight),':1'];                          % 数字转字符
end
add2statistic(SNR,BER,[signal.modulation_type, ' - ',relay.mode, txt_combining])
else
switch channel(1).attenuation.pattern
case 'no'
txt_fading = ' - no fading';                             %不考虑衰落
otherwise
txt_fading = ' - Rayleigh fading';                       %瑞利衰落
end
% add2statistic(SNR,BER,[signal.modulation_type,txt_distance,txt_fading])
add2statistic(SNR,BER,[signal.modulation_type, ' - ',relay.mode, txt_combining])
end
%% ---------- DAF 协议的误码率仿真结束 ------------------ %%
SNR_linear = 10.^(SNR/10);
add2statistic(SNR,ber(SNR_linear,'BPSK', 'Rayleigh'),'BPSK - single link transmiss')
                                                          %直接传输的误码率
add2statistic(SNR,ber_2_senders(SNR_linear, 'BPSK'),'BPSK - 2 senders')
                                                          %两个发送节点传输的误码率
show_statistic;
```

两跳AAF协作传输、两跳DAF协作传输、直接传输、两个独立发送端传输4种场景的误码率仿真结果如图6-25所示。误码率曲线从上到下依次为直接传输、两跳DAF协作传输、两跳AAF协作传输、两个独立发送端传输。

由图6-25可以看出,两个发送端发送的情况下,传输的误码率最低;而直接传输的方式,误码率最高。当使用中继传输时,在高信噪比情况下,放大转发协议比解码转发协议的误码率性能要好。

在很多场合下,比如无线传感网,节点间可以通过相互协作传输感应数据来提高可靠性,此时协作传输的跳数往往大于两跳,也就是采用多跳协作传输。接下来主要介绍瑞利信道下多跳协作通信系统的仿真。

下面的程序是在不同信噪比下三跳协作通信系统接收端的误码率仿真的主函数,主

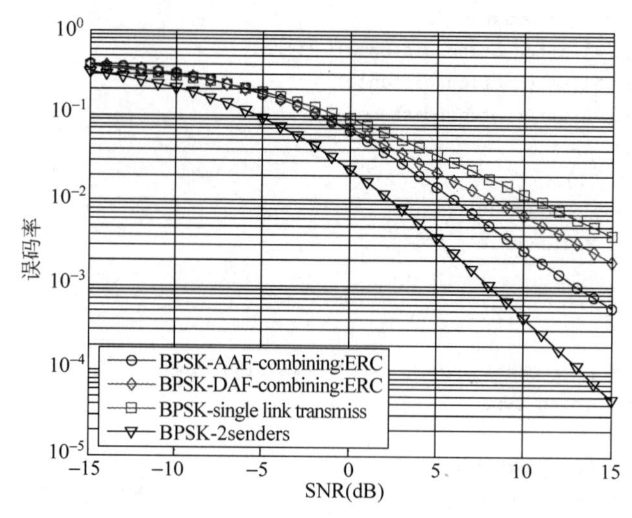

图 6-25　两跳协作通信系统的误码率仿真

函数中涉及的一些功能子函数与两跳协作系统的相同。为了便于性能对比分析，程序中还仿真了两跳协作系统的误码率和直接传输时的误码率。假设信道为瑞利信道，S-D 的距离为 1m；两跳协作系统中 S-R、R-D 的距离均为 0.5m；三跳协作系统中 S-R、R1-R1、S-D 的距离均为 1/3m。另外，假设信号调制方式为 BPSK，信噪比的区间为－15～15dB，接收端合并方式为 ERC，迭代次数为 1000。

```
%三跳协作通信系统误码率仿真主函数:multihop.m
tic
% 设置参数
nr_of_iterations = 1000;
SNR = [-10:1:10];
use_direct_link = 1;
use_relay = 1;
global statistic;
statistic = generate_statistic_structure;                    %创建所有数据的结构参数
global signal;
signal = generate_signal_structure;                          %创建所有信号的结构参数
signal(1).nr_of_bits = 2^10;
signal.modulation_type = 'BPSK';                             % 调制方式
      calculate_signal_parameter;                            %计算一些额外的信号参数
channel = generate_channel_structure;
channel(1).attenuation(1).pattern = 'Rayleigh';              % 'no','Rayleigh'
channel(1).attenuation(1).block_length = 1;
channel(2) = channel(1);
channel(3) = channel(1);
channel(4) = channel(1);
rx = generate_rx_structure;
      rx(1).combining_type = 'ERC';                          %ERC,FRC, MRC,合并方式
rx(1).sd_weight = 3;                                         % used for 'FRC'
```

```
global relay;
relay = generate_relay_structure;
relay(1).mode = 'DAF';                                   % 'AAF', 'DAF'
relay.magic_genie = 0;
relay(1).rx(1) = rx(1);                                  % same beahaviour

channel(1).attenuation.distance = 1;                     % S-D的距离
channel(2).attenuation.distance = 0.5;                   % S-R的距离
channel(3).attenuation.distance = 0.5;                   % R-D的距离
% -- -- -- -- -- -- -- --
% Start Simulation
BER = zeros(size(SNR));
for iSNR = 1:size(SNR,2)                                 % 计算信噪比的个数
channel(1).noise(1).SNR = SNR(iSNR);
channel(2).noise(1).SNR = SNR(iSNR);
channel(3).noise(1).SNR = SNR(iSNR);
for it = 1:nr_of_iterations;
% -------------- 重置接收机 ------------------- %
rx = rx_reset(rx);
relay.rx = rx_reset(relay.rx);
% ---------- 对直接链路的处理 --------------- %
    if (use_direct_link == 1)                            % 采用直接链路
[channel(1), rx] = add_channel_effect(channel(1), rx,...
signal.symbol_sequence);
rx = rx_correct_phaseshift(rx, channel(1).attenuation.phi);
end

%%% ----------------- 中继传输 -------------------- %%%
if (use_relay == 1)                                      % 采用中继协作
%% ---------------- 只有1个中继 --------------- %%
% Sender to relay
[channel(2), relay.rx] = add_channel_effect(channel(2), relay.rx, signal.symbol_
sequence);
relay = prepare_relay2send(relay,channel(2));
% Relay to destination
[channel(3), rx] = add_channel_effect(channel(3), rx,relay.signal2send);
                                                         % 添加信道对信号的影响
[received_symbol,signal.received_bit_sequence] = rx_combine(rx,channel,use_relay);
switch relay.mode
% 相位校正
case 'AAF'
rx = rx_correct_phaseshift(rx,...
channel(3).attenuation.phi + channel(2).attenuation.phi);
case 'DAF'
rx = rx_correct_phaseshift(rx,channel(3).attenuation.phi);
end
end
% 目的端接收信号
```

```
[received_symbol, signal.received_bit_sequence] = rx_combine(rx, channel(1),channel(3),
use_relay);
BER(iSNR) = BER(iSNR) + sum(not(signal.received_bit_sequence == signal.bit_sequence));
if (BER(iSNR) > 10000)
 % Stop iterate
break;
end
end                                                    %迭代结束
if (BER(iSNR)< 100)
warning(['Result might not be precise when SNR equal ',num2str(SNR(iSNR))])
end
BER(iSNR) = BER(iSNR) ./ it ./ signal.nr_of_bits;
end
%% ----------------- 计算两跳仿真结果并显示 ------------- %%
txt_distance = [' - distance: ',...
num2str(channel(1).attenuation.distance), ':',...
num2str(channel(2).attenuation.distance), ':',...
num2str(channel(3).attenuation.distance)];
 % txt_distance = '';
if (use_relay == 1)
if (relay.magic_genie == 1)
txt_genie = ' - Magic Genie';
else
txt_genie = '';
end
txt_combining = [' - combining: ', rx(1).combining_type];
switch rx(1).combining_type
case 'FRC'
txt_combining = [txt_combining, ' ',...
num2str(rx(1).sd_weight),':1']; % Convert number to string
end
add2statistic(SNR,BER,[signal.modulation_type,' - ',relay.mode, txt_combining,',','two-
hop'])
else
switch channel(1).attenuation.pattern
case 'no'
txt_fading = ' - no fading';                           %不考虑衰落
otherwise
txt_fading = ' - Rayleigh fading';                     %瑞利衰落
end
add2statistic(SNR,BER,[signal.modulation_type, ' - ',relay.mode, txt_combining,',','two-
hop'])                                                 % 两跳协作传输绘图
end
%% ------------------- 多跳仿真 ------------------ %%
channel(1).attenuation.distance = 1;                   %S-D的距离
channel(2).attenuation.distance = 1/3;                 %S-R1 的距离
channel(3).attenuation.distance = 1/3;                 %R1-R2 的距离
channel(4).attenuation.distance = 1/3;                 %R2-D的距离
```

```
BER = zeros(size(SNR));
for iSNR = 1:size(SNR,2)                               %计算信噪比的个数
channel(1).noise(1).SNR = SNR(iSNR);                   %iSNR 为当前信噪比值
channel(2).noise(1).SNR = SNR(iSNR);
channel(3).noise(1).SNR = SNR(iSNR);
channel(4).noise(1).SNR = SNR(iSNR);
for it = 1:nr_of_iterations;
% -------------- 重置接收机 ------------------- %
rx = rx_reset(rx);
relay.rx = rx_reset(relay.rx);
if (use_direct_link == 1)                              %包含直接传输链路
[channel(1), rx] = add_channel_effect(channel(1), rx,...
signal.symbol_sequence);
rx = rx_correct_phaseshift(rx, channel(1).attenuation.phi);
end
%% ------------------ 中继传输 --------------------- %%
if (use_relay == 1)                                    %采用中继
% Sender to relay
[channel(2), relay.rx] = add_channel_effect(channel(2), relay.rx, signal.symbol_
sequence);
relay = prepare_relay2send(relay,channel(2));          % ??this function
%relay1 to Relay2
[channel(3), relay.rx] = add_channel_effect(channel(3),relay.rx, relay.signal2send);
relay = prepare_relay2send(relay,channel(3));
%relay2 to destination
[channel(4),rx] = add_channel_effect(channel(4),rx,relay.signal2send);
switch relay.mode
%相位校正
case 'AAF'
rx = rx_correct_phaseshift(rx,...
channel(2).attenuation.phi + channel(3).attenuation.phi+ channel(4).attenuation.phi);
case 'DAF'
rx = rx_correct_phaseshift(rx,channel(4).attenuation.phi);
end
end
%目的端接收信号
[received_symbol, signal.received_bit_sequence] = rx_combine(rx, channel(1),channel(4),
use_relay);
BER(iSNR) = BER(iSNR) + sum(not(signal.received_bit_sequence == signal.bit_sequence));
if (BER(iSNR) > 10000)
% Stop iterate
break;
end
end                                                    %迭代结束
if (BER(iSNR)< 100)
warning(['Result might not be precise when SNR equal ',...
num2str(SNR(iSNR))])
end
```

```
BER(iSNR) = BER(iSNR) ./ it ./ signal.nr_of_bits;
end

%% ------------------- 计算三跳仿真结果并显示 ------------- %%
txt_distance = [' - distance: ',...
num2str(channel(2).attenuation.distance), ':',...
num2str(channel(3).attenuation.distance), ':',...
num2str(channel(4).attenuation.distance)];
% txt_distance = '';
if (use_relay == 1)
if (relay.magic_genie == 1)
txt_genie = ' - Magic Genie';
else
txt_genie = '';
end
txt_combining = [' - combining: ', rx(1).combining_type];
switch rx(1).combining_type
case 'FRC'
txt_combining = [txt_combining, ' ',...
num2str(rx(1).sd_weight),':1'];                    % Convert number to string
end
add2statistic(SNR,BER,[signal.modulation_type,'-',relay.mode, txt_combining,',','three-
hop'])                                             % 三跳协作传输结果绘图
else
switch channel(1).attenuation.pattern
case 'no'
txt_fading = ' - no fading';
otherwise
txt_fading = ' - Rayleigh fading';
end
add2statistic(SNR,BER,[signal.modulation_type, '-',relay.mode, txt_combining,',','three-
hop'])
end
SNR_linear = 10.^(SNR/10);
add2statistic(SNR,ber(SNR_linear,'BPSK', 'Rayleigh'),'BPSK - single link transmiss')
                                                   % 直接传输结果绘图
show_statistic;
toc
```

三跳协作传输、两跳 DAF 协作传输和直接传输的误码率仿真结果如图 6-26 所示。误码率曲线从上到下依次是直接传输、两跳 DAF 协作传输、三跳 DAF 协作传输。

由图 6-26 可以看出,多跳协作传输的误码率要低于两跳协作传输系统;而任意跳数的协作传输方式误码率都要低于直接传输方式。原因是在 S-D 距离固定的情况下,通过多跳协作传输可以提高每一跳的信道质量,也就是可以带来更高的分集增益,从而达到降低误码率的目的。

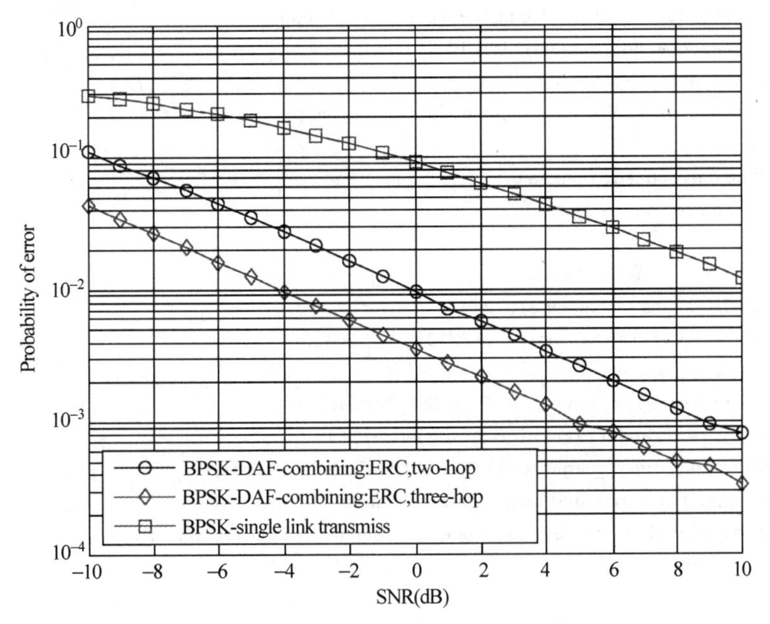

图 6-26　三跳协作通信系统的误码率仿真

主函数 twohop. m 和 multihop. m 中涉及的全部功能子函数的源代码如下：

```
% add - channel - effect.m 信道函数
function [channel, rx] = add_channel_effect(channel,rx,...
signal_sequence)
% Add noise fading and path loss
global signal;
%% -------------- 设置衰落与路径损耗 ----------------- %%
channel.attenuation.d = 1/(channel.attenuation.distance ^ 2);
% Path loss is constant for the whole transmission
switch channel.attenuation.pattern
case 'no'
% No fading at all (only path loss)
channel.attenuation.phi = zeros(size(signal_sequence));
channel.attenuation.h = ones(size(signal_sequence)) * ...
channel.attenuation.d;
channel.attenuation.h_mag = channel.attenuation.h;
case 'Rayleigh'
% Rayleigh fading and path loss
nr_of_blocks = ceil(size(signal_sequence,2) /...
channel.attenuation.block_length);
h_block = (randn(nr_of_blocks,1) + j * randn(nr_of_blocks...
,1)) * channel.attenuation.d;
h = reshape((h_block * ...
ones(1, channel.attenuation.block_length))', 1,...
channel.attenuation.block_length * nr_of_blocks);
channel.attenuation.h = h(1:(size(signal_sequence,2)));
```

```
[channel.attenuation.phi, channel.attenuation.h_mag] = ...
cart2pol(real(channel.attenuation.h),...
imag(channel.attenuation.h));
channel.attenuation.phi = - channel.attenuation.phi;
otherwise
error(['Fading - pattern unknown: ',...
channel.attenuation.pattern])
end
% ----------- 噪声 (AWGN) ------------- %
S = mean(abs(signal_sequence).^2);
SNR_linear = 10^(channel.noise.SNR/10);
% SNR = a^2/(2 * sigma^2)
channel.noise.sigma = sqrt(S / (2 * SNR_linear));
noise_vector = (randn(size(signal_sequence)) + ...
j * randn(size(signal_sequence))) * channel.noise.sigma;
% Add fading, path loss and noise to the signal
rx.received_signal = signal_sequence .* channel.attenuation.h...
+ noise_vector;

% add2statiatic.m 准备绘图的变量
function add2statistic(x,y, leg);
% Add graph to statistic
global statistic;
statistic.x = [statistic.x;x];
statistic.y = [statistic.y;y];
statistic.legend = strvcat(statistic.legend,leg);

% ber.m 计算误码率函数
function [y] = ber(snr, modulation_type, fading_type);
% Calculates the BER(SNR) depending on the modulation - type and
% the fading - type
switch fading_type
case 'Rayleigh'
switch modulation_type
case 'BPSK'
y = (1 - sqrt(snr ./ (1 / 2 + snr))) / 2;
case 'QPSK'
y = (1 - sqrt(snr ./ (1 + snr))) / 2;
otherwise
error(['Modulation - type unknown: ', modulation_type])
end
case 'no'
switch modulation_type
case 'BPSK'
y = q(sqrt(2 * snr));
case 'QPSK'
y = q(sqrt(snr));
otherwise
```

```
error(['Modulation - type unknown: ', modulation_type])
end
otherwise
error(['Fading - type unknown: ', fading_type])
end
```

% ber_2_senders.m 两个发送端情况下计算误码率

```
function y = ber_2_senders(SNR_avg, modulation_type);
% BER(SNR) using two senders. The (average) SNR is assumed to be
% equal for both channel
switch modulation_type
case 'BPSK'
mu = sqrt(SNR_avg ./ (1 / 2 + SNR_avg));
case 'QPSK'
mu = sqrt(SNR_avg ./ (1 + SNR_avg));
otherwise
error(['Modulation - type unknown: ', modulation_type])
end
y = 1 / 4 * (1 - mu) .^ 2 .* (2 + mu);
```

% ber2snr.m 由误码率计算信噪比的函数

```
function y = ber2snr(x);
% Calculates the SNR of the channel
%
% The SNR of the channel can be estimated/calculated when the
% BER of the channel is known.
global signal;
switch signal.modulation_type
case 'QPSK'
y = qinv(x) .^ 2;
case 'BPSK'
y = qinv(x) .^ 2 / 2;
otherwise
error(['Modulation - type unknown: ', signal.modulation_type])
end
```

% bit2symbol.m 比特转码元

```
function [symbol_sequence] = bit2symbol(bit_sequence);
% Calculates symbol_sequence from the bit_sequence depending on
% the modulation type
global signal;
switch signal.modulation_type
case 'BPSK'
symbol_sequence = bit_sequence;
end
```

% calculate - signal - parameter.m 准备信号序列

```
function calculate_signal_parameter
```

```
% Calculates some additional signal parameters
global signal;
% Bits per symbol
switch signal.modulation_type
case 'BPSK'
signal.bits_per_symbol = 1;
otherwise
error(['Modulation-type unknown: ', signal.modulation_type])
end
% Number of symbols to transfer
signal.nr_of_symbols = signal.nr_of_bits/signal.bits_per_symbol;
% Bit sequence (random sequence of -1 and 1)
signal.bit_sequence = floor(rand(1,signal.nr_of_bits)*2)*2-1;
                                                    %% 函数作用产生-1和1
% Symbol sequence
signal.symbol_sequence = bit2symbol(signal.bit_sequence);
```

%prepare_relay2send.m 中继端准备要发送的信号

```
function relay = prepare_relay2send(relay,channel);
% Relay: Prepare received signal to make it ready to send
global signal;
switch relay.mode
case 'AAF'
% Amplify and Forward
% Normalise signal power to the power of the original signal
xi = abs(signal.symbol_sequence(1))^2;
relay.amplification = sqrt(xi ./ (xi .* ...
channel.attenuation.h_mag .^ 2 + 2 .* ...
channel.noise.sigma .^ 2));
relay.signal2send = ...
relay.rx.received_signal .* relay.amplification;
case 'DAF'
% Decode and Forward
relay.rx = rx_correct_phaseshift(relay.rx,channel.attenuation.phi);
h=conj(channel.attenuation.h); bit_sequence = (mean(symbol2bit(h.* relay.rx.received_signal),1) ...
>=0)*2-1;
symbol_sequence=bit2symbol(bit_sequence); %yj
relay.signal2send=symbol_sequence;
otherwise
error(['Unknown relay-mode: ', relay.mode])
end
```

%rx_combine.m %接收端合并信号 S→D, R→D

```
function[symbol_sequence,bit_sequence]=rx_combine(rx, …
channel1,channel2, use_relay);
global signal;
global relay;
```

```
values2analyse = rx.signal2analyse; %//
if (use_relay == 1)&(relay.magic_genie == 1)
switch relay.mode
        case'DAF'
values2analyse(2,:) = (relay.symbol_sequence == …
signal.symbol_sequence).* values2analyse(2,:);
otherwise
error(['Magic genie work only with DAF'])
end
end

switch rx.combining_type
case 'MRC'
switch relay.mode
case 'DAF'
if (use_relay == 0)
        h = conj(channel1.attenuation.h);
else

 h = conj([channel1.attenuation.h;channel2.attenuation.h]);
end
bit_sequence = (mean(symbol2bit(h.* values2analyse),1)>= 0) * 2 - 1;
otherwise
error('Maximum ratio combining works only with DAF')
end
case {'ERC', 'FRC', 'SNRC', 'ESNRC'}
 % The received values are already in phase
values2analyse = symbol2bit(values2analyse);
switch rx.combining_type
case 'ERC'
 % Equal Ratio Combining
bit_sequence = (mean(values2analyse,1)>= 0) * 2 - 1;
case 'FRC'
 % Fixed Ratio Combining
if (use_relay == 0)
bit_sequence = (mean(values2analyse,1)>= 0) * 2 - 1;
else
bit_sequence = (mean([rx.sd_weight;1] * ...
ones(1,size(values2analyse,2)) .* ...
values2analyse,1)>= 0) * 2 - 1;
end
case {'SNRC', 'ESNRC'}
 % Ratio depending on the SNR
if (use_relay == 0)
bit_sequence = (mean(values2analyse,1)>= 0) * 2 - 1;
else
SNR_direct = estimate_channel_SNR(channel1, ...
signal.modulation_type, relay.mode);
SNR_via = estimate_channel_SNR([channel2,...
```

```
channel(3)], signal.modulation_type, relay.mode);
if (signal.modulation_type == 'QPSK')
SNR_via = [SNR_via, SNR_via];
SNR_direct = [SNR_direct, SNR_direct];
end
switch rx.combining_type
case 'SNRC'
bit_sequence_ratio = (sum([SNR_direct; SNR_via] .* ...
values2analyse,1)>=0) * 2 - 1;
bit_sequence_inf = (mean(values2analyse,1)>=0) * 2 - 1;
SNR_equal_inf = ((SNR_via == inf) &...
(SNR_direct == inf));
bit_sequence = SNR_equal_inf .* bit_sequence_inf + ...
not(SNR_equal_inf) .* bit_sequence_ratio;
case 'ESNRC'
% .1 < SNR_direct/SNR_via < 10 : the to channels are
use_direct = (SNR_direct == inf) & (SNR_via ~= inf)...
| ((SNR_direct ./ SNR_via) > 10);
use_via = (SNR_via == inf) & (SNR_direct ~= inf) | ...
((SNR_via ./ SNR_direct) > 10);
use_equal_ratio = not(use_direct + use_via);
bit_sequence_equal_ratio = ...
(mean(values2analyse,1)>=0) * 2 - 1;
bit_sequence_direct = (values2analyse(1,:)>=0) * 2 - 1;
bit_sequence_via = (values2analyse(2,:)>=0) * 2 - 1;
bit_sequence = ...
use_equal_ratio .* bit_sequence_equal_ratio + ...
use_direct .* bit_sequence_direct + ...
use_via .* bit_sequence_via;
end
end
otherwise
error(['Combining-type unknown: ',rx.combining_type])
end
end
symbol_sequence = bit2symbol(bit_sequence);
```

% estimate_channel_SNR.m 信道估计的函数

```
function [channel_SNR] = estimate_channel_SNR(channel,...
modulation_type, relay_mode);
% 估计单个信道的误比特率
SNR_linear = 10.^(channel(1).noise.SNR / 10);
switch size(channel,2)
case 1
attenuation = channel(1).attenuation.h_mag .^ 2;
  channel_SNR = (SNR_linear * ones(size(attenuation)))...
   .* attenuation;
case 2
```

```
  attenuation1 = channel(1).attenuation.h_mag .^ 2;
  attenuation2 = channel(2).attenuation.h_mag .^ 2;
switch relay_mode
case 'DAF'
    channel_SNR = ber2snr(estimate_channel_BER(channel, ...
     modulation_type, relay_mode));
case 'AAF'
    % Average SNR per channel is assumed to be identical
    symbol_energy = abs(signal.symbol_sequence(1))^2;
    a_square = 1 ./ (abs(attenuation1) .^...
     2 + 2 ./ symbol_energy * channel(1).noise.sigma .^ 2);
    channel_SNR = a_square .* abs(attenuation1) .^ 2 .* ...
abs(attenuation2) .^ 2 .* symbol_energy ./ (a_square .* ...
abs(attenuation2) .^ 2 .* ...
2 .* channel(1).noise.sigma .^ 2 + ...
2 .* channel(2).noise.sigma .^ 2);
otherwise
error(['Relay - mode unknown: ', relay_mode])
end
otherwise
error(['Cascaded channel estimation for more than two ',...
    'hops not implemented.'])
end
```

% rx_correct_phaseshift.m 接收信号相位校正

```
function [rx] = rx_correct_phaseshift(rx, phi);
switch rx.combining_type
case 'MRC'
% No phaseshift correction in MRC mode.
% Phaseshift will be corrected when the received signal are
% combined
rx.signal2analyse = [rx.signal2analyse; rx.received_signal];
otherwise
% Assuming that perfect phaseshift estimation possible
rx.signal2analyse = [rx.signal2analyse;...
rx.received_signal .* exp(j * (phi))];
end
```

% rx_reset.m 重置接收信号结构体

```
function [rx] = rx_reset(rx);
% Reset the receiver
rx.signal2analyse = [];
Show - statistic.m %绘图
function [handle] = show_statistic(colour_bw, order);
% Shows the result in a plot
global statistic;
if (nargin<1), colour_bw = 0; end
if (nargin<2), order = 1:size(statistic.x,1); end
```

```
if (colour_bw == 1)
colours = ['k-o';'k- * ';'k-s';'k-+ ';'k-^';'k-h';'k-v';'k-p'];
else
colours = ['b-o';'r-d';'g-s';'k-v';'m-^';'b-<';'r->';'g-p'];
end
legend_ordered = [];
handle = figure;
colour = 0;
for n = order
colour = colour + 1;
semilogy(statistic.x(n,:),statistic.y(n,:),colours(colour,:));
legend_ordered = strvcat(legend_ordered,statistic.legend(n,:));
hold on
end
grid on;
legend (legend_ordered,3)
xlabel (statistic.xlabel)
ylabel (statistic.ylabel)

% snr2ber.m  由信噪比计算误码率
function y = snr2ber(x)
% 计算信道的误码率
global signal;
switch signal.modulation_type
case 'QPSK'
y = q(sqrt(x));
case 'BPSK'
y = q(sqrt(2 * x));
otherwise
error(['Modulation-type unknown: ', signal.modulation_type])
end

% symbol2bit.m  码元转比特
function [bit_sequence] = symbol2bit(symbol_sequence);
global signal;
switch signal.modulation_type
case 'BPSK'
bit_sequence = symbol_sequence;
case 'QPSK'
bit_sequence = [real(symbol_sequence), imag(symbol_sequence)];
otherwise
error(['Modulation-type unknown: ', signal.modulation_type])
end

% generate_statistic_structure.m  显示变量结构体
function [statistic_structure] = generate_statistic_structure();
%产生于用显示的参数结构体
statistic_structure = struct(...
```

```
'xlabel','SNR [dB]',... % label x-axis
'ylabel','Probability of error',... % label y-axis
'x',[],... % one graph per row x-axis
'y',[],... % y-axis
'legend',''); % legend
```

% generate_signal_structure.m 信号结构体

```
function [signal_structure] = generate_signal_structure();
% 创建所有信号参数的结构体
signal_structure = struct(...
'nr_of_bits',{},... % nr of bits to transfer
'nr_of_symbols',{},... % nr of symbols to transfer
'bits_per_symbol',{},... % BPSK (1 bit/symbol)
... % QPSK (2 bits/symbol)
'modulation_type',{},... % 'BPSK', 'QPSK'
'bit_sequence',{},... % bit sequence of the signal
'symbol_sequence',{},... % symbol sequence of the signal
'received_bit_sequence',{}); % bit sequence after transmission
```

% generate_rx_structure.m 接收信号结构体

```
function [rx_structure] = generate_rx_structure();
rx_structure = struct(...
'combining_type',{},... % 'ERC', 'SNRC', 'ESNRC', 'MRC'
'sd_weight',{},... % used for 'FRC'
... % relay link is weighted one
'received_signal',{},... % signal originally received. after
... phaseshift is undone, saved in
... signal2analyse
'signal2analyse',{}); % one row per incomming signal, which
% then are combined to estimate the
% bit-sequence
```

% generate_relay_structure.m 中继状态结构体

```
function [relay_structure] = generate_relay_structure();
% 创建用于所有中继参数的结构体
rx_structure = generate_rx_structure;
relay_structure = struct(...
'mode',{},... % 'AAF' (Amplify and Forward)
... 'DAF' (Decode and Forward)
'magic_genie',{},... % 'Magic Genie
'amplification',{},... % used in AAF mode
'symbol_sequence',{},... % used in DAF mode
'signal2send',{},... % Signal to be send
'rx',struct(rx_structure)); % Receiver
```

% generate_channel_structure.m 信道状态结构体

```
function [channel_structure] = generate_channel_structure();
attenuation_structure = generate_attenuation_structure;
```

```
noise_structure = generate_noise_structure;
channel_structure = struct(...
'attenuation', attenuation_structure,... % fading
'noise', noise_structure); % noise
function [fading_structure] = generate_attenuation_structure();
% 创建信道衰落参数结构体
fading_structure = struct(...
'pattern',{},... % 'no', 'Rayleigh'
'distance', {},... % distance
'd', {},... % path loss
'h',{},... % attenuation incl. phaseshift
'h_mag',{},... % magnitude
'phi',{},... % phaseshift
'block_length',{}); % lenth of the block (bit/block)
function [noise_structure] = generate_noise_structure();
% 创建噪声参数结构体
noise_structure = struct(...
'SNR',{},... % Signal to Noise Ratio (dB)
'sigma',{}); % sigma of AVGN
```

6.5 异构蜂窝网络

6.5.1 异构蜂窝网络简介

随着无线通信技术的迅速发展以及用户对数据传输速率日益苛刻的要求,蜂窝网的数据流量呈指数式增长。根据ITU发布的IMT-2020愿景报告,5G期望提供更快的数据速率(峰值20Gbps)、更低的延时(1ms)、更高的频谱效率(相对4G提升3倍)、更高的能量效率(比4G提升100倍)。为了满足这些需求,LTE和WiMax标准组提出在宏基站基础之上,引入一些低功耗节点用于扩大系统容量、卸载热点宏基站的负载、增强室内覆盖、提高小区边缘用户的服务质量。由宏基站和低功率节点组成的网络架构称为异构蜂窝网络,其结构如图6-27所示。

异构蜂窝网络中的低功率基站一般包括以下三类:微微蜂窝基站(Picocell Station),毫微微蜂窝基站(Femtocell Station),中继节点(Relay Nodes)。

(1) 微微蜂窝基站,也叫Pico基站,它一般部署在商场、火车站、图书馆等人口密集的热点区域,主要用来提升热点区域的容量和从宏基站中卸载部分流量来减轻宏基站的负载。Pico基站和宏基站一样,对于所有用户都是开放接入,并且它们都是全向天线配置。Pico基站的发射功率与宏基站相比要低很多,一般发射功率为23~30dBm,覆盖范围一般不大于300m。

(2) 毫微微蜂窝基站,又称为家庭基站(Femto),其发射功率和服务范围非常小,一般发射功率不大于23dBm,覆盖范围小于50m,主要用于为室内的用户提供数据服务,因此家庭基站由用户根据自己的需求自由部署。

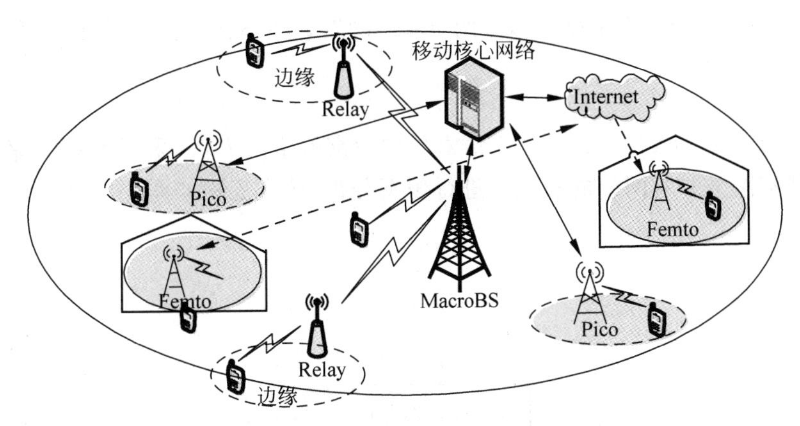

图 6-27　异构蜂窝网络结构示意图

(3) 中继节点。中继节点的覆盖半径一般和 Pico 基站相似。部署在室内时，中继节点的发射功率一般不大于 100mW；部署在室外时，一般发射功率为 250mW～2W。其通过转发宏基站和用户之间的数据来提升边缘用户的服务质量。

6.5.2　异构蜂窝网络建模与性能分析

蜂窝网络用户的接收信号强度、干扰信号强度取决于接收端与各基站的距离，因此节点的空间分布对整个蜂窝网络的性能至关重要。六边形网格模型是传统蜂窝网络建模中使用最多的是系统级仿真模型，由于它与实际的宏蜂窝基站拓扑结构大体相近，因此被广为接受。但是多数情况下，它的分析结果需要依赖于大量复杂的 Monte Carlo 仿真。另外，Wyner 模型也是蜂窝网络的常用模型，该模型将所有干扰基站到用户的信道增益用单一的参数进行刻画，也难以推广至异构蜂窝网络场景中。随着新型业务和移动应用快速增长，城市区域蜂窝网络异构性越发明显，通信小区半径也随着基站发射功率、部署高度以及用户密度的不同而出现很大的差异。

随机几何是研究随机空间模型的数学工具，它的核心是点过程理论。由于蜂窝网络基站和移动台的分布恰好符合随机几何研究对象的随机属性，学术界提出用齐次泊松点过程(Homogeneous Poisson Point Process，HPPP)建模蜂窝网络的基站分布，并且分析了覆盖率与可达速率这两个性能指标，证明泊松点过程与网格模型均能准确给出覆盖率曲线，网格模型给出的是性能上界，而采用 HPPP 建模所得到的是性能下界。

假设采用开放式接入方式，即目标用户接入能提供最大信干比(SIR)的基站，那么两层异构蜂窝网络中目标用户的总覆盖率可以写为

$$P_{\mathrm{c}}=M(\alpha)\frac{\sum_{k=1}^{2}\lambda_k {P_{Tk}}^{2/\alpha}\gamma_k^{-2/\alpha}}{\sum_{k=1}^{2}\lambda_k {P_{Tk}}^{2/\alpha}},\quad \gamma_k>1 \tag{6-10}$$

式中，λ_k、P_{Tk} 和 γ_k 分布表示($k=1,2$)两层基站的发射功率、密度和信干比门限；$M(\alpha)=\frac{\sin(2\pi/\alpha)}{2\pi/\alpha}$。

下面介绍通过MATLAB程序来仿真异构蜂窝网络的方法，采用HPPP来建模一个两层异构蜂窝网络并对网络的覆盖率进行仿真分析，仿真流程如图6-28所示。

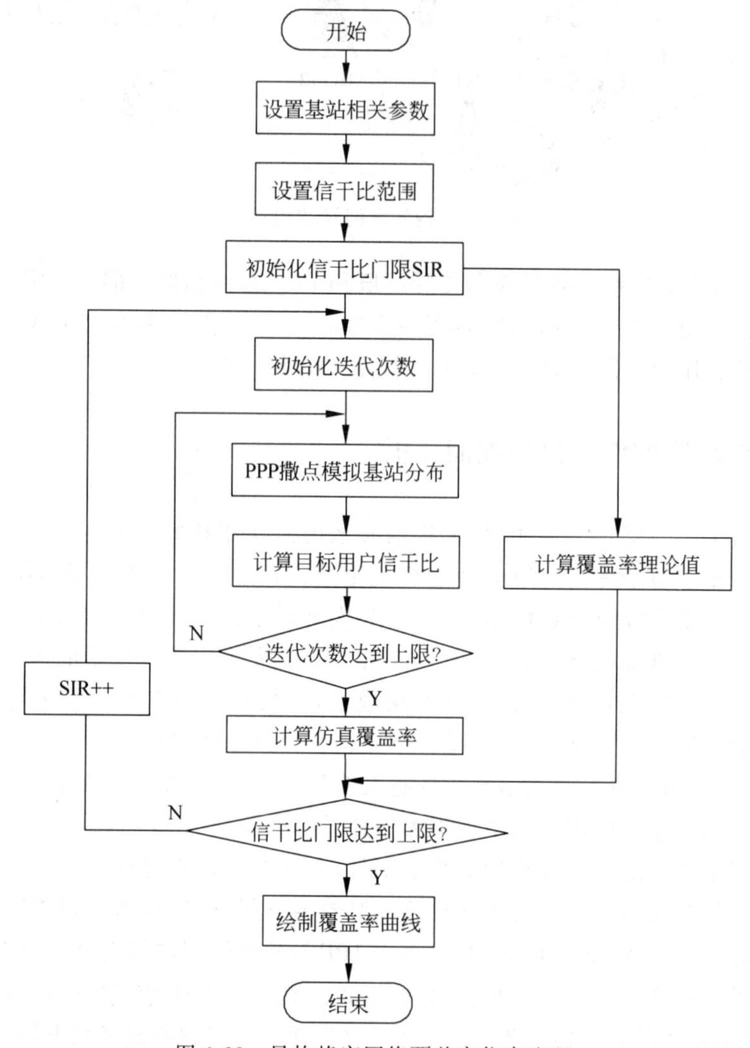

图6-28　异构蜂窝网络覆盖率仿真流程

下面的程序是不同信干比门限下两层异构蜂窝网络覆盖率仿真的主函数，主函数中涉及的一些功能子函数将在后文给出。基站采用最大接收功率接入准则，迭代次数为10000。

```
%两跳协作通信系统误码率仿真主函数:cover_probability.m
%思路:1.首先在[-10,10]的区域内,随机撒点,这些点的个数服从泊松分布,也就是宏基站和微
基站个数服从泊松分布。
```

```
%2.利用unifrnd函数得到宏基站和微基站的坐标,这样利用循环可以得到每个基站到原点的
距离。
%3.仿真瑞利衰落信道,然后结合路径损耗计算信道增益。
%4.计算基站发射端功率到达接收端的功率大小,并对这些功率进行排序,取功率最大的为服务
基站,其他基站为干扰基站
%5.计算SIR
betaConst = 4;                                  %路径损耗因子
P2 = 1; P1 = 40 * P2;
PValues = [P1,P2];                              %宏基站和微基站的发射功率
lambda1 = 0.002;                                %宏基站密度
lambda2 = 10 * lambda1;                         %微基站的密度
tValuesDb1 = 5:20;                              %宏基站信干比门限的范围
itetations = 10000;
pc = zeros(1,length(tValuesDb1));
pc_experiment = zeros(1,length(tValuesDb1));
pc_numerical = zeros(1,length(tValuesDb1));
for k = 1:length(tValuesDb1)
    display(['rator1values = ', num2str(k)]);
     for q = 1:itetations
N = poissrnd(lambda2 * 10000);                  %产生微基站的个数
N1 = poissrnd(lambda1 * 10000);                 %产生宏基站的个数
points = unifrnd( - 50,50,N,2);                 %微基站的坐标矩阵,N×2的矩阵
points1 = unifrnd( - 50,50,N1,2);               %宏基站的坐标矩阵,N1×2的矩阵
tValues1 = 10.^(tValuesDb1(k)/10);              %宏基站的信干比阈值
tValues2 = tValues1;                            %微基站的信干比阈值
%预定义两个矩阵用来存放各个基站到原点用户的距离
r = zeros(1,N);
r1 = zeros(1,N1);
for i = 1:N
      r(i) = sqrt(points(i,1)^2 + points(i,2)^2);    %计算微基站每个点到原点的距离
end
for i = 1:N1
      r1(i) = sqrt(points1(i,1)^2 + points1(i,2)^2);%计算宏基站每个点到原点的距离
end
%基站位置和功率已经设置好,下面就要仿真信号到达用户处的强度,首先要先仿真出一个瑞利
衰落信道出来
for i = 1:N
     h_a = RayleighCH(1,1 );                    % 生成信号衰落系数
     h(i) = (abs(h_a))^2/(r(i)^betaConst);      %生成微基站到用户信道系数,衰落系
                                                %数×路径损耗

end
for i = 1:N1
     h_a = RayleighCH(1,1 );
     h1(i) = (abs(h_a))^2/(r1(i)^betaConst);    %生成宏基站到用户信道系数,衰落系
                                                %数*路径损耗

end
for i = 1:N1
     h_a = RayleighCH(1,1);
```

```
        h1(i) = (abs(h_a))^2/(r1(i)^betaConst);          % 生成宏基站到用户信道系数,衰落系
                                                          % 数×路径损耗
    end

    % 下面开始计算信号到达接收端的功率
    P_receive = zeros(1,N);                         % 微基站接收功率矩阵,N是微基站的数量
    for i = 1:N
        P_receive(i) = P2 * h(i);
    end
    % 进行排序
    P_order_receive = sort(P_receive);
    P_receive1 = zeros(1,N1);                       % 宏基站接收功率矩阵,N1是宏基站的数量
    for i = 1:N1
        P_receive1(i) = P1 * h1(i);
    end
    % 进行排序
    P_order_receive1 = sort(P_receive1);
    P_total = [P_receive,P_receive1];               % 把宏基站和微基站在用户处的功率进行拼接
    % 进行排序
    P_total_order = sort(P_total);

    % 计算总的干扰,取接收率最大的基站为服务基站,其他为干扰基站
    Ir = 0;
    for j = 1:length(P_total_order) - 1 % yj
            Ir = Ir + P_total_order(j);
    end
      % 计算 SIR
      SIR = P_total_order(end)/Ir;
          if SIR > tValues1
                  pc(k) = pc(k) + 1;
        end
     end % for q = 1:itetations
      % 计算数值结果
    PValues1 = PValues.^(2/betaConst);              % 功率的向量值
    lambdaValues = [lambda1,lambda2];               % 密度的向量值
    SINthrelds = [tValues1,tValues2];               % 信噪比的阈值向量
    SINthrelds1 = SINthrelds.^( - 2/betaConst);
    sum1 = sum((lambdaValues. * PValues1). * SINthrelds1);
    sum2 = sum(lambdaValues. * PValues1);
    pc_numerical(k) = (betaConst. * sin((2 * pi)/betaConst)/(2 * pi)). * (sum1/sum2);
    end % for k = 1:length(tValuesDb1)
    pc_experiment = pc./itetations;
    plot(tValuesDb1,pc_numerical,'bs - ',tValuesDb1,pc_experiment,'k +- ');
    xlabel('宏基站信干比门限');
    ylabel('覆盖率 ');
    legend('理论结果','仿真结果');

    % 瑞利信道子函数 RayleighCH.m
```

```
%模拟瑞利衰落信道系统的函数
function H = RayleighCH(n,m)
a = 0;
b = 0;
for i = 1:10
    a = a + rand(n,m);      %产生均值为 0,方差 σ^2 = 1,标准差 σ = 1 的正态分布的随机矩阵
    b = b + rand(n,m);
end;
a = a/10;
b = b/10;
H = a + j * b;
```

两层异构蜂窝网路的覆盖率仿真结果和理论结果如图 6-29 所示。仿真中假设微基站的信干比门限与宏基站的信干比相等。可以看出,随着信干比门限的上升,越来越多的用户无法接入基站,所示覆盖率逐渐下降。

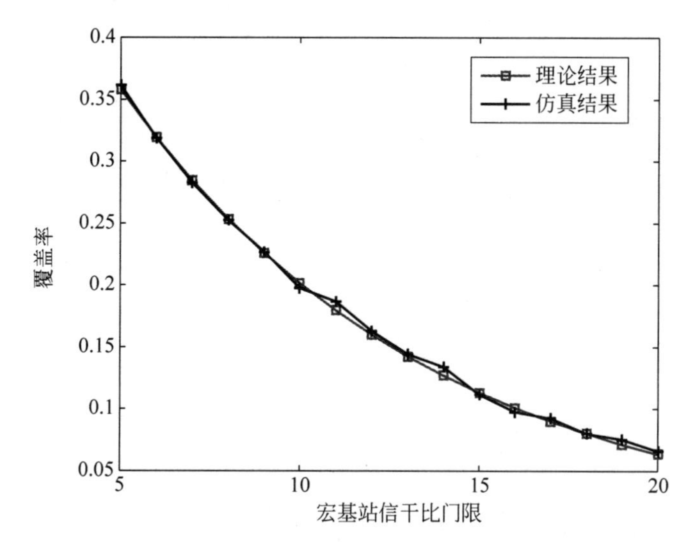

图 6-29 两层异构蜂窝网络覆盖率仿真结果

第二篇

SystemView通信系统仿真

随着电子技术设计自动化、计算机虚拟仿真技术的发展，利用计算机应用软件模拟、仿真通信系统已经成为科研人员设计系统、验证系统可行性的有效手段，也为高校学生提供了理论与实践相联系、原理与应用相结合的实验平台。SystemView 是动态系统仿真软件，其界面友好且功能齐全，为用户提供了嵌入式的模块化分析引擎。它凭借强大的分析功能和可视化体系结构，已经逐渐被电子技术工程师、系统开发/设计人员认可，并作为各种通信、控制及其他系统的分析、设计和仿真平台。利用 SystemView 仿真软件，能在一定程度上帮助学生理解和掌握课程中的基本概念、基本原理，为学生提供一个综合实验平台。

第7章 SystemView入门

SystemView 是美国 ELANIX 公司开发的用于系统设计和仿真的工具软件，与 LabView 类似，采用了 Windows 环境下的图形化界面的编程方式，使用功能模块（Token）描述程序，无须编写复杂的程序语言，不用写一句代码即可完成系统的设计并实现仿真。

利用 SystemView 可以构造各种复杂的模拟、数字、数模混合系统，以及各种多速率系统。因此，它可用于各种线性或非线性控制系统的设计和仿真。用户在进行系统设计时，只需从 SystemView 的图标库中调出相关图标并进行参数配置，完成图标间的连线，即可进行仿真，最终以时域波形、眼图、功率谱等形式给出系统的仿真结果，或者可通过接收计算器计算出其他需要的统计信息。

7.1 SystemView 设计窗口

SystemView 启动后会出现如图 7-1 所示的设计窗口，所有系统的设计、搭建等基本操作都是在设计窗口内完成的。设计窗口主要包含以下部分。

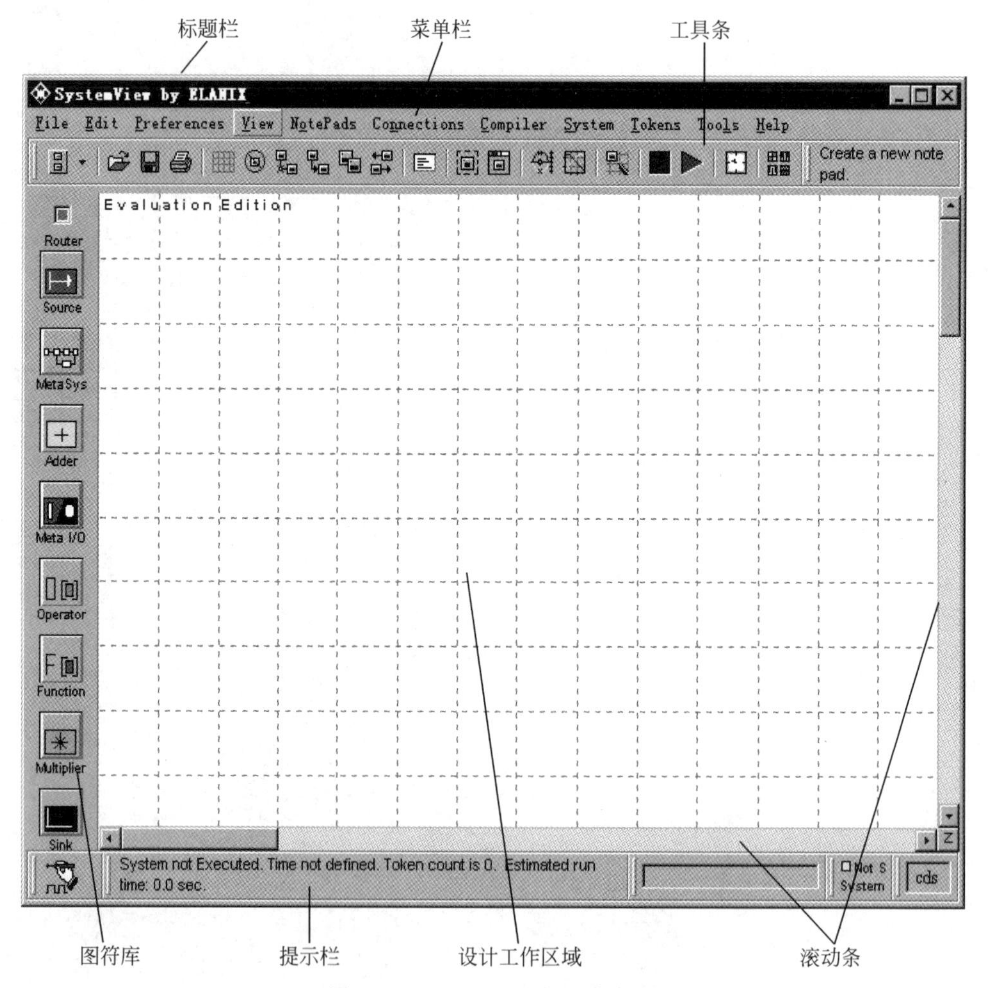

图 7-1　SystemView 的设计窗口

† 设计工作区域：拖曳图标到设计工作区域内，输入必要参数、连接各图标，供用户完成各种系统的搭建。

† 菜单栏：通过菜单栏可以执行 SystemView 的各项功能，如 Connections、Note Pads、Tokens 等。

† 工具条：包含了在系统设计、仿真中可能用到的对文件、图标、系统等的各种操作按钮，如运行按钮、停止按钮、系统时钟等。

† 图符库：可以通过库切换按钮来选择基本库、专业库、扩展库的库资源。

† 提示栏：当光标停留在某一按钮上时，显示说明和信息。

7.1.1 菜单栏

初学者可以从菜单栏中学会许多基本操作，并对 SystemView 的系统设计、构建、仿真分析形成一个初步的印象。具体菜单如图 7-2 所示。

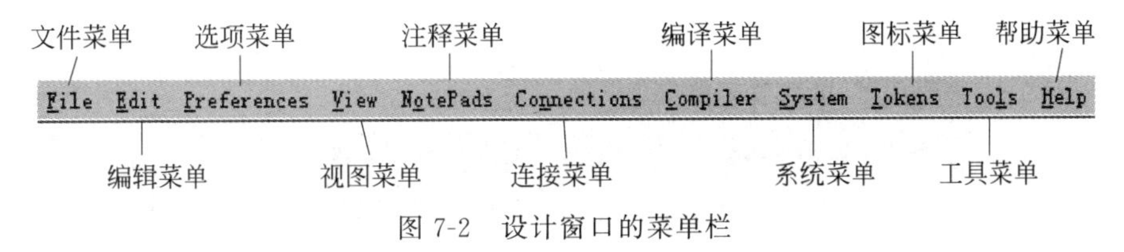

图 7-2 设计窗口的菜单栏

下面对各个下拉菜单的功能进行详细说明，如图 7-3～图 7-13 所示，右边框内文字是对左边相应的下拉菜单中的功能进行描述。

菜单项	快捷键	功能说明
New System	Ctrl+N	创建新系统
Send...		将文件作为E-mail附件发送出去
Open Recent System...	Ctrl+R	从最近打开过的文件列表中选择一个文件打开
Open Existing System...	Ctrl+O	打开已经存在的文件
Open System in Safe Mode...		打开没有编译已经存在的文件
Save System	Shift+F12	保存系统
Save System As...	F12	另存系统
Save System As Version		选择版本保存系统
Save Selected MetaSystem...		保存子系统
System File Information...	Ctrl+I	系统文件信息
Print System: Text Tokens		以文字图标打印系统
Print System: Symbolic Tokens		以符号图标打印系统
Print System Summary		打印系统摘要
Print System Connection List		打印系统连接列表
Print Real Time Sink...		打印实时接收器，单击实时接收器，将会打印该接收器的输出图形
Print SystemView Sink...		打印系统接收器
Printer/Page Setup...		打印机设置
Printer Fonts...		打印机字体设置
D:\System View\systemview例题\ooo.svu		
Exit	Ctrl+Q	

图 7-3 File 下拉菜单功能说明

菜单项	快捷键	说明
Undo Last	Ctrl+Z	取消最后一次执行的命令
Redo	Ctrl+Y	重复最后一次执行的命令
View Undo List...		查看在仿真设计过程中所有执行过的命令
Customize Undo Items...		定制在System View系统中可取消的项目操作
Select All	Ctrl+A	选择设计窗口中所有图标
Copy SystemView Sink		把选择的System View接收器复制到剪贴板
Copy System as Bitmap		把当前系统以位图形式复制到剪贴板
Copy System as Bitmap: Selected Area...		把所选用户系统的局部区域复制到剪贴板
Copy System as Bitmap: Text Tokens		以文字代替图标，把系统复制到剪贴板
Copy Entire Screen		把整个System View屏幕复制到剪贴板上
Paste Special...		将剪贴板上的文本内容粘贴到系统便笺上
Insert Object...		在系统设计区插入一个OLE文件

图 7-4　Edit 下拉菜单功能说明

✔ Optimize for Run Time Speed	优化系统运行速度
Reset All Defaults	复位系统默认设置
Properties...	打开对话框进行系统特性配置

图 7-5　Preference 下拉菜单功能说明

Zoom...	界面图形缩放
Meta System...	查看所选择的子系统的内容
Hide Token Numbers	隐藏系统图标编号
Analysis Window...	激活分析窗口
Calculator...	激活计算器
Units Converter...	激活单位转换窗口

图 7-6　View 下拉菜单功能说明

Hide Note Pads	隐藏便笺
New Note Pad	在屏幕中央插入一个空白便笺框
Copy Token Parameters to NotePad...	把图标参数复制到便笺中
Attributes for All Note Pads	定义系统中所有便笺的属性
Attributes for Selected Note Pad...	定义系统中所选便笺的属性
Delete Note Pad...	删除任一便笺
Delete All Note Pads...	删除系统中所有便笺

图 7-7　Note Pads 下拉菜单功能说明

Connections 菜单项	功能说明
Disconnect All Tokens	断开所有图标间的连接
Check Connections Now	执行一次用户系统连接检查
Show Token Output...	显示用户选择的图标的输出
Hide Token Output...	隐藏用户选择的图标的输出

图 7-8 Connections 下拉菜单功能说明

Compiler 菜单项	功能说明
Compile System Now	立即编译系统
Compiler Wizard...	自动编译编辑器
Edit Execution Sequence ▸	编辑执行顺序
Cancel Edit Operation	取消编辑操作
Cancel Last Edit	取消上次编辑操作
End Edit	结束编辑
✔ Use Default Exe Sequence	使用默认顺序
Use Custom Exe Sequence	使用用户执行顺序
Animate Exe Sequence	动画执行顺序

图 7-9 Compiler 下拉菜单功能说明

System 菜单项	功能说明
Run System Simulation F5	开始对用户系统进行仿真
Single Step Execution	单步执行系统仿真
Debug (User Code)	调试
Root Locus...	启动根轨迹计算和显示
Bode Plot...	启动波特图计算和显示

图 7-10 System 下拉菜单功能说明

Tokens 菜单项	快捷键	功能说明
Find Token...	Ctrl+F	寻找图标
Find System Implicit Delays...		寻找固有延迟图标
Check Token Positions		确定图标位置
Move Selected Tokens...		移动所选图标
Move All Tokens...		移动所有图标
Duplicate Tokens...	Ctrl+D	复制图标
Create MetaSystem...	Ctrl+M	创建子系统
Re-Name MetaSystem...		对子系统重新命名
Explode MetaSystem...		将选定的子系统展开
Assign Custom Token Picture...		为用户图标赋图形
Use Default Token Picture...		使用默认图标
Select New Variable Token...		选择可变参数图标
Edit Token Parameter Variations...		编辑图标的可变参数
Disable All Parameter Variations		禁止所有图标参数变化

图 7-11 Tokens 下拉菜单功能说明

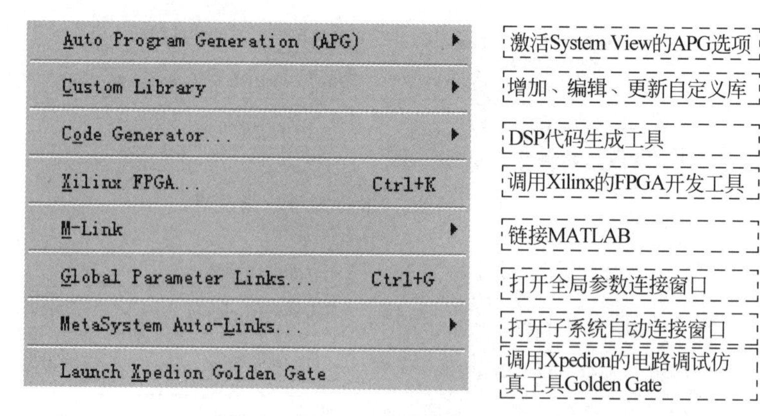

图 7-12　Tools 下拉菜单功能说明

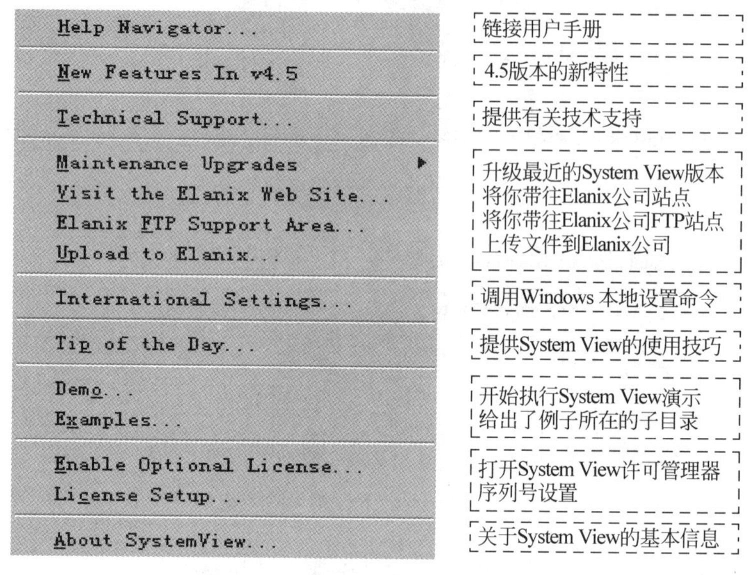

图 7-13　Helps 下拉菜单功能说明

7.1.2　工具栏

SystemView 工具条汇总了用于构建系统、系统仿真运行的各种操作工具按钮。功能说明如图 7-14 所示。

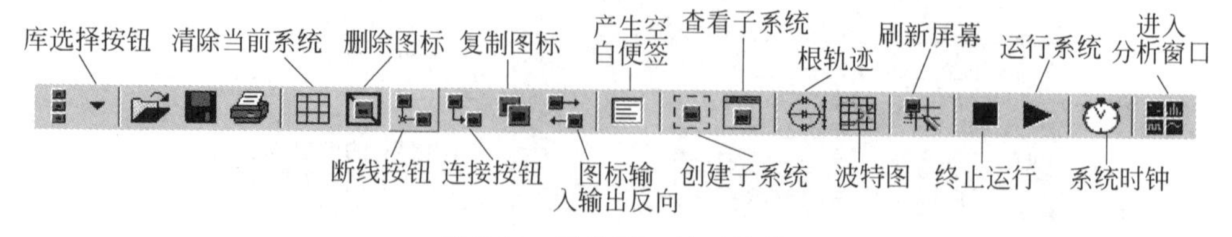

图 7-14　设计窗口的工具栏

7.1.3 图标库

图标是SystemView进行仿真运算、处理的基本单元。SystemView的图标库可分为3种,即基本库(Main Libraries)、专业库(Optional Libraries)以及扩展库。基本库与专业库之间由“库选择”按钮进行切换,而扩展库则要由自定义库通过动态链接库(*.dll)加载进来。

基本库共8个,分别为Source(信号源库)、Meta System(子系统库)、Adder(加法器库)、Meta I/O(子系统输入/输出端口库)、Operator(算子库)、Function(函数库)、Multiplier(乘法器库)及Sink(分析窗库)。专业库包括Communication(通信库)、DSP(数字信号处理库)、Logic(逻辑库)、RF/Analog(射频/模拟库)。扩展库包括“用户自定义库”和“MATLAB连接库”,支持用户用C/C++语言编写源代码定义自定义图标,或者调用、访问MATLAB中常用函数。下面对各个库作简要介绍。

1. 基本库

在使用SystemView进行系统仿真时,除专业化程度较高的通信系统,一般通信系统使用的功能模块大都来自基本库,下面将对基本库中各个功能模板作简要说明,如表7-1所示。

表7-1 基本库功能说明

图　标	名　称	功　能
Source	信号源库图标	用于产生用户系统输入信号的信号源
MetaSys	子系统库图标	在用户仿真中作为一个完整的子系统、函数以及过程来使用
Adder	加法器库图标	代表加法器,完成几个输入信号的加法运算
Meta I/O	子系统输入/输出端口库图标	用于设置子系统的输入/输出端口
Operator	算子库图标	对输入数据进行某种运算或变换,如FFT变换、采样、保持、延时,或者通过某一指定传递函数的线性系统等
Function	函数库图标	对输入数据进行函数运算,如量化、限幅、取绝对值等各种非线性函数、三角函数、对数函数、各种复数、代数等运算
Multiplier	乘法器库图标	完成几个输入信号的乘法运算
Sink	分析窗库图标	用来实现信号收集、(实时)显示分析、数据处理以及输出(包括把信号输出到文件)等功能

在基本库中,下面重点介绍信号源库、算子库、函数库和观察窗库中各个组成部分的图符功能。

1）信号源库

信号源库由 4 种信号源组成,即周期性信号(Periodic)、噪声及伪随机信号(Noise/PN)、非周期信号(Aperiodic)和加载外部信号(Import)。各组信号源中包含的常用图符如表 7-2 所示。

表 7-2　信号源库功能说明表

名　　称	功　　能
周期性信号(Periodic)	包括扫频信号(Freq Sweep)、PSK 载波(PSK Carrier)、矩形脉冲(Pulse Train)、锯齿波信号(Sawtooth)、周期性的正弦信号(Sinusoid)
噪声及伪随机信号(Noise/PN)	包括高斯噪声(Gauss Noise)、伪随机 PN 序列(PN Seq)、热噪声(Thermal)、均匀噪声(Unif Noise)
非周期信号(Aperiodic)	包括自定义信号(Custom)、脉冲信号(Impulse)、阶跃信号(Step Fct)、斜升信号(Time)
加载外部信号(Import)	包括文件输入和声音信号输入

单击 Parameters 按钮,打开参数设置窗口。设置合理参数,即可得到系统有用信号源。其中"加载外部信号源"(Import)的参数设置对话框如图 7-15 所示。参数对话框的下部 Start output with sample number 用于指定读取数据文件的起点。文件中数据的个数与系统设置的采样点数不一定相等,系统从指定的数据文件的起点处读入数据。若结束时未读完文件中的数据,则后面的数据被忽略;若数据已读完而运行尚未结束,则在对话框左下角的两个选项会起作用,Pad output using zeros 表示数据补零,Pad output using previous value 表示保持前一采样点的值。Pad output with 中可以指定某一数值,例如数值 2,表示系统运行时,会在读取每一个数据后隔开 2 个采样点再读取下一个数据,而隔开的 2 个采样点的值补零或保持。

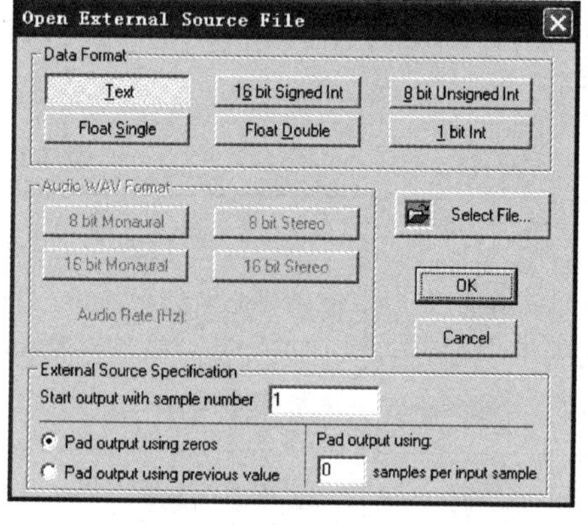

图 7-15　"加载外部信号源"的参数设置对话框

用户可以选择数据文件的格式,除 Text 文本格式外,其余都是二进制格式的数据。指定文件格式后,单击 Select File 按钮,系统会要求用户指定外部文件的位置和名称。

2）算子库

算子库由 6 组操作运算组成,包括滤波器/系统(Filter/System)、采样/保持器(Sample/Hold)、逻辑运算(Logic)、积分/微分(Integral/Diff)、延迟器(Delay)和增益(Gain/Scale)。各组运算中包含的常用图符如表 7-3 所示。

单击 Parameters 按钮,打开参数设置窗口。设置合理参数,即可得到有用的信号源。

表 7-3 算子库功能说明

名　　称	功　　能
滤波器/系统(Filter/System)	包括均值计算(Average)、快速傅里叶变换(FFT)、序列统计滤波器(OSF)、线性系统/滤波器(Linear Sys/Filter)
采样/保持器(Sample/Hold)	包括抽取采样(Decimate)、保持(Hold)、重采样(Resample)、采样(Sample)、峰值保持(Peak Hold)、采样保持(Sample Hold)
逻辑运算(Logic)	包括比较器(Compare)、可控脉冲发生器(Pulse)、多路数据选择器(Swith)、与运算(And)、与非运算(Nand)、非运算(Not)、或运算(OR)、异或运算(XOR)、数据选择输出(Select)、最大最小运算(Max、Min)
积分/微分(Integral/Diff)	包括微分器(Derivative)和积分器(Integral)
延迟器(Delay)	包括连续和离散两种
增益(Gain/Scale)	包括放大、取整/小数等运算

3）函数库

函数库由 6 组函数组成，包括非线性函数(Non Linear)、函数(Functions)、复数运算函数(Complex)、代数函数(Algebraic)、相位/频率(Phase/Freq)和合成/提取(Multiplex)。各组中包含的常用图符如表 7-4 所示。

表 7-4 函数库功能说明表

名　　称	功　　能
非线性函数(Non Linear)	各种非线性函数运算，如限幅、量化、整流等相应运算
函数(Functions)	各种函数运算，如三角函数、对数函数
复数运算函数(Complex)	各种复数运算，如复数相加、相乘等，以及复数极坐标与非极坐标之间的转换运算
代数函数(Algebraic)	各种代数运算，如幂函数、指数函数、多项式函数运算
相位/频率(Phase/Freq)	完成对输入信号相位或频率的调制
合成/提取(Multiplex)	完成对输入信号的合成或提取运算

单击 Parameters 按钮，打开参数设置窗口。设置合理参数，即可得到有用的函数运算器。

4）观察窗库

观察窗库也称为分析窗库，包括分析(Analysis)、数字(Numeric)、图形(Graphic)和输出(Export)。各窗中包含的图符功能如表 7-5 所示。

表 7-5 观察窗库功能说明

名　　称	功　　能
分析(Analysis)	对所接收的信号直接进行观察及简单的分析，如求平均值等
数字(Numeric)	在屏幕上直接给出关于所接收信号的一些数字特征，如数据列表、统计值等
图形(Graphic)	在屏幕上直接绘出所接收信号的波形。其中“Systemview 信号接收器”在仿真结束后一次性显示全部仿真过程的波形，而“Realtime 信号接收器”则实时分段显示仿真波形
输出(Export)	将所接收信号各点的采样值按要求格式输出至指定的数据文件，以方便其他系统对运行结果进行处理

与输入数据相对应，系统也可以将运行结果按指定文件格式输出。在 Sink 图标库的 Export 组及参数对话框如图 7-16 所示。

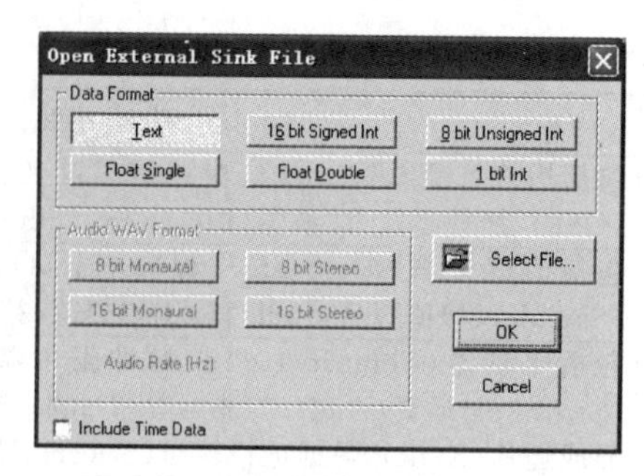

图 7-16　输出文件的参数设置窗口

2. 专业库

专业库主要用于专业化程度较高的系统设计和仿真,包括通信库、数字信号处理库、逻辑库和射频/模拟库,库中包含的功能模块见表 7-6。

表 7-6　专业库功能说明

图　标	名　称	功　能
Comm	通信库图标	包括通信系统中常用的各种模块,如调制器、解调器、编码器、解码器、信号处理器、信道模型等
DSP	数字信号处理库图标	包括现代数字信号处理系统中常用的各种模块,如代数运算、输入/输出、逻辑运算、信号处理等,支持 C4x 标准或是 IEEE 标准的等多种信号格式,还可以在浮点操作下指定指数和尾数的长度
Logic	逻辑库图标	包括各种门电路及模拟/数字信号处理电路中可能用到的逻辑运算模块,如门电路与缓存、锁存器、计数器、译码器、混合信号处理器等
Rf/Analog	射频/模拟库图标	包括射频/模拟电路中常用的 RC、LC 电路、运算放大器电路、二极管电路等

这里不重点介绍专业库中各个图符功能,如需要详细了解,可参考其他书籍。

3. 扩展库

扩展库主要包括自定义库和 MATLAB 链接。在自定义库中,用于放置自行用 C/C++编写的程序形成的图符以及扩展专用库,主要面向第三方软件开发商。MATLAB 链接用于在 SystemView 中调用、编辑、创建 MATLAB 函数。扩展库功能说明见表 7-7。

表 7-7　扩展库功能说明

图　标	名　称	功　能
Custom	用户自定义库图标	允许用户自己通过 C/C++语言编写代码定义图表功能,通过动态链接库文件调入系统,完成所需功能
M-Link	MATLAB 链接库图标	用于调用 MATLAB 函数

用户自定义库中已经加载的图库有DVB库、IS95库等，在Custom Libraries栏中已经列出，如图7-17所示。

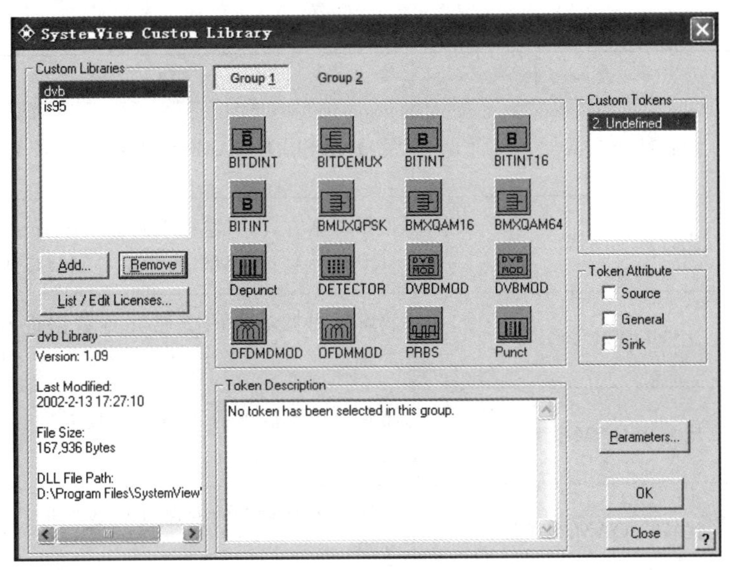

图7-17 用户自定义库模块选择对话框

用户还可以通过添加“.dll”文件获得相应图库。例如，加载软件提供的SVUCODE图库，单击Add按钮，在SystemView\Examples\Custom\路径下选择SVUCODE.DLL文件单击“打开”按钮，即可加载SVUCODE自定义图库，如图7-18所示。

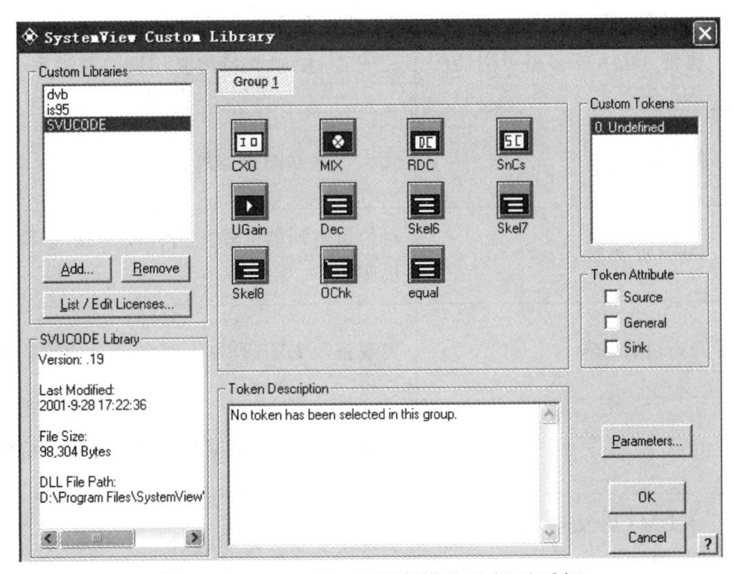

图7-18 SVUCODE图库模块选择对话框

下面对DVB库和IS-95库中各个图标功能进行简单说明。DVB自定义库中包含基于EN 300 744标准的数字视频广播系统的各种功能模块，分为系统级调制/解调模型和链路级功能模块两类，各个图标功能见表7-8。CDMA自定义库用于设计和仿真IS-95/97-A和J-STD-008蜂窝个人通信系统，各个图标功能说明见表7-9。

表7-8　DVB扩展库功能说明

图　　标	名　　称	功　　能
BITDINT	比特解交织器	完成QPSK、16QAM和64QAM比特交织器的逆运算
BITDEMUX	比特解复用器	根据调制方式，将卷积编码器的串行输出流分解为2(QPSK)、4(16QAM)或6(64QAM)路并行输出
BITINT	比特QPSK交织器	将解复用器输出的2路并行数据进行QPSK比特交织
BITINT16	比特16QAM交织器	将解复用器输出的4路并行数据进行16QAM比特交织
BITINT64	比特64QAM交织器	将解复用器输出的6路并行数据进行64QAM比特交织
BMUXQPSK	比特QPSK多路复用器	完成QPSK比特解复用器的逆运算
BMXQAM16	比特16QAM多路复用器	完成16QAM比特解复用器的逆运算
BMXQAM64	比特64QAM多路复用器	完成64QAM比特解复用器的逆运算
Depunct	解吞除器	完成吞除器的逆运算
DETECTOR	DVB检测器	对信道解调器的输出进行硬判决，以恢复指定的信号星座图
DVBDMOD	DVB调制器	实现整个DVB调制系统各部分的完整模型
DVBMOD	DVB解调器	实现整个DVB解调系统各部分的完整模型
OFDMDMOD	OFDM(正交频分多路调制)解调	实现正交频分复用解调
OFDMMOD	OFDM(正交频分多路调制)调制	对输入信号用FFT算法完成OFDM正交频分多路复用调制

续表

图　　标	名　　称	功　　能
PRBS	伪随机数据流产生器	用伪随机反馈运算产生所需的伪随机数据流
Punct	吞除器	按指定运算吞除比特流中的某些位
SYMDINT	符号解交织器	对比特交织输出的2/4/6路信号进行符号解交织
DEMAP	符号去映射	将符号交织器输出的2/4/6路符号流去星座图映射
SYMINT	符号交织器	对比特交织输出的2/4/6路信号进行符号交织
SYMMAP	符号映射器	将符号交织器输出的2/4/6路符号流进行OFDM调制的星座图映射

表7-9　IS-95扩展库功能说明

图　　标	名　　称	功　　能
CJake	基带复信号Jake衰减信道	输入信号与信道的二次Jake信号相乘完成对基带复信号的Jake移动信道衰减
WalEnc	Walsh编码器	基于Walsh函数的正交纠错编辑器
WalGen	Walsh函数发生器	通用的Walsh函数发生器，IS-95规定W[64,0]用于前向引导信道，W[64,32]用于同步信道
WalDec	Walsh解码器	用于Walsh函数的快速译码
LongPn	长码发生器	产生用于CDMA系统中的长PN码
PnSprdQ	Q通道PN码发生器	产生CDMA系统正交通道直序扩频所用的PN码
PnSprdl	I通道PN码发生器	产生CDMA系统同相通道直序扩频所用的PN码
IntLvr	交织码编码器	根据选定的IS-95信道类型进行交织编码

续表

图 标	名 称	功 能
Delntr	交织码解码器	对交织编码反交织
CHModel	信道模型	按照 IS-97-A 标准模拟移动环境的 3 路信道
LPF	基带低通滤波器	由 48 抽头的 FIR 滤波器构成
SyncChan	同步信道	输出基带同步信道的数据到脉冲整型滤波器
PageChan	寻呼信道	输出基带寻呼信道的数据到脉冲整型滤波器
TRFCCh	业务信道	一个完整的前向信道,从基站到移动端
FrameQ	帧质量校验编码	在 20ms 的数据帧尾部加入带有 CRC 校验功能的编码,以监测信道质量
AccessCh	接入信道	上行接入信道。输入数据流 4.4kbps
RvTrfcCh	上行链路业务信道	上行链路业务信道。输入数据流直接输入,使用内部采样器,无须在输入信号与图符之间加入数据采样器
SCRMBLR	扰频器	在上行业务信道中完成探测和扰频功能
PILOT	下行链路导频信道	输出导频信道的数据到脉冲整型滤波器
SYMRPT	符号中继器	由输入符号产生新的符号
PNCTRE	吞除器	对卷积码收缩处理,用于改善卷积码的编码效率,通常在发射之前将卷积码中某些比特剔除,在接收端还原
POWRCTRL	功率控制	向下行链路信道添加功率控制信息
FQTYDEC	帧质量校验解码	对数据帧包含的帧品质检测编码进行译码

续表

图 标	名 称	功 能
DPNCTRE	解吞除器	卷积码的收缩译码，用于接收端将收缩卷积码还原成原来的编码
NCWalDec	非相干 Walsh 译码	用于 Walsh 快速译码

7.1.4 系统时钟

SystemView 系统是一个离散时间系统。在每次系统运行之前，首先需要设定一个系统时钟(频率)。因为各种仿真系统运行时，先对信号以系统频率进行采样，然后按照仿真系统对信号的处理计算各个采样点的值，最后在分析窗内，按要求画出各个点的值或拟合曲线输出。所以，系统时钟设置是系统运行之前一个必不可少的步骤。如果这类参数设置不合理，仿真运行后的结果往往不能令人满意，甚至根本得不到预期的结果。同时，由于系统采样率是全系统的主时钟，因此局部采样率不能高于系统采样率，各个图标的工作频率应小于系统采样率的 1/2。

当在系统设计区域完成设计输入操作后，单击"系统定时"(System Time)按钮，此时将出现系统时间设置(System Time Specification)对话框，如图 7-19 所示。用户需要设置以下几个参数框内的参数。

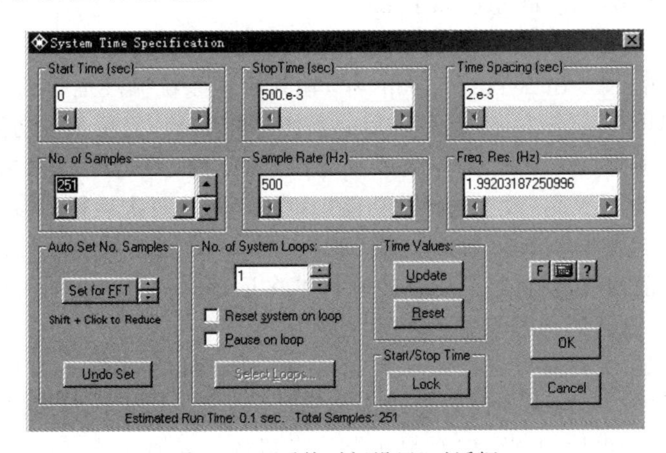

图 7-19 "系统时间设置"对话框

† 起始时间(Start Time)和终止时间(Stop Time)

起始时间和终止时间控制了系统的运行时间范围。SystemView 基本上对仿真运行时间没有限制，只是要求起始时间小于终止时间。一般起始时间设为 0，单位是秒(s)。终止时间设置应考虑到便于观察波形。

† **采样率(Sample Rate)、采样间隔(Time Spacing)和采样点数(No. of Samples)**

采样率和采样时间间隔在仿真过程中控制着时间步长,因此决定了系统的仿真效果。一般为了获得较好的仿真波形,系统的采样率应设为系统信号最高频率的5～7倍。当采样率为系统信号最高频率的10倍以上时,仿真波形就几乎没有失真了。采样点数是由系统的运行时间和采样率共同决定的,它们之间的关系如下:

采样点数 ＝(终止时间－起始时间)×采样率＋1

SystemView根据这个关系式自动调整各参数的取值,当起始时间和终止时间给定后,一般采样点数和采样率这两个参数只需设置一个,改变采样点数和采样率中的任意一个参数,另一个将由系统自动调整,采样数目只能是自然数。因此,系统运行时间、采样率和采样点数三者之间也不是相互独立的,若用户修改了其中的某一个或两个,系统将根据规则自动修改相应参数。

† **频率分辨率(Freq. Res.)**

当利用SystemView进行FFT分析时,需根据时间序列得到频率分辨率,系统将根据下列关系式计算频率分辨率:

频率分辨率＝采样率/采样点数

† **更新数值(Update Values)**

当用户改变设置参数后,需单击一次Time Values栏内的Update按钮,系统将自动更新设置参数,最后单击OK按钮。

† **自动标尺(Auto Set No. Samples)**

系统进行FFT运算时,若用户给出的数据点数不是2的整次幂,单击此按钮后系统将自动进行速度优化。

† **系统循环次数(No. of System Loops)**

SystemView提供了循环运行的功能,目的是提供用户系统自动重复运行的能力。在循环次数对话框No. of System Loops中,输入希望系统循环运行的次数。循环复位系统功能将控制用户系统每一次运行之后的操作:如果循环复位系统功能Reset system on loop被选中,则每一个运行循环结束后,所有图标的参数都复位(恢复为原设置参数);如果这个功能被关闭(没有选择此功能),则用户系统每次运行的参数都将被保存起来。暂停循环功能pause on loop用于在每次循环结束后暂停系统运行,暂停后,可以进入分析窗观察当前系统运行的波形,以便分析本次运行的结果;也可以对系统内某图标的参数进行修改,以达到动态控制系统的目的。

应当注意的是,无论是设置或修改参数,结束操作前必须单击一次OK按钮,确认关闭系统定时对话框。系统时钟设置是一个全局性的问题,尽管在很多情况下,这一设置并不苛刻,但在系统设计的过程中必须在设计之初就予以通盘考虑,而不应临时随意设置。这往往也是初学者容易忽略的地方。

7.2 SystemView分析窗口

分析窗口是观察系统运行结果数据的基本窗口,利用它不但可以观察某一系统运行的结果,还可以对结果进行各种分析。当系统运行后,在系统设计窗口中单击分析窗口按钮，或使用快捷键 Ctrl+X 即可访问分析窗口。在分析窗口中单击系统按钮，即可返回系统设计窗口。图 7-20 显示了 SystemView 系统仿真运行结果在分析窗中的波形图。

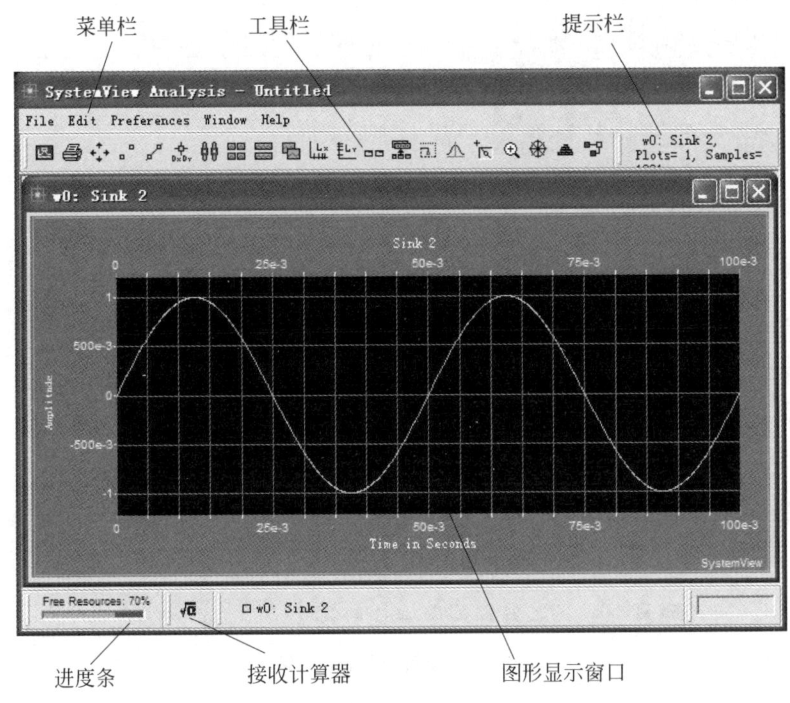

图 7-20　分析窗口及运行结果显示

分析窗口与设计窗口相似，最顶端是下拉式菜单和工具栏，可以通过单击工具栏中的按钮或者下拉菜单中的命令使用这些选项功能；下端是接收计算器，利用接收计算器的功能对系统输出结果进行分析处理；左下角显示了系统资源的利用程度，红色表示已经利用，绿色表示未利用。

7.2.1　菜单栏

分析窗中菜单栏如图 7-21 所示，可通过使用菜单栏中的下拉菜单命令完成某些功能。例如，Preferences 菜单的下拉菜单及功能描述如图 7-22 所示，可以通过该菜单设置图形颜色、网格、大小等。

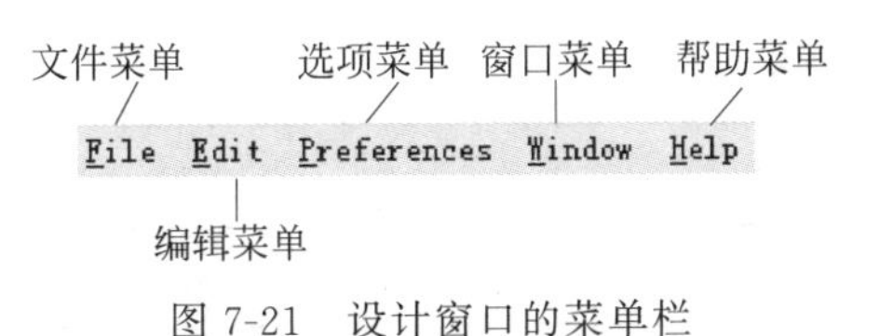

图 7-21　设计窗口的菜单栏

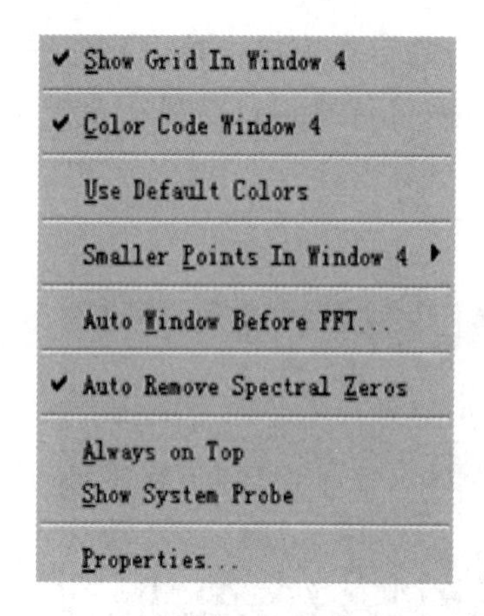

图 7-22　Preference 菜单功能说明

7.2.2　工具栏

工具栏主要用于增强分析窗口的显示功能,其中有些工具还兼具一定的辅助分析作用,如图 7-23 所示。详细功能描述如表 7-10 所示。

图 7-23　分析窗口的工具栏

表 7-10　分析窗口工具栏功能

名　　称	功　　能
	系统重新运行后,分析窗口中仍然保存着上次运行结果。如要观察新的运行结果,按此按钮加载新的数据在分析窗中显示
	打印分析窗口中图形
	将当前窗口的尺寸恢复为系统默认值
	仅显示当前被选中图形的采样点,不显示点与点之间的连线
	显示当前被选中图形的采样点和各点之间的连线
	显示光标位置相对于标记位置(　)的坐标差
	X 轴分割记号。用鼠标拖动这两条分割线,可以分割出用户感兴趣的数据段
	窗口垂直排列
	窗口水平排列
	窗口层叠排列
	X 轴坐标在对数与线性之间切换

续表

名　称	功　能
	Y 轴坐标在对数与线性之间切换
	最小化分析窗口中的所有图形窗口
	打开分析窗口中的所有图形窗口
	动画模拟
	统计数据按钮。给出当前所有打开窗口图形数据的统计数据，如均值、方差、最大值、最小值等
	微型窗口。打开一个微型窗口，将鼠标所指处的图形在窗口中放大
	快速缩放按钮
	显示当前窗口图形数据的极坐标网格图
	输入 APG(Automatic Program Generation)结果
	返回到系统设计窗口

7.2.3 接收计算器

单击分析窗口下端按钮，得到如图 7-24 所示对话框。这就是 SystemView 分析窗口中功能强大的接收计算器，它可以对信号进行各种复杂的分析和处理，例如绘制信号的频谱、功率谱、眼图，叠加信号，信号代数运算等。接收计算器中共有 11 种处理方式：Operator(图形操作)，Arithmetic(算术运算)，Algebraic(代数运算)，Corr/Conv(相关/卷积运算)，Complex FFT(复 FFT 运算)，Spectrum(谱分析)，Style(图形样式)，Scale(坐标比例操作)，Data(数据操作)，Custom(自定义代数运算)，Comm(通信中典型调制方式的 BER 理论曲线)等。具体使用将在后面章节中详细讲述。

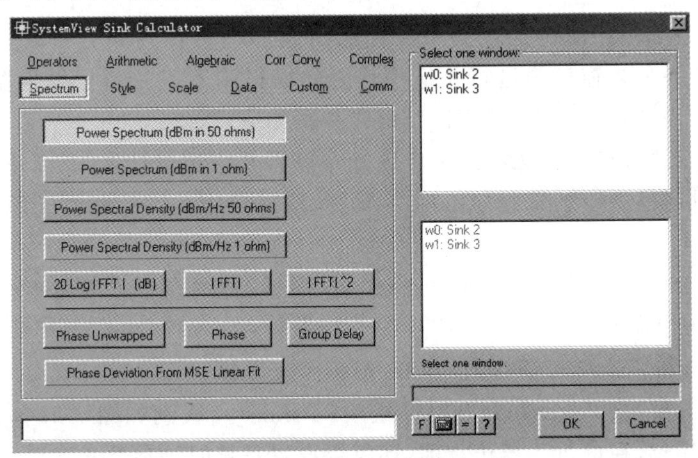

图 7-24　接收计算器

7.3 SystemView 的基本使用

要创建一个系统,首先要按照系统设计方案从图标库中选择相应图标,设置合理参数,并且连接各个图标,才能完成系统设计。现以创建一个简单的正弦信号发生器为例,讲解 SystemView 的基本使用方法。正弦信号的参数为幅度 1V、频率 50Hz,操作步骤如下。

(1) 双击“信号源库”图标,或选中该图标并按住鼠标左键将其拖至设计区内,这时所选中的图标会出现在设计区域中。双击设计窗口中的图标后,弹出如图 7-25 所示的对话框。

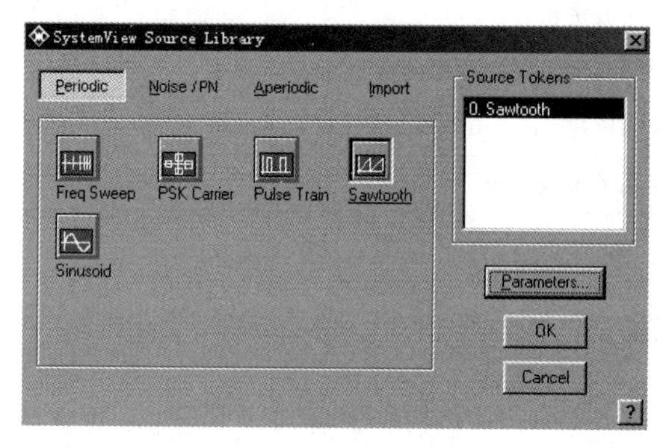

图 7-25 信号源对话框

(2) 单击 Periodic(周期)属性下边框内的 Sawtooth 图标,再单击对话框中的参数按钮 Parameters,设置对话框中各个参数:幅度 Amplitude=1,频率 Frequency=50,相位 Phase=0。

(3) 分别单击参数设置对话框和信号源库对话框的 OK 按钮,完成对信号源图标的设置。

当需要对系统中各测试点或某一图标输出波形进行观察和分析时,则应放置一个“观察窗”,以便在分析窗口中进行相应操作。前面得到了正弦信号发生器,若需要观察其输出波形,则需要创建一个“观察窗”,操作步骤如下:

(1) 选中“观察窗”图标,并按住鼠标左键将其拖至设计区内,双击该图标弹出如图 7-26 所示对话框。一般选择 Analysis 属性,该属性中的图标相当于示波器或频谱仪等观察仪器。

(2) 单击 Analysis 属性下边框中 Analysis 图标,并可在下方的文本框 Custom Sink Name 中对分析窗命名。

(3) 单击分析窗定义对话框内的 OK 按钮完成设置。

连接信号源模块(Token0)和观察窗模块(Token1),得到如图 7-27 所示的系统仿真图。这里需要注意,在进行系统仿真前,还需要设置系统时钟参数。7.1.4 节中已经分析

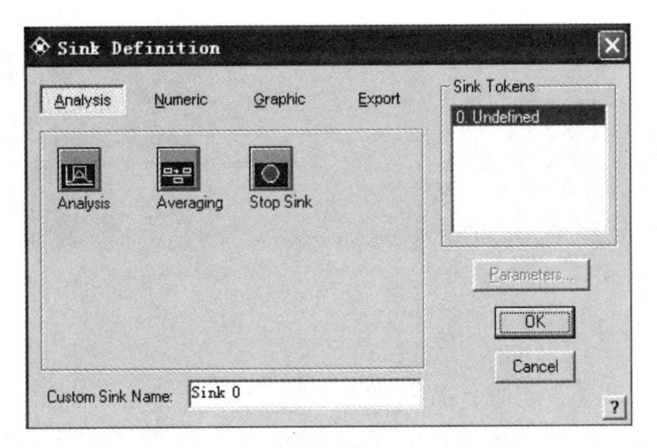

图 7-26 “观察窗”对话框

过，系统时钟设置是系统运行之前一个必不可少的步骤，如果这类参数设置不合理，仿真运行后的结果往往不能令人满意，甚至根本得不到预期的结果。系统时钟设置如图 7-28 所示。

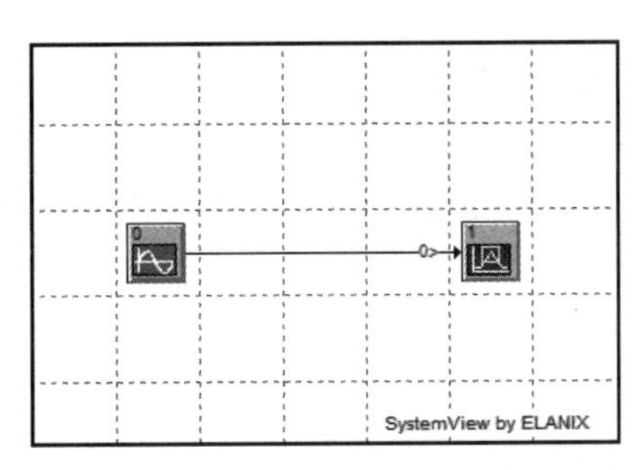

图 7-27 正弦信号发生器系统仿真图

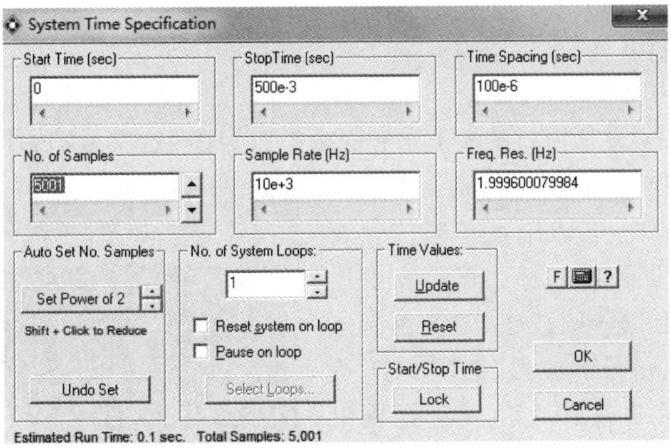

图 7-28 系统时钟参数设置

最后，单击“运行”按钮，在系统分析窗中可以观察到如图 7-29 所示的正弦信号波形。其他系统的创建步骤与库选择方式均与此类似。

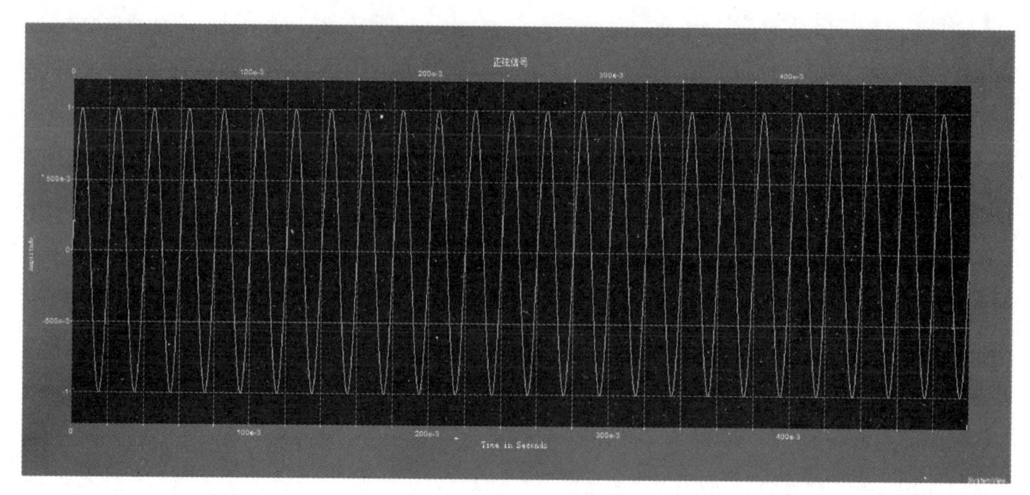

图 7-29　分析窗中正弦信号波形图

7.4　SystemView 的高级使用

结合前面的实例，SystemView 的基本使用可概括为：分析系统模型，选择可实现的 SystemView 功能模块；根据系统设计要求设置系统时钟参数和图标参数，连接系统各个图标完成 SystemView 系统构建；最后仿真系统，在分析窗口中对仿真结果进行分析处理。

在了解完 SystemView 的基本使用后，本节将对系统仿真结果分析处理的高级使用内容作进一步的介绍。

7.4.1　动态探针

在 SystemView 设计窗口的左下角有一个小图标，这就是动态探针。用鼠标点住它，拖到系统中的某一个图标上，则会出现如图 7-30 所示的窗口。若以前面正弦信号发生器为例，将动态探针拖到正弦信号发生器上，单击中“运行”按钮，则绿色窗口中显示 50Hz 正弦信号的波形，如图 7-31 所示。若需要再显示 B 通道的输入信号，则出现动态探针窗口后，将 B 通道探针拖出来放置在某一图标上，如图 7-32 所示，探针 A 已经指向 50Hz 正弦信号，拖动探针 B 指向 100Hz 正弦信号，单击“运行”按钮，则在窗口内也显示了 B 通道波形，如图 7-33 所示。在

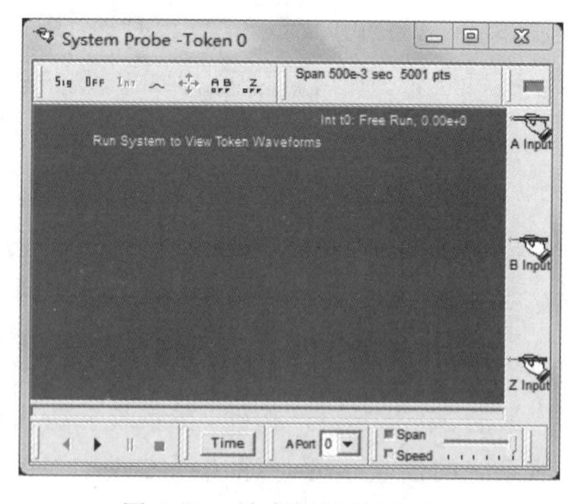

图 7-30　动态探针显示窗口

默认的情况下，窗口内只显示A通道输入信号，若需要同时显示B通道输入信号，则通过 A·B OFF 选项控制，每按一次变换一次显示方式。当A通道探针所对应图标有多个输出信号时，可用窗口下部下拉菜单 APort 0 选择图标的某一输出端口。

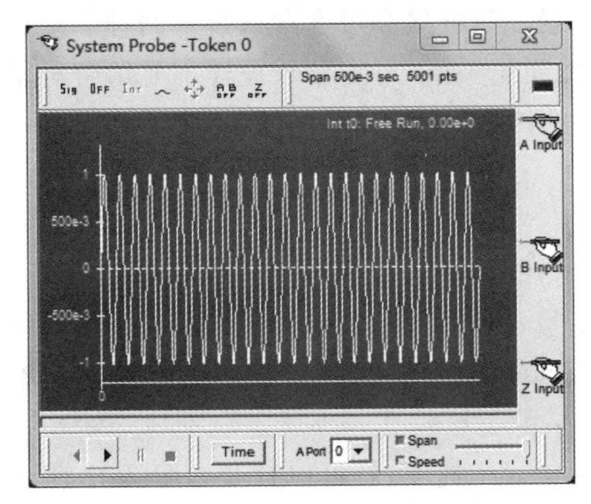

图7-31 A通道正弦信号波形显示

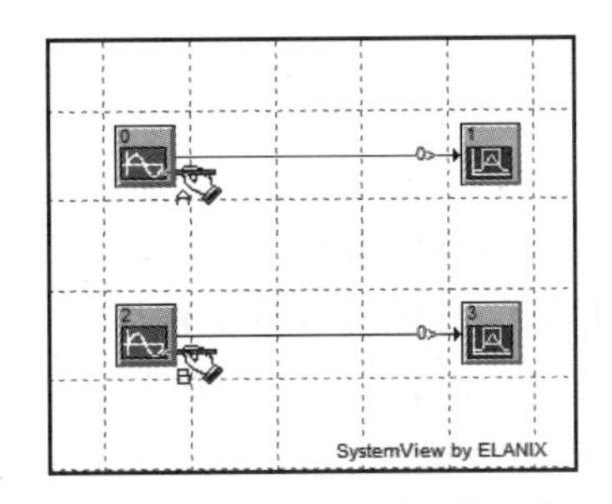

图7-32 具有动态探针的设计窗口

使用窗口下部 Time 按钮可以选择信号是时域显示还是频域显示，当按钮显示Time时，显示时域波形；当按钮显示Freq时，显示频域波形，如图7-34所示。

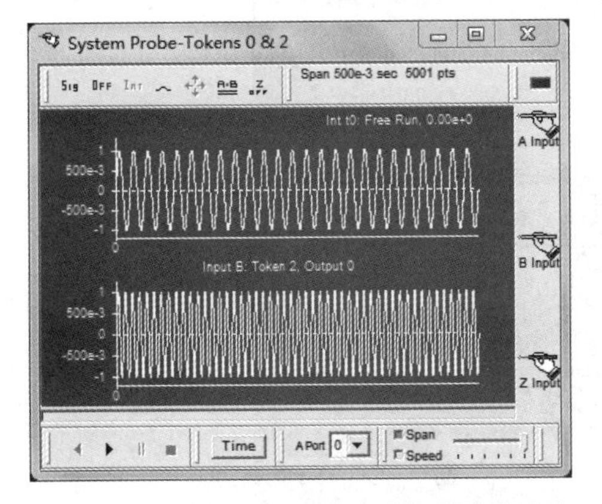

图7-33 A通道和B通道正弦信号波形显示

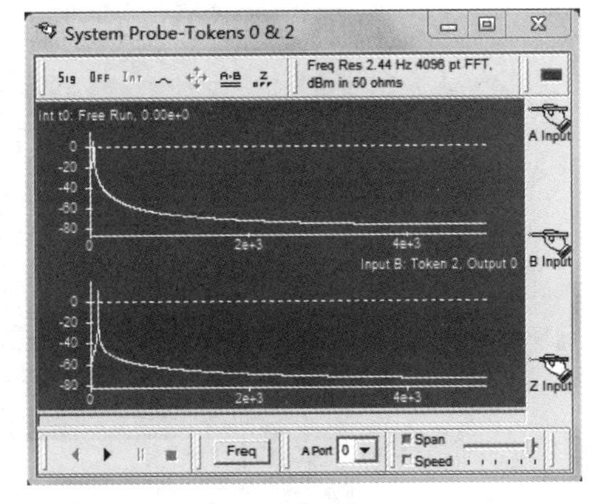

图7-34 A通道和B通道正弦信号频域显示

第三个通道Z通道的输入波形不能实时显示在屏幕上，该通道的输入信号用来控制另两个通道信号波形的显示。单击按钮 Z OFF 可以选择控制方式，每单击一次变换一次控制方式。关闭该功能，则Z通道的输入信号不起作用；打开该功能，则控制了A、B通道的波形显示。例如，在黑白浓度控制下，当Z通道输入信号幅度位于不同区间时，屏幕显示的A、B通道信号的轨迹显示为不同深浅的灰色。

功能控制项 Span Speed 中Span选项表示滑动框可以调节屏幕显示时域/频域波形的横坐标范围，Speed选项表示滑动框可以调节系统运行速度。按钮 Sig 用于内外触发方式之间的切换。切换到外触发方式时，系统要求指定某一图标为外触发信号源。

7.4.2 参数设置

SystemView 系统中的参数设置方法有全局参数链接和可变参数设计两种。全局参数链接主要用于快速修改参数而不改变变量之间的关系,可变参数设计主要用于对系统进行动态控制,下面举例说明这两种参数设置的使用方法。

1. 全局参数链接

SystemView 提供了全局参数链接的功能,用户可以利用该功能设定某些系统级的参数或全局的常量及变量,通过这些常量和变量,就可以快速访问或修改系统中某些多次用到的参数或相关联的参数。当系统中某些参数必须保持一定关系时,利用全局参数链接的功能,就可以快速修改参数而不改变原来的关系。

从 Tools 菜单栏中选择 Global Parameter Links 选项,就可以打开如图 7-35 所示全局参数链接对话框。在 System Variables Reference List Vi 下拉菜单中定义了一些系统参数,如 ct(当前系统时间)、dt(系统时间步长)、sr(系统采样频率)等。用户也可以用函数关系 F(Gi,Vi)来定义图标的相关参数。

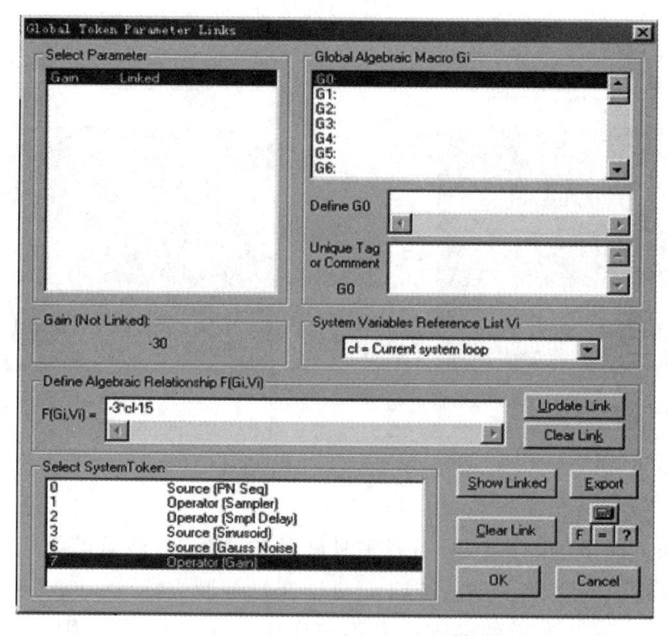

图 7-35 全局参数链接对话框

以下以计算系统误码率为例,讲解全局参数的使用方法。在创建 BPSK 系统时(见图 7-36),需要使叠加到信号上的高斯白噪声强度由大到小逐渐变化,这样才能得到随着信噪比逐渐增加的误码率曲线波形。实现此功能,需要使噪声增益(Token7)随每次循环改变。首先将其增益参数设置为 Gain=−30dB,如图 7-37 所示。

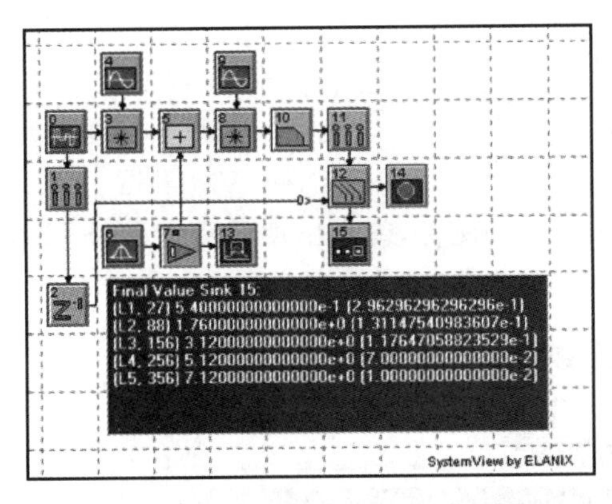

图 7-36 BPSK 系统误码率分析仿真电路

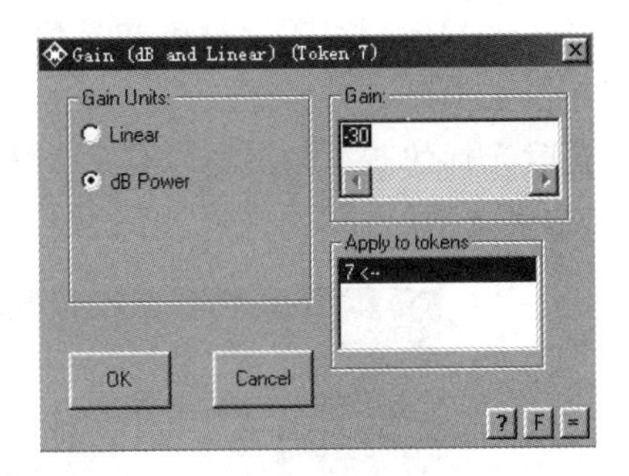

图 7-37 放大器参数设置对话框

在全局参数链接对话框中的 Select System Token 栏内单击选项 7 Operator(Gain)，在 Define Algebraic Relationship F(Gi,Vi)栏内输入增益变化式：-3 * cl-15，其中 cl 是系统当前的循环次数，该参数可通过 Vi：System Variables Reference List 选项框选择，该式表示每次循环高斯白噪声功率减小 3dB，5 次循环后噪声功率变成-30dB，最后，单击 OK 按钮关闭此对话框返回系统窗口。经过全局参数设置，每次循环结束后，噪声的强度都降低，如图 7-38 所示；这样获得的系统误码率曲线将随着信噪比的增加而下降，如图 7-39 所示。

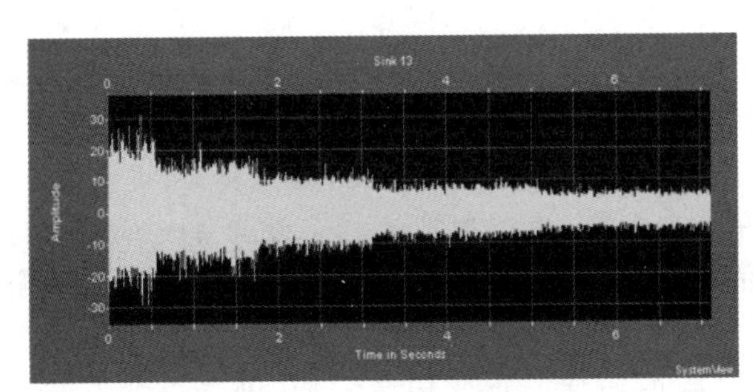

图 7-38 系统噪声波形

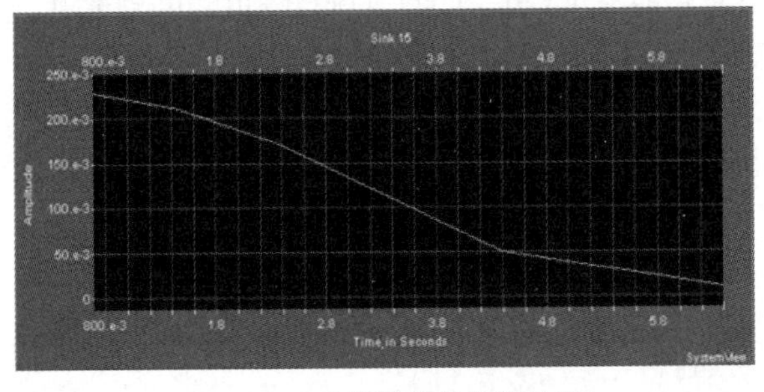

图 7-39 系统误码率曲线波形

2. 可变参数设计

SystemView 可以通过可变参数设计功能对系统进行动态控制。如果要选用此项功能,系统必须设置为循环状态。单击 Tokens 菜单栏中的 Select New Variable Token 选项,这时光标的右下角出现 select 字样,再单击所需的图标,就会出现如图 7-40 所示的可变参数设置对话框。

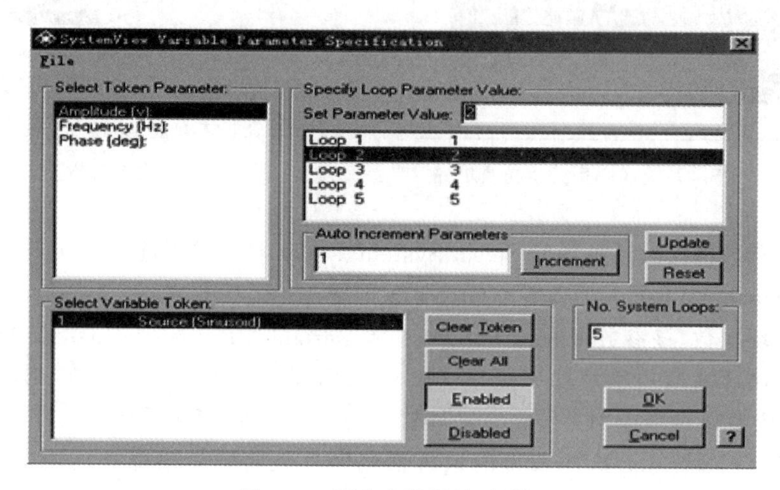

图 7-40 可变参数设置对话框

用户在 Select Token Parameter 框中选择需要变化取值的参数,在 No. System Loops 框中输入系统循环仿真次数,在 Sepcify Loop Parameter Value 框中指定任意合理的参数值,或在 Auto Increment Parameters 框中输入步长,将参数设为在每次循环中按该步长自动递增。单击 OK 按钮完成参数设置,系统就会按照所设置的循环次数和每次循环中的指定参数值运行。需要注意的是,当图标中某一参数设为全局参数链接时,可变参数设计就失效了。

以下以创建一个幅度递增的正弦信号为例,讲解可变参数设计方法。在 No. System Loops 框中输入 5,表示系统循环运行 5 次;选中 Reset system on loop 选项表示每次运行结束后图标参数都复位;在 Select Token Parameter 框中选择 Amp 选项,设定每次循环变化的参数是幅度;在 Auto Increment Parameters 框中填入 1,表示每次循环幅度变化步长为 1,然后单击 Increment 按钮,表示每次循环结束后按该步长自动递增;单击 OK 按钮完成参数设置。运行系统并进入分析窗口,得到幅度递增的正弦信号如图 7-41 所示。

7.4.3 子系统设计

单击设计窗工具栏上的 Creat MetaSystem 按钮,再用鼠标框出需要构成子系统的模块,系统将自动生成子系统图标。子系统中包含选中的模块,并在子系统与系统

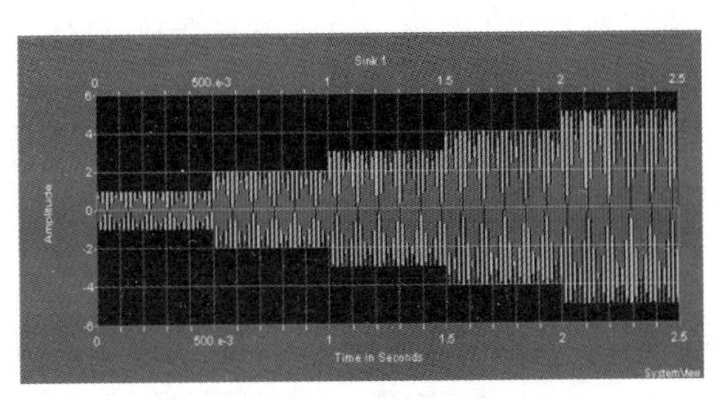

图 7-41　幅度递增的正弦信号波形

连接处添加输入端口和输出端口。使用子系统功能可以将结构和功能比较固定的某一部分生成子系统模块，作为系统的一个功能图标使用，避免重复设计。对已经生成的子系统可以使用设计窗口工具栏上的 View MetaSystem 按钮展开子系统，或者双击子系统图标，进入子系统内部进行修改和调试。

子系统可以保存为"*.mta"文件，如果在其他地方要用到该子系统，只需选择基本库中的子系统图标，双击该图标，选择子系统文件，单击打开即可。

7.5　滤波器与线性系统

算子库中的线性系统滤波器图标是 SystemView 中具有多种用途而且功能强大的图标之一。它是 SystemView 的特色功能，利用该图标可以方便地完成各种滤波器的设计和线性系统的构建。本节将从参数设置、滤波器设计、拉普拉斯系统等方面对该图标的使用方法作简要介绍。

7.5.1　参数设置

滤波器和线性系统图标的参数繁多，具体使用方法可参加后面章节的相关例题。本小节主要简单介绍图标中各个参数功能，并从人工参数设置和外部文件参数设置两个角度举例说明。

选择算子库中的线性系统滤波器图标，单击 Parameters 按钮，得到线性系统参数设置对话框如图 7-42 所示。在多项式系数个数编辑栏 No. Numerator Coeffs 和 No. Denominator Coeffs 中选择分子、分母多项式个数，在下面的系数编辑框中输入相应数值，则可得到系统传输函数。同时在图形显示框中会显示上方传输函数对应的时域、频域波形，可以通过单击按钮 Time、Phase、Gain 等，观察系统的时域冲激响应、频域幅频/相频特性、群延时、波特图、根轨迹图等。图形区的标尺可以通过 xMax，xMin，yMax，yMin，FFT 采样点数进行调整。通过单击 Update Plot 按钮可以强制实行这一改变。单击 Rescale 按钮则返回初始状态。图标中还提供了系数量化的工具 Quantization，可以把设计的系数量化为任意位，使用户在滤波器设计中可以有选择地考虑字长影响。在参数设置对话框的最右边有滤波器设计栏，通过单击滤波器种类按钮 FIR、Analog、Comm 等，可以设计 FIR 滤波器、模拟滤波器、通信滤波器和自定义滤波器等。通过选择 Dynamics 区域中的 Transient 或 Non Transient 选项，可以应用初值定理设置滤波器的瞬态响应。

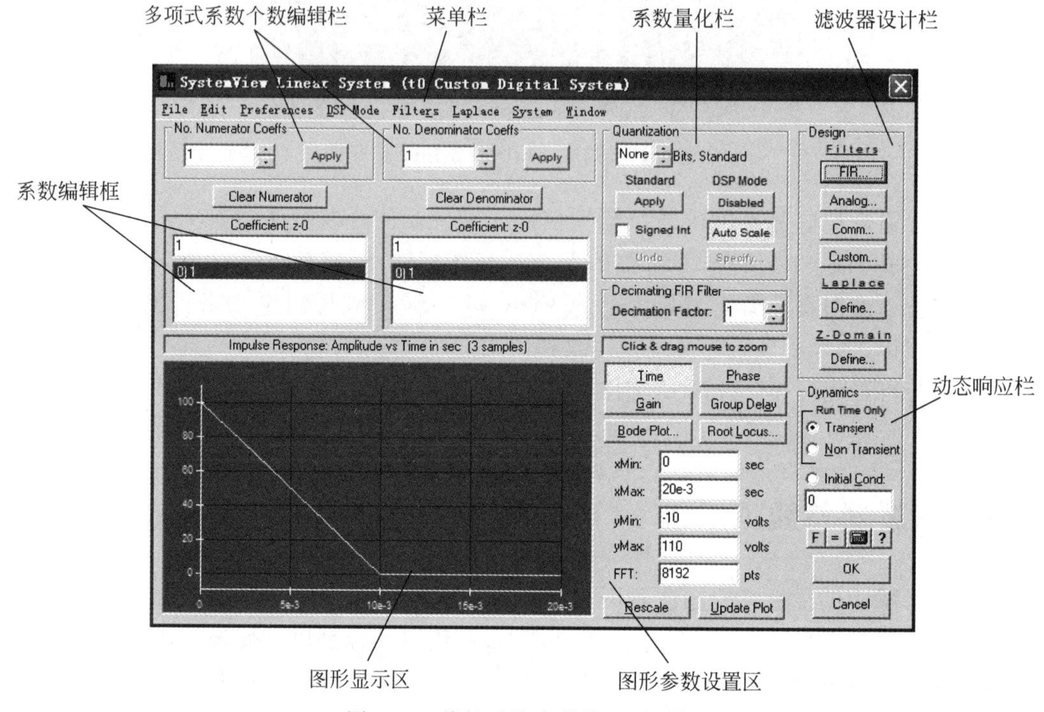

图 7-42　线性系统参数设置对话框

由线性系统参数设置介绍我们知道，通过人工输入多项式个数和系数值可以设计任何系统传输函数，用户可以输入多达 2048 个系数。人工输入多项式系数时，首先确定分子系数个数(No. Numerator Coeffs)和分母系数个数(No. Denominator Coeffs)，然后在系数框内输入系数，每输入一个系数后，按回车键即可输入下一个系数。系数输入结束后，传输函数的单位冲激响应时域或频域波形就会出现在图形显示区内。例如，系统传输函数为 $H(z)=\dfrac{1+0.25z^{-1}+0.25z^{-2}}{1+0.5z^{-1}}$，通过人工输入参数，得到系统冲激响应的时域波形和频域增益分别如图 7-43、图 7-44 所示。

或者单击滤波器设计栏中的 Z-Domain Define 按钮也可通过人工输入参数方式设计系统传输函数。Z 域线性系统自定义设计窗口如图 7-45 所示，这一窗口的线性系统采用四阶节的多级级联形式实现，因此需要在 No. Section 栏中输入级联的四阶节个数。在窗口上部输入每一级的 $H(z)$ 表达式的分子、分母系数，单击 Update 按钮完成系统设计。同时 System Poles 和 System Zeros 窗口中也会显示系统各级的零点值和极点值。以上面的传输函数 $H(z)=\dfrac{1+0.25z^{-1}+0.25z^{-2}}{1+0.5z^{-1}}$ 为例，在窗口中输入分子、分母系数，单击

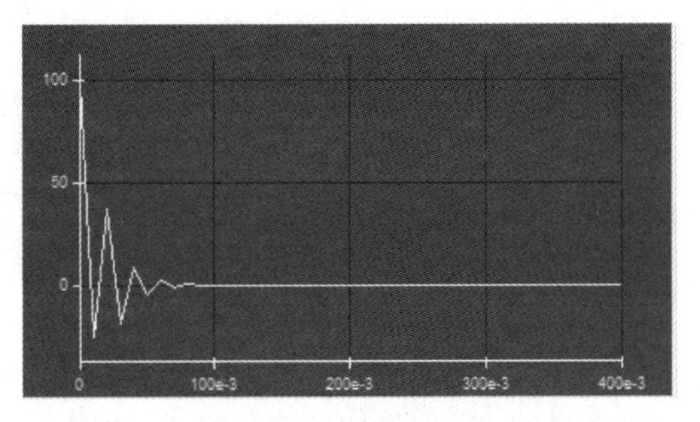

图 7-43　传输函数冲激响应时域波形

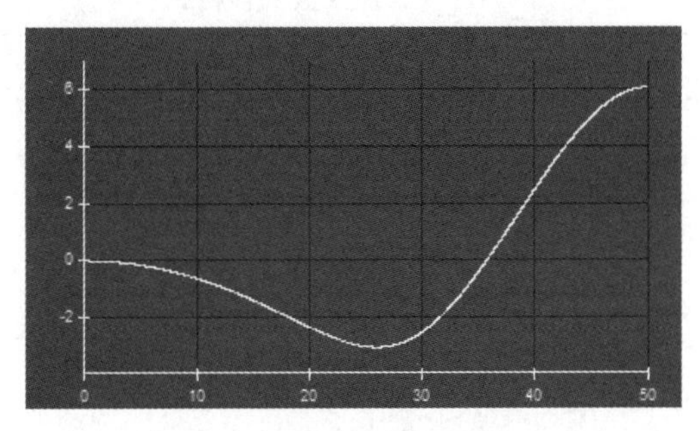

图 7-44　传输函数频域增益曲线

Update 按钮得到零极点如图 7-45 所示。由于该系统只有一级，所以 No. Section 栏中的值为 1。同时需要注意，No. Section 栏中的 Stability 指示灯会以红色或者绿色提示当前系统是否稳定，绿色表示稳定，红色表示不稳定。

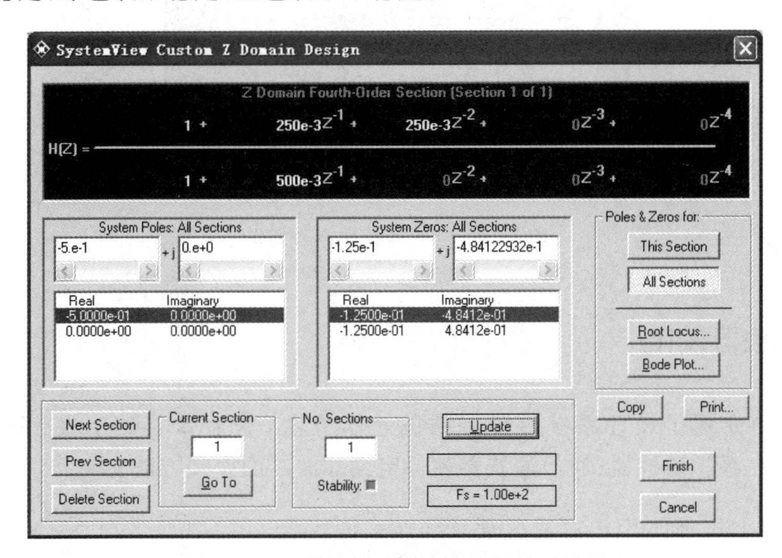

图 7-45　Z 域线性系统自定义设计对话框

通过读入外部文件也可以达到输入滤波器系数的目的。数据文件可以用多种方法形成，但必须满足下列要求。

- 数据必须为文本格式或32bit二进制格式；
- 分子系数在前，分母系数在后，在系数数据之前必须有系数个数说明，系数紧随其后；
- 每个数据占一行，数据之间不能有空行。

表7-11中的三个数据文件是同一个传递函数 $H(z)=\dfrac{1+0.25z^{-1}+0.25z^{-2}}{1+0.5z^{-1}}$，三种文件格式均是合法的。从外部读入数据文件时，选择File菜单中的Open Coefficient File选项，会出现如图7-46所示的对话框，选择相应文件读入，实现从外部文件输入参数。

表7-11 三种系数文件格式

文件1	文件2	文件2
Numerator=3	N=3	=3
1.0	1.0	1.0
.25	.25	.25
.25	.25	.25
Denominator=2	D=2	=2
1.0	1.0	1.0
0.5	0.5	0.5

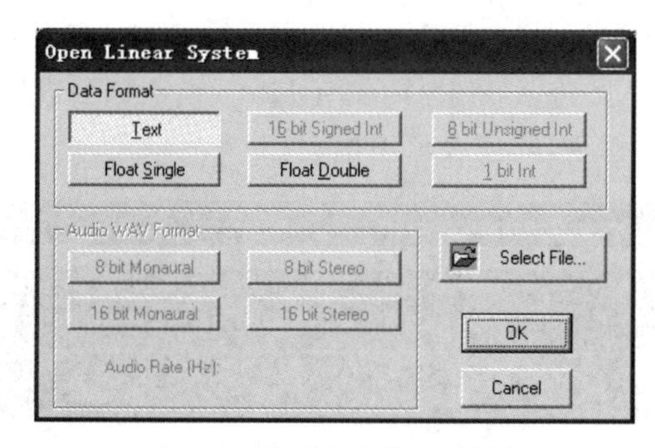

图7-46 外部文件输入对话框

7.5.2 滤波器设计

上一小节介绍了设计系统传输函数的基本方法，本小节主要介绍有限冲激响应(FIR)滤波器、模拟滤波器、通信滤波器和自定义滤波器的设计方法。

1. 有限冲激响应FIR滤波器设计

FIR滤波器可以通过选择下拉菜单Filters的FIR选项设计，或单击滤波器设计栏中的FIR按钮也可进入滤波器设计对话框，如图7-47所示。

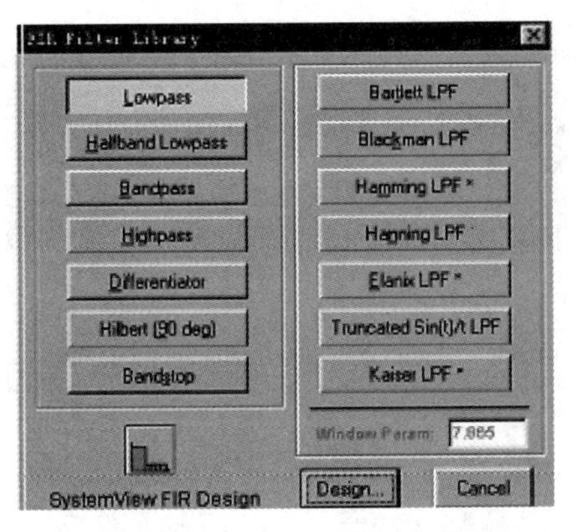

图 7-47　FIR 滤波器设计对话框

从图中可以看出，FIR 滤波器分为两组：左边为标准 FIR 滤波器，右边是以低通滤波器为基础并按窗口法设计的加窗型低通滤波器，下面分别予以介绍。

1）标准 FIR 滤波器

SystemView 提供了 7 种标准 FIR 滤波器，如表 7-12 所示。

表 7-12　7 种标准 SFIR 滤波器

名　称	功　能
	低通滤波器
	半带低通滤波器
	带通滤波器
	高通滤波器
	差分器
	希尔伯特滤波器
	带阻滤波器

单击 Design 按钮，进入上述 7 种标准 FIR 滤波器的参数设置对话框，在对话框中输入滤波器的带内增益、带外增益、通带宽度、截止频率等参数，即可设计相应滤波器。需要注意的是，设置 FIR 滤波器的频率参数应该是系统采样频率的分数。例如，系统的采样频率为 1000Hz，若设计的 FIR 滤波器截止频率为 100Hz，则输入的滤波器窗口截止频率为 100/1000＝0.1。若滤波器前连接的是采样器，则这些图符的频率也必须是系统采样频率的分数。以设计高通 FIR 滤波器为例，假设系统采样频率为 1000Hz，高通截止频率为 150Hz 和 180Hz，则在参数设置对话框中输入 150/1000＝0.15 和 180/1000＝0.18，带外增益－40dB，带内增益 0dB，得到如图 7-48 所示参数设置。

输入通带宽度、截止频率和带内/带外增益等参数后，如果选择让系统自动估计抽

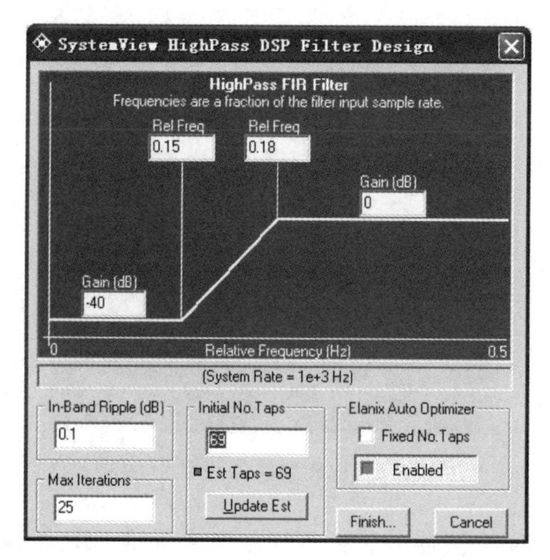

图 7-48　FIR 高通滤波器设计对话框

头,可以选择 ELanix Auto Optimizer 选项中的 Enabled,单击 Update Est 按钮计算滤波器抽头数。本例中系统自动计算出的最合适抽头数为 69(图 7-48)。如果用户希望人工输入抽头数,可以选择 ELanix Auto Optimizer 选项中的 Fixd No Taps,然后在 Initial No Taps 文字框内输入希望的抽头数。抽头数可以是任意小于 2048 的整数。单击 Update Est 按钮估计滤波器抽头数。滤波器抽头数设置越大,滤波器的精度越高,计算机对滤波器系数逼近运算时间也越长。滤波器设计完成后,带内波纹(In-Band Ripple)、最大叠代次数(Max Iterations)等参数取默认值。

单击 Finish 按钮会出现如图 7-49 所示的对话框,单击 Yes 按钮完成滤波器设计。在图形显示区域中显示时域波形如图 7-50 所示。用户也可以选择增益(Gain)、相位(Phase)、群延时(Group Delay)、波特图(Bode Plot)和根轨迹图(Root Locus)进行波形显示。

图 7-49　FIR 高通滤波器确认对话框

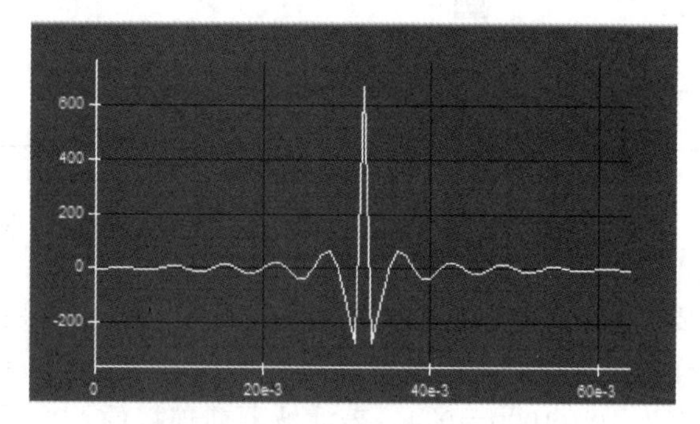

图 7-50　FIR 高通滤波器时域波形

2）加窗型 FIR 滤波器

FIR 设计窗口右边为是基于标准单位冲激响应和公共窗口相结合的低通滤波器。

分别为：Bartlett LPF、Blackman LPF、Hamming LPF、Hanning LPF、Ready LPF、Truncated sin(t)/t 和 Kaiser，设计步骤与前述标准 FIR 滤波器相同。

2. 模拟滤波器设计

模拟滤波器设计对话框如图 7-51 所示，滤波器类型可以选择贝赛尔、巴特沃斯、切比雪夫、椭圆、线性相位 5 种类型。通带结构可以是低通、带通、高通、带阻 4 种类型。同时，还需要给出截止频率、极点个数、带内波纹、增益等参数，参数给定后，系统就会自动计算系数，给出特性曲线。需要注意的是，由于模拟滤波器的参数设置与系统采样频率有关，因此在进入模拟滤波器设计对话框前，会要求用户设定系统时钟，当用户指定的截止频率大于系统采样率的 50%，或通带截止频率小于系统采样频率的 1%时，系统会给出提示。

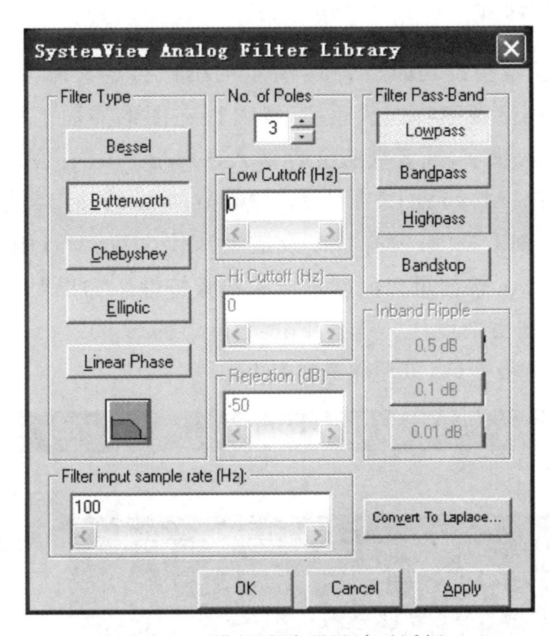

图 7-51 模拟滤波器设计对话框

或者通过单击对话框中 Convert To Laplace 按钮，在 S 域中输入系数的方式来设计模拟滤波器，具体实现方式可参看 7.5.1 节，这里不再详述。

3. 通信滤波器设计

单击 Comm 按钮，即可进入通信滤波器设计对话框，如图 7-52 所示。

通信滤波器均为低通滤波器，可以分为两类。Template Filters 类完全和标准 FIR 低通滤波器的设计一样，只是过渡带的曲线不一样；而 Parametric Filter 类是通过输入相应参数完成设计。

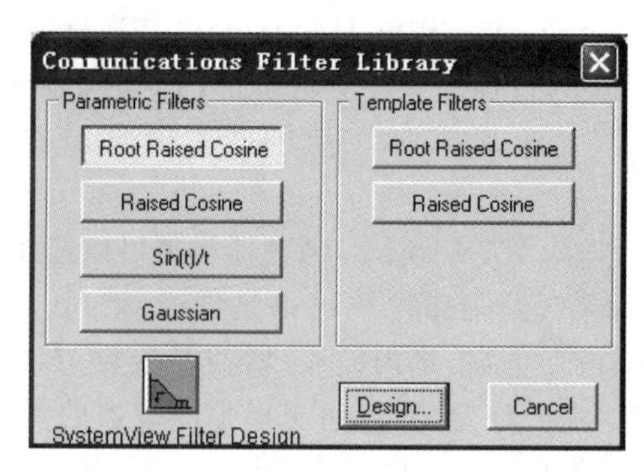

图 7-52　通信滤波器设计对话框

4. 自定义滤波器设计

单击 Custom 按钮就会出现如图 7-53 所示的用户自定义滤波器设计窗口。该设计窗口提供了 3 种输入相位频率特性的手段，既可以在图形界面下用鼠标直接拖曳，又可以在文本输入框内输入数字，或者模板文件输入(Open File)。在输入参数以前，用户首先要确定最小相对频率(Min Freq)、最大相对频率(Max Freq)、频数点(Freq Samples)、FIR 滤波器的抽头数(FIR Filter Taps)以及最大迭代次数(Max Iterations)。当所有值输入完毕后，单击 Update 按钮可以刷新系统的幅频特性。如果对输入结果不满，可以单击 Clear 按钮，清除数据重新设计。选择 File 菜单中的 Save Template 可将设计好的滤波器参数存为自己的模板文件，以便将来再使用。

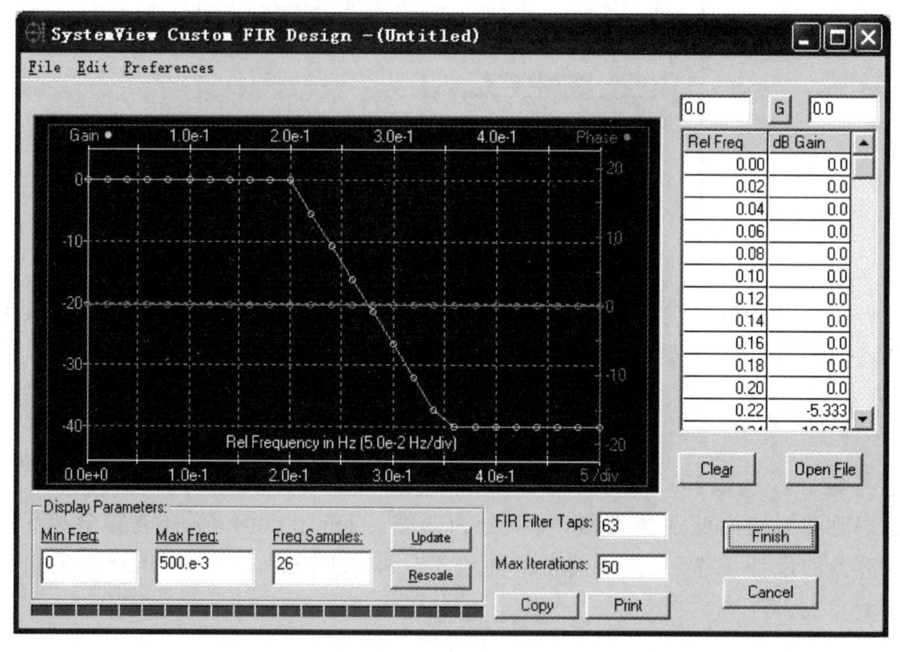

图 7-53　用户自定义滤波器设计窗口

7.5.3 拉普拉斯系统

SystemView 还提供了 S 域模拟滤波器的设计方法——拉普拉斯系统。单击模拟滤波器设计对话框中的 Convert To Laplace 按钮，可以通过给出 S 域系数来设计滤波器，或者单击 Laplace 的 Define 按钮，也可以实现设计滤波器操作。操作步骤是先将系统分解成若干 4 阶表达式的乘积形式：

$$H(s)=\prod_{k=1}^{n} H_k(s)$$

$$H_k(s)=\frac{a_{4,k}s^4+a_{3,k}s^3+a_{2,k}s^2+a_{1,k}s+a_{0,k}}{b_{4,k}s^4+b_{3,k}s^3+b_{2,k}s^2+b_{1,k}s+b_{0,k}}$$

SystemView 按 $s=2f_s\dfrac{1-z^{-1}}{1+z^{-1}}$的双线性变换，自动把每一个 4 阶表达式变换到 Z 域，其中 f_s 为系统采样频率。SystemView 会自动检查线性系统之前是否连接有采样器，若有则根据采样器所设置的参数自动调整 Z 域系数。拉普拉斯系统设计对话框如图 7-54 所示。

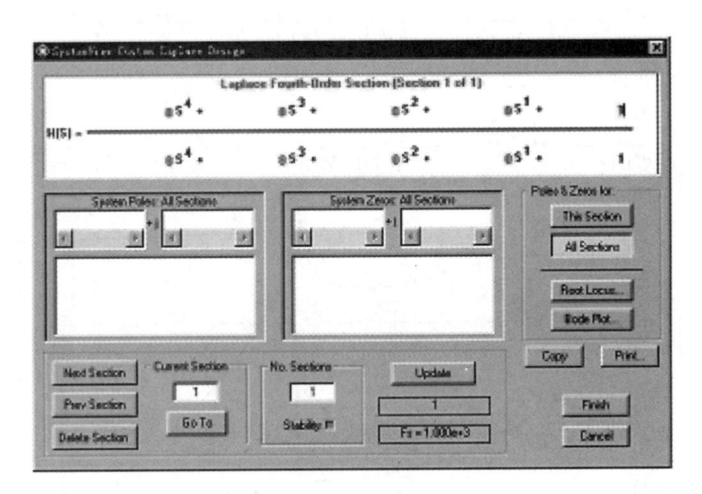

图 7-54　拉普拉斯系统设计对话框

通过下面例子，可以进一步了解该功能的使用。已知拉普拉斯变换式为

$$H(s)=\frac{s+1}{s^2+2s+2}\cdot\frac{1}{s^2+100}$$

具体实现过程如下：

(1) 设置系统时间。设系统采样率为 100，起始时间 0，采样点数 1024。

(2) 选择算子图符，调出拉普斯系统设计对话框。

(3) 因为拉普拉斯变换式为两部分相乘，所以在 Number of Sections 内输入 2。Current Section 为 1 表示当前为第一部分，在输入框内输入第一段表达式的系数，单击

Next Section 按钮,输入第二段表达式系数。单击 Prev Section 按钮,返回到前一段;单击 Delete Section 按钮,递减删除表达式。

(4) 此时,单击 This Section 按钮,可以显示当前段的极点和零点;单击 All Section 按钮,可以显示整个系统的极点和零点。

(5) 单击 Root Locus 按钮,可以观察根轨迹图,如图 7-55 所示;单击 Bode Plot 按钮,可以观察波特图,如图 7-56 所示。

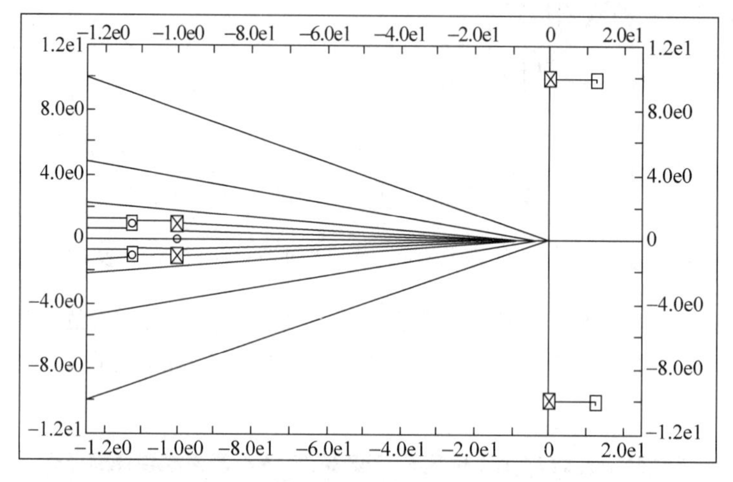

图 7-55 根轨迹图

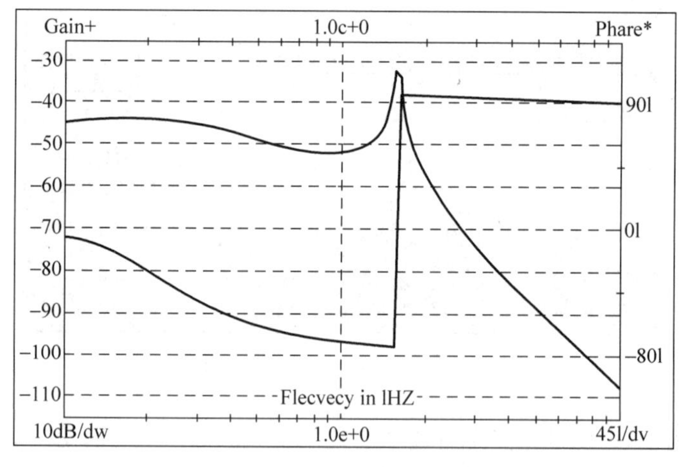

图 7-56 波特图

(6) 单击 Finish 按钮,返回线性系统设计窗口,观察时域或频域特性。因为存在 $S=10$ 的极点,因此在时域窗口中显示为$\frac{10}{2\pi}$频率的振荡波形。单击 Gain 按钮,观察频域特性,在频率$\frac{10}{2\pi}$处的频谱功能最强,分别如图 7-57、图 7-58 所示。

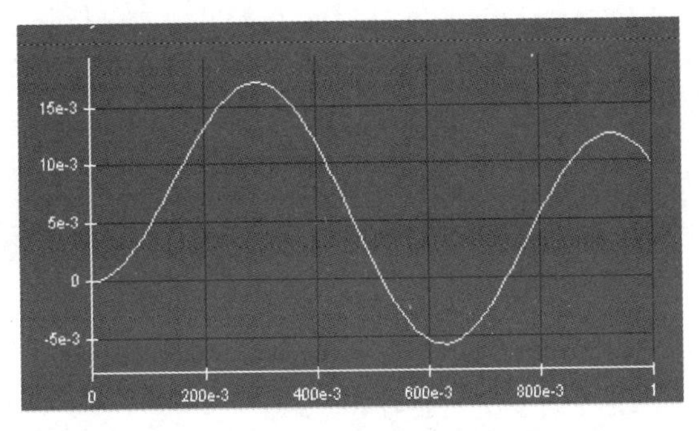

图 7-57　时域特性波形

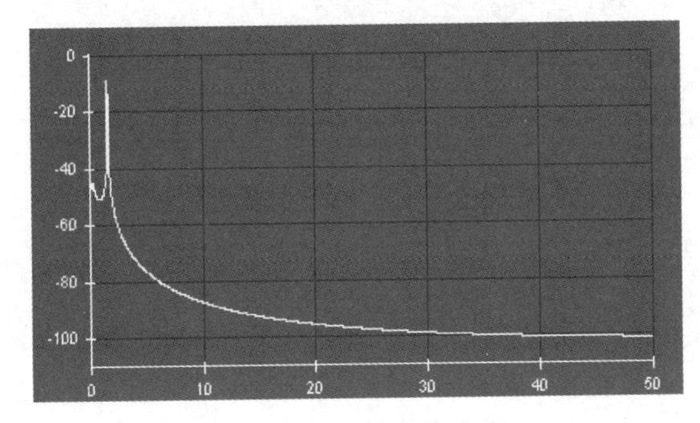

图 7-58　频域特性波形

第8章 基础通信系统的SystemView仿真

基础通信系统根据信号源的不同,可以分为模拟通信系统和数字通信系统,其中数字通信系统按照信号源是否经过调制模块,又可区分为数字基带通信系统和数字频带通信系统两类。本章主要介绍如何利用 SystemView 仿真实现基础通信系统,包括 AM、DSB、SSB 和 FM 四种常见模拟通信系统的调制/解调方式,验证数字基带通信系统中的奈奎斯特第一准则及利用眼图分析抗噪声性能,仿真实现模拟信号数字化及数字频带通信系统的各种调制/解调方式,并详细介绍如何利用 SystemView 中的接收计算器观察信号的波形图、功率谱、星座图等,对系统进行性能分析。

8.1 模拟通信系统仿真

8.1.1 常规调幅(AM)

对于常规的双边带幅度调制系统,其时域表达式为

$$S_{AM}(t)=[A_0+f(t)]\cos(\omega_c t+\theta_c) \tag{8-1}$$

式中,A_0 为外加的直流分量; $f(t)$为调制信号,可以是已知的确定信号,也可是随机信号,但通常认为其数学期望为 0; ω_c 和 θ_c 分别为载波信号的频率和初始相位,一般情况下,为了方便,设置初始相位 θ_c 为 0。由上面的时域表达式可知,常规调幅可以通过如图 8-1 所示的方式来实现。

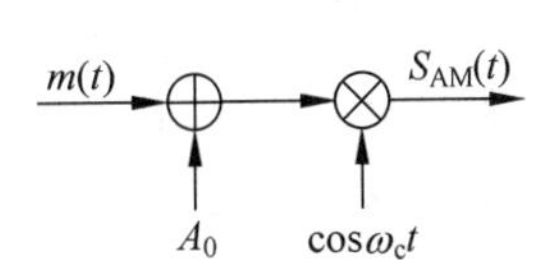

图 8-1 常规调幅系统原理图

根据上面的原理图,可以在 SystemView 平台上建立 AM 调制系统模型,如图 8-2 所示。

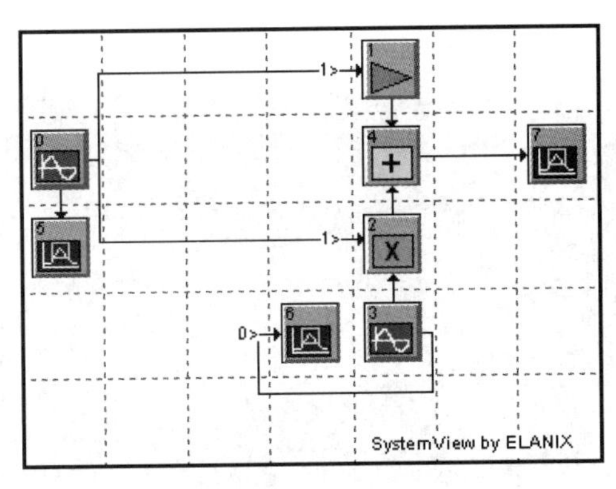

图 8-2 常规调幅的 SystemView 模型

其中,Token0(功能模块 0)为载波,选择频率为 100Hz; Token3(功能模块 3)为调制信号,选择 10Hz 的正弦波。本节和以后的各种 SystemView 模型将只给出模型图和相关的参数设置,不再给出详细的建模过程,以节约篇幅。

本系统的时钟设置如图 8-3 所示。

整个系统的各图标的参数设置如表 8-1 所列。

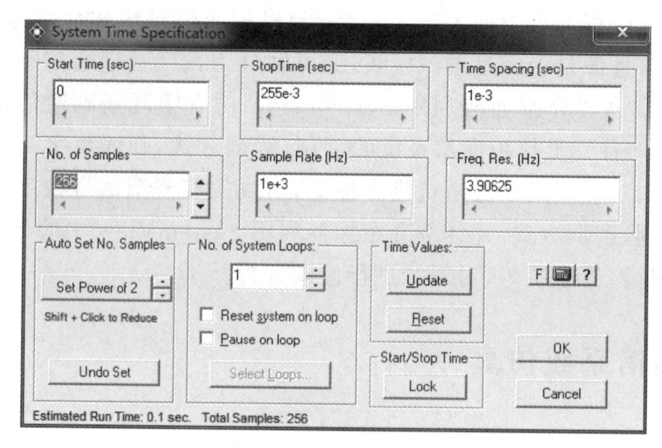

图 8-3 系统时钟设置

表 8-1 系统的各图标的参数设置

图标序号	库/图标名称	参 数
0	Source：Sinusoid	Amp=1V，Freq=100Hz，Phase=0deg
1	Operator：Gain	Gain=1.5，Gain Units=Linear
2	Multiplier	
3	Source：Sinusoid	Amp=1V，Freq=10Hz，Phase=0deg
4	Adder	
5～7	Sink：Analysis	

运行系统仿真可以得到该 AM 系统调制载波、调制信号和已调信号的波形图，分别如图 8-4～图 8-6 所示。

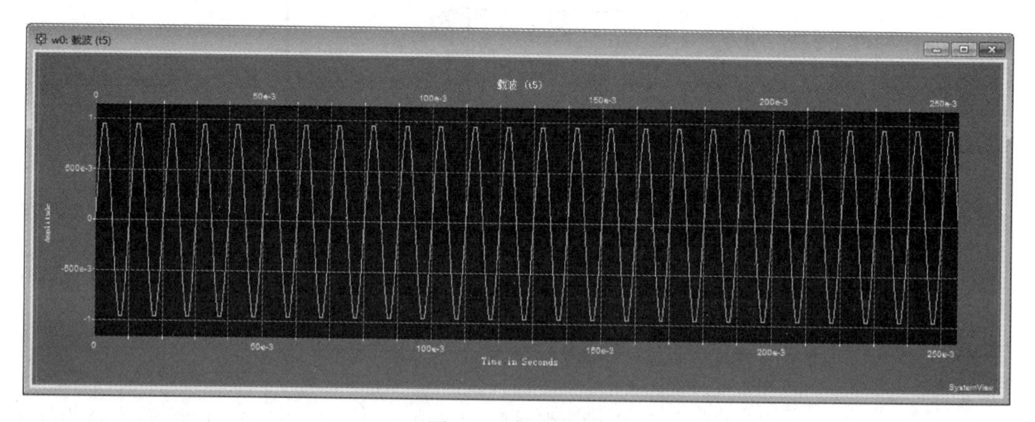

图 8-4 载波波形

单击 按钮打开接收计算器，以对仿真系统进行分析。选择 Spectrum(频谱)组，然后选择 Power Spectrum(dBm in 1 ohm)，最后在窗口列表中选择“w2：已调信号(t7)”计算已调信号的频谱，操作过程如图 8-7 所示。

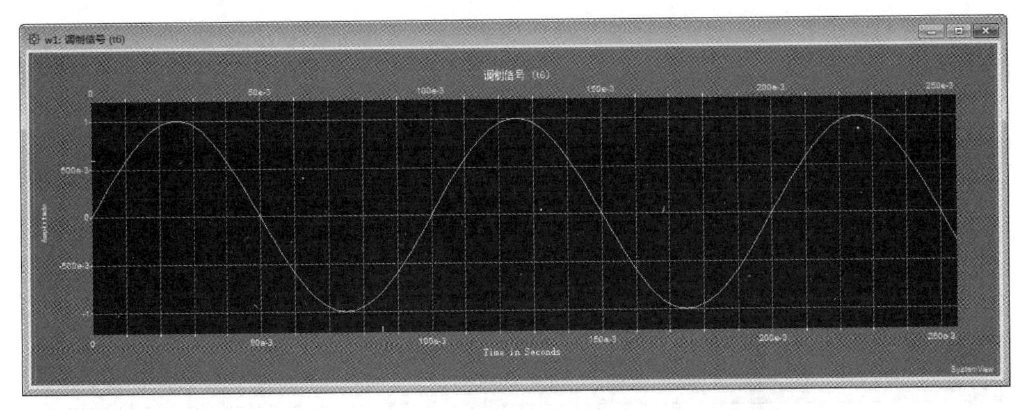

图 8-5 调制信号波形

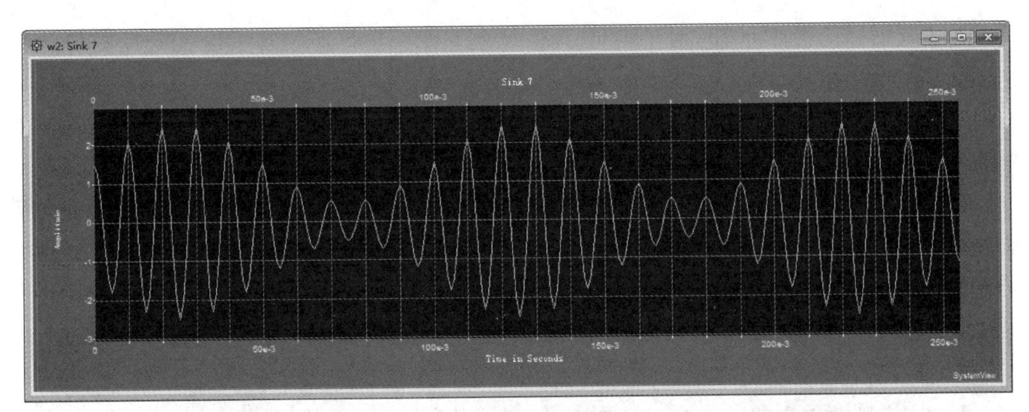

图 8-6 已调信号波形

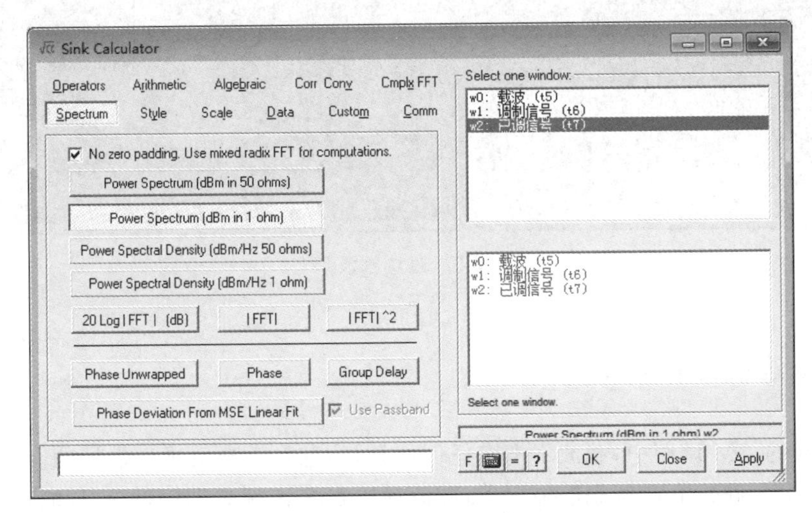

图 8-7 计算功率谱

然后单击 OK 按钮即可得到已调信号的功率谱,如图 8-8 所示。

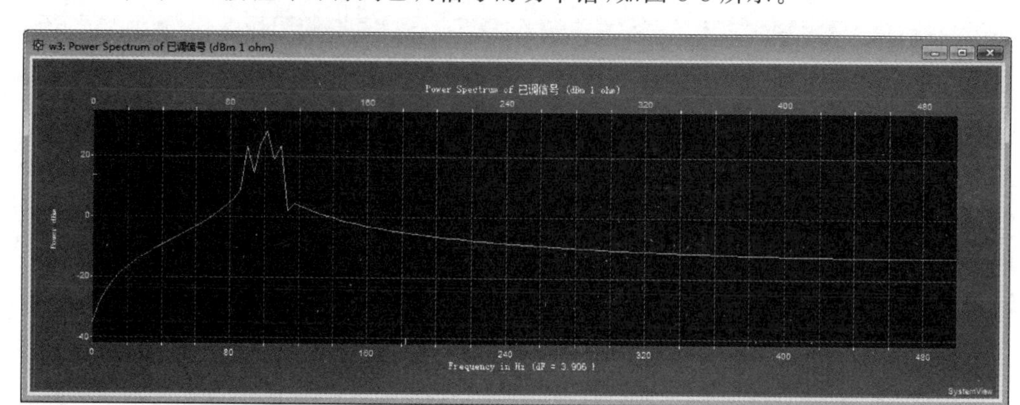

图 8-8　已调信号的功率谱

由已调信号的波形可知,对于普通 AM 调制,用包络检波的方法很容易恢复原始信号。为了保证包络检波中不发生失真,必须保证

$$A_0+f(t)\geqslant 0 \tag{8-2}$$

否则将出现过调制现象而发生失真。

如果希望观察过调信号的波形,只需要调整 A_0 的大小,也就是如图 8-2 所示系统模型中 Token1 的增益大小。例如,把 Token1(功能模块 1)的增益改为 0.5 就能观察到明显的过调制现象,如图 8-9 所示。

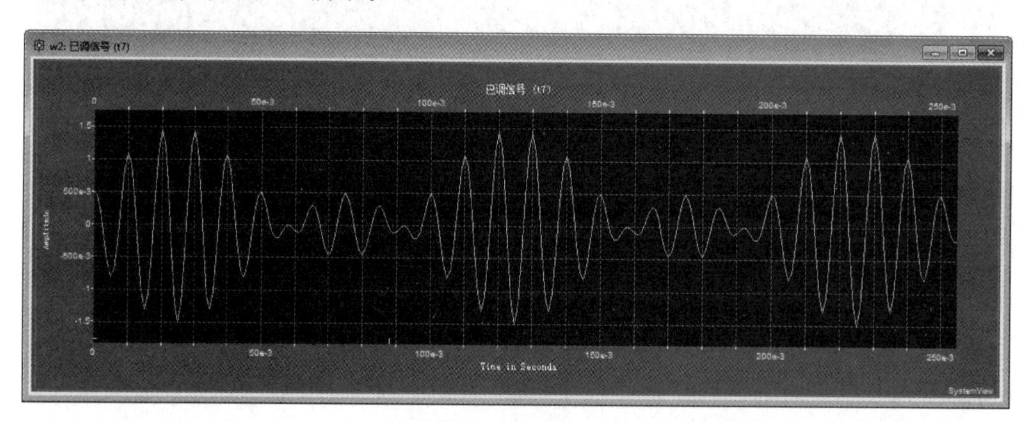

图 8-9　过调幅波形

8.1.2　双边带调幅(DSB)

在常规的 AM 调制中,载波不携带任何信息,信息是完全由边带携带的。但是,对于常规 AM 调制,在没有过调制的情况下,载波最小也要占到总功率的 2/3,也就是说最大调制效率只能达到 33.3%,这就造成了发射功率的极大浪费。为了提高调制效率,就要把载波去掉,这就产生了抑制载波双边带调制。其时域表达式如下:

$$S_{\mathrm{DSB}}(t)=f(t)\cos\omega_{c}t \tag{8-3}$$

当 $f(t)$已经确定时，设其频域表达式 $F(\omega)$，则已调信号的频谱为

$$S_{\mathrm{DSB}}(\omega)=\frac{1}{2}F(\omega-\omega_{c})+\frac{1}{2}F(\omega+\omega_{c}) \tag{8-4}$$

由抑制载波双边带调制的时域表达式可知，要实现该调制，只需要将调制信号和载波信号相乘即可。其 SystemView 仿真模型如图 8-10 所示。

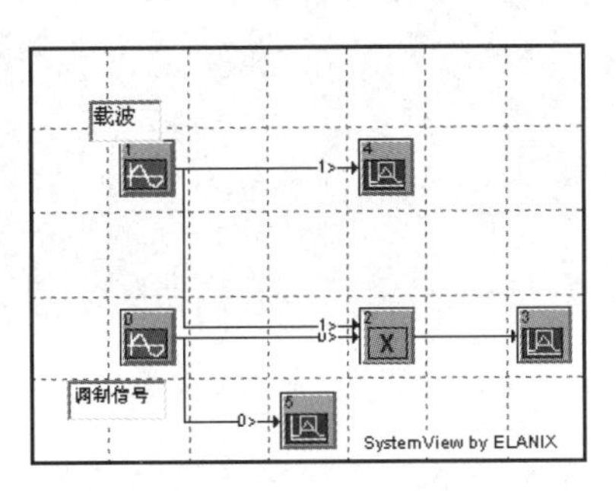

图 8-10　抑制载波双边带调制模型

其中，系统时钟设置：采样频率为 1kHz，采样点数为 256，其他数值由 SystemView 自动计算，各个图符的参数设置如表 8-2 所列。

表 8-2　抑制载波调制系统图标参数

图标序号	库/图标名称	参　　数
0	Source：Sinusoid	Amp=1V，Frep=10Hz，Phase=0deg
1	Source：Sinusoid	Amp=1V，Frep=100Hz，Phase=0deg
2	Multiplier	
3～5	Sink：Analysis	

运行系统仿真，得到载波、调制信号和已调信号的波形图，分别如图 8-11～图 8-13 所示。

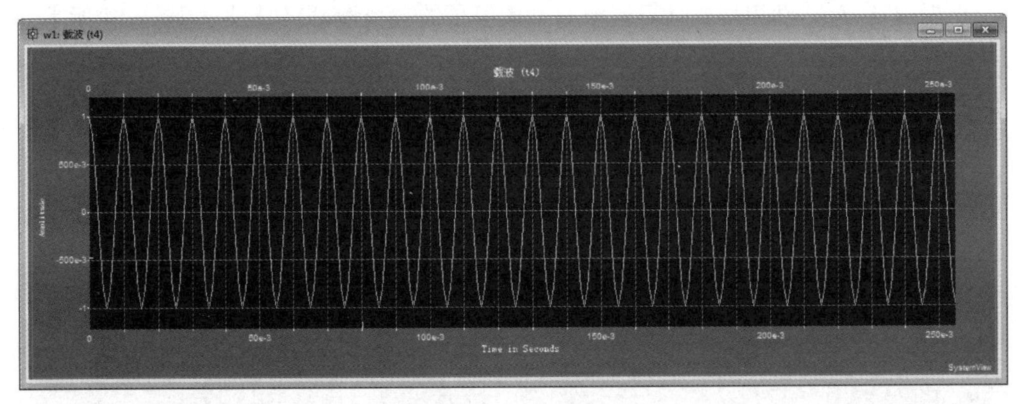

图 8-11　载波波形

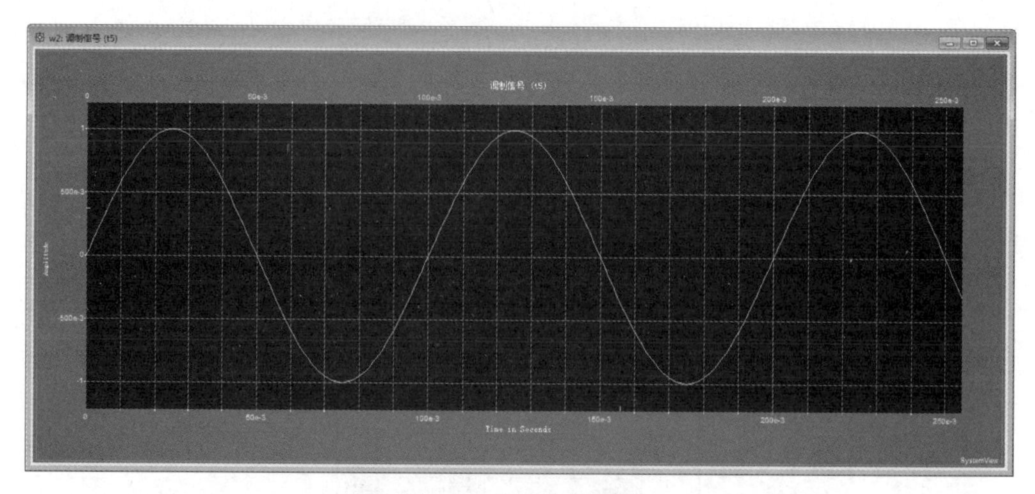

图 8-12　调制信号波形

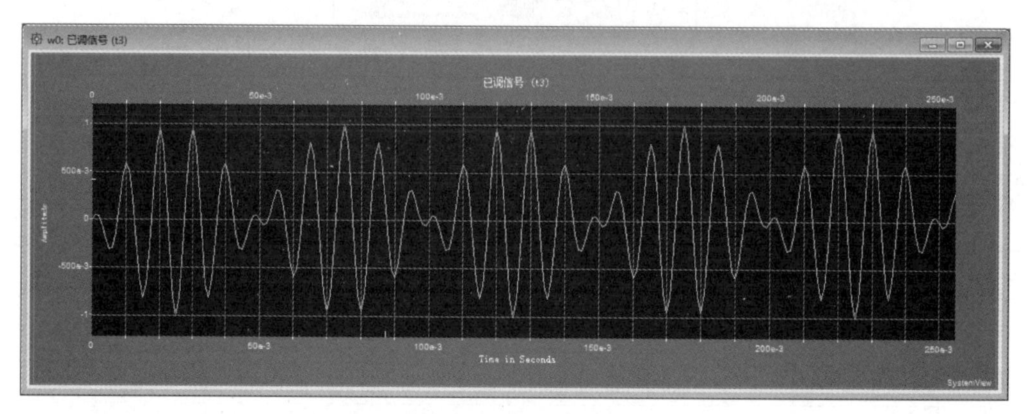

图 8-13　已调信号波形

仔细观察 DSB 信号和普通 AM 信号的差别。可以看出抑制载波双边带调制时域波形的包络已经不再和调制信号一致，因而不能用包络检波来进行解调，必须用相干解调。

根据前述方法，利用接收计算器绘制已调信号的功率谱，得到结果如图 8-14 所示。

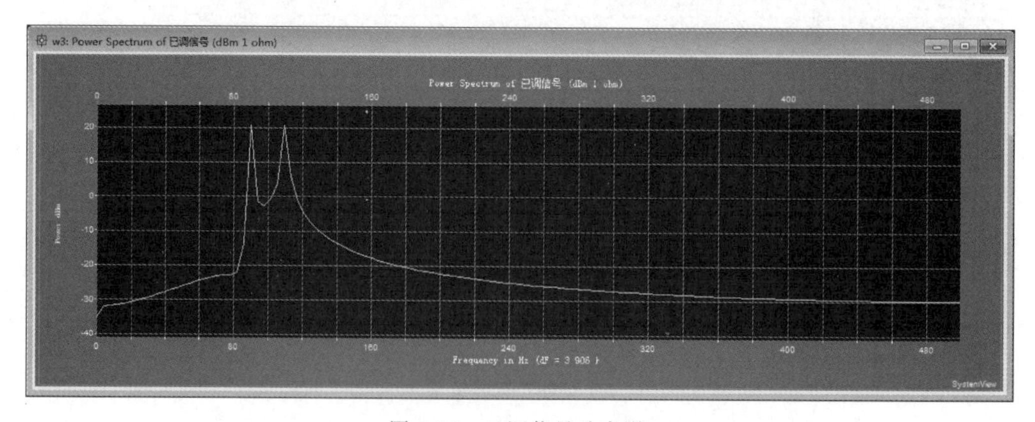

图 8-14　已调信号功率谱

与图 8-8 所示的普通 AM 信号的功率谱图进行比较可以明显看出，两个边带信号中间频率为 100Hz 的载波信号已经从功率谱上消失，这也正是抑制载波双边带调制所要达到的目的。抑制载波双边带调制虽然节省了载波功率，但已调信号的频谱仍然是调制信号的 2 倍，与常规双边带调幅相同。事实上，由两种调制方式的功率谱可知，上下两个边带是对称的，它们携带的信息也完全相同，于是人们理所当然地想到只用一个边带来传送信息。这种调制方式不但节省了载波功率，还可以节省一半的传输带宽，这就是单边带调制。

8.1.3 单边带调幅（SSB）

如前所述，单边带调制就是只传送双边带调制信号的一个边带。于是最直观的和便于理解的产生单边带调制信号的方法就是让双边带调制信号通过一个滤波器，滤掉不要的边带。这种方法称为滤波法，是最简单和常用的方法。

但是在现实中，具有理想特性的滤波器是不可能做到的，实际的滤波器从通带到阻带总是有一个无法忽略的过渡带。这样就给一次滤波实现单边带调制带来了极大的困难，于是就产生了多次调制逐级滤波的方法。本部分主要介绍另一种产生单边带调制信号的方法——“相移法”的 SystemView 仿真。

为了表述方便，设调制信号为

$$f(t)=A_{\mathrm{m}}\cos\omega_{\mathrm{m}}t \tag{8-5}$$

载波为

$$c(t)=\cos\omega_{\mathrm{m}}t \tag{8-6}$$

这样，得到双边带调制的时域表达式为

$$\begin{aligned}S_{\mathrm{DSB}}(t)&=A_{\mathrm{m}}\cos\omega_{\mathrm{m}}t\cos\omega_{\mathrm{c}}t\\&=\frac{1}{2}A_{\mathrm{m}}\cos(\omega_{\mathrm{c}}+\omega_{\mathrm{m}})t+\frac{1}{2}A_{\mathrm{m}}\cos(\omega_{\mathrm{c}}-\omega_{\mathrm{m}})t\end{aligned} \tag{8-7}$$

保留上边带的调制信号为

$$S_{\mathrm{USB}}(t)=\frac{1}{2}A_{\mathrm{m}}(\cos\omega_{\mathrm{c}}t\cos\omega_{\mathrm{m}}t-\sin\omega_{\mathrm{c}}t\sin\omega_{\mathrm{m}}t) \tag{8-8}$$

同理，保留下边带调制信号为

$$S_{\mathrm{LSB}}(t)=\frac{1}{2}A_{\mathrm{m}}(\cos\omega_{\mathrm{c}}t\cos\omega_{\mathrm{m}}t+\sin\omega_{\mathrm{c}}t\sin\omega_{\mathrm{m}}t) \tag{8-9}$$

在后两式中，第一项与调制信号和载波的乘积成正比，称为同项分量；第二项与调制信号和载波信号分别相移 90°后的乘积成正比，称为正交分量。这样就得到了实现单边带调制的另一种方法——相移法。其原理如图 8-15 所示。

其中两路相乘结果相减时得到上边带信号，相加时得到下边带信号。根据原理图可以建立单边带调制的 SystemView 模型，如图 8-16 所示。

在该模型中，利用 SystemView 的正弦信号源有正弦、余弦两个输出的特性来直接产生相位差 90°的两个信号，在实际中要使用移向网络（一般使用希尔伯特滤波器）。

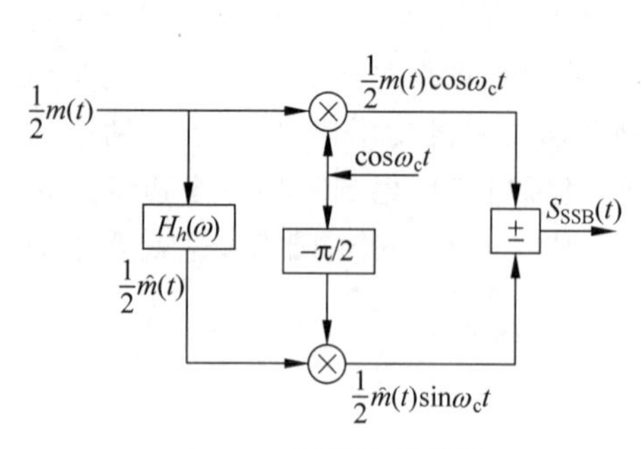

图 8-15 相移法原理图

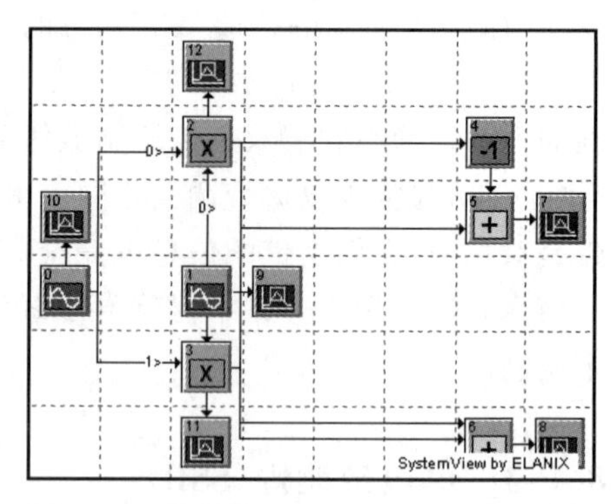

图 8-16 单边带调制的 SystemView 模型

系统时钟设置：采样频率为 1kHz，采样点数为 256，其他数值由 SystemView 自动计算。

各图符的参数设置如表 8-3 所列。

表 8-3 单边带调制模型的图标设置

图 标 编 号	库/图标名称	参 数
0	Source：Sinusoid	Amp=1V，Frep=10Hz，Phase=0deg
1	Source：Sinusoid	Amp=1V，Frep=100Hz，Phase=0deg
2，3	Multiplier	
4	Operator：Negate	
5，6	Adder	
7～12	Sink：Analysis	

运行系统仿真，可得到调制信号、载波、同相分量、正交分量、USB(上边带)和 LSB(下边带)的波形图，如图 8-17 所示。

图 8-18 为单边带信号的功率谱。可以看出，相比双边带调制和 AM 调制，单边带信号的带宽降低一半且只有一个边带，提高了系统有效性。

8.1.4 模拟调频(FM)

利用载波幅度携带信息就产生了 8.1.1～8.1.3 节所介绍的各种幅度调制，利用频率和相位携带信息的调制方式分别为调频和调相，统称为角度调制。角度调制和线性调制不同，其已调信号频谱与调制信号频谱之间不存在线性对应关系，而是会产生新的与频谱搬移不同的频率分量，呈现出非线性调制的特征，因此又称为非线性调制。

设未调载波的表达式为

$$C(t)=A\cos(\omega_c t+\varphi) \tag{8-10}$$

$f(t)$为调制信号，调频信号其瞬时频率偏移为

$$\Delta\omega=K_{PM}f(t) \tag{8-11}$$

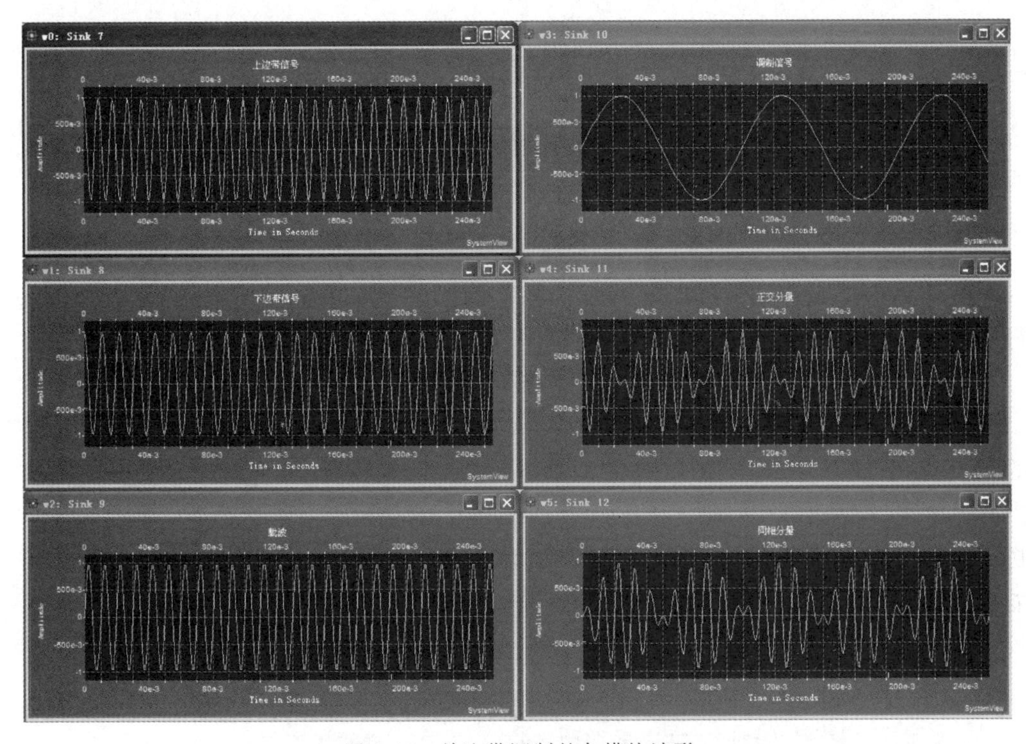

图 8-17 单边带调制的各模块波形

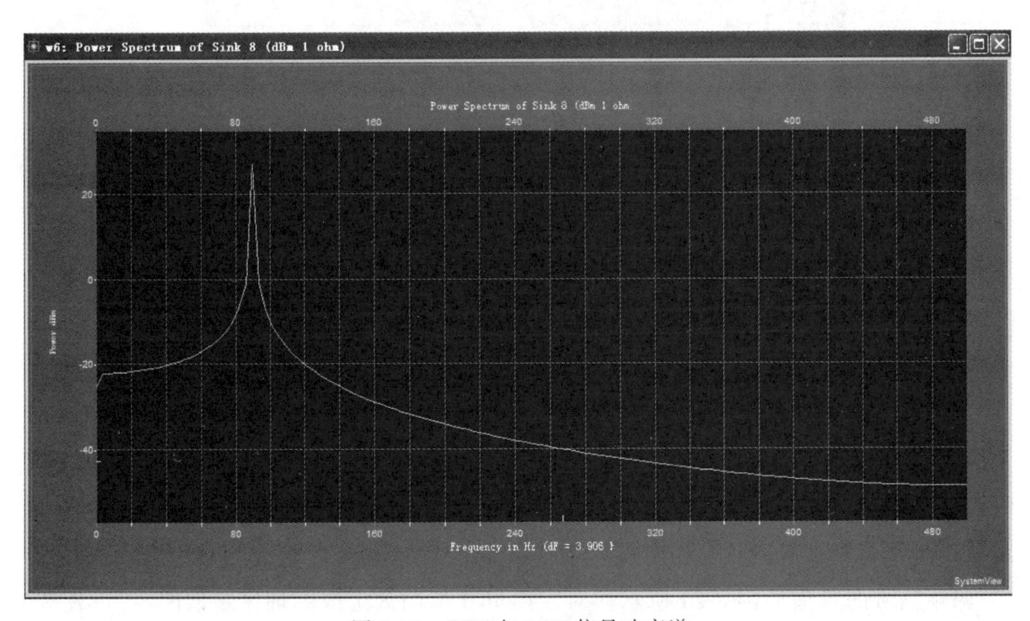

图 8-18 USB 与 LSB 信号功率谱

瞬时角频率为

$$\omega = \omega_c + \Delta\omega = \omega_c + K_{FM} f(t) \tag{8-12}$$

式中，K_{FM} 为频偏常数。由于瞬时频率相位之间存在微积分关系，即

$$\varphi(t) = \int \omega \mathrm{d}t = \omega_c t + K_{FM} \int f(t) \mathrm{d}t \tag{8-13}$$

所以调频信号可表示为

$$S_{FM}(t) = A\cos[\omega_c t + K_{FM} \int f(t) \mathrm{d}t] \tag{8-14}$$

由上式可知，调频信号可以由相位调制器产生，只需要在将信号送入调相器前先进行积分；同样道理，调相信号可以由调频器产生，只要将信号先进微分。

图 8-19 为调频信号的 SystemView 模型。

其中，Token0(功能模块 0)为调制信号，是幅度为 1V 的 10Hz 正弦波；Token1(功能模块 1)为 SystemView 提供的调频器，参数设置为：幅度为 1V，中心频率为 100Hz，初始相位为 0，调制增益 50。为了使对调频信号 FFT 计算能够更加准确，系统时钟设置的采样频率和采样时间都比较大，系统时钟参数设置如图 8-20 所示。

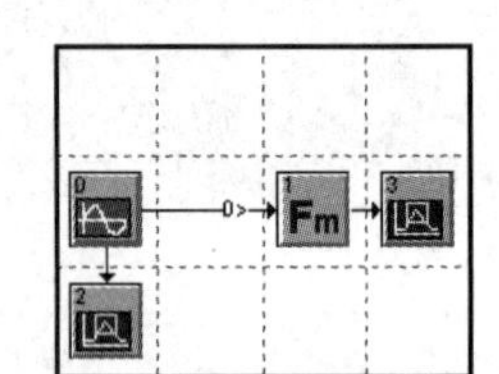

图 8-19　调频信号的 SystemView 模型

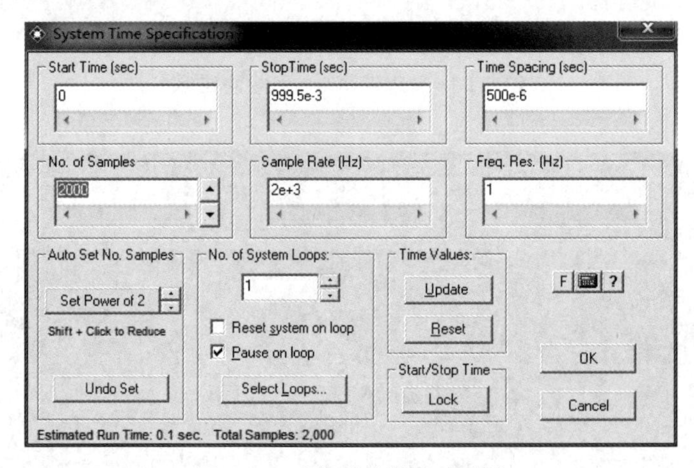

图 8-20　系统时钟设置对话框

运行系统仿真，可得到调制信号和调频信号的波形，分别如图 8-21 和图 8-22 所示。

要计算调频信号的频谱，单击 √α 按钮，打开接收计算器。因为选择让 SystemView 计算调频信号的真实频谱，所以选择 Cmpx FFT 组，然后在列表中选择 Real，在窗口列表中选择“w1：调频信号(t3)”，如图 8-23 所示。然后单击 OK 按钮即可。

调频信号的频谱如图 8-24 所示。对照由贝塞尔函数生成的理论频谱图，可以发现它们是一致的。

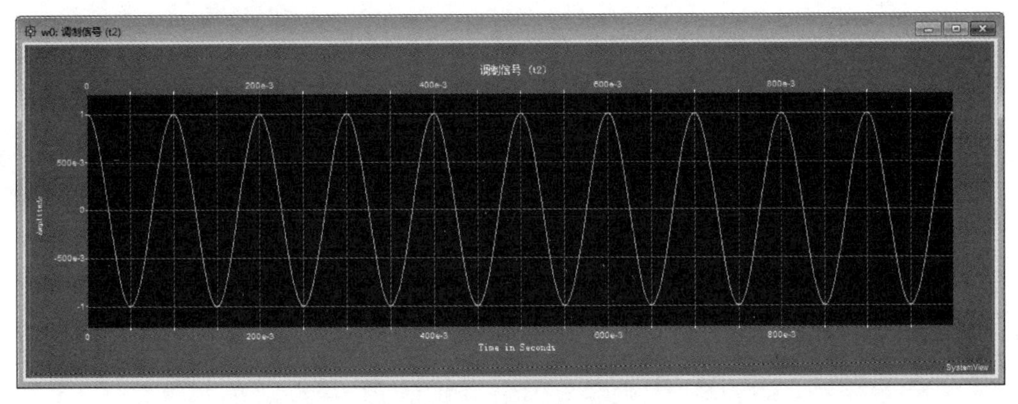

图 8-21　调制信号波形

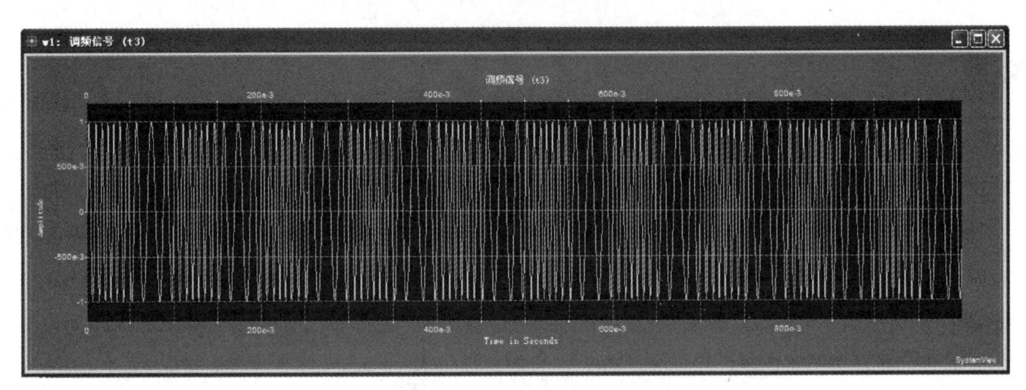

图 8-22　调频信号波形

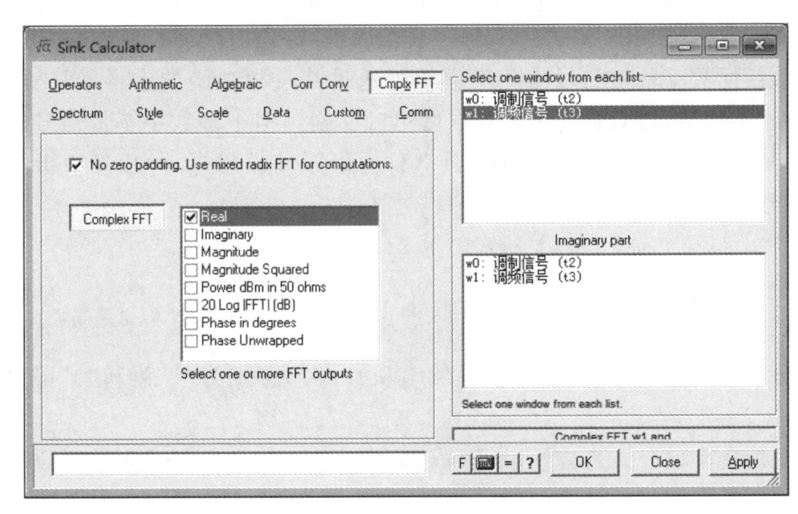

图 8-23　接收计算器参数设置对话框

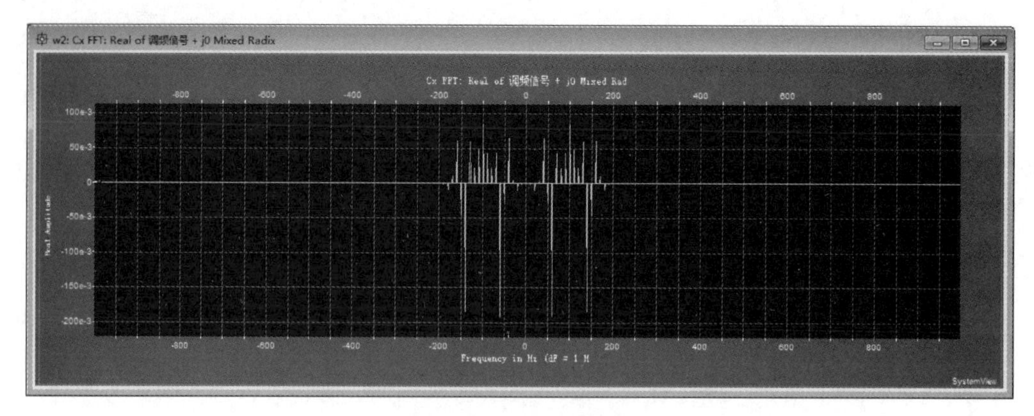

图 8-24 调频信号频谱图

8.2 数字基带通信系统仿真

8.2.1 数字基带信号功率谱

在数字基带传输系统中,码型变换器的作用是将输入信号的码型进行变换,使其更适合于信道传输。常见的码型有单极性不归零码、双极性不归零码、单极性归零码、双极性归零码、差分码、HDB3 码、曼彻斯特码和密勒码。不同码型的数字基带信号具有不同的功率谱,只要知道了数字基带信号的功率谱,就可知道此信号中有无直流成分,有没有可供位同步信号提取用的离散频谱分量、信号频谱分布规律和信号带宽等,才能选择适当的信道来传送它,或当信道给定时,为在其上传输的数字基带信号选择合适的码型。因此,如何分析数字基带信号的功率谱是"通信原理"课程中数字基带传输的重要内容。

理论上,任何数字基带信号的功率谱均可通过其自相关函数求得,即先求出数字基带信号的自相关函数,再对自相关函数求傅里叶变换。但很多数字基带信号的自相关函数计算相当复杂甚至难以求得。因此,在本科通信原理教材中,一般只给出独立二进制数字基带信号的功率谱分析方法,其功率谱公式为

$$P_s(f)=f_b p(1-p)\mid G_1(f)-G_2(f)\mid^2+$$
$$f_b^2\sum_{n=-\infty}^{\infty}\mid pG_1(nf_b)+(1-p)G_2(nf_b)\mid^2\delta(f-nf_b) \tag{8-15}$$

式中,p 为"1"码的概率;$f_b=1/T_b$;$G_1(f)$和 $G_2(f)$分别为"1"码和"0"码对应波形的傅里叶变换。

可见,利用功率谱公式可方便求得码元间相互独立的二进制或多进制数字基带信号的功率谱,从而确定它们的功率谱分布形状、带宽、有无直流分量和定时分量等。对于极性交替码(AMI)和三阶高密度双极性码(HDB3)等信号,由于码元间是相互关联的,不能用公式来求得它们的功率谱。本节采用仿真的方法来获取其功率谱。下面就几种典型信号给出它们的功率谱仿真过程。

1. NRZ、RZ码的产生及其功率谱

根据NRZ、RZ码的产生原理，可以在SystemView系统平台中建立NRZ、RZ码的产生模型，如图8-25所示。

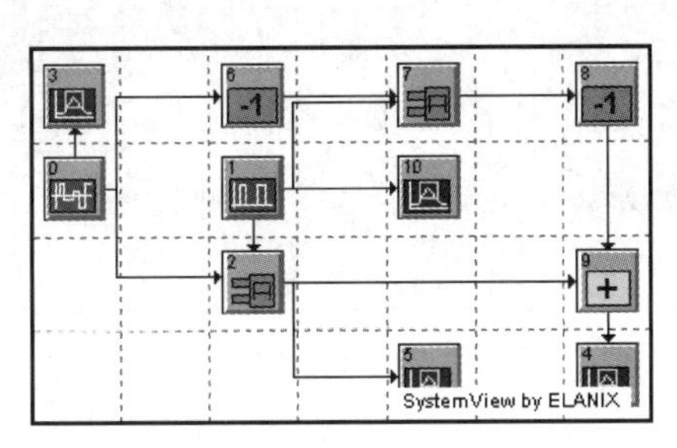

图8-25 NRZ、RZ码的产生模型

系统时钟设置：采样频率1000Hz，采样点数设置为1024。整个系统各个图符的参数设置如表8-4所列。

表8-4 系统的各图标参数设置

图标序号	库/图标名称	参数设置
0	Source：PN Seq	Amp=1V，Offset=0V，Rate=50Hz，Levels=2，Phase=0 deg
1	Source：Pulse Train	Amp=1V，Freq=50Hz，PulseW=10e-3 sec，Offset=0V，Phase=0 deg
2，7	Operator：And	
3～5，10	Sink：Analysis	
6，8	Operator：Negate	
9	Adder	

运行系统可以得到双极性NRZ码、双极性RZ码和单极性RZ码的波形，分别如图8-26～图8-28所示。

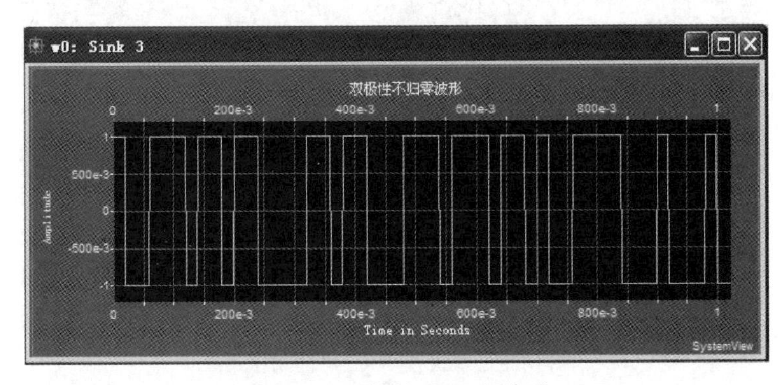

图8-26 双极性NRZ码波形

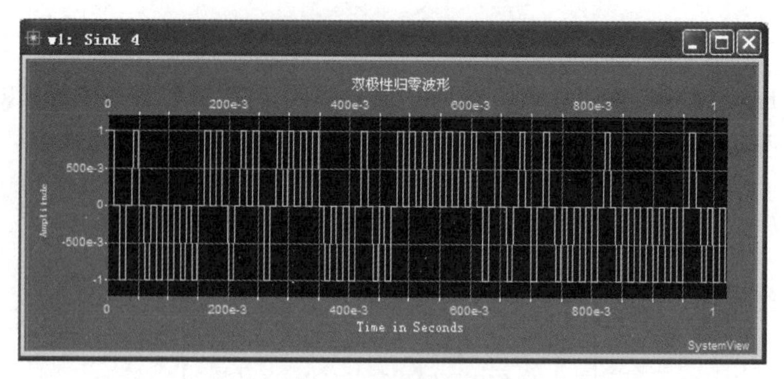

图 8-27　双极性 RZ 码波形

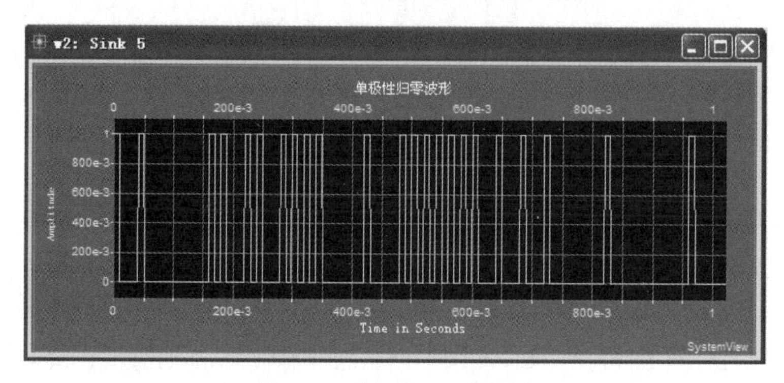

图 8-28　单极性 RZ 码波形

运行系统后转入分析窗，单击接收计算器图标进入菜单后，选择 Spectrum，即可对上述三种码进行频谱分析。为了更清晰看出三种码型功率谱的区别，将分析窗网格背景去除，得到双极性 NRZ 码、双极性 RZ 码和单极性 RZ 码的功率谱分别如图 8-29～图 8-31 所示。可以看出，归零波形的功率谱带宽、旁瓣大于不归零波形，且单极性归零波形中含有定时信号。

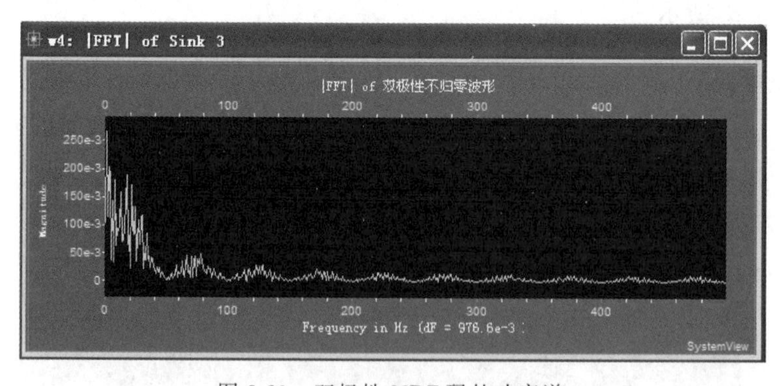

图 8-29　双极性 NRZ 码的功率谱

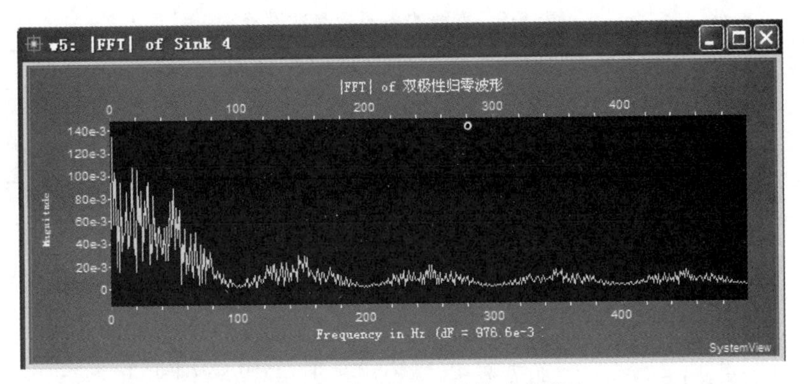

图 8-30 双极性 RZ 码的功率谱

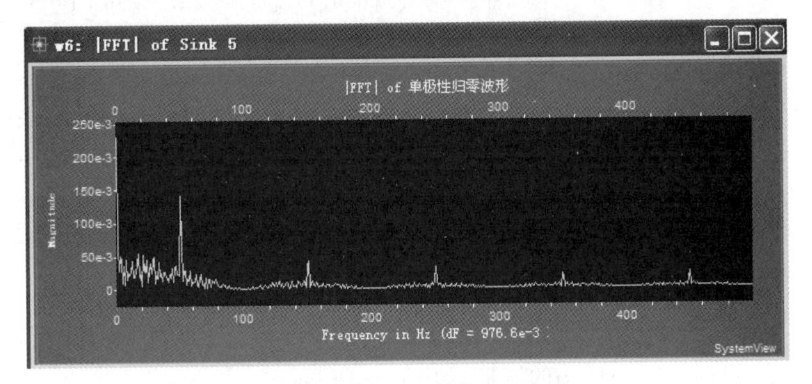

图 8-31 单极性 RZ 码的功率谱

2. AMI 码的产生及其功率谱

根据 AMI 码的产生原理,可以在 SystemView 系统平台中建立 AMI 码的产生模型,如图 8-32 所示。

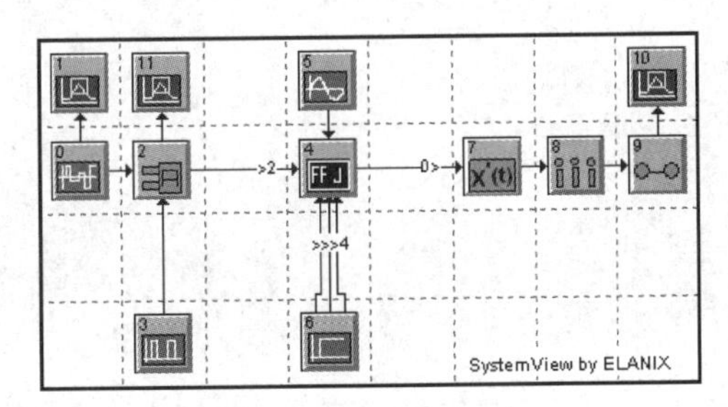

图 8-32 AMI 码的产生模型

系统时钟设置:采样频率 1000Hz,采样点数设置为 1024。

整个系统各个图标的参数设置如表 8-5 所列。

表 8-5　系统的各图标参数设置

图标序号	库/图标名称	参数设置
0	Source：PN Seq	Amp=1V，Offset=0V，Rate=50 Hz，Levels=2，Phase=0 deg
2	Operator：And	
3	Source：Pulse Train	Amp=1V，Freq=50Hz，PulseW=10e-3 sec，Offset=-500e-3V，Phase=0 deg
4	Logic：FFJK	Gate Delay=0 sec，Threshold=1V，True Output=1V，False Output=−1V，Rise Time=0 sec，Fall Time=0 sec，Set * =t6 Output 0，J=t6 Output 0，Clock=t2 Output 0，K * =t5 Output 0，Clear * =t6 Output 0，Output 0=Q t7，Output 1=Q *
5	Source：Sinusoid	Amp=1V，Freq=50 Hz，Phase=0 deg，Output0=Sine t4，Output 1=Cosine
6	Source：Step Fct	Amp=1V，Start=0 sec，Offset=0V
7	Operator：Derivative	
8	Operator：Sampler	
9	Operator：hold	
1，10，11	Sink：Analysis	

运行系统可以得到 AMI 码的波形，如图 8-33 所示。

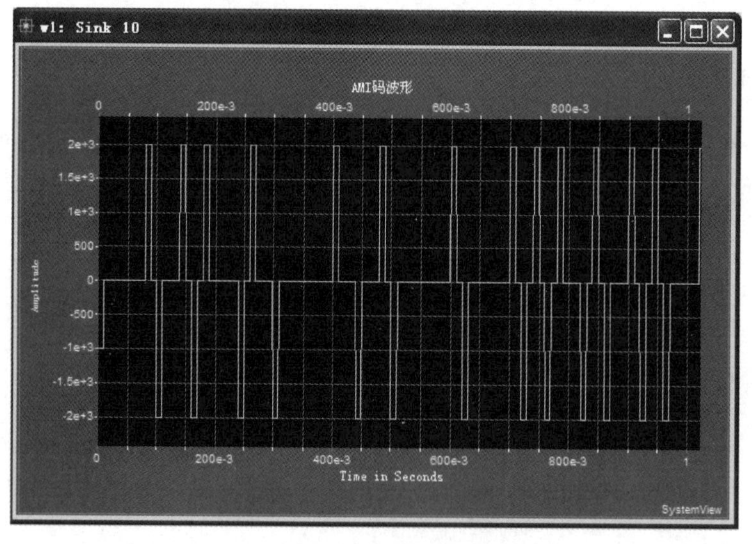

图 8-33　AMI 码的波形

运行系统后转入分析窗，单击接收计算器图标 进入菜单后，选择 Spectrum，即可对 AMI 码进行频谱分析，可得到如图 8-34 所示的功率谱。

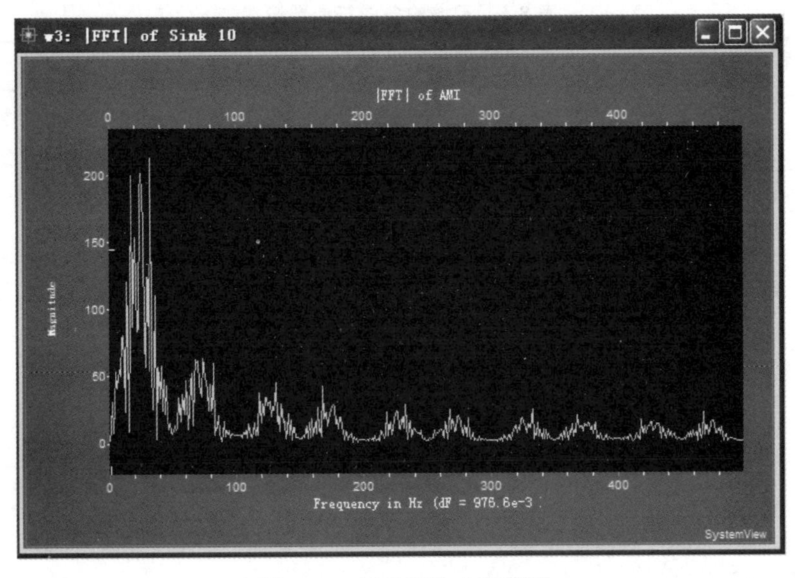

图 8-34　AMI 码的功率谱图

8.2.2　数字基带信号传输

如果把调制和解调过程看作广义信道的一部分，那么任何数字通信系统均可等效为数字信号基带传输系统。下面介绍基带信号传输的相关仿真，包括噪声环境下利用眼图判断信号质量和无失真传输及奈奎斯特第一准则的验证。

1. 噪声环境下眼图观察

在 SystemView 系统平台中构建一个数字基带传输系统仿真模型，如图 8-35 所示。

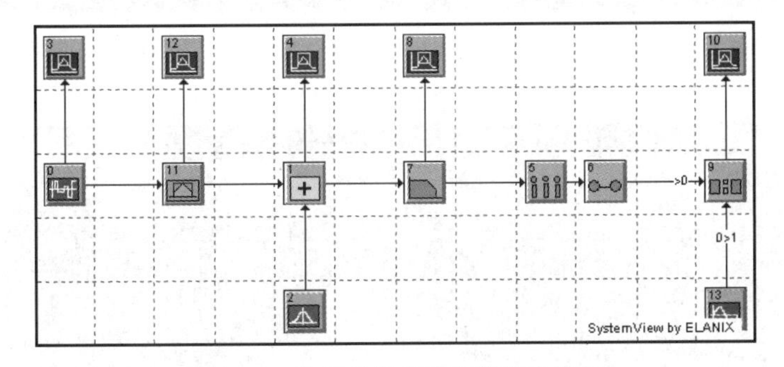

图 8-35　数字基带传输系统仿真模型

系统时钟设置：采样频率 10000Hz，采样点数设置为 8192。整个系统各个图符的参数设置如表 8-6 所列。

表 8-6　系统的各图符参数设置

图符序号	库/图符名称	参数设置
0	Source：PN Seq	Amp=1V，Offset=0V，Rate=100 Hz，Levels=2，Phase=0 deg
1	Operator：And	
2	Source：Gauss Noise	Std=0.01V，Mean=0V
5	Operator：Sample	Sample rate=100 Hz
6	Operator：Hold	Hold Value=Last Sample,Gain=1
7	Operator：Liner Sys Filters	Butterworth,No. of Poles=3,Low Cutoff=100 Hz
9	Operator：Compare	Select comparison：a>=b，True Output=1V，False Output=−1V
11	Comm：P shape	Rectangular，Time offset=0，Width=0.01 s
13	Source：Sinusoid	Amp=0V，Freq=0 Hz，Phase=0 deg
3,4,8,10,12	Sink：Analysis	

运行系统可以得到各个模块的输出波形，如图 8-36～图 8-40 所示。

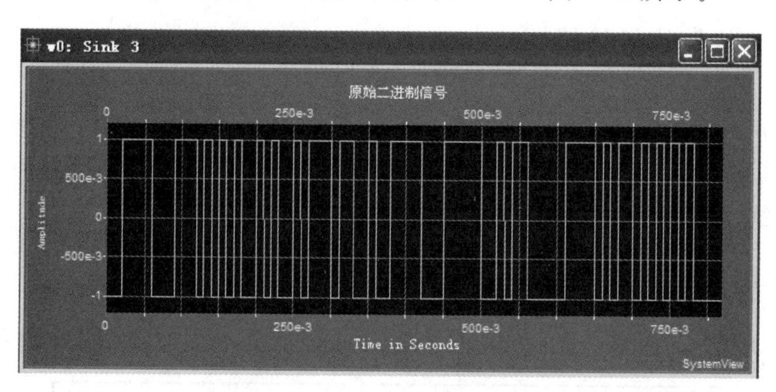

图 8-36　原始二进制信号波形

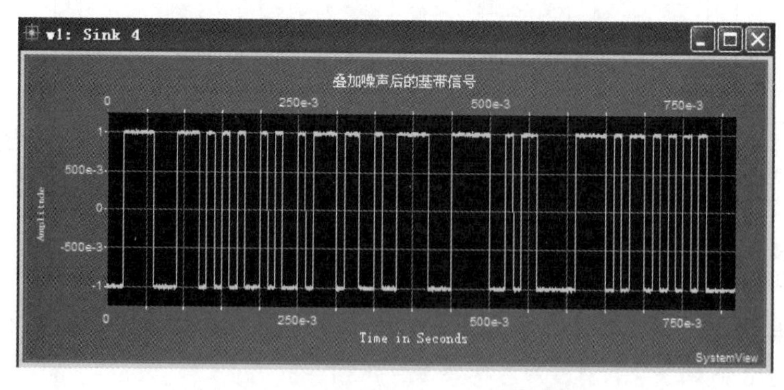

图 8-37　叠加噪声后的基带信号波形

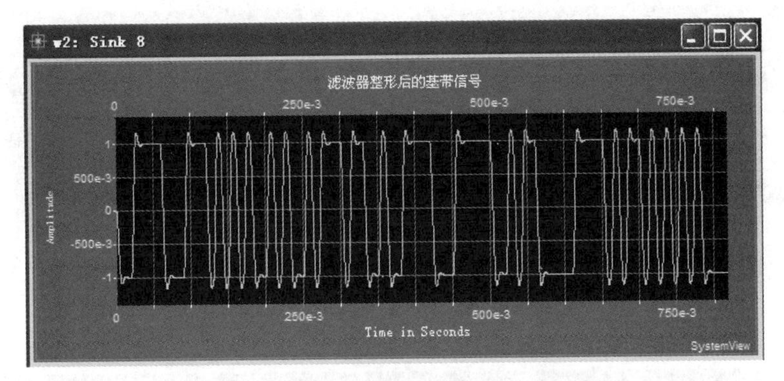

图 8-38　滤波器整形后的信号波形

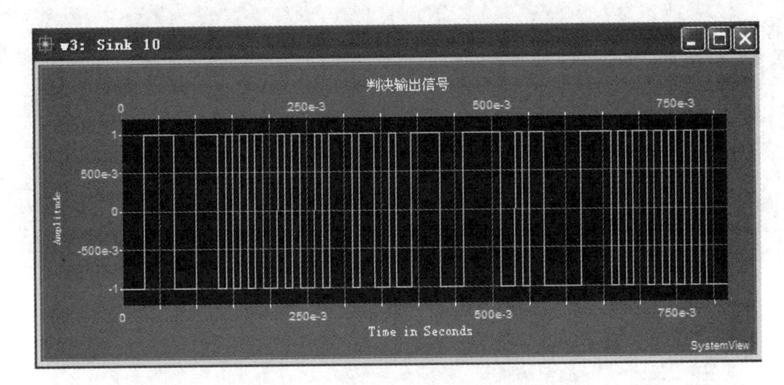

图 8-39　判决输出信号波形

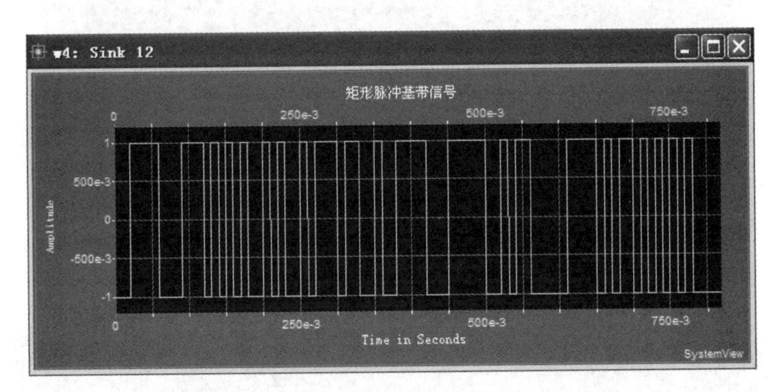

图 8-40　矩形脉冲基带信号波形

在分析窗口中，单击接收计算器图标进入菜单后，单击 Style 标签，单击 Slice 按钮，设置 start＝0.01，Length＝0.03，在窗口中选择需要观察眼图的波形，单击 OK 按钮，观察眼图波形。经过滤波器整形后的信号眼图如图 8-41 所示。眼图清晰，"眼睛"睁开大，且原始基带信号(上)与判决输出信号(下)一致，无失真，如图 8-42 所示。若增加系统中噪声影响，则眼图变得杂乱，"眼睛"睁开变小，如图 8-43 所示，且原始基带信号与判决输出信号不一致，有失真，如图 8-44 所示。

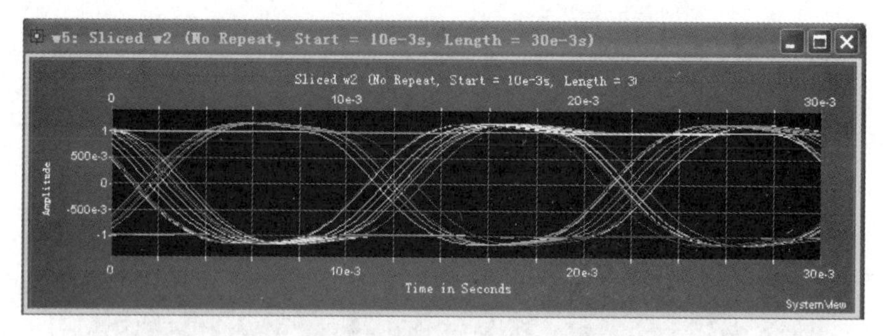

图 8-41　滤波器整形后的信号眼图

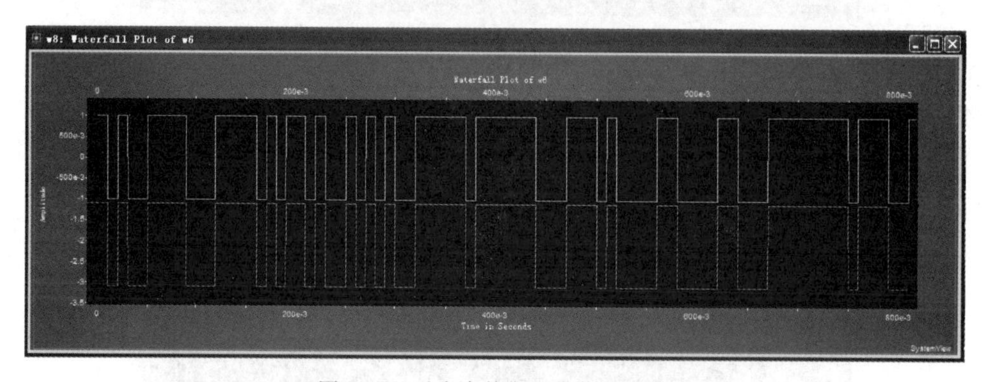

图 8-42　无失真数字基带信号波形

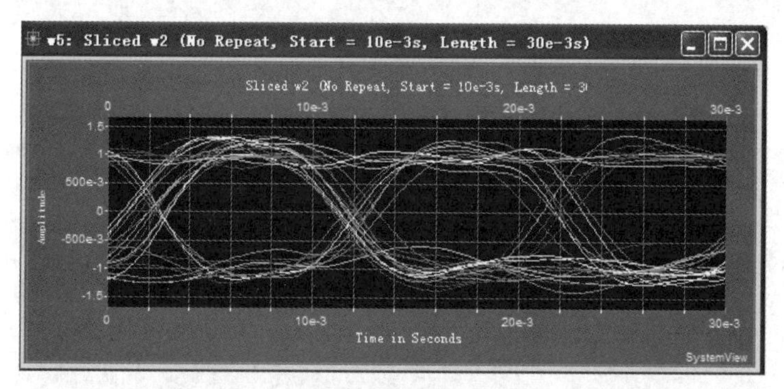

图 8-43　增加噪声影响的信号眼图(方差=1)

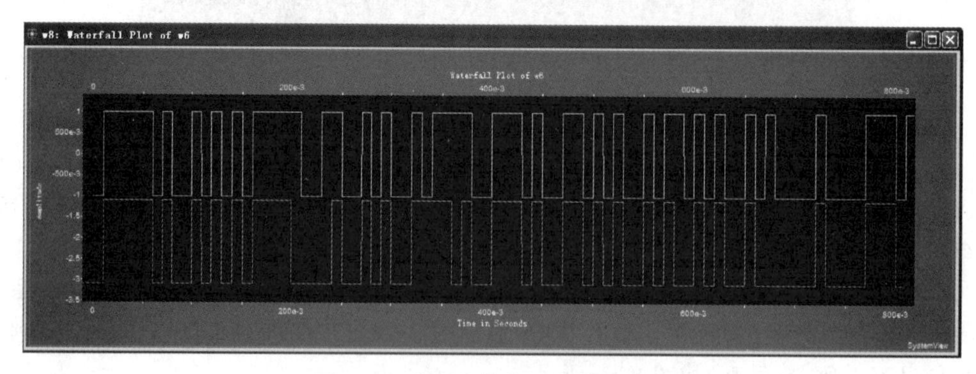

图 8-44　有失真数字基带信号波形

2. 验证奈奎斯特第一准则

在SystemView系统平台中构建数字基带传输系统仿真模型,如图8-45所示。

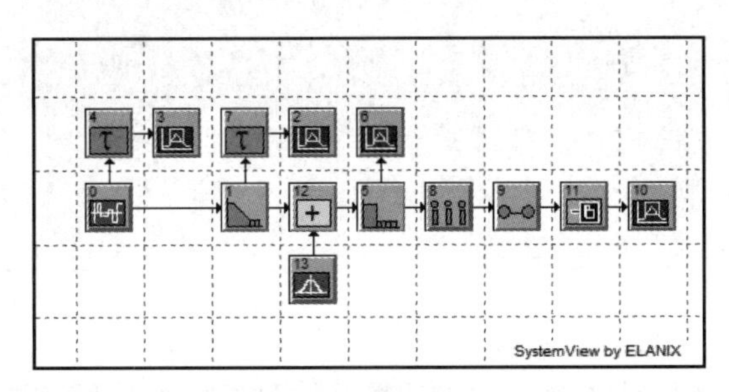

图8-45 数字基带信号无失真传输仿真模型

系统时钟设置:采样频率1000Hz,采样点数设置为512。整个系统各个图标的参数设置如表8-7所列。

表8-7 系统的各图标参数设置

图标序号	库/图标名称	参数设置
0	Source:PN Seq	Amp=1V, Offset=0V, Rate=100 Hz, Levels=2, Phase=0 deg
1	Operator:Linear Sys Filters	Comm,Raised Cosine,Roll-off Factor=0.3,Symbol Rate=100Hz,Number of FIR Taps=50,Input Sample Rate Fs=1000Hz
4	Operator:Delays	DelayType=Non-Interpolating,Delay=0.16
7	Operator:Delays	DelayType=Non-Interpolating,Delay=0.135
12	Operator:And	
5	Operator:Linear Sys Filters	FIR,Lowpass,Gain=0dB/-60dB,Rel Freq=0.05/0.06
8	Operator:Sample	Sample Rate=100Hz,Aperture=0(sec),Jitter=0(sec),Sample Type=Interpolating
9	Operator:Hold	Hold Value=Last Sample,Gain=1
11	Logic:Buffer	Gate Delay=0(s),Threshold=0.5V,True Output=1V
2,3,6,10	Sink:Analysis	

运行系统可以得到各个模块的输出波形图,如图8-46~图8-49所示。

系统中接收端低通滤波器的截止频率为50Hz,二进制码传输速率为100Baud,所以满足奈奎斯特第一准则,数字基带传输系统可实现无码间串扰,判决输出二进制信号与原始二进制信号一致。若将二进制码元传输速率提高到150Baud,则不满足奈奎斯特第一准则,会出现严重码间串扰,如图8-50所示,原始二进制信号(上)与判决输出二进制信号(下)不一致。

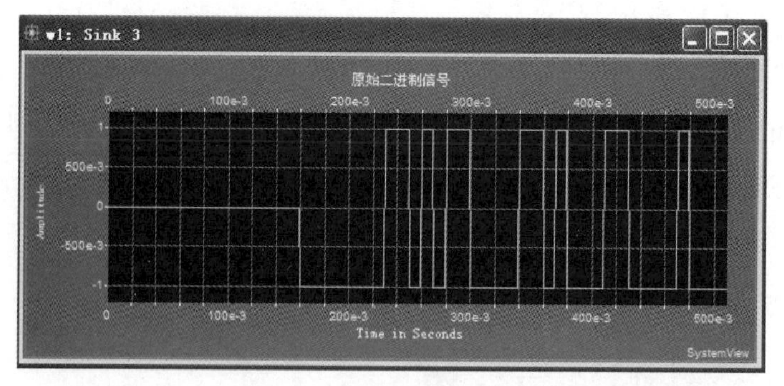

图 8-46　原始二进制信号

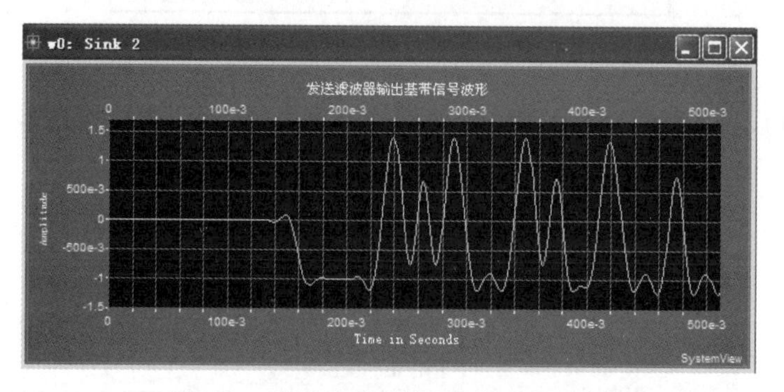

图 8-47　发送滤波器输出基带信号波形

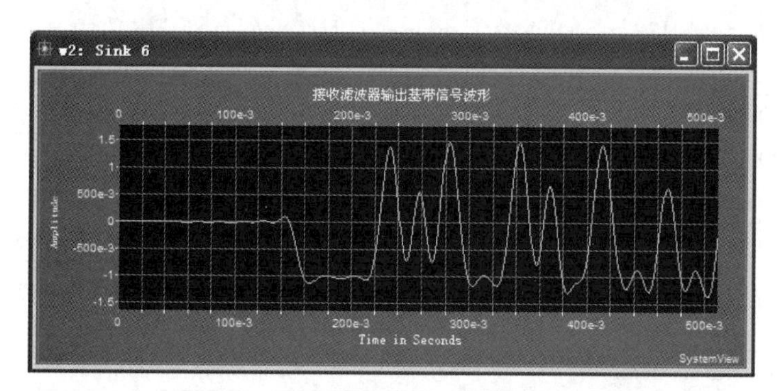

图 8-48　接收滤波器输出基带信号波形

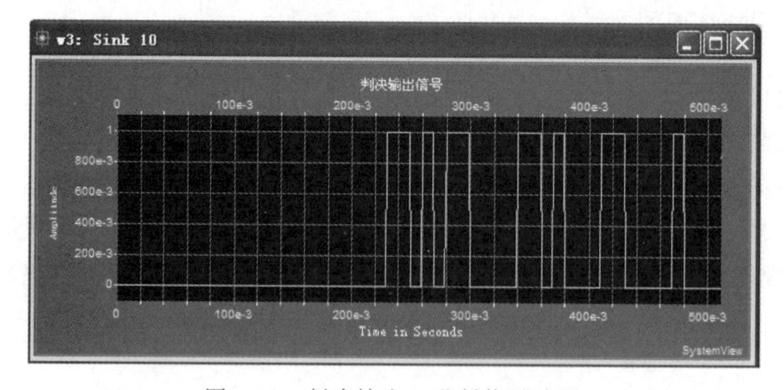

图 8-49　判决输出二进制信号波形

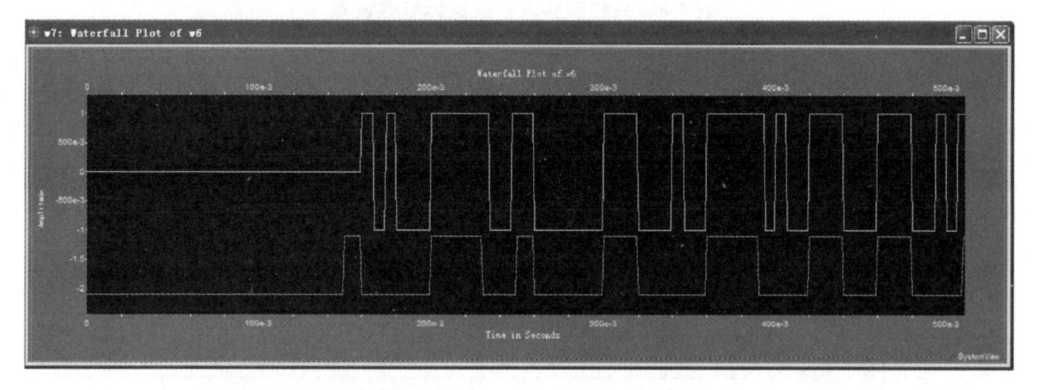

图 8-50　不满足奈奎斯特第一准则的原始二进制信号波形与判决输出信号

8.3　数字频带通信系统仿真

8.3.1　采样定理

采样定理是任何模拟信号数字化的理论基础，其实质是一个连续时间模拟信号经过采样变成离散的序列后，能否由此序列恢复原来的模拟信号的问题。

对于一个频带被限制在$(0,2f_H)$内的模拟信号$x(t)$，如果采样频率$f_s \geqslant 2f_H$，则可以由采样序列完全恢复原来的模拟信号；如果采样频率$f_s < 2f_H$，就会产生混叠和失真。

将模拟信号源与脉冲序列相乘即可得到采样信号序列，要恢复原来的信号，让采样信号序列通过低通滤波器即可。图 8-51 为模拟信号采样和恢复的 SystemView 模型。

其中，Token4(功能模块 4)为几个不同频率的正弦信号相加，用于模拟信号源，其最大频率为 12Hz。其内部结构如图 8-52 所示。

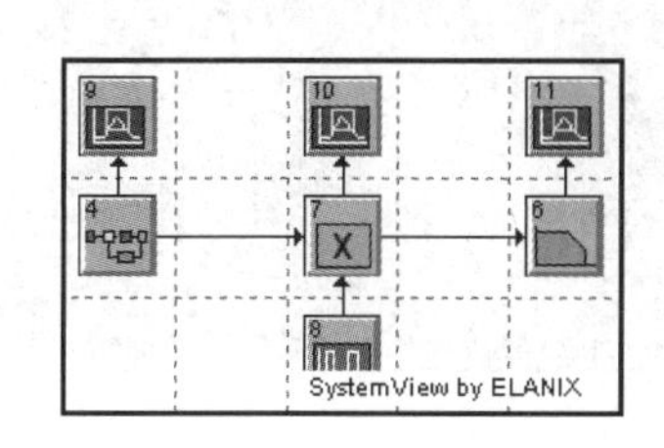

图 8-51　模拟信号的采样与恢复

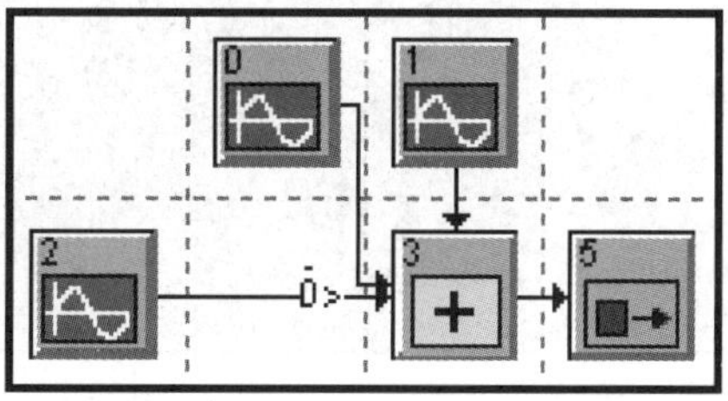

图 8-52　Token3(功能模块 3)子系统

各图符的参数设置如表 8-8 所列。

表 8-8　采样和恢复系统图标参数设置

图标编号	库/图标名称	参　数
0	Source: Sinusoid	Amp=1V,Frep=10Hz,Phase=0deg
1	Source: Sinusoid	Amp=1V,Frep=12Hz,Phase=0deg
2	Source: Sinusoid	Amp=1V,Frep=8Hz,Phase=0deg
3	Adder	
4	Meta System	
5	Meta I/O: Meta Out	
6	Operator: Linear Sys	Butterworth Lowpass IIR,4Poles,Fc=12Hz
7	Multiplier	
8	Source: Pulse Train	Amp=1V,Frep=30Hz,PulseW=0.001sec,Offset=0v,Phase=0deg
9～11	Sink: Analysis	

这里设置 Token8 脉冲的频率为 30Hz,即系统的采样频率为 30Hz,大于模拟信号源最大频率的 2 倍。模拟信号源、采样序列和恢复的信号波形分别如图 8-53～图 8-55 所示。系统时间设置:采样点为 1024,采样频率为 1kHz。

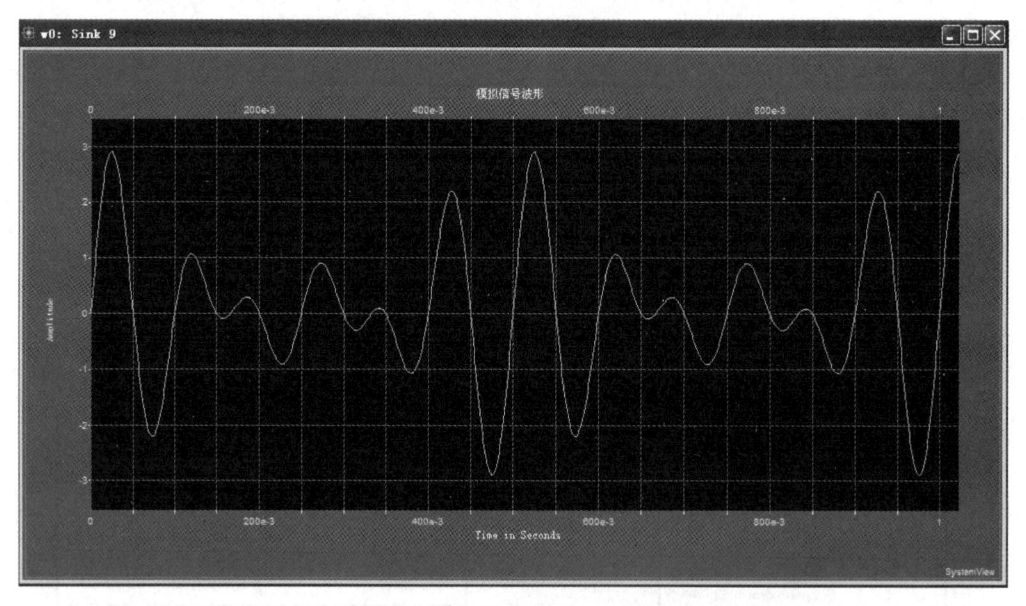

图 8-53　模拟信号源波形

对比模拟信号源波形和恢复的信号波形不难看出,在该采样频率下,信号能够被完整地恢复,没有失真。

将采样频率改为 20Hz(即 Token8(功能模块 8)的脉冲频率为 20Hz),重新运行系统仿真,得到的恢复信号波形如图 8-56 所示。从图中可以看出,失真已经十分明显。

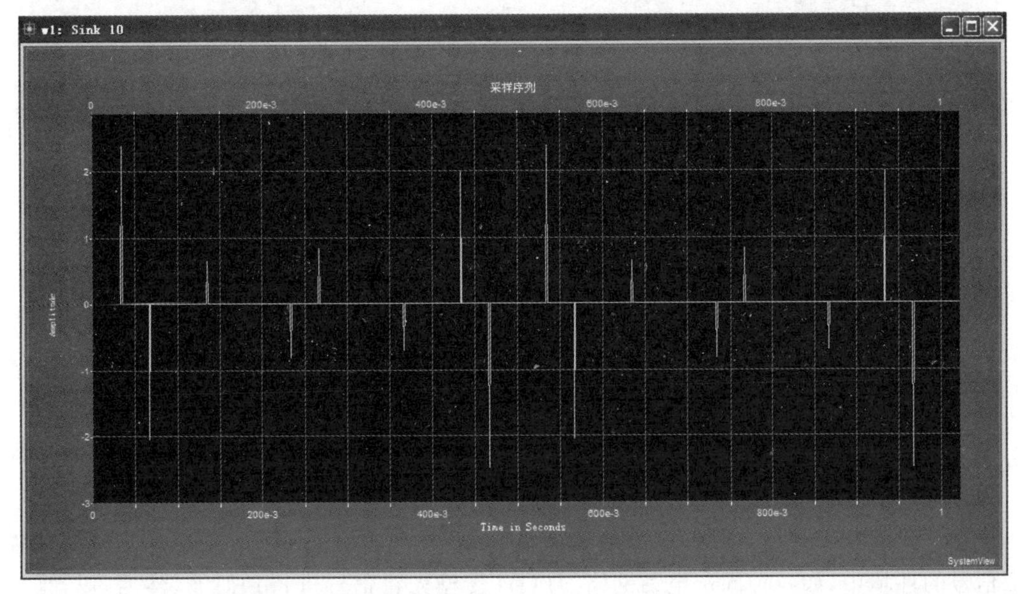

图 8-54　采样序列

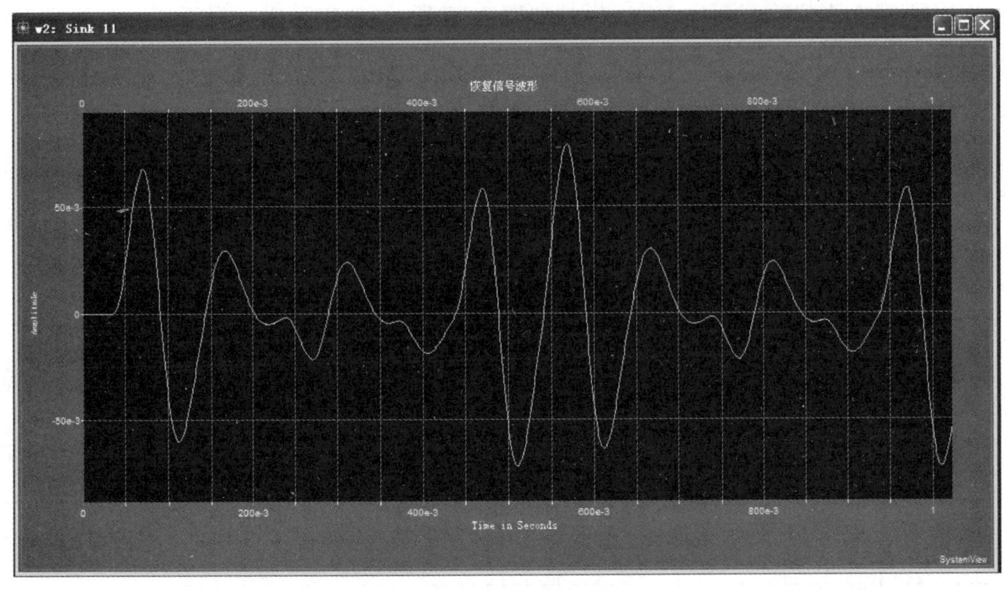

图 8-55　恢复的信号波形

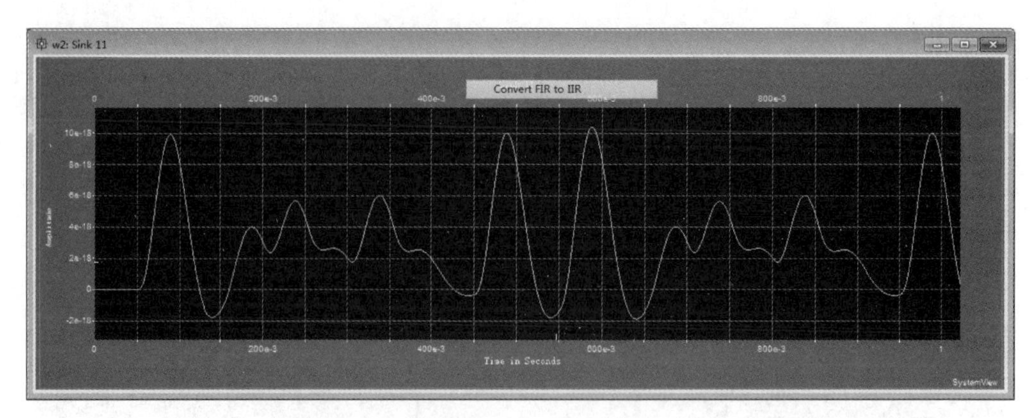

图 8-56　采样频率为 20Hz 时恢复的波形

8.3.2　模拟信号的数字传输

在现代通信系统中,PCM(脉冲编码调制)系统广泛应用于各种利用数学信道传输模拟信号的环境中,如各种固定电话网络。PCM 传输先将信号进行预滤波,然后进行采样和量化编码,经数字信道传输后在接收端用相反的步骤恢复信号。

为了使传输语音信号时能够有尽量小的量化失真,现代语音通信系统一般对信号进行非均匀量化,现有 A 率和 μ 率两种标准。

PCM 基本原理的 SystemView 模型如图 8-57 所示,这里采用 μ 率压缩。Token0(功能模块 0)用作模拟信号源,其内部结构如图 8-58 所示。

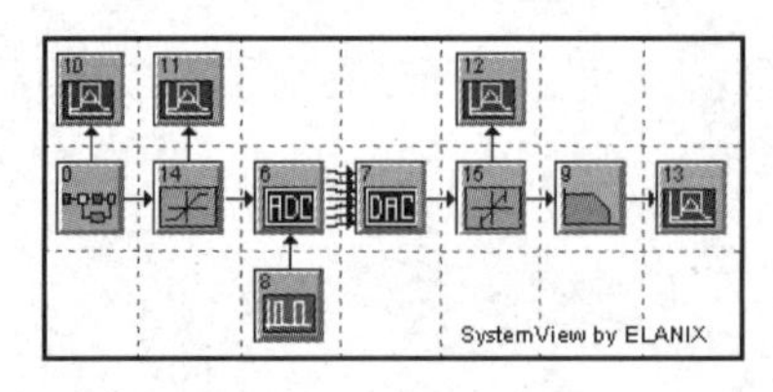

图 8-57　PCM 基本原理模型

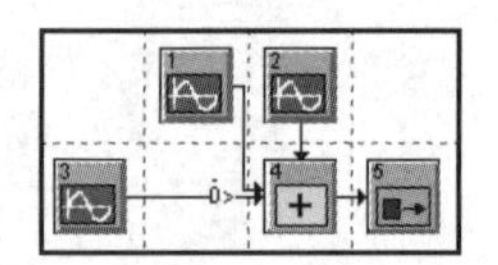

图 8-58　Token0 子系统

各图标的参数设置如表 8-9 所列,系统时钟设置:采样点数为 1024,采样频率为 100kHz。

表 8-9　PCM 模型图标参数设置

图标编号	库/图标名称	参　数
0	Mate SyestemView	
1	Source:Sinusoid	Amp=1V,Frep=1e+3Hz,Phase=0deg
2	Source:Sinusoid	Amp=1V,Frep=500Hz,Phase=0deg
3	Source:Sinusoid	Amp=1V,Frep=1.5e+3Hz,Phase=0deg
4	Adder	

续表

图标编号	库/图标名称	参　　数
5	Meta I/O：Meta Out	
6	Logic：ADC	Two's Complement，Gate Delay=0sec，Thereshold = 500.e-3V，True Output = 1V，False Output = 0V，No. Bits = 8，Min Input=−2.5V，Max Input=2.5V，Rise Time=0sec
7	Logic：DAC	Two's Complement，Gate Delay=0sec，Thereshold = 500.e-3V，True Output=1V，False Output=0V，No. Bits=8，Min Input=−2.5V，Max Input=2.5V，Rise Time=0sec
8	Source：Pulse Train	Amp=1V，Frep=1e+3Hz，Phase=0deg
9	Operator：Linear Sys	Butterworth Lowpass IIR，3Poles，Fc=1.8e+3Hz
10～13	Sink：Analysis	
14	Comm：Compander	u-Law，Max Input=2.5
15	Comm：DeCompander	u-Law，Max Input=2.5

信号源波形如图 8-59 所示。

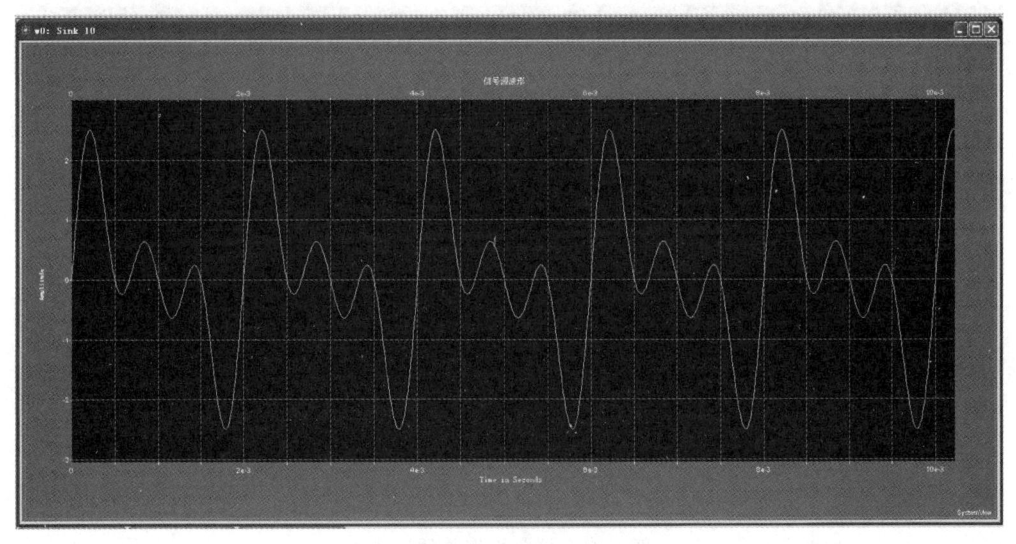

图 8-59　信号源波形

经过 μ 率压扩处理后的波形图如图 8-60 所示。

接收端恢复的波形如图 8-61 所示。

从图 8-60、图 8-61 可以看出，信号源波形经过压扩后，其波形已经发生了明显的变化，但是这并没有影响接收端正常地解调出原始信号，这是因为接收端又经过了和发送端相反的解压过程。这样做是为了减小该系统中由于量化而引起的噪声，即量化噪声。量化噪声的水平和信号的统计特性是相关的，不同统计特性的信号其最佳量化方法也是不同的，在实际的应用中要根据实际情况加以选择。

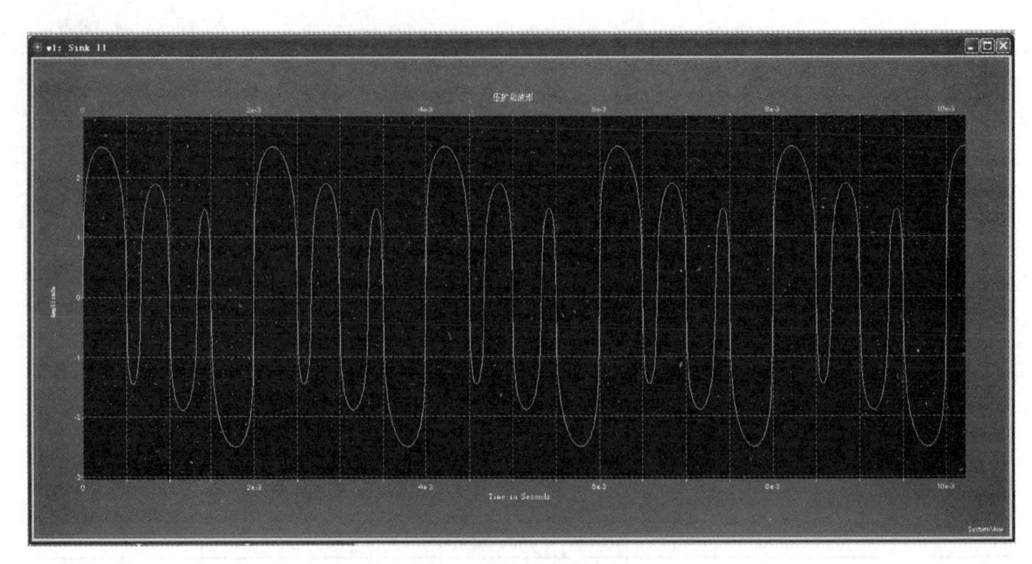

图 8-60　压扩后波形

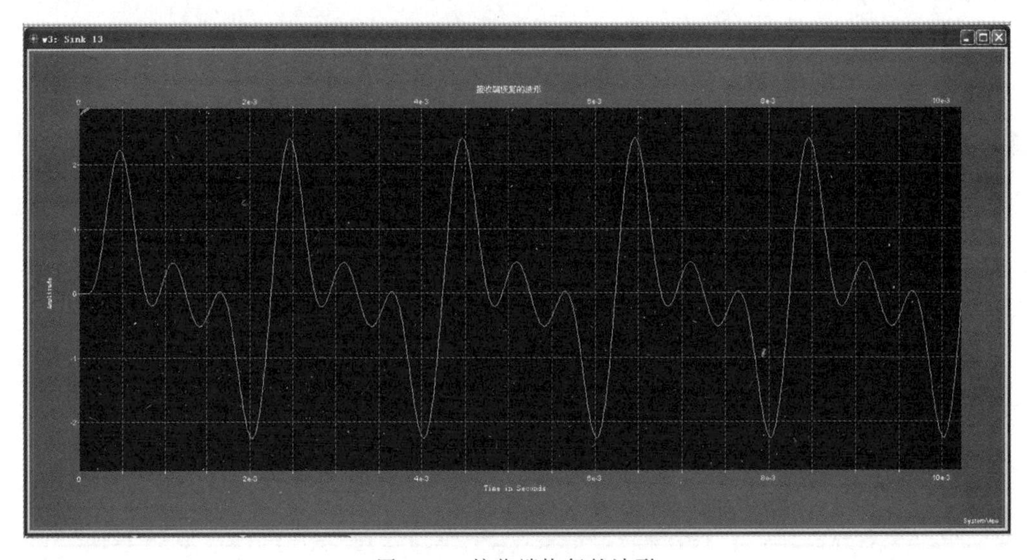

图 8-61　接收端恢复的波形

8.3.3　数字信号的频带传输

虽然基带信号能够在传输距离不远的有线信道中进行传输。但是为了更好地利用通信信道的带宽并使信号能够传送更远的距离,必须对数字信号进行调制。另外,无线通信系统也只能传输经过调制的数字信号。在通信系统中,作为载波的正弦波有幅度、频率和相位 3 个参数,对应的也就有 3 种基本的调制方式——调幅、调频和调相。由于数字信号不同于模拟信号的特殊性,在数字载波通信中,这 3 种基本的调制方式分别称为振幅键控(ASK)、频移键控(FSK)和相移键控(PSK)。

从本节开始将介绍现在通信系统中常见的数字信号调制方式、它们的常见解调方案以及相关特点的 SystemView 仿真。

调制信号为二进制信号的调制称为二进制数字调制。在二进制调制中载波的幅度、频率和相位只有两种变化状态。二进制调制又分为二进制振幅键控(2ASK)、二进制频移键控(2FSK)、二进制相移键控(2PSK)和差分二进制相移键控(2DPSK)等多种基本的类型。本节将介绍常用的二进制调制方式及各种解调方式的 SystemView 仿真。

1. 二进制振幅键控(2ASK)

振幅键控是利用正弦载波的幅度变化来传递数字信息,而其频率和初始相位保持不变。对于二进制振幅键控,当发送码元"1"时,取正弦载波的振幅为 A,当发送码元"0"时,取振幅为 0,根据载波的振幅不同区分码元信息。它的时域表达式为

$$S_{\mathrm{OOK}}(t)=a_n(A\cos\omega_c t) \tag{8-16}$$

式中,A 为载波幅度;ω_c 为载波频率;a_n 为二进制数字。根据获得 2ASK 信号的基本原理,可得到两种调制方法:模拟调幅法和键控法。

模拟调幅法的 SystemView 仿真模型如图 8-62 所示。系统时钟设置:采样频率为 1kHz,采样点数为 512。各图标的参数设置如表 8-10 所列。

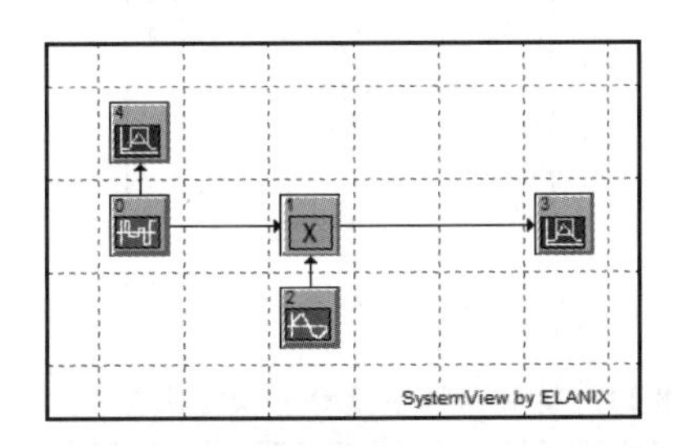

图 8-62 模拟调幅法实现 2ASK 调制模型

表 8-10 2ASK 调制系统图标参数设置

图标编号	库/图标名称	参数
0	Source: PN Seq	Amp=0.5V,Offset=0.5V,Rate=10Hz,LeVels=2,Phase=0deg
2	Source: Sinusoid	Amp=1V,Freq=100Hz,Phase=0deg
2	Multiplier	
3,4	Sink: Analysis	

运行系统仿真,得到的 2ASK 调制信号如图 8-63 所示。

对于不包含 0 电平的二进制信号,上述方法显然是行不通的,当然可以先通过电平转换电路将二进制信号转换成满足要求的信号,但这将增加电路的复杂程度。这时候要用到 2ASK 的另一个基本实现方法——键控法,即根据二进制信号控制开关让载波信号通过。这种实现方式的 SystemView 模型如图 8-64 所示。

系统时钟设置和上一种实现方式相同,各图符的参数设置如表 8-11 所列。

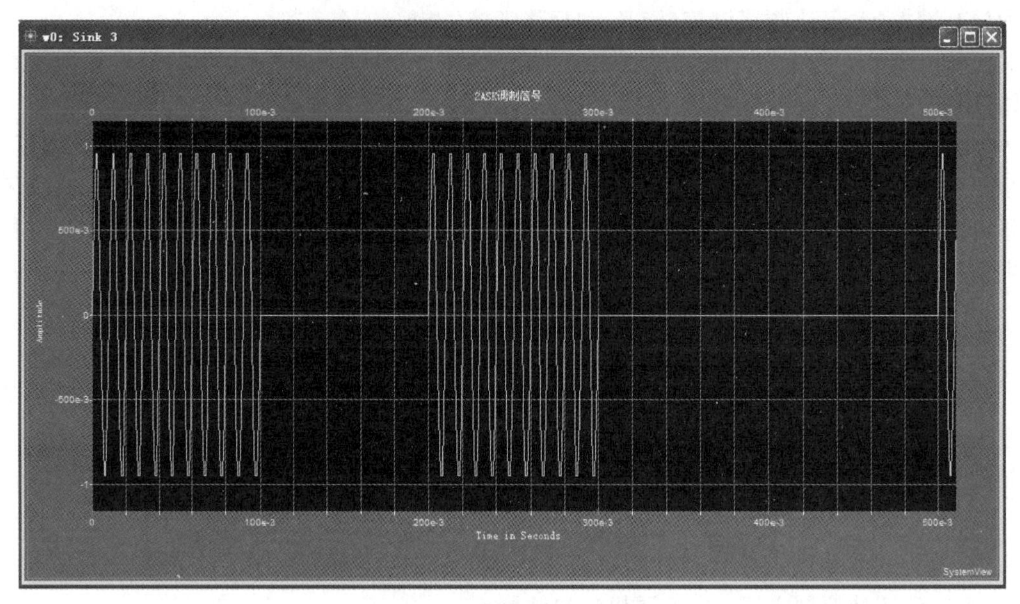

图 8-63　2ASK 信号波形

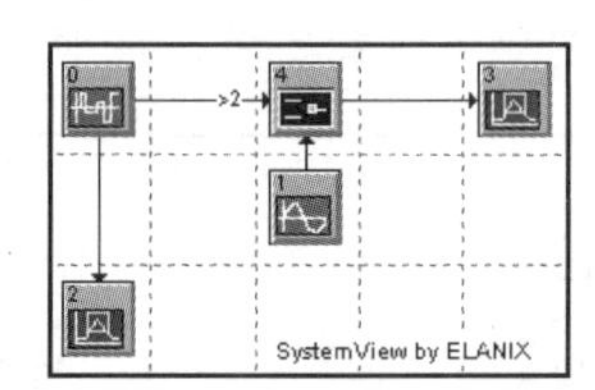

图 8-64　键控法实现 2ASK 调制模型

表 8-11　键控法实现 2ASK 模型图标参数设置

图标编号	库/图标名称	参　数
0	Source：PN Seq	Amp=1V，Offset=0V，Rate=10Hz，Levels=2，Phase=0deg
1	Source：Sinusoid	Amp=1V，Freq=50Hz，Phase=0deg
2，3	Sink：Analysis	
4	Logic：SPDT	Switch Delay=0sec，Threshold=500. e-3V，Input=None，Input=t1 Output 0，Control=t0 Output 1

运行系统仿真，得到调制信号和已调信号的波形分别如图 8-65 和图 8-66 所示。注意调制信号的两个状态的电平是 1 和 −1，没有 0 电平。

调制信号和已调信号的频谱图如图 8-67 所示，黄色为调制信号频谱，绿色为已调信号频谱。注意两种频谱之间的搬移关系，这与模拟调制时的幅度调制是一致的。

二进制振幅键控的解调方法和模拟信号双边带解调一样，可以是包络检波和相干解调两种。不同的是，现在信号只有两种状态，只需要依次在每个信号间隔内做出依次判决即可，这一功能由判决电路完成。这两种解调方式的原理框图如图 8-68 所示。

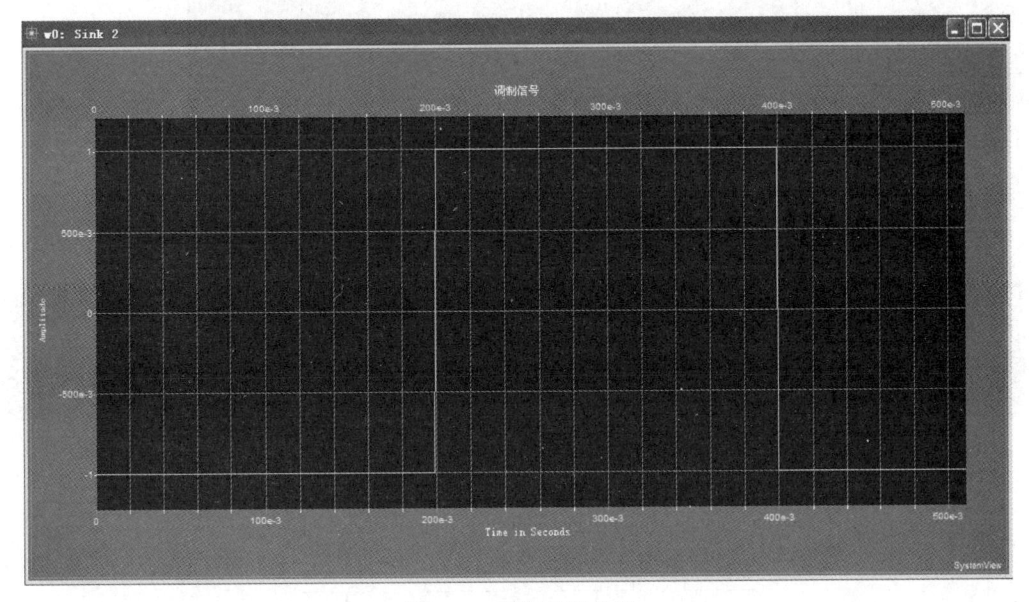

图 8-65　调制信号波形

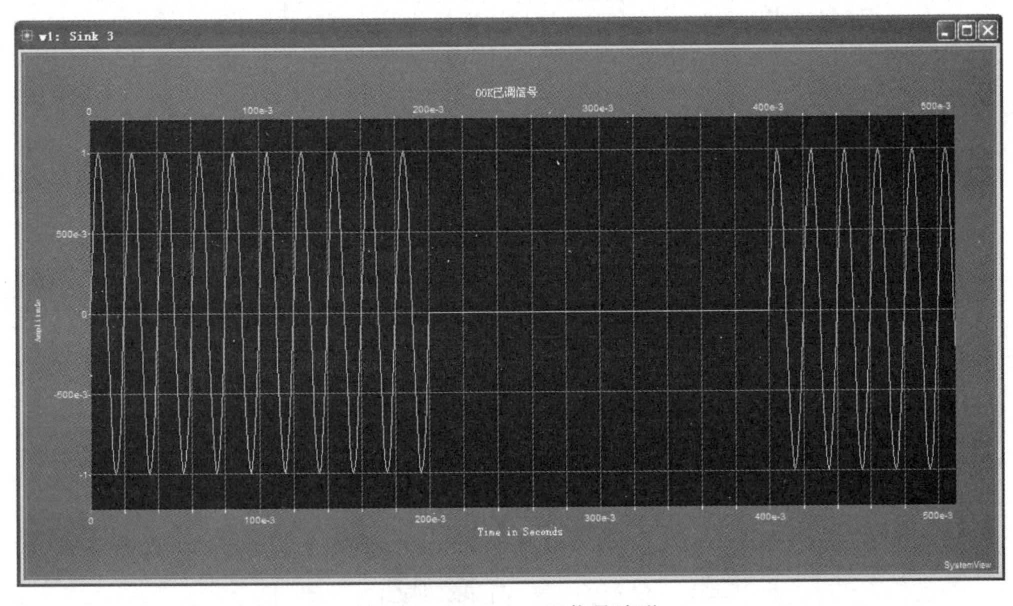

图 8-66　OOK 已调信号波形

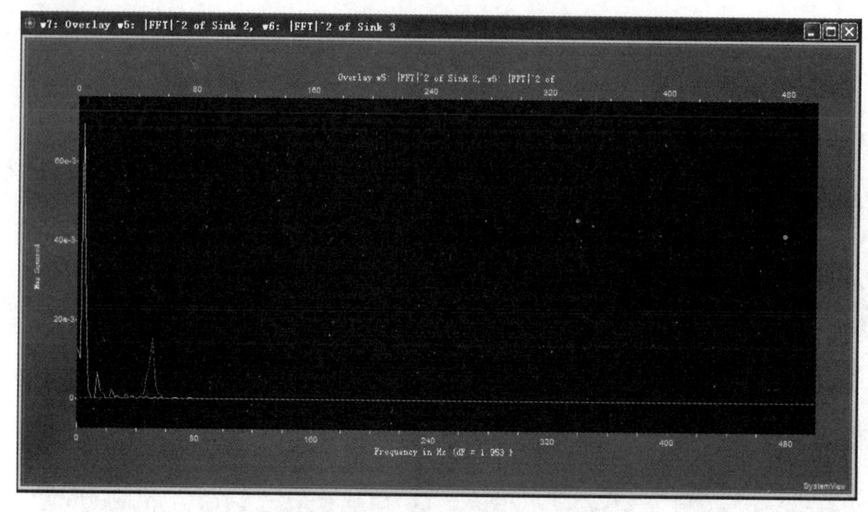

图 8-67　调制信号和已调信号的频谱

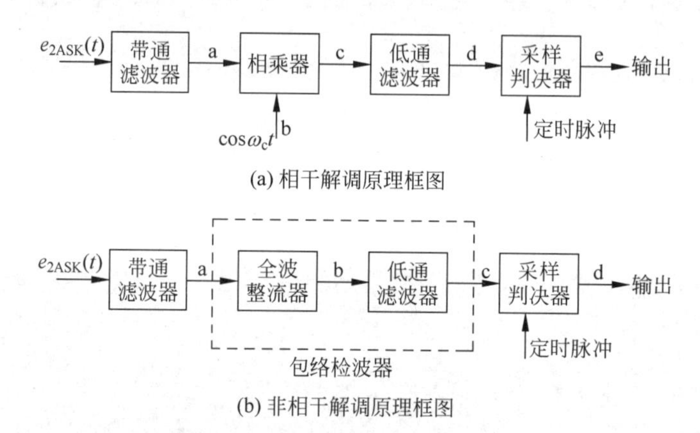

图 8-68　2ASK 两种解调方案原理图

由于大信噪比下,相干解调性能与包络检波性能相同,而相干解调需要在接收端产生一个本地载波,系统复杂度增加,因此在实际的 2ASK 系统中多采用包络检波。下面以包络检波法为例介绍 2ASK 解调的 SystemView 仿真。SystemView 模型如图 8-69 所示。

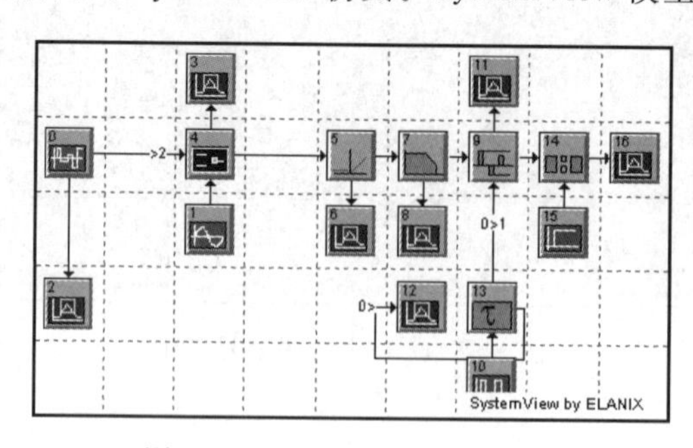

图 8-69　包络检波法解调模型

Token1～Token4构成调制器，结构与图8-64所示的模型相同，已调信号在解调端经过Token5进行半波整流，然后送低通滤波器后进行采样判决。由于SystemView不提供采样判决图符，信号先由Token9进行采样保持，然后送入Token14的比较器与门限电平进行比较来完成采样判决功能，门限电平由Token10为采样保持器的时钟脉冲，为了能够在最佳采样时刻进行采样，如图Token10的输出在送入采样保持器的始终输入端前添加了延迟。

系统时钟设置和前面的调制模型相同，各图标的参数设置如表8-12所列。

表8-12 2ASK包络检波系统图标参数设置

图标编号	库/图标名称	参数
0	Source：PN Seq	Amp=1V，Offset=0V，Rate=10Hz，Levels=2，Phase=0deg
1	Source：Sinusoid	Amp=1V，Freq=5Hz，Phase=0deg
4	Logic：SPDT	SwitchDelay=0sec，Threshold=500. e-3V，Input0=None，Input1=t1 Output 0，Control=t0 Output 0
5	Function：Half Rctfy	Zero Point=0V
7	Operator：Linear Sys	Butterworth Lowpass IIR，3Poles，fc=10Hz
9	Operator：Sample Hold	Crtl Thershold=500. e-3V
10	Source：Pulse Train	Amp=1V，Freq=10hz，pulseW=50. e-3sec，Offset=0V，Phase=0deg
13	Operator：delay	Non-Interpolating，Delay=50. e-3sec
14	Operator：compare	Comparison='>='，True Output=1V，False Output=−1V，Ainput=t9 output 0，B input=t15output0
15	Source：step fct	Amp=100. e-3V，Start=0sec，Offset=0V
2，3，6，8，11，12，16	Sink：analysis	

注：* Token指功能模块。

整流器整流前后的信号波形如图8-70所示。

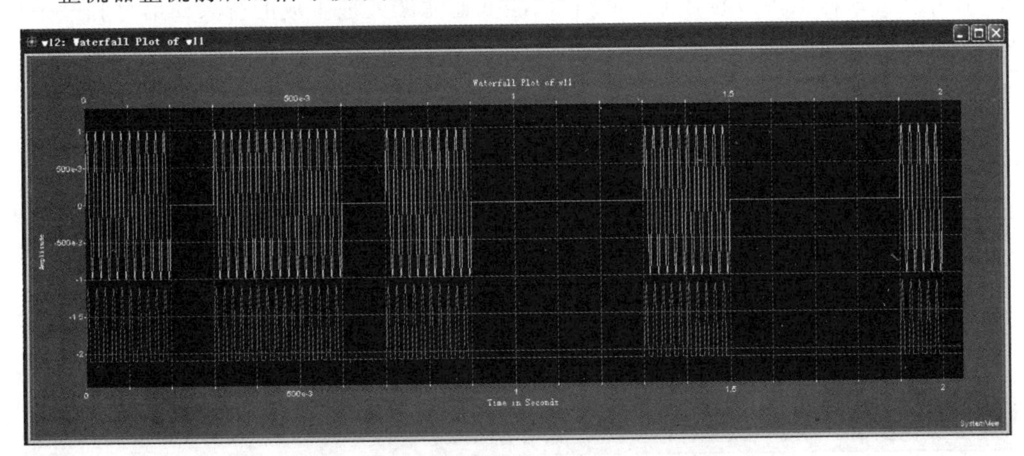

图8-70 整流前(上)后(下)的信号波形

在 SystemView 中要绘制图 3.70 所示的图形需要用到接收计算器的瀑布图(Waterfall)功能，具体的操作步骤如下：

(1) 首先叠绘 OOK 调制输出波形和经整流器整理后的信号波形。

(2) 单击按钮打开接收计算器窗口，并切换到 Style 页面，如图 8-71 所示。

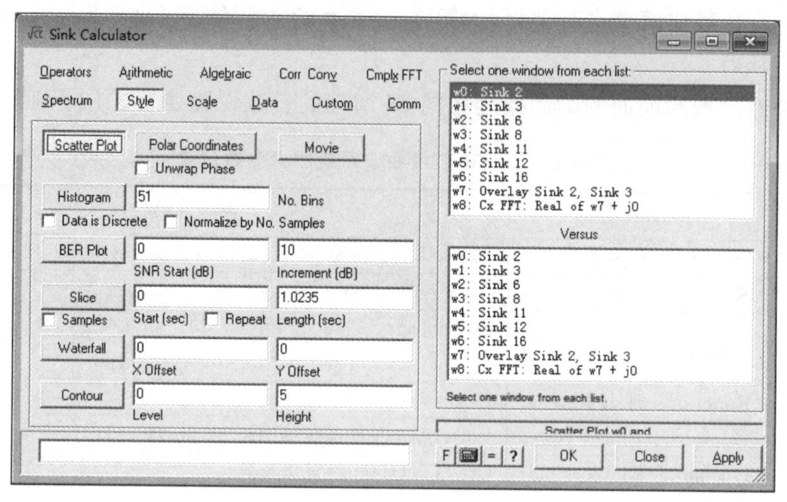

图 8-71　绘制瀑布图的步骤

(3) 单击 Waterfall 按钮选择瀑布图功能，然后在后面的文本框中输入需要的 X 坐标偏置与 Y 坐标偏置，需要输入的数值与波形的形状、X/Y 坐标范围和期望生成的瀑布图形状有关，这里分别输入 0 和 2.1。

(4) 在窗口列表中选择刚才叠绘波生成的窗口，然后单击 OK 按钮即可。

经滤波器滤除高频分量后的信号和该信号经采样保持电路处理后的采样保持信号如图 8-72 所示。为了便于理解这两个采样保持前后信号之间关系和采样时刻在这种关系中起到的作用，将采样保持图符的时钟脉冲也绘制在了图中，时钟的上升沿为采样时刻。图中为：采样保持器的时钟脉冲信号、经低通滤波处理生成的待采样信号和经采样保持器生成的采样保持信号。

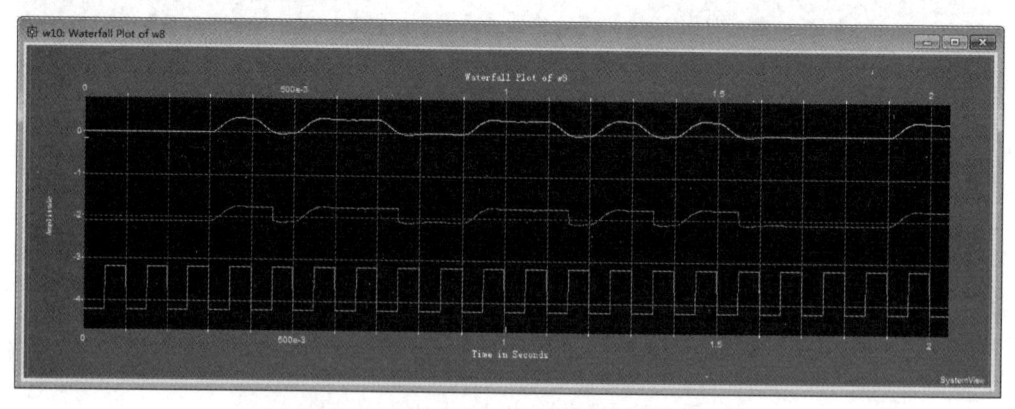

图 8-72　时钟、待采样信号和采样保持信号波形

发送端的二进制调制信号和接收端解调出的信号的对照图如图8-73所示，其中上面为调制信号，下面为解调信号。除了由于在传输和解调过程中引入的延迟外两个信号完全相同，该包络检波器解调系统能够实现正确地解调。

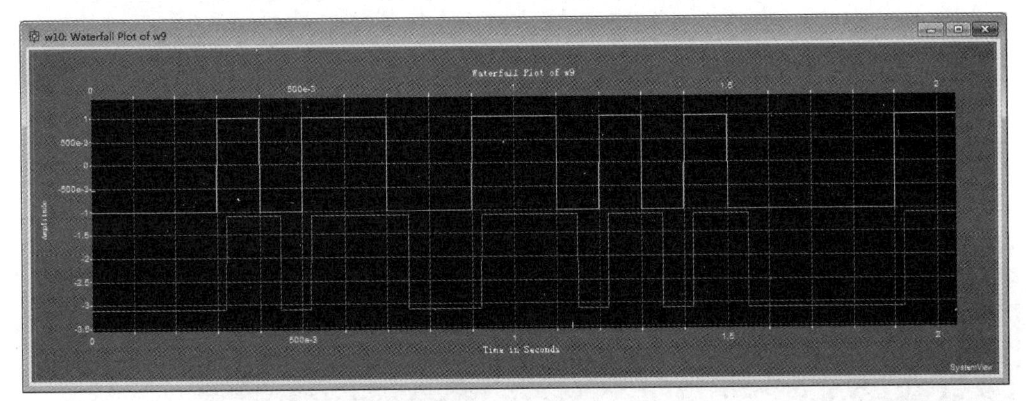

图8-73 调制信号和解调信号波形

2. 二进制频移键控(2FSK)

二进制频移键控，是用载波的频率来携带二进制信息的调制方式，即0值对应一个频率 f_1，1对应另一个频率 f_2。二进制频移键控可以采用模拟信号调频电路来实现，但更容易实现的方法是键控法。

由于二进制频移键控已调信号可以看作两个不同载波的振幅键控已调信号之和，它的频带宽度是基带信号宽度(B)和 $|f_2-f_1|$ 之和，即

$$\Delta f=2B+|f_2-f_1| \tag{8-17}$$

根据2FSK调制的基本原理，得到2FSK键控法理论框图如图8-74所示。

利用该原理实现的2FSK调制的SystemView模型如图8-75所示。

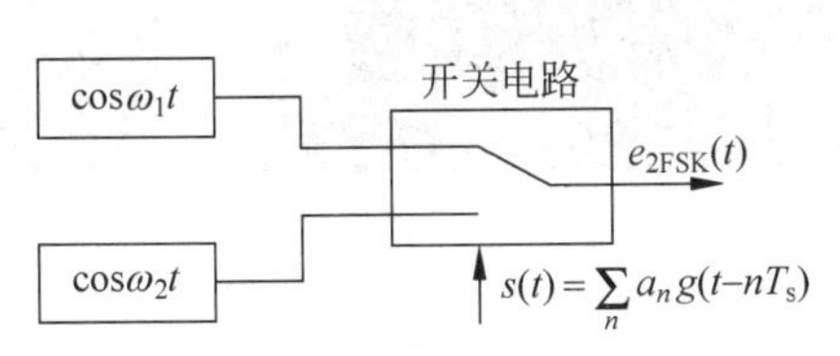

图8-74 2FSK键控法理论框图

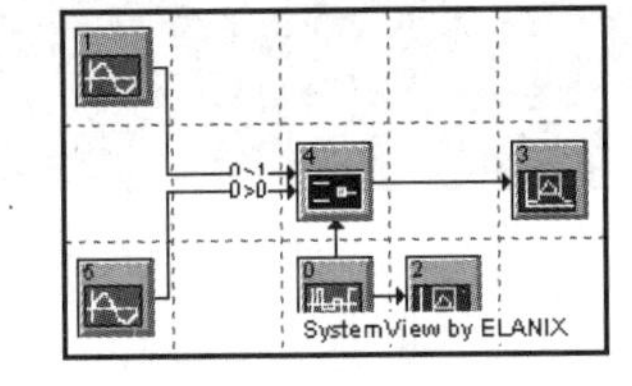

图8-75 键控法实现2FSK调制模型

系统时钟设置：采样点数为2048，采样频率为1kHz。各图符的参数设置如表8-13所列。

调制信号和已调信号的波形关系如图8-76所示，调制信号与已调信号的功率谱如图8-77所示。图中黄色代表调制信号，绿色代表已调信号。很明显已调信号用不同载波来携带二进制信息，且功率谱有两个波峰，不同于调制信号功率谱，属于非线性调制。

表 8-13　2FSK 系统图标参数设置

图标编号	库\图标名称	参　数
0	Source：PN Seq	Amp=1V,Offset=0V,Rate=10Hz,Level=2,Phase=0deg
1	Source：Sinusoid	Amp=1V,Freq=65Hz,Phase=0deg
2,3	Sink：Analysis	
4	Logic：SPDT	SwitchDelay = 0sec，Threshold = 500. e-3V，Input0 = t5，Output0,Input1=t1，Output0,Control=t0 Output0,Max Rate=1e+3Hz
5	Source：Sinusoid	Amp=1V,Freq=35Hz,Phase=0deg

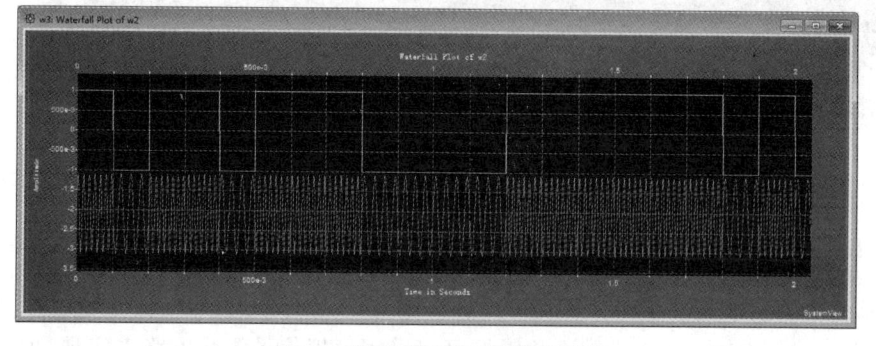

图 8-76　调制信号和已调信号波形

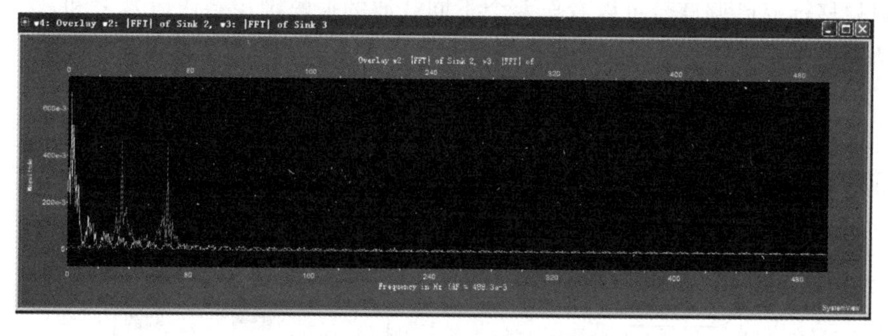

图 8-77　调制信号与已调信号功率谱

二进制频移键控的解调有多种方法，图 8-78 中的相干解调和非相干解调法是较常用的方法。其原理和二进制振幅键控相同，只是有上下两条线路而已。另外还有别的解调方法，如零检测法和鉴频法，鉴频法一般是通过锁相环实现对 2FSK 信号的解调。

这里以非相干解调为例，2FSK 非相干解调的 SystemView 模型如图 8-79 所示。

其中，Token0～Token5 为发送端，完成信号的调制。其余图符为接收端，完成解调功能。Token8 和 Token10、Token9 和 Token11 对应原理图中的两个包络检波，Token12～Token16 构成带时钟的采样判决器。该系统的时间设置和前面介绍的调制系统相同，各图符的参数设置如表 8-14 所列。

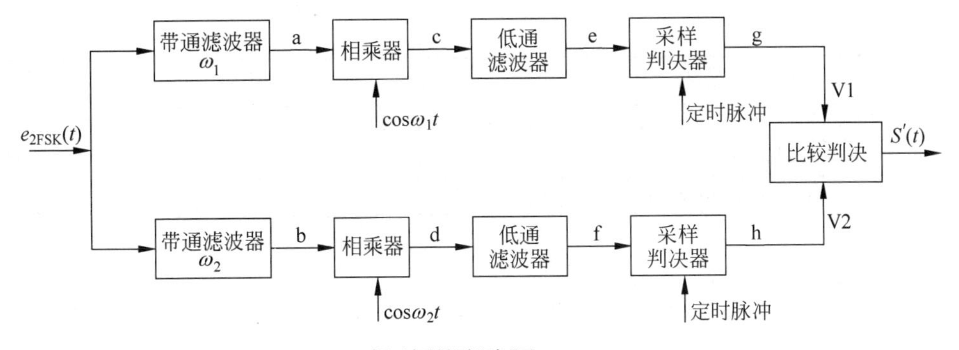

(a) 相干解调原理框图

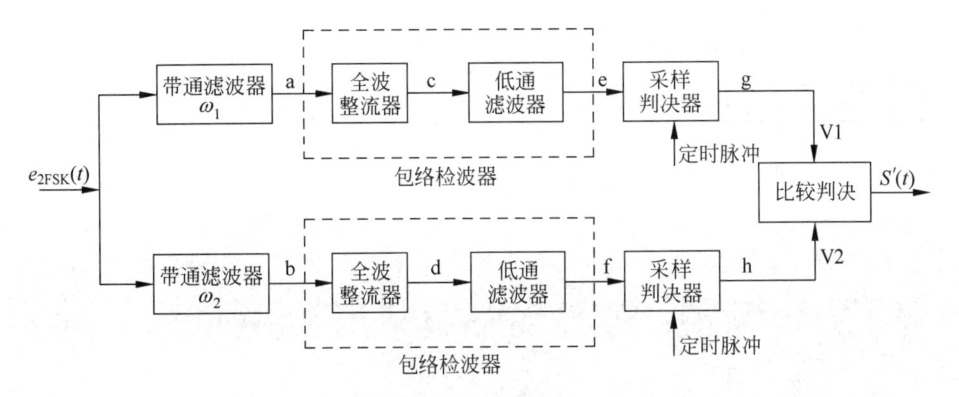

(b) 非相干解调原理框图

图 8-78 2FSK 解调原理框图

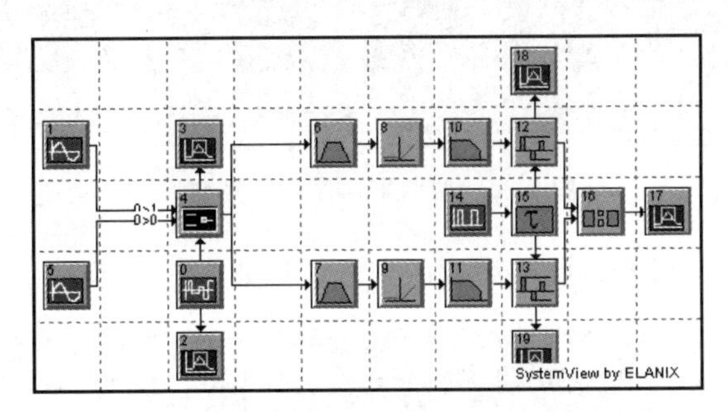

图 8-79 2FSK 非相干解调的 SystemView 模型

表 8-14 2FSK 非相干解调系统图标参数设置

图标编号	库\图标名称	参数
0	Source：PN Seq	Amp=1V，Offset=0V，Rate=10Hz，Level=2，Phase=0deg
1	Source：Sinusoid	Amp=1V，Freq=65Hz，Phase=0deg
4	Logic：SPDT	Switch Delay = 0sec，Threshold = 500. e-3V，Input 0 = t5，output0，input1=t1，output0，control=t0 output0，Max Rate=1e+3Hz
5	Source：Sinusoid	Amp=1V，Freq=35Hz，Phase=0deg

续表

图注编号	库\图注名称	参　数
6	Operator：Linear Sys	Butterworth Bandpass IIR,3Poles,Low Fc=50Hz,Hi Fc=80Hz
7	Operator：Linear Sys	Butterworth Bandpass IIR,3Poles,Low Fc=20Hz,Hi Fc=50Hz
8,9	Function：Half Rctfy	Zero Point=0V
10,11	Operator：Linear Sys	butterworth Lowpass IIR,3Poles,Fc=12Hz
12,13	Operator：Sample Hold	Ctrl Threshold =100. e-3V
14	Source：Pulse Train	Amp= 1V, Freq = 10Hz, PulseW = 50. e-3sec, Offset = 0V, Phase=0deg
15	Operator：Delay	Non-Interpolating,Delay=50. e-3sec
16	Operator：Compare	Comparison='>=',True Output=1V,False Output=−1V, A input=t12,B Input=t13
2,3,17～19	Sink：Analysis	

经采样保持后两路信号波形如图 8-80 所示。

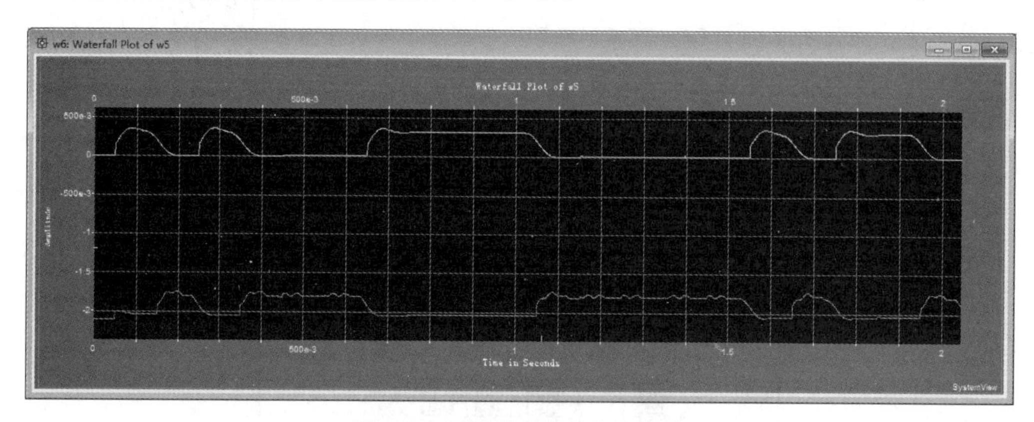

图 8-80　两路采样保持信号波形

发送端调制信号波形和接收端解调的信号波形如图 8-81 所示。

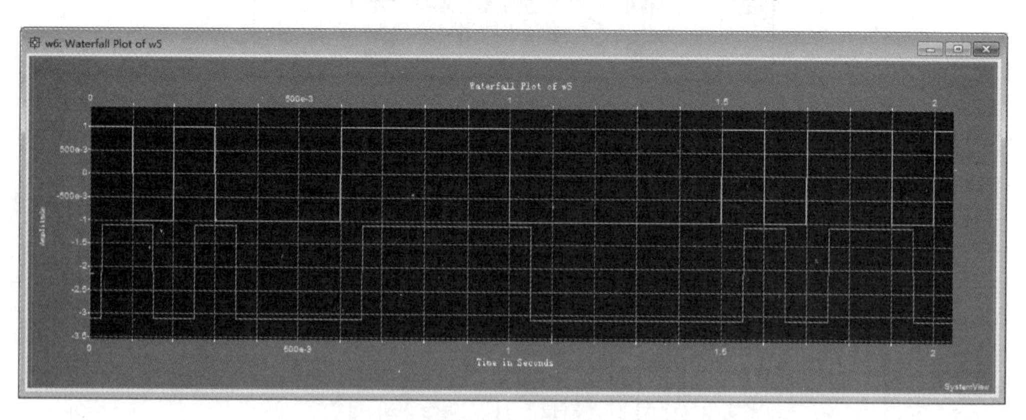

图 8-81　调制信号和解调信号波形

二进制频移键控由于实现容易，抗噪声性能也较好，因此在早期的数字通信系统中有着广泛的应用。但是由于 2FSK 的高速性能不好，在现在对通信的数据传输速率要求越来越高的情况下，逐渐被另一种调制方式——相移键控所替代。

3. 二进制相移键控(2PSK)

二进制相移键控(2PSK)是用载波的相位携带二进制信息的调制方式，通常用 0°和 180°来分别代表 0 和 1。其时域表达式为

$$S_{2PSK}=\left[\sum_n a_n g(t-nT_s)\right]\cos\omega_c t \tag{8-18}$$

式中，a_n 为双极性二元码。这样 2PSK 的调制可以通过相乘器来实现，如果码元无法满足要求，可以先进行码型变换(电平转换)。2PSK 调制也可以用相位选择器来实现。实现原理如图 8-82 所示。

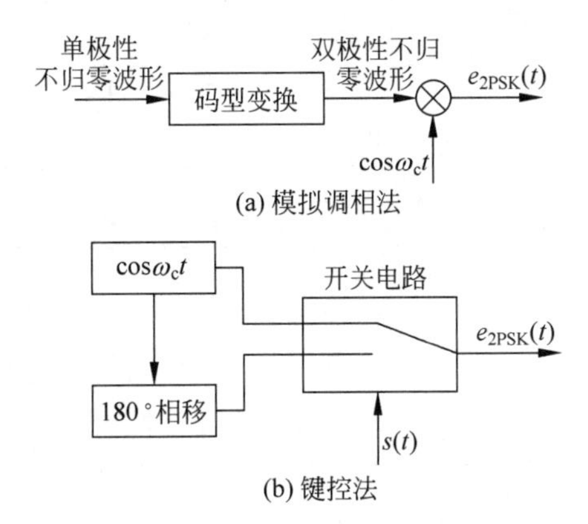

图 8-82 2PSK 调制原理框图

2PSK 信号的幅度是恒定的，必须进行相干解调。原理如图 8-83 所示。

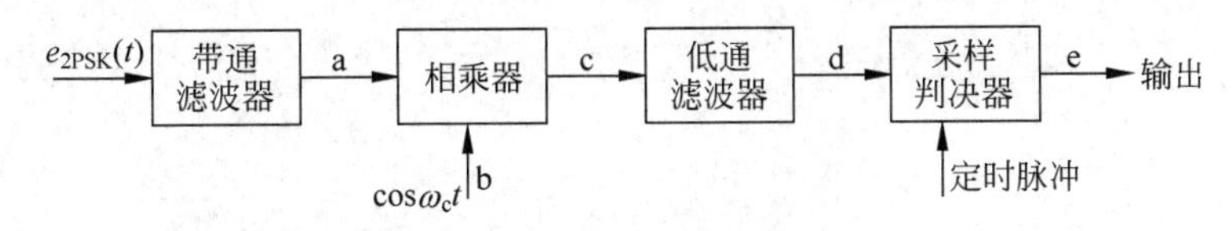

图 8-83 2PSK 相干解调原理框图

根据上述原理图建立的 2PSK 调制和相干解调的 SystemView 模型如图 8-84 所示。

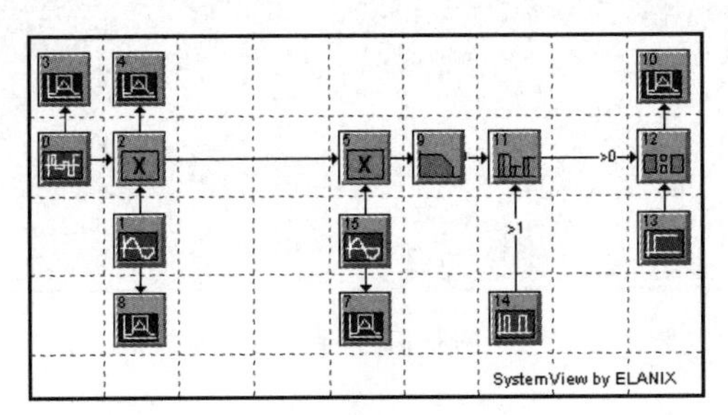

图 8-84 2PSK 系统的 SystemView 模型

系统时钟设置：采样点数为2048，采样频率为1kHz。各图标的参数设置如表8-15所列。

表8-15　2PSK系统图标参数设置

图标编号	库/图标名称	参数
0	Source：PN Seq	Amp=1V，Offset=0V，Rate=10Hz，Levels=2，Phase=0deg
1	Source：Sinusoid	Amp=1V，Freq=50Hz，Phase=0deg
2，5	Multiplier	
3，4，7，8，10	Sink：Analysis	
9	Operator：Linear Sys	Butterworth Lowpass IIR，3Poles，Fc=12Hz
11	Operator：Sample Hold	Ctrl Threshold=100. e-3V，Siganl=t9 Output 0，Control=t14 Output 0
12	Operator：Compare	Comparison='>='，True Output=1V，False Output=0V，A Input=t11 Output 0，B Input=t13 Output 0
13	Source：Step Fct	Amp=0V，Start=0sec，Offset=0V
14	Source：Pulse Train	Amp = 1V，Freq = 10Hz，PulseW = 50. e-3sec，Offset = 60. e-3V，Phase=0deg
15	Source：Sinusoid	Amp=1V，Freq=50Hz，Phase=0deg

系统中设置调制载波(Token1)和解调载波(Token15)相位相差180°，得到调制信号和解调信号的对比如图8-85所示。可以看出，由于本地载波的相位模糊，因而解调出来的信号与调制信号极性完全相反，即1和0倒置。这对于数字传输是不允许的。解决相位模糊对相干解调影响的最常用且有效的办法就是在调制器输入的数字基带信号中采用差分编码，即下面要介绍的二进制差分相移键控。

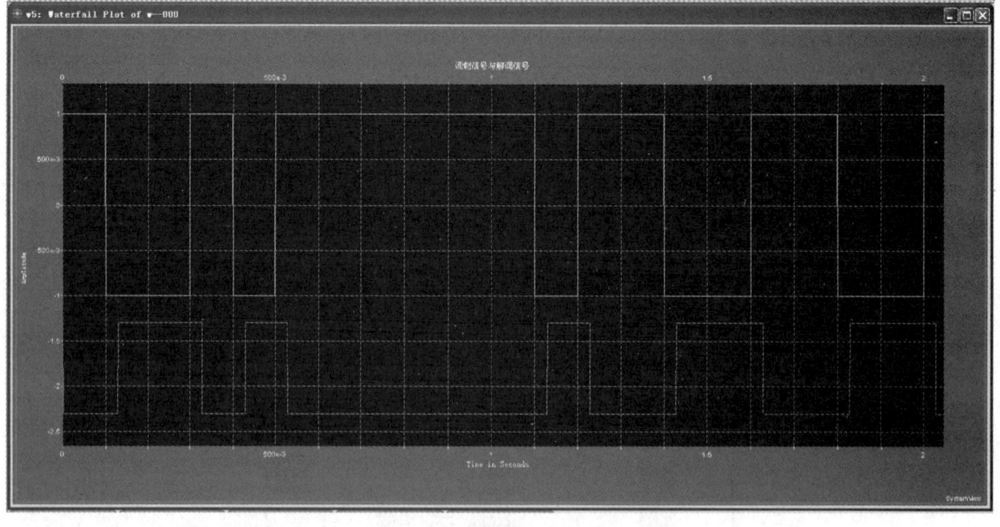

图8-85　调制信号与解调信号波形

4. 二进制差分相移键控(2DPSK)

在 2PSK 信号中,相位的变化是以未调信号的相位作为基准的。由于它是利用载波相位的绝对值来传递信息,因此又称为绝对调相。这种调制方式由于在接收端恢复载波时存在相位模糊问题,可能导致信息传送的失败。因此就引入了另一种相位调制方法——二进制差分相移键控。

与绝对调相不同,二进制差分相移键控不是用载波相位的绝对值传递信息,而是用前后码元的相对相位变化传递数字信息。实现二进制差分相移键控最常用的方法是:先对二进制数字基带信号进行差分编码,使之由绝对码表示变化为相对码(差分码)表示,然后对变换出的差分码按上一部分介绍的方法进行绝对调相即可。二进制差分相移键控简称二相相对调相,一般简称 2DPSK,也可直接简称为 DPSK。DPSK 调制原理图如图 8-86 所示。

根据该原理搭建的 DPSK 调制系统的 SystemView 模型如图 8-87 所示。

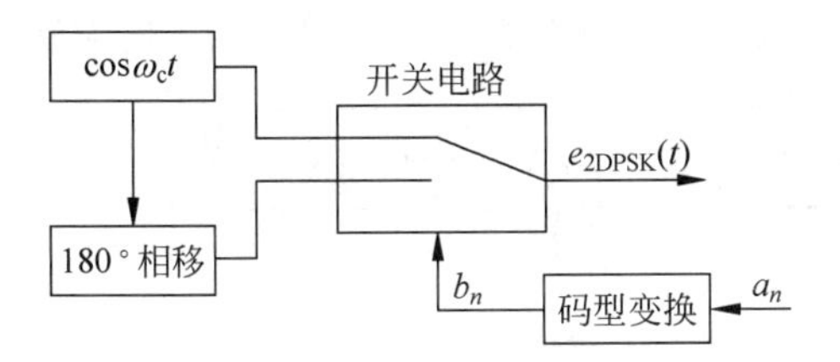

图 8-86　DPSK 调制原理框图

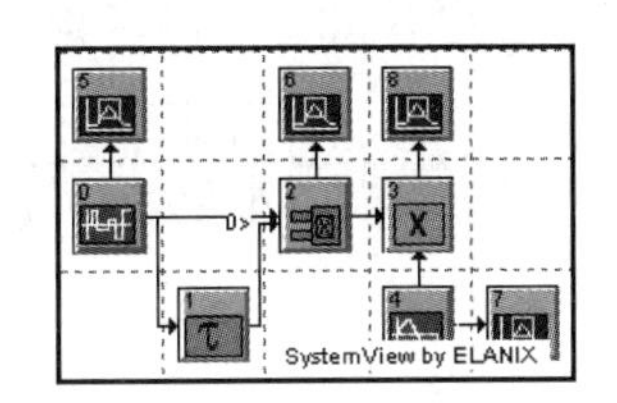

图 8-87　DPSK 调制模型

其中,Token1 和 Token2 构成差分编码电路,完成对输入原始的二进制信号进行差分编码,然后由乘法器图符按绝对调相完成调制即可实现整个 DPSK 调制功能。

系统时间设置:采样点数为 2048,采样频率为 1kHz。各图符的参数设置如表 8-16 所列。

表 8-16　DPSK 调制图标参数设置

图标编号	库/图标名称	参　　数
0	Source: PN Seq	Amp=1V,Offset=0V,Rate=10Hz,Level=2,Phase=0deg
1	Operator: Delay	Non-Interpolating,Delay=99e-3sec
2	Operator: XOR	Threshold=0,True=1,False=−1
3	Multiplier	
4	Source: Sinusoid	Amp=1V,Freq=20Hz,Phase=0deg
5~8	Sink: Analysis	

DPSK 调制各信号间的关系如图 8-88 所示,从上到下依次为调制信号、差分码、载波和 DPSK 信号。

由于在 DPSK 中,数字信息是用前后码元已调信号的相位变化来表示的,而用有相位模糊的载波进行相干解调并不影响相对关系。因而虽然解调得到的相对码可能是 0、1 倒置的,但经差分译码的绝对码不会发生任何错误,是完全正确的,从而可以克服相位模

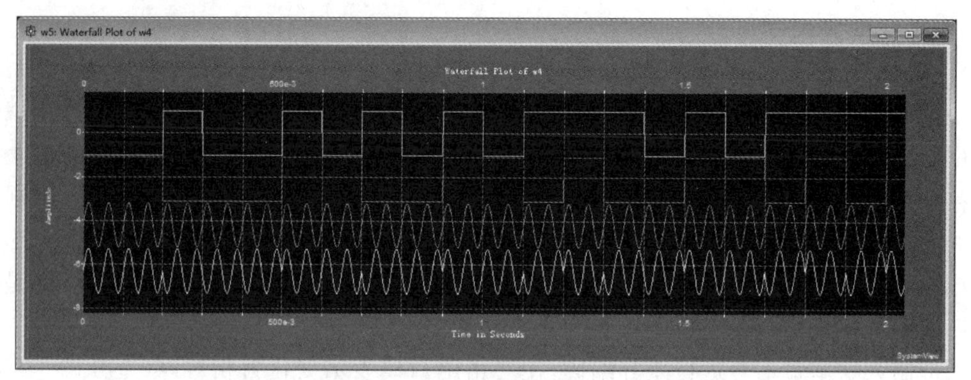

图 8-88　DPSK 调制各信号间关系

糊带来的问题。关于差分编码解码对中间传输过程中信号被倒置不敏感的特性,用户可以自行搭建 SystemView 模型进行验证。DPSK 相干解调器如图 8-89 所示,除了要对最后解调出的信号进行差分解码外,与 2PSK 信号的解调系统是基本相似的,其解调模型可以参考 2PSK 相干解调系统,这里着重介绍另一种解调方法——差分相干解调法。

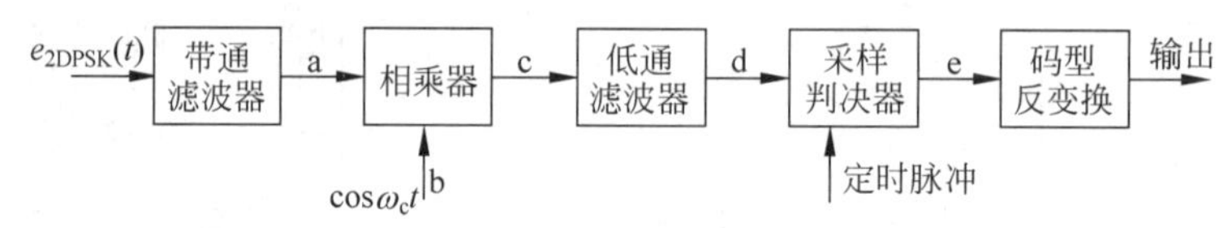

图 8-89　DPSK 相干解调原理框图

由于 DPSK 信号是通过前后码元的相位差来携带信息的,因此也就可以用另一更常用的解调方法——差分相干解调法来解调。DPSK 差分相干解调法的原理图如图 8-90 所示,用这种方法解调时不需要恢复本地载波,只要将 DPSK 信号精确地延迟一个码元时间间隔,然后与 DPSK 信号相乘,相乘结果就反映了前后码元的相对相位关系,经低通滤波后直接采样判决即可恢复出原始的数字信息,而不需要再进行差分编码。

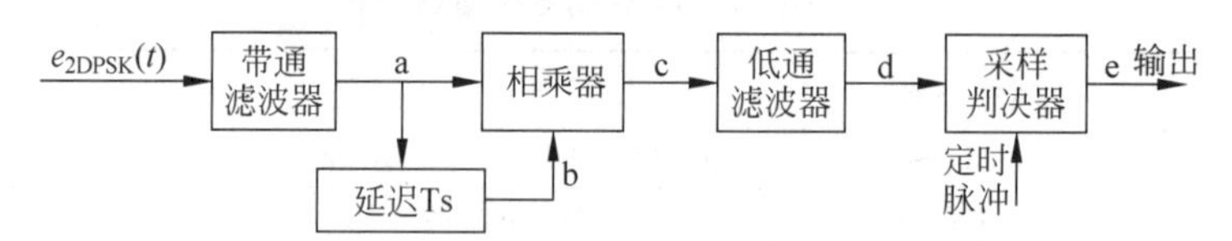

图 8-90　DPSK 差分相干解调原理框图

DPSK 差分解调的 SystemView 模型如图 8-91 所示。

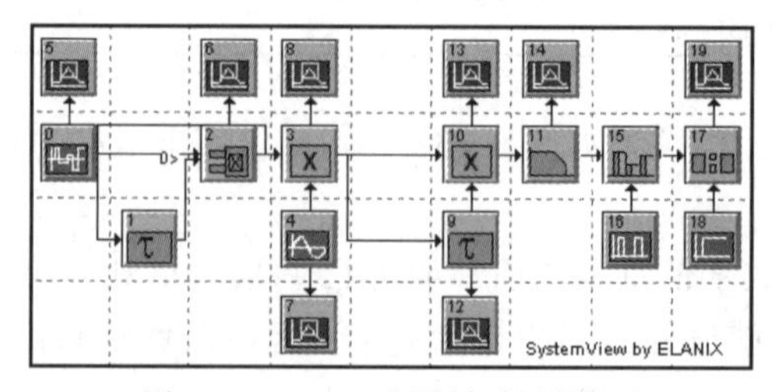

图 8-91　DPSK 调制与解调模型

图中左侧位调制部分与图 8-87 所示的调制模型结构完全相同，整个系统时间设置也相同。各图标的参数设置如表 8-17 所列。

表 8-17　DPSK 调制与解调模型图标参数设置

图标编号	库/图标名称	参　数
0	Source：PN Seq	Amp=1V，Offset=0V，Rate=10Hz，Level=2，Phase=0deg
1	Operator：Delay	Non-Interpolating，Delay=99e-3sec
2	Operator：XOR	Threshold=0，True=1，False=－1
3，10	Multiplier	
4	Source：Sinusoid	Amp=1V，Freq=20Hz，Phase=0deg
9	Operator：Delay	Non-Interpolating，Delay=100e-3sec
11	Operator：Linear Sys	Butterworth Lowpass IIR，3poles，Fc=12Hz
15	Operator：Sample Hold	Ctrl Threshold=100. e-3V，Signal=t11 Output 0，Control=t16 Output0
16	Source：Pulse Train	Amp=1V，Freq=10Hz，PhaseW=50. e-3sec，Offset=60. e-3V，Phase=0deg
17	Operator：Compare	Comparison='=<'，True Output=1V，False Output=－1V，A Input=t15 Output 0，B Input=t18 Output 0
18	Source：Step Fct	Amp=0V，Start=0sec，Offset=0V
5～8，12，13，19	Sink：Analysis	

调制信号和解调信号波形如图 8-92 所示，二进制信号经过调制和传输后，在接收端实现了正确的解调，不存在倒 π 现象。

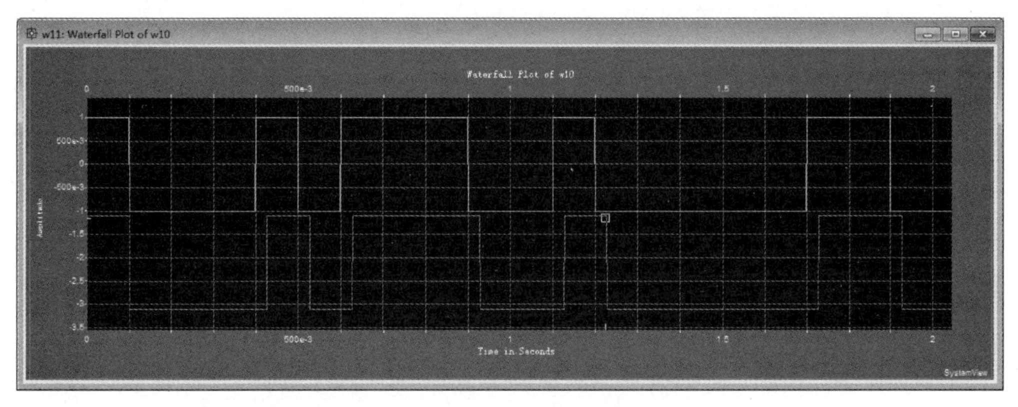

图 8-92　调制信号(上)波形与解调信号(下)波形

为了便于理解 DPSK 差分相干解调的原理，这里给出 DPSK 信号和解调器各点信号的对比图，如图 8-93 所示，从上到下依次是 DPSK 信号、延迟后的 DPSK 信号、乘法器输出结果、滤波器输出信号和最后经过采样判决得到的解调信号。

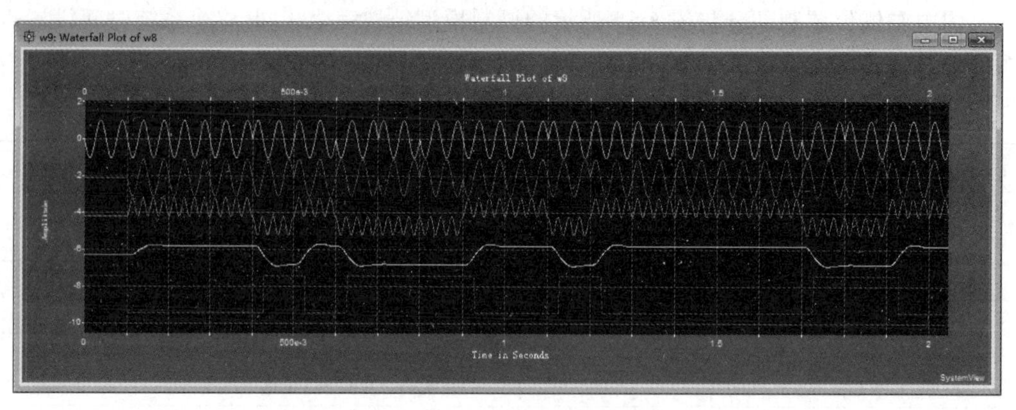

图 8-93　DPSK 系统各模块信号波形

第9章 新型数字频带调制技术的SystemView仿真

本章主要介绍新型数字频带调制技术在 SystemView 系统上的仿真，包括 QAM 技术、QPSK 技术、OQPSK 技术以及 MSK 技术的调制/解调。侧重强调它们在现代通信系统中的性能优势以及具体应用。

9.1 正交振幅调制(QAM)仿真

9.1.1 16QAM 调制与解调

将各种调制结合起来，可以更好地利用传输频带。正交幅度调制(QAM)就是其中的一种，它利用两路正交的载波信号对两路数字信号(由一路信号经串/并转换分离出的两路数字信号)分别进行幅度调制，然后在同一个信道中传输。这种调制方式结合了幅度调制和相位调制，目前在各种行业的利用越来越多。QAM 基本表达式为

$$s_k(t)=A_k\cos(\omega_c t+\theta_k),\quad kT<t\leqslant(k+1)T \tag{9-1}$$

式中，$k=1,2,3,\cdots,M$，共有 M 个可能的信号；A_k 和 θ_k 分别为 QAM 信号的幅度和相位；ω_c 为载波频率，它们之间在理论上并没有制约关系，可以任意选取。将上式展开得到

$$s_k(t)=X_k\cos\omega_c t+Y_k\sin\omega_c t \tag{9-2}$$

式中，$X_k=A_k\cos\theta_k$；$Y_k=-A_k\sin\theta_k$。所以 QAM 信号是由两路在频谱上成正交的抑制载波的双边带调幅信号所组成。

QAM 的调制与解调一般模型如图 9-1 所示。通过串/并转换将速率为 R_b 的输入二

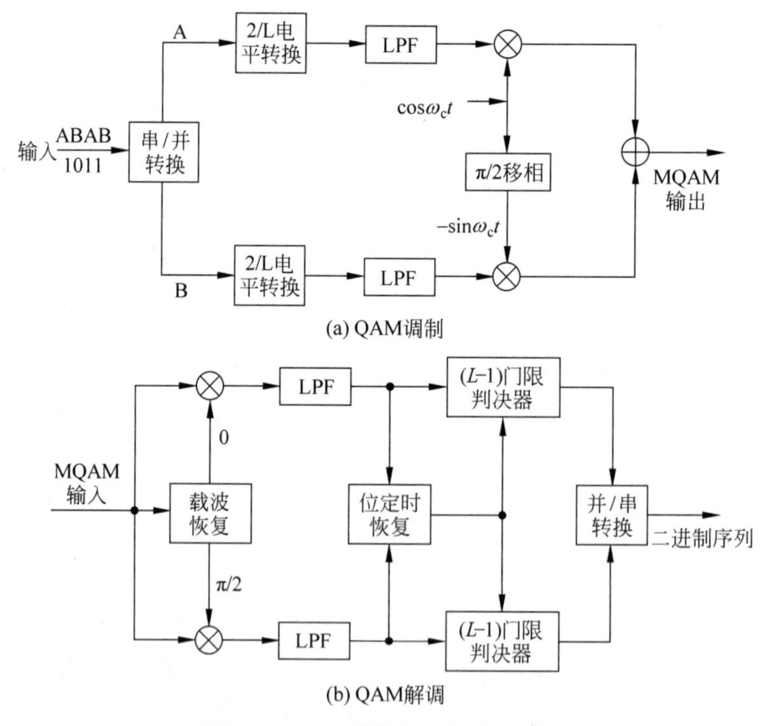

图 9-1 QAM 调制和解调原理框图

进制信号变换成两个速率为 $R_b/2$ 的二进制序列，然后由 $2/L$ 电平转换器将每个速率为 $R_b/2$ 的二进制序列转换成速率为 $R_b/\log_2 M$ 的 L 电平信号，再分别与两个正交载波相乘，相加后即可得到 QAM 信号。

QAM 信号的解调同样可以用相干正交解调的方法来实现。同相和正交信道的恢复得到的 L 电平用有($L-1$)个门限电平的判决器判决后，可以分别恢复出两路速率为 $R_b/2$ 的二进制序列，然后经过并/串转换即可恢复原来的二进制序列，完成整个解调功能。

QAM 的简单调制/解调 SystemView 仿真模型如图 9-2 所示。其中调制端省略了串/并转换和电平变换部分，直接用 SystemView 提供的 PN 图符模拟变换后得到的两路多电平信号；在接收端也省略了判决和并/串转换部分。

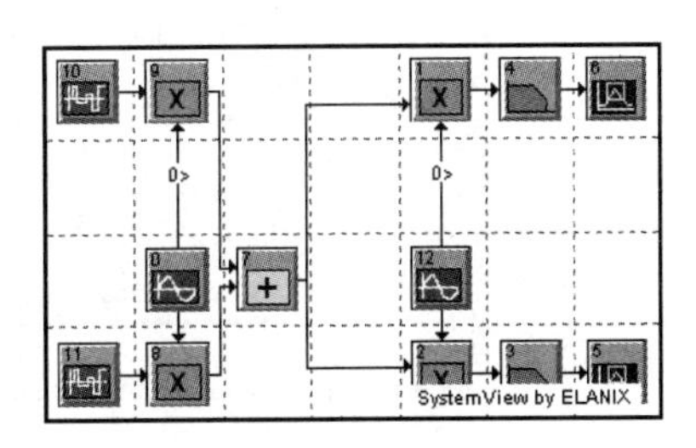

图 9-2　QAM 调制/解调的 SystemView 模型

系统时钟设置：采样点数为 7500，采样频率为 50Hz。系统各图符的参数设置如表 9-1 所列。注意，这里是 16QAM 调制/解调的参数设置，改变 Token10 和 Token11 的电平数(Levels)参数可以得到其他各种进制的 QAM 模型，例如取 Levels =8 可得到 64QAM。

表 9-1　16QAM 系统图符参数设置

图符编号	库/图符名称	参　数
1,2,8,9	Multiplier	
3,4	Operator：Linear Sys	Bessel Lowpass IIR，6 Poles，Fc=10Hz
5,6	Sink：Analysis	
7	Adder	
10,11	Source：PN Seq	Amp=1V，Offset=0V，Rate=2Hz，Levels=4，Phase=0deg
0,12	Source：Sinusoid	Amp=1V，Freq=10Hz，Phase=0deg

运行系统仿真可以得到接收端 I、Q 两路信号的波形图，下面介绍如何绘制 QAM 调制星座图。

(1) 在分析窗口中，单击 √a 按钮打开接收计算器窗口。

(2) 选择 Style 功能组，然后单击 Scatter Plot 按钮，如图 9-3 所示。

(3) 这时右侧的两个窗口列表将都能使用，在上面的窗口列表中选择 I 路信号波形所在的图形窗口，在下面的窗口列表中选择 Q 路信号波形所在的图形窗口。然后单击 OK 按钮即可，此时得到的波形如图 9-4 所示。

(4) 使图 9-4 所示的图形窗口处于激活状态，然后单击工具栏的 ▫ 按钮就完成了整个操作，得到的该 16QAM 系统(接收端)的星座图如图 9-5 所示。

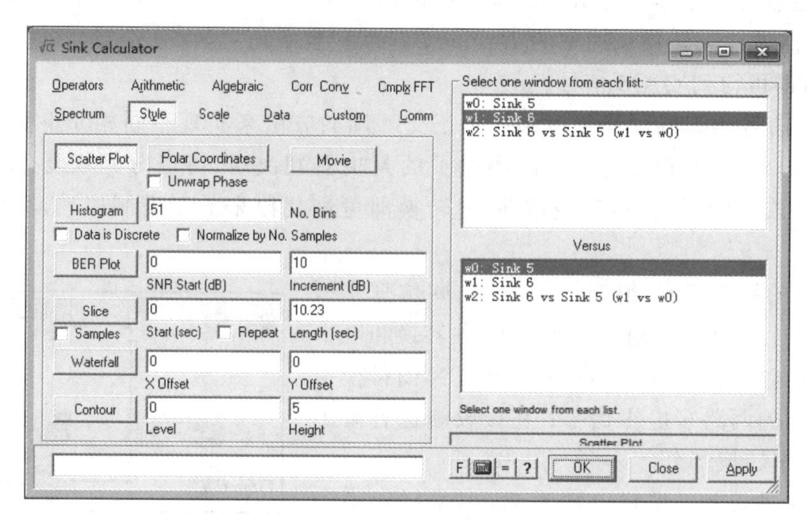

图 9-3 绘制星座图

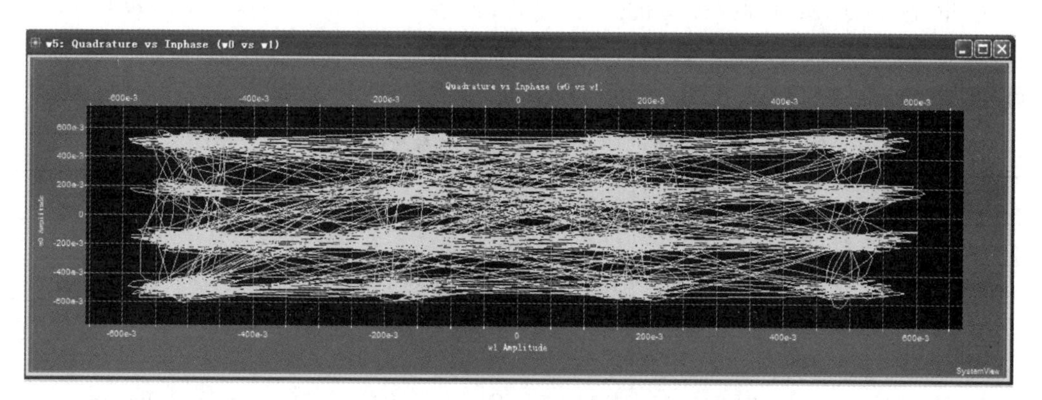

图 9-4 处理后的波形

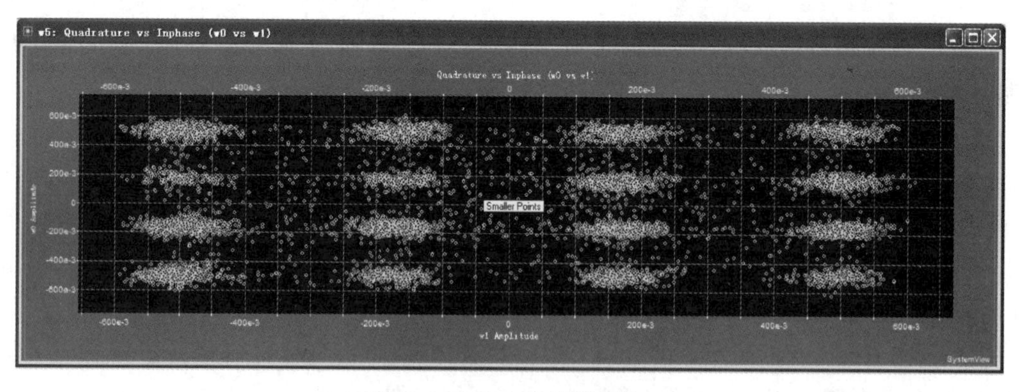

图 9-5 16QAM 的星座图

9.1.2 16QAM的高低阶复合调制

由前面原理介绍可知，QAM信号可以看作由两路在频谱上正交的抑制载波双边带调幅信号叠加而成。对于16QAM信号，又可以将其看作两路高低阶的4QAM(QPSK)信号的叠加，如图9-6所示。图中，大圈上的点表示低阶4QAM信号，以低阶4QAM信号中心再进行高阶4QAM调制，则得到16QAM信号，其SystemView仿真模型如图9-7所示。

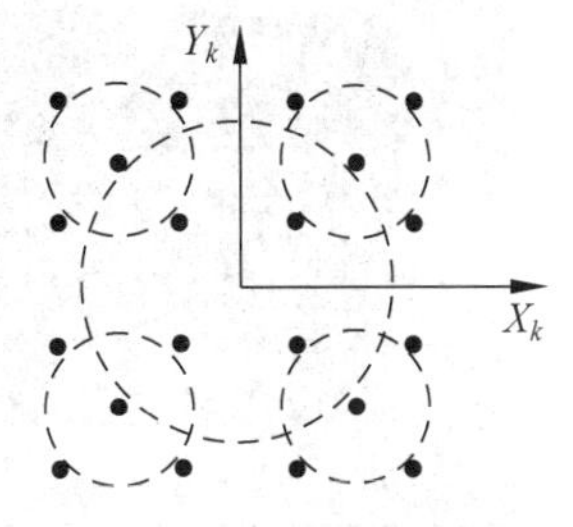

图9-6 16QAM高低阶复合调制星座图

系统时钟设置：采样点数为7500，采样频率为50Hz。系统各图符参数的设置如表9-2所列。

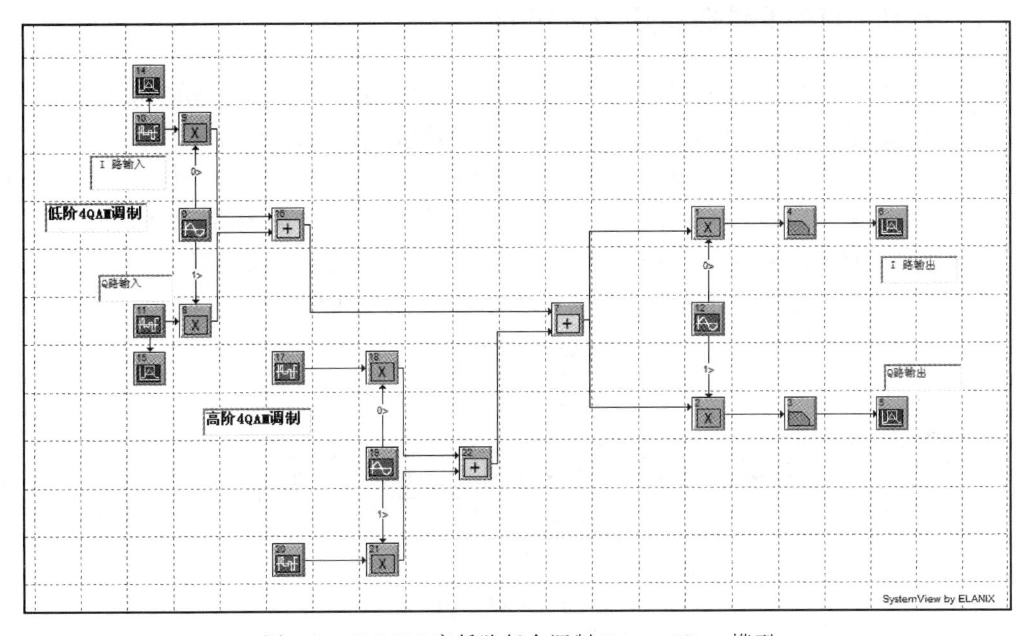

图9-7 16QAM高低阶复合调制SystemView模型

表9-2 16QAM高低阶复合调制系统图符参数设置

图符编号	库/图符名称	参数
1,2,8,9,12,18	Multiplier	
3、4	Operator：Linear Sys	Analog,Bessel,Lowpass,6 Poles,Fc=5Hz
5,6,14,15	Sink：Analysis	
7,16,22	Adder	
10,11,17,20	Source：PN Seq	Amp=1V,Offset=0V,Rate=2Hz,Levels=2,Phase=0deg
0	Source：Sinusoid	Amp=2V,Freq=10Hz,Phase=0deg
12,19	Source：Sinusoid	Amp=1V,Freq=10Hz,Phase=0deg

得到16QAM星座图如图9-8所示。星座图的绘制方法与前面一致。

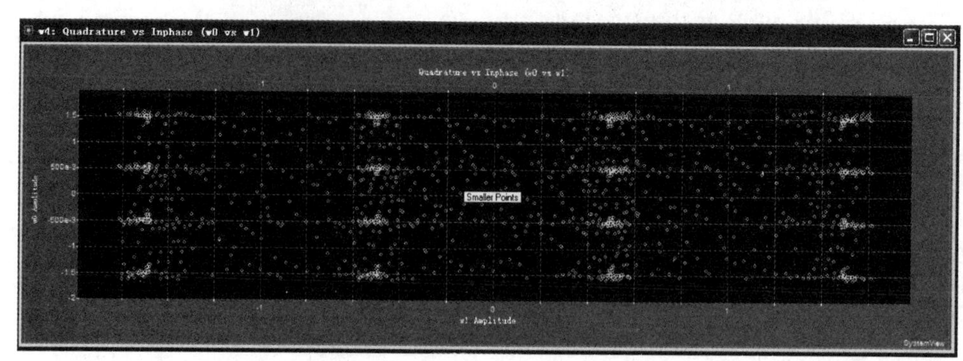

图9-8　16QAM的星座图

9.2　四进制相移键控(QPSK)仿真

多进制相移键控是利用载波的多个相位来代表多进制符号或二进制码组,即一个相位对应一个多进制符号或者是一组二进制码组。MPSK的时域波形可表示为

$$S_{\mathrm{MPSK}}(t)=A\cos(\omega_{c}t+\theta_{n})\tag{9-3}$$

式中,ω_c为载波频率;θ_n为该符号或二进制码组所对应的相位,共有M种不同的取值。

MPSK调制中最常用的4PSK又称为QPSK。根据相位的不同取值,可分为A方式和B方式。这两种方法同样适用于其他多进制相移键控,如图9-9所示。

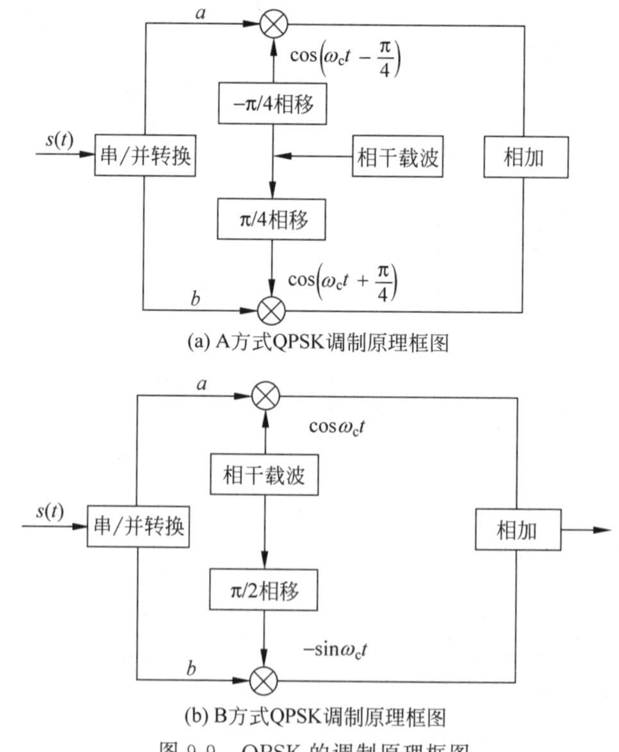

(a) A方式QPSK调制原理框图

(b) B方式QPSK调制原理框图

图9-9　QPSK的调制原理框图

根据B方式建立的QPSK系统正交调制的SystemView模型如图9-10所示。其中，Token19为串/并转换子系统，其内部结构如图9-11所示。

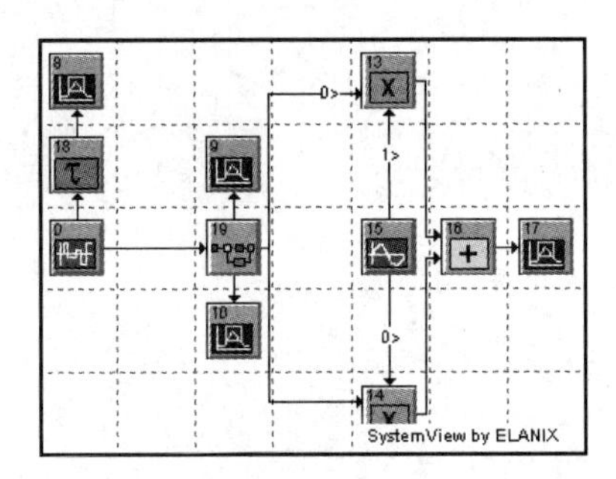

图9-10　QPSK正交调制SystemView模型

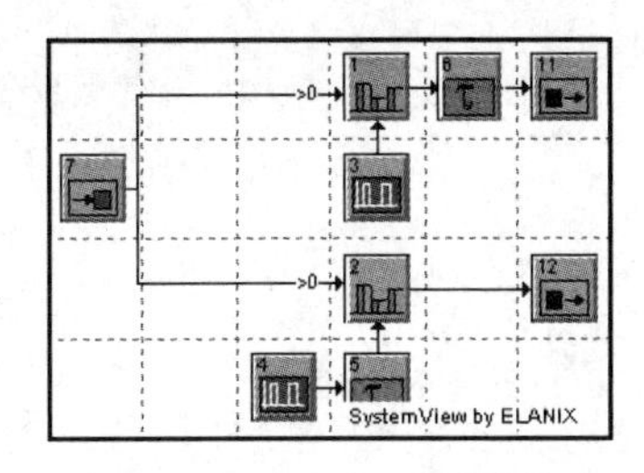

图9-11　Token19子系统模型

系统时钟设置：采样点数为2048，采样频率为500Hz。各图符的参数设置如表9-3所列。

表9-3　QPSK正交调制系统图标参数设置

图符编号	库/图符名称	参　　数
0	Source：PN Seq	Amp=1V，Offset=0V，Rate=10Hz，Levels=2，Phase=0deg
1	Operator：Sample Hold	Ctrl Threshold = 0V，Signal = t7 Output 0，Control = t3 Output 0
2	Operator：Sample Hold	Ctrl Threshold = 0V，Signal = t7 Output 0，Control = t3 Output 0
3，4	Source：Pulse Train	Amp=1V，Freq=5Hz，PulseW=1. e-3sec，Offset=-500. e-3V，Phase=0deg
5，6，18	Operator：Delay	Non-Interpolating，Delay=100. e-3sec
7	Meta I/O：Meta In	
11，12	Meta I/O：Meta Out	
13，14	Multiplier	
15	Source：Sinusoid	Amp=1V，Freq=20Hz，Phase=0deg
16	Adder	
8～10，17	Sink：Analysis	

QPSK正交调制系统的典型波形如图9-12所示，从上到下依次为信号源产生的二进制信息，$Q(t)$、$I(t)$和QPSK已调信号。

QPSK信号可以用两个正交的载波信号实现相干解调。基本原理如图9-13所示，接收到的信号与两路正交的本地载波相乘后送入匹配滤波器，得到$I*(t)$和$Q*(t)$，经过采样判决和最后的并/串转换即可恢复原始信息。

根据该原理建立的QPSK相干解调的SystemView模型如图9-14所示。

其中，调制部分和图9-10所示的QPSK正交调制模型相同。Token31和Token38为采样判决子系统，内部结构如图9-15所示；Token41～Token45为并/串转换。

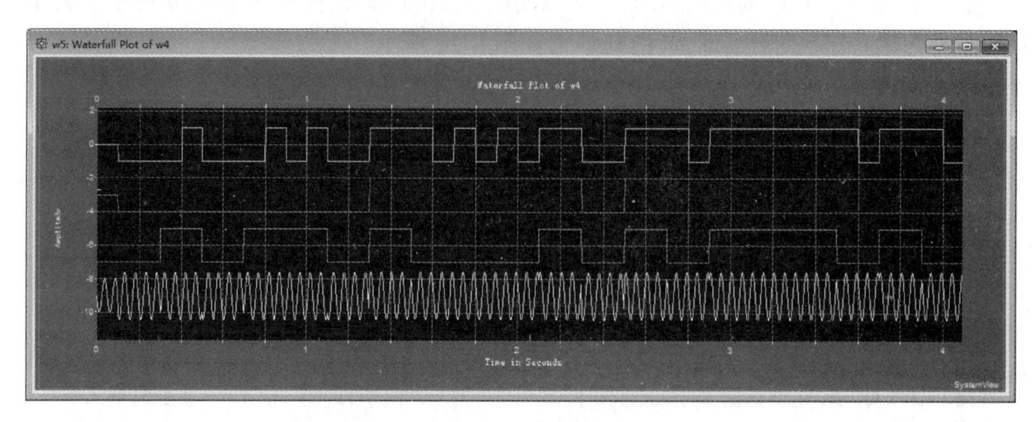

图 9-12　QPSK 正交调制系统波形

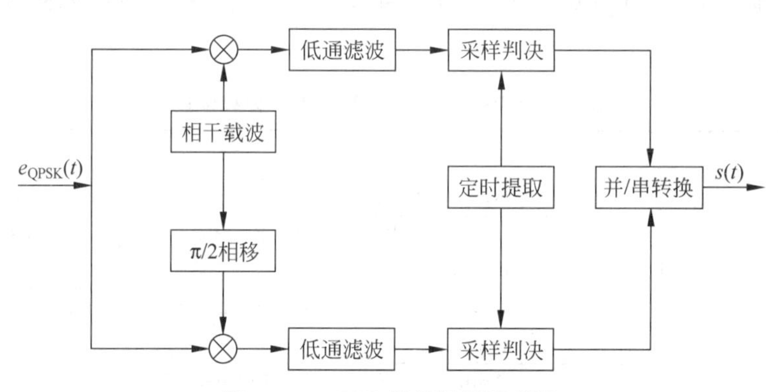

图 9-13　QPSK 相干解调原理图

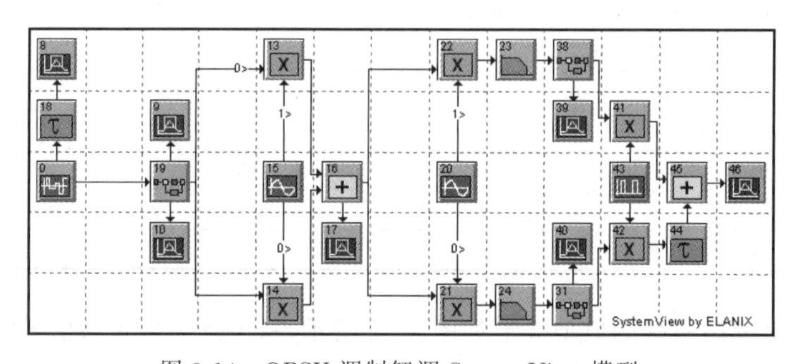

图 9-14　QPSK 调制解调 SystemView 模型

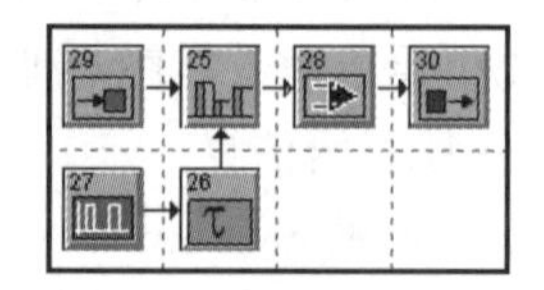

图 9-15　采样判决子系统

系统时间设置：采样点数为2048，采样频率为500Hz。各图符的参数设置如表9-4所列。

表9-4 QPSK调制解调系统图符参数设置

图符编号	库/图符名称	参数
0	Source：PN Seq	Amp=1V,Offset=0V,Rate=10Hz,Levels=2,Phase=0deg
19	串/并转换子系统	
13，14，21，22,41,42	Multiplier	
15,20	Source：Sinusoid	Amp=1V,Freq=20Hz,Phase=0deg
16,46	Adder	
23,24	Operator：Linear Sys	Butterworth Lowpass IIR,3Poles,Fc=6Hz
25	Operator：Sample Hold	Ctrl Threshold=0V,Signal=t28 Output 0,Control=t26 Output 0
27	Source：Pulse Train	Amp=1V,Freq=5Hz,PulseW=1. e-3sec,Offset=-500. e-3V,Phase=0deg
26,44	Operator：Delay	Non-Interpolating,Delay=100. e-3sec
28	Logic：AnaCmp	Gate Delay=0sec,True Output=1V,False Output=－1V,Input+=t24 Output0,Input-=None
29	Meta I/O：Meta In	
30	Meta I/O：Meta Out	
31,38	采样判决子系统	
43	Source：Pulse Train	Amp=1V,Freq=5Hz,PulseW=100. e-3sec,Offset=0,Phase=180deg
44	Operator：Delay	Non-Interpolating,Delay=300. e-3sec
8～10,17,39,40,46	Sink：Analysis	

解调得到的$I^*(t)$(第3行)、$Q^*(t)$(第4行)信号和调制得到$I(t)$(第1行)、$Q(t)$(第2行)信号关系如图9-16所示。可以看出，它们是一致的。

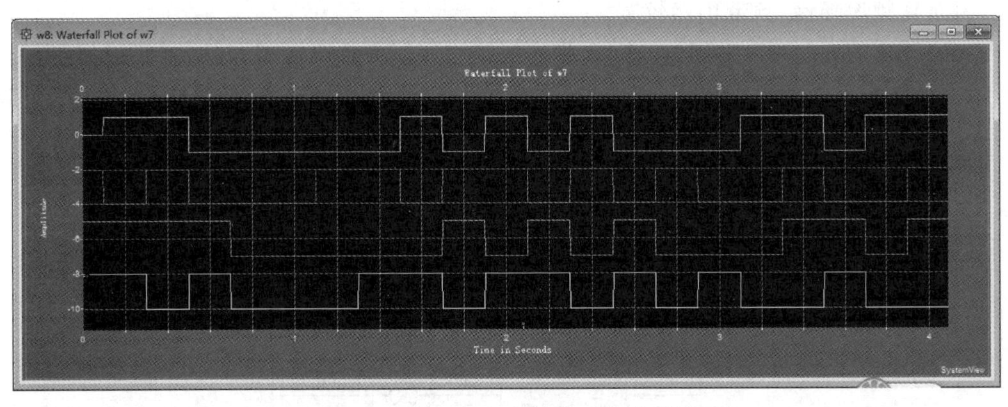

图9-16 QPSK调制解调系统波形图

与 BPSK 系统相同,在 MPSK 解调时,载波的恢复同样存在相位模糊的问题。为了解决这一问题,对 M 进制调相同样可以采用相对调相的方法。通常在对二进制信息进行串/并转换的同时进行必要的逻辑运算,将其变为多进制的差分码,然后再用绝对调相器进行调相即可。

在解调时同样可以采用相干解调然后差分译码的办法来实现。当然也可以采用差分相干解调的方法。

9.3 偏移四进制相移键控(OQPSK)仿真

OQPSK 也称为偏移四相相移键控(Offset-QPSK),是 QPSK 的改进型。它与 QPSK 有同样的相位关系,也是把输入码流分成两路,然后进行正交调制。不同点在于它将同相和正交两支路的码流在时间上错开了半个码元周期。

由于两支路码元半周期的偏移,每次只有一路可能发生极性翻转,不会发生两支路码元极性同时翻转的现象。因此,OQPSK 信号相位只能跳变 0°、±90°,不会出现 180°的相位跳变。QPSK 数据码元对应的相位变化如图 9-17(a)所示,OQPSK 数据码元对应相位变化如图 9-17(b)所示。

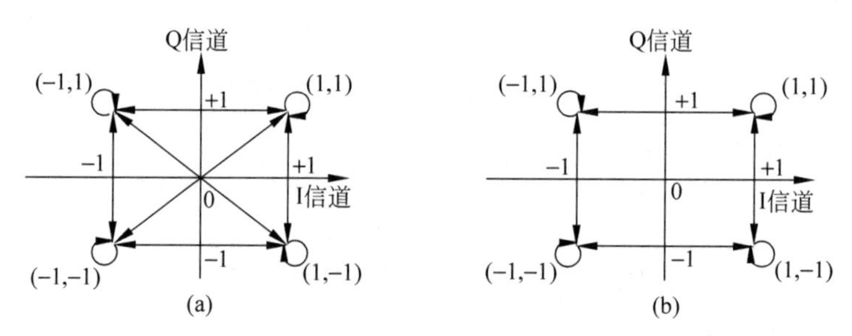

图 9-17　相位转移图

OQPSK 克服了 QPSK 的 180°的相位跳变,信号通过 BPF 后包络起伏小,性能得到了改善,因此受到了广泛重视。但是,当码元转换时,相位变化不连续,存在 90°的相位跳变,因而高频滚降慢,频带仍然较宽。

OQPSK 的调制可以采用与 QPSK 相同的正交调制方法来实现,其调制原理如图 9-18 所示。从图中可以看出,除了对正交路信号进行了延迟以外,其余部分与 QPSK 正交调制原理是相同的。

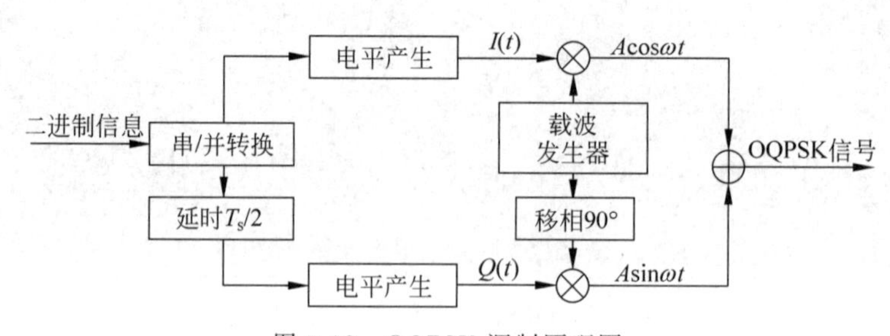

图 9-18　OQPSK 调制原理图

根据 OQPSK 信号调制原理实现 SystemView 仿真图如图 9-19 所示。系统时间设置：采样点数为 8192，采样频率为 9600Hz。各图符的参数设置如表 9-5 所列。

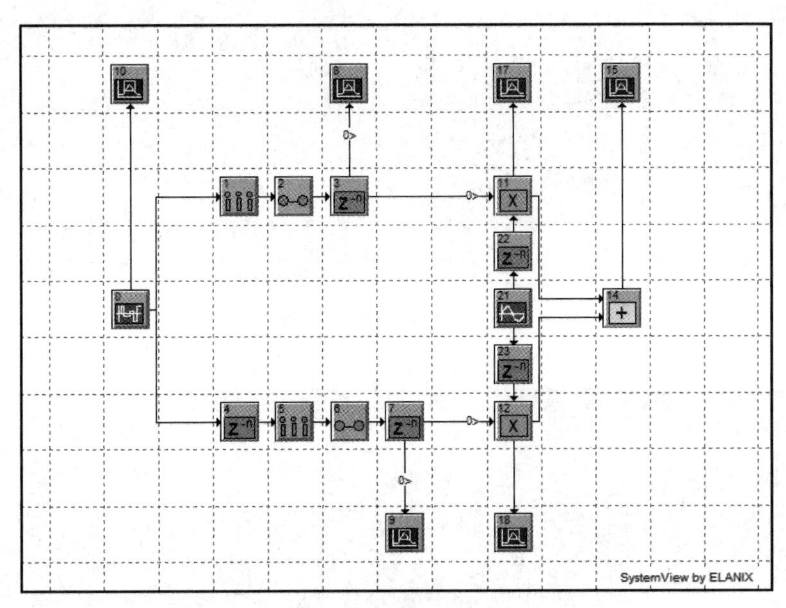

图 9-19　OQPSK 调制 SystemView 模型

表 9-5　OQPSK 调制系统图符参数设置

图符编号	库/图符名称	参　数
0	Source：PN Seq	Amp=1V，Offset=0V，Rate=240Hz，Levels=2，Phase=0deg
11，12	Multiplier	
21	Source：Sinusoid	Amp=1V，Freq=240Hz，Phase=0deg
14	Adder	
1，5	Operator：Sample	Sample Rate=120Hz，Aperture=0sec，Jitter=0sec，Sampler Type=Interpolating
2，6	Operator：Hold	Hold Value=Last Sample，Gain=1
3	Operator：Delays	Fill Last Register，Passive，Delay=80samples
4，7	Operator：Delays	Fill Last Register，Passive，Delay=40samples
22	Operator：Delays	Fill Last Register，Passive，Delay=40samples
23	Operator：Delays	Fill Last Register，Passive，Delay=10samples
8～10，15，17，18	Sink：Analysis	

得到 OQPSK 的星座图如图 9-20 所示，与 QPSK 星座图（图 9-21）相比，OQPSK 信号相位只能跳变 0°、±90°，不会出现 180°的相位跳变，解决了频带受限后的 QPSK 信号不能恒包络且具有 180°相位跳变的问题。

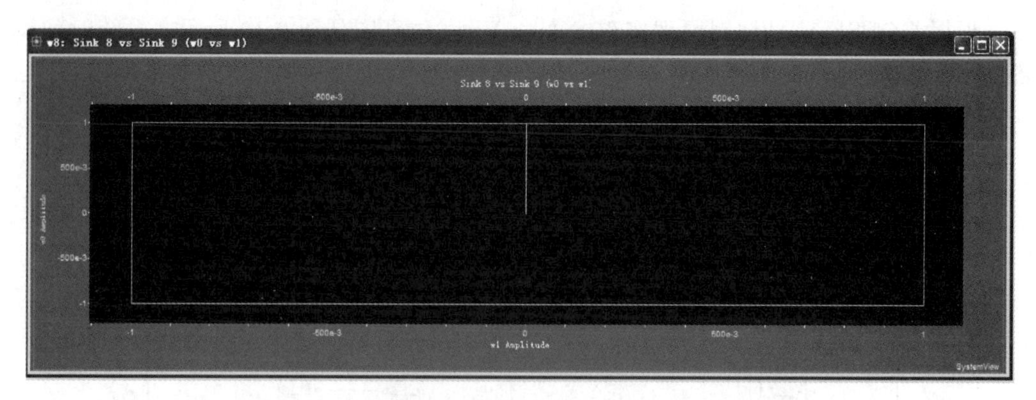

图 9-20　OQPSK 星座图

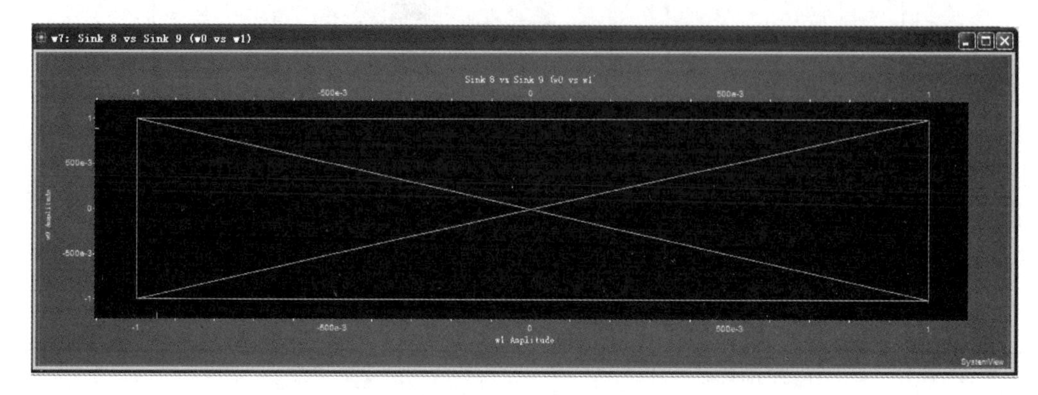

图 9-21　QPSK 星座图

9.4　最小频移键控(MSK)仿真

OQPSK 虽然消除了 QPSK 信号中的 180°突然相移,但是在码元交替时依然存在 90°相位突变,未能从根本上解决包络起伏的问题。为了解决相位突变的问题,产生了连续相位频移键控(CPFSK)调制,这种调制方式在各码元转折点能够保持相位的连续,不会因为限带而产生包络起伏。

最小频移键控是 CPFSK 的一种特殊情况,它不但在各码元转折点保持相位的连续,而且具有正交信号的最小频差。

最小频移键控的表达式为

$$S_{\mathrm{MSK}}(t)=A\cos[2\pi f_{c}t+\varphi(t)] \tag{9-4}$$

式中,$\varphi(t)$为随时间连续变化的相位; f_c 为未调载波频率; A 为信号幅度。

最小频移键控可以看作一种特殊的 OQPSK,在 MSK 中,OQPSK 信号的两路基带信号矩形波形被正弦脉冲所代替。这种情况下,MSK 信号的表达式为

$$S_{\mathrm{MSK}}(t)=A[I(t)\cos2\pi f_{c}t-Q(t)\sin2\pi f_{c}t] \tag{9-5}$$

其中，

$$I(t)=\sum_{n} a_{n}\cos\left(\frac{\pi t}{2T_{\mathrm{b}}}\right) \tag{9-6}$$

$$Q(t)=\sum_{n} b_{n}\sin\left(\frac{\pi t}{2T_{\mathrm{b}}}\right) \tag{9-7}$$

式中，a_n 和 b_n 为电平取值±1 的矩形脉冲，它们是输入的二进制信息经串/并转换得到的两路二进制序列（b_n 是 Q 路经过了 $T_s/2$ 延时后的信号）；$\cos\left(\frac{\pi t}{2T_{\mathrm{b}}}\right)$ 和 $\sin\left(\frac{\pi t}{2T_{\mathrm{b}}}\right)$ 为两路信号的包络。

MSK 的调制有多种实现方式，基于上述理论的 MSK 正交调制器原理如图 9-22 所示。

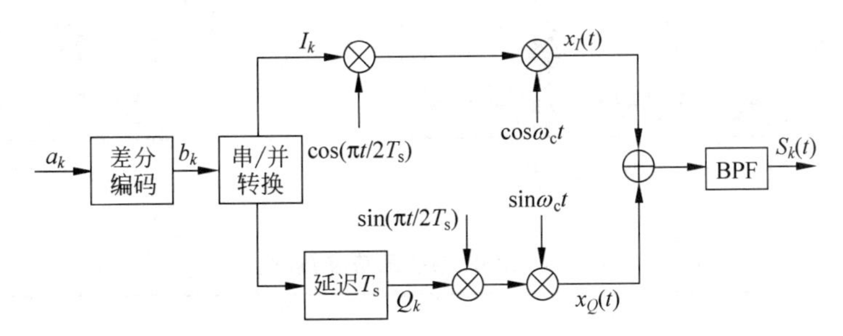

图 9-22　MSK 正交调制原理图

MSK 的相干解调原理图如图 9-23 所示。

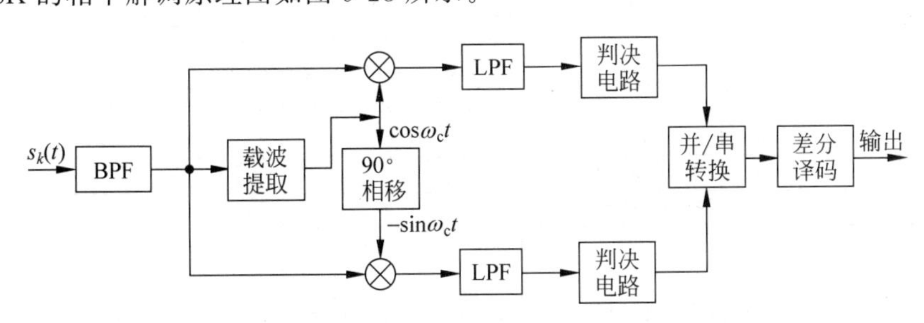

图 9-23　MSK 正交解调原理图

一个完整的 MSK 调制和解调系统 SystemView 模型如图 9-24 所示。

其中，图 9-24 的上半部分为调制部分，由 PN 码发生器 Token0 产生的二进制脉冲信息经串/并转换子系统 Token11 变换后分成两路，经过 Token17～Token19 对两路信号进行波形整形后进行正交调相即完成了整个调制过程。在接收端，信号经过一定的处理后由 Token31～Token36 完成两路信号的采样判决；Token38、Token39、Token41～Token44 实现并/串转换功能。串/并转换子系统 Token11 的结构如图 9-25 所示。

系统时钟设置为：采样点数为 2048，采样频率为 500Hz。各图符参数设置如表 9-6 所列。

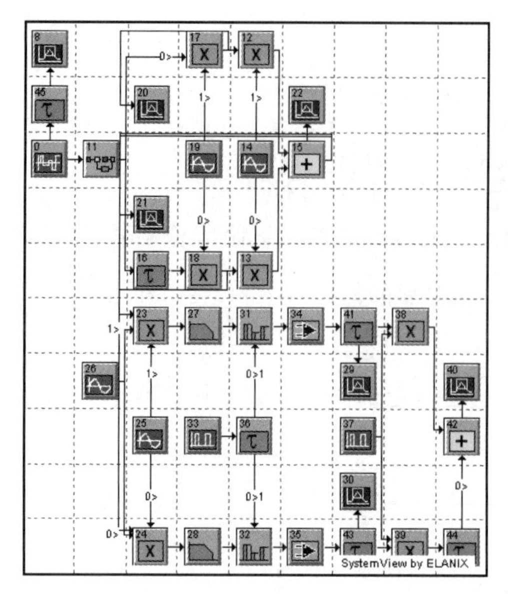

图 9-24　MSK 调制和解调模型

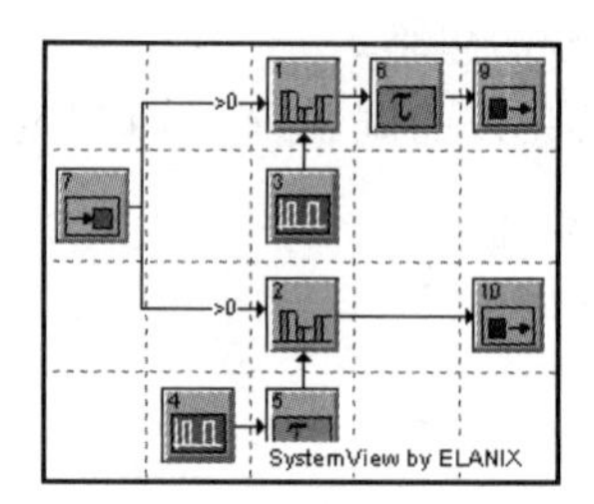

图 9-25　串/并转换子系统

表 9-6　MSK 系统图符参数设置

图 符 编 号	库/图符名称	参　　数
0	Source：PN Seq	Amp＝1V，Offset＝0V，Rate＝10Hz，Levels＝2，Phase＝0deg
1，2，31，32	Operator：Sample Hold	Ctrl Threshold＝0k
3，4，33	Source：Pulse Train	Amp＝1V，Freq＝5Hz，PulseW＝1. e-3sec，Offset＝-500. e-3V，Phase＝0deg
5、6、16、44	Operator：Delay	Non-Interpolating，Delay＝100. e-3sec
7	Meta I/O：Meta In	
9，10	Meta I/O：Meta Out	
11	串-并变换子系统	
12，13，17，18，23，24，38，39	Multiplier	
14，25	Source：Sinusoid	Amp＝1V，Freq＝20Hz，Phase＝0deg
15，42	Adder	
19，26	Source：Sinusoid	Amp＝1V，Freq＝2. 5Hz，Phase＝0deg
27，28	Operator：Linear Sys	Butterworth Lowpass IIR，3 Poles，Fc＝6Hz
34	Logic：AnaCmp	Gate Delay＝0sec，True Output＝1V，False Output＝－1V，Input＋＝t31 Output 0，Input-＝None
35	Logic：AnaCmp	Gate Delay＝0sec，True Output＝1V，False Output＝－1V，Input＋＝t31 Output 0，Input-＝None
36，43	Operator：Delay	Non-Interpolating，Delay＝100. e-3sec
37	Source：Pulse Train	Amp＝1V，Freq＝5Hz，PulseW＝1. e-3sec，Offset＝0，Phase＝0deg
41	Operator：Delay	Non-Interpolating，Delay＝250. e-3sec
45	Operator：Delay	Non-Interpolating，Delay＝600. e-3sec
8，20～22，29，30，40	Sink：Analysis	

调制部分的波形图如图9-26所示，从上到下依次为信号源、同相路信号、正交路信号和已调信号。MSK调制信号是恒包络的，相位变化也是连续的，没有突变。

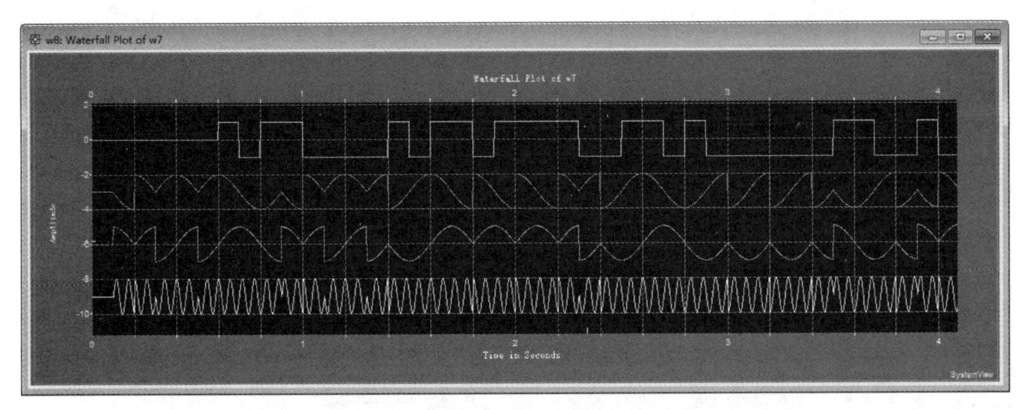

图9-26　调制端波形

调制信号和解调信号波形如图9-27所示。可以看到，经过短暂的非稳定状态之后，接收端就能够对接收到的信号进行正确的解调(有一定延时)。

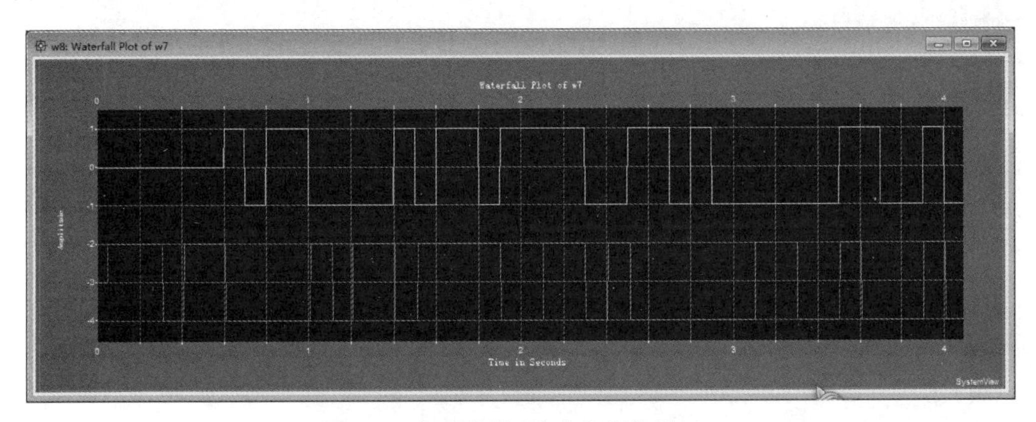

图9-27　调制信号(下)与解调信号(上)

第10章 差错控制编码的SystemView仿真

差错控制编码涉及的内容很广泛，汉明码、循环码、交织码、卷积码、Turbo码等都是差错控制编码的研究范畴。本章只对其中某些编码原理作粗略介绍，并对相关内容进行仿真。

10.1 汉明码仿真

根据(7,4)汉明码的编译电路可构建如图10-1所示的仿真原理图。该仿真图包含两个子系统，分别是(7,4)汉明码的编码器和译码器，如图10-2和图10-3所示。仿真时的信号源采用了一个PROM，并由用户自定义数据内容，数据的输出由一个计数器来定时驱动，每隔1s输出一个4位数据(PROM的8位仅用了其中4位)，由编译器子系统编码转换后成为7位汉明码，经过并/串转换后传输。其中的并/串、串/并转换电路使用了扩展通信库2中的时分复用合路器和分路器图符，该合路器和分路器最大为16位长度的时隙转换，这里定义为7位时隙。此时由于输入、输出数据的系统数据率不同，因此必须在子系统的输入端重新设置系统采样率，将系统设置为多速率系统。因为原始4位数据的刷新率为1Hz，因此编码器的输入端可设置重新采样率为10Hz，时分复用合路器和分路器的数据帧周期设为1s，时隙数位7，则输出采样率为输入采样率的7倍，即70Hz。如果要加入噪声，则噪声信号源的采样率也应设为70Hz。

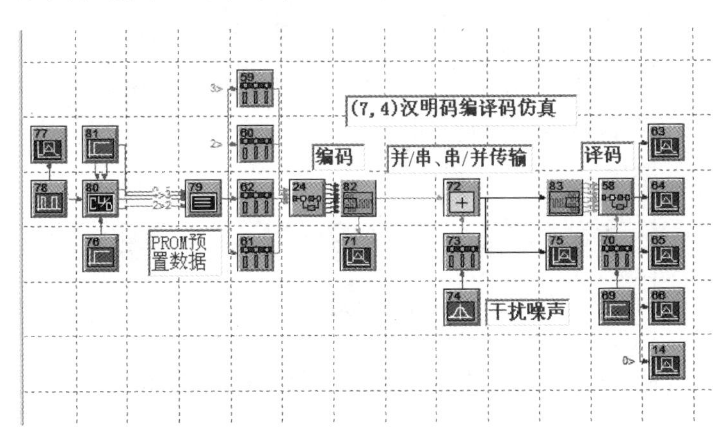

图10-1 (7,4)汉明码编译器仿真原理图

在译码子系统中，接收到的各路信号首先送异或逻辑(图符34～36)用于产生校正子S1～S3。校正子经3-8译码器(图符49)译出出现错误的位，送逻辑电路纠正所在位的错误。由于SystsmView中提供的3-8译码器输出是非逻辑的，而异或门图符的输出是正常逻辑的，为了满足要求将3-8译码器输出的真值改为－1，逻辑假输出为1。图符70是为了使3-8译码器能够正常工作提供控制电压。

系统中个图符号的参数设置如表10-1所示。

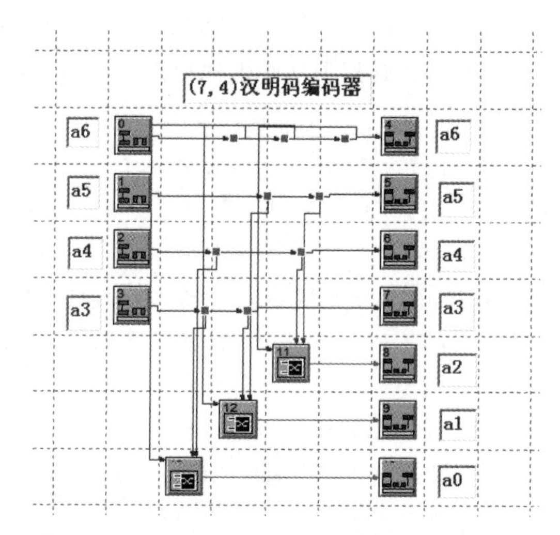

图 10-2 (7,4)汉明码编码器仿真子系统原理图

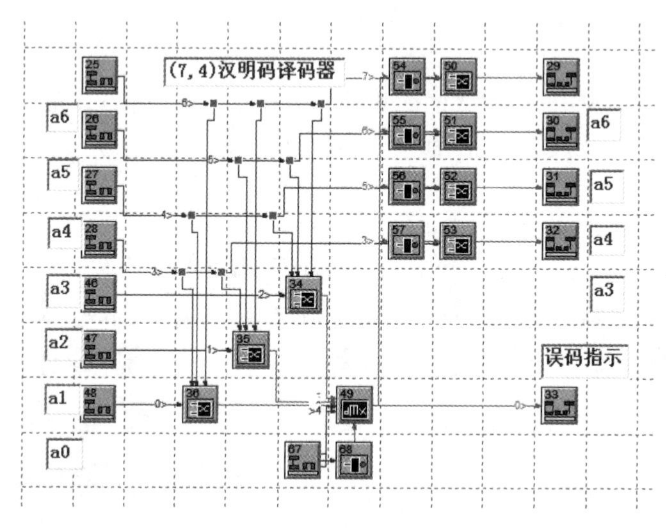

图 10-3 (7,4)汉明码译码器子系统仿真原理图

表 10-1 汉明码编解码系统仿真图符参数设置

图符标号	库/图符名称	参数
0～3,25～28,46～48,67	Meta I/O：Meta In	
4～10,29～33	Meta I/O：Meta Out	
11～13,34～36,50～53	Logic：XOR	Gate Delay=0sec,Threshold= 500. e-3 V,True Output=1V,Fasle Output=0sec
49	Logic：dMux-D-8	Gate Delay=0sec,Threshold= 500. e-3 V,True Output=1V,Fasle Output=0sec

续表

图符标号	库/图符名称	参数
54～57,68	Logic：Invert	Gate Delay=0sec,Threshold= 500. e-3 V,True Output=1V,Fasle Output=0sec
59～62,70	Operator：ReSample	Sample Rate=10Hz
63～66,14,71,75,77	Sink：Analysis	
69,81	Source：Sept Fct	Amp=0V,Strat=0sec,Offset=0V
76	Source：Sept Fct	Amp=1V,Strat=0sec,Offset=0V
74	Source：Gauss Noise	Std Dev=200. e-3V,Mean=0V
73	Operator：ReSample	Sample Rate=70Hz
78	Source：Pulse Train	Amplitude = 1V, Offset = -500. e-3V, Frequency = 1Hz, Pulse Width= 500. e-3sec
79	Logic：Prom	Gate Delay=0sec,Threshold= 500. e-3 V,True Output=1V,Fasle Output=0sec,D-0=301,D-1=204,D-2=708,D-3=60C
80	Logic：Counters	Gate Delay=0sec,Threshold= 500. e-3 V,True Output=1V,Fasle Output=0sec
82	Comm：TD Mux	No. Inputs=7,Time per Input=1sec
83	Comm：TD DeMux	No. Outputs=7,Time per Input=1sec

图10-4为经过并/串转换后的(7,4)汉明码输出波形图,其中仅设置了4s时间长度的仿真,输出的4个数据为0、1、3、4,对应的(7,4)汉明码码字为(0000000)、(0001011)、(0011110)、(0100110),注意串行传输的次序是先低后高(LSB)。

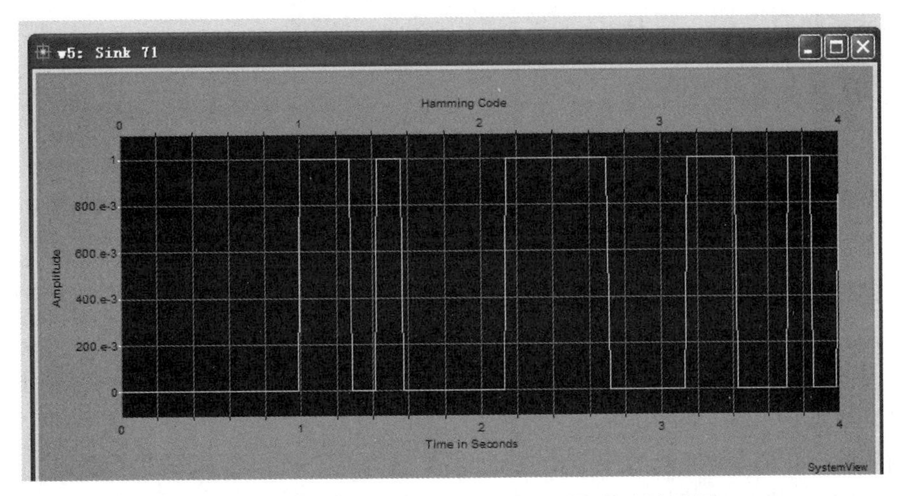

图10-4　输入为0、1、3、4的(7,4)汉明码输出波形图

当然,也不可以通过并/串转换,直接并行传输、译码。这样可以在7位汉明码并行传输时人为对其中一位进行干扰,并观察其纠错的情况。通过仿真实验可以发现,出现

两位以上错误时汉明码就不能正确纠错了。因此,在要求对多位错误进行纠正的应用场合,就要使用别的编码方式了,如BCH码、RS码、卷积码等。

10.2 BCH码仿真

BCH码是循环码的一个重要类型,它具有纠正多个错误的能力,BCH码具有严密的代数结构,是目前研究最为透彻的一种码型。它的生成多项式 $g(D)$ 与最小码距之间具有密切的关系,人们可以根据需要的纠错能力方便地构造BCH码。它的译码电路也容易实现,是线性分组码中最为普遍的一种编码方式。

1. 本原循环码

本原循环码是一种重要的码。汉明码、BCH码和某些大数逻辑可译码都是本原码。本原码具有以下特点:

(1) 码长为 2^m-1,其中 m 为正整数。

(2) 它的生成多项式由若干 m 阶或者是以 m 的因子为最高阶的多项式相乘的结果。

要判断 $(2^m-1,k)$ 循环码是否存在,只要判断 2^m-1-k 阶的生成多项式是否能够由 $D^{2^m-1}+1$ 的因式构成。

由代数理论可知,每个 m 阶集约多项式一定能整除 $D^{2^m-1}+1$。例如,$m=5$,共有6个5阶集约多项式,即

$$D^5+D^2+1, D^5+D^4+D^3+D^2+1, D^5+D^4+D^2+D+1, D^5+D^3+1,$$
$$D^5+D^3+D^2+D+1, D^5+D^4+D^3+D+1$$

它们都能整除 $D^{31}+1$。且 $D+1$ 必定是 $D^{31}+1$ 的因式。

2. BCH码的编码译码

如果循环码的生成多项式满足 $g(D)=\text{LCM}[m_1(D),m_3(D),\cdots,m_{2t-1}(D)]$,其中 t 为纠错个数,$m_i(D)$ 为最小多项式,LCM表示最小公倍数,则称这种循环码为BCH码。其中最小的码距 $d_{\min}\geqslant 2t+1$,能够纠正 t 个错误。BCH码的码长为 $n=2^m-1$,或者是 2^m-1 的因子。码长为 2^m-1 的BCH码称为本原BCH码。码长为 2^m-1 的因子的BCH码称为非本原BCH码。对于纠正 t 个错误本原BCH码,其生成多项式为 $g(D)=m_1(D),m_3(D),\cdots,m_{2t-1}(D)$。它的最小码距为 $d=2t-1$。纠正单个错误的BCH码就是循环汉明码。

由于BCH码是循环码的一个特殊类型,其编码完全可以按循环码的编码方式来进行,只要选好正确的码长和生成多项式即可。

BCH的译码方法分频域译码和时域译码两大类。所谓频域译码就是在接收端将每个接收到的码组看成一个数字信号,先对其进行快速傅里叶变换将其变换到频域,然后用数字信号处理器对其进行频域译码,最后再经过快速傅里叶变换得到最后的译码结

果。时域译码是直接在时域利用逻辑电路完成对BCH码组的译码。

时域译码的方式有很多种,而纠正多个错误的BCH码的译码算法又十分复杂,常见的有彼得森译码、迭代译码等多种类型。其中,彼得森译码也是计算校正因子,然后寻找错误样图的方法,其译码过程为:

(1) 用$g(D)$的各因式作为除式,对接收到的码组多项式进行除法求余,得到t的余式,称为"部分校正因子"。

(2) 用t个部分校正因子构成一个的"译码多项式",它是以错误的位置为根的。

(3) 求译码多项式的根,得到错误位置。

(4) 纠正错误。

对于BCH编码/译码问题的SystemView仿真,由于SystemView直接提供BCH编码/译码图符,因此不需要再从基本的逻辑电路起步来建立BCH模型。

要使用SystemView提供的BCH编码图符,首先拖曳一个通信库图符到工作区域。双击该按钮,打开通信库设置窗口,如图10-5所示。

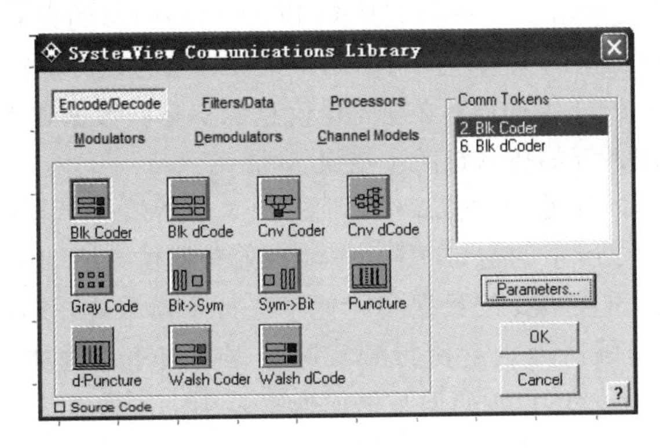

图10-5　选择BLK Coder

选择其中的Blk Coder图符,然后单击Parameters按钮,这时SystemView将跳出Block Encoder(分组码编码器)窗口供用户设置分组码的参数,如图10-6所示。

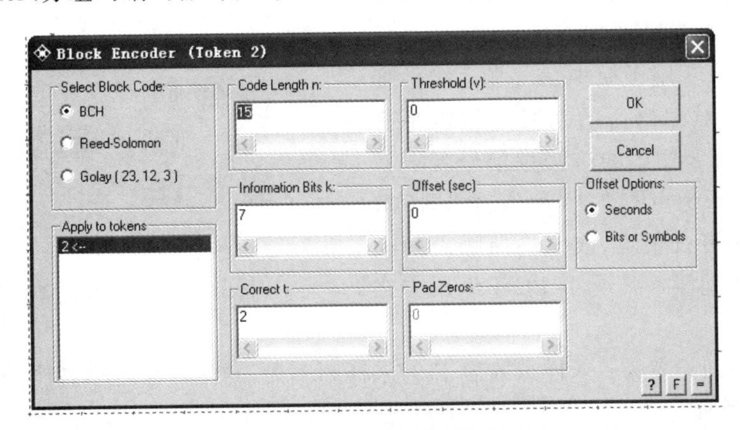

图10-6　设置BCH编码器图符参数

由于要进行BCH编码，在Select Block Code(选择分组码类型)中选择BCH单选项；然后在右面的文本框中分别输入码长n、信息位长k和纠错能力，其他参数不要动。这里分别输入15、7和2，也就是进行(15,7)BCH码的编码。关于每种码长存在的BCH编码的种类和相应的纠错能力，请参阅相关的书籍。如果用户输入的参数不能满足BCH编码的要求，将跳出图10-7所示提示框提示用户输入的参数有错误，并给出SystemView认为可能正确的参数，单击"是"按钮接收SystemView提供的参数完成对图符的设置，单击"否"按钮返回图10-6所示的窗口重新输入BCH编码器图符的各项参数。

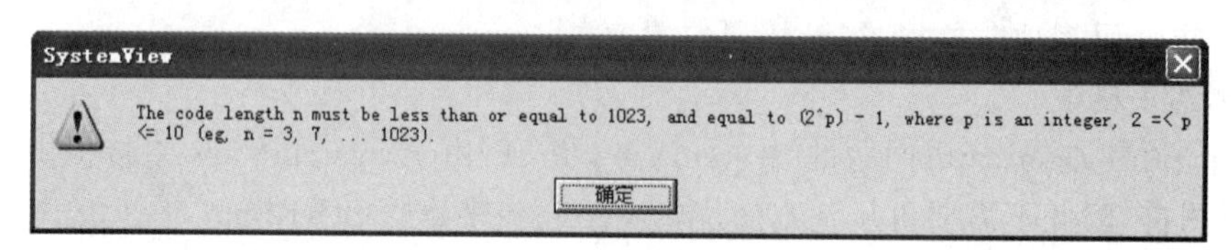

图10-7　参数错误提示

输入正确的参数后单击OK按钮完成对BCH编码图符的设置。需要特别指出的是，由于SystemView提供的该编码图符对每个采样均认为是一位数据，因此信号源产生的数据不能直接送入BCH编码器；必须先按信息源实际的数据速率进行重新采样然后才能送入编码器，否则系统的仿真将产生错误。

BCH译码器图符同样处于通信库中，即图10-5中所示的Blk Dcode图符。其参数设置窗口也与如图10-6所示的窗口相同，按编码前相同的参数设置即可。需要注意的是，数据输入译码器图符前也要按数据实际速率进行重新采样，该速率不是输入编码器图符的速率，而是经编码器处理后所得到实际数据的速率。例如，在这个例子中进行(15,7)BCH编码/译码仿真，设编码前数据的速率是10Hz，那么编码后数据的速率应该是$10\times(15\div 7)=21.42857$Hz，所以数据送入解码器前重新采样的采样速率应该是21.42857Hz。

放置完成编码/译码图符后再放置外围电路图符和接收器图符就完成了一个完整的BCH编码/译码SystemView仿真模型，最后完成的仿真模型如图10-8所示。

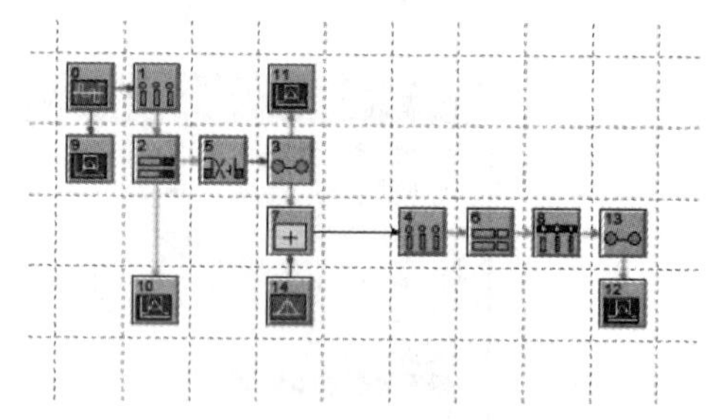

图10-8　BCH编码/译码模型

其中，图符0用于模拟信号源；线性变换图符5用于对编码后的信号进行电平变换，将编码图符2输出的单极性信号变成双极性信号；高斯噪声图符14和加法器图符7一起模拟一个有扰信道，改变高斯噪声的大小可以模拟不同噪声情况下BCH编码方式的传输性能。

系统的时间设置为：采样点数为512，采样频率为100Hz，系统中各个图符的参数设置如表10-2所列。

表 10-2 BCH 码编码译码系统图符参数设置

图符编号	库/图符名称	参　数
0	Source：PN Seq	
1	Operator：Sampler	Non-Interp Right，Rate=10Hz
2	Comm：Blk Coder	CodeLength n=15，InfoBits k=7，Correct t=2，Threshold=0V，Offset=0bits
3，13	Operator：Holder	Last Value，Gain=1
4	Operator：Sampler	Non-Interp Right，Rate = 21. 428571Hz，Aperture = 0sec，Aperture Jitter=0sec
5	Function：Poly	−1+(2x)
6	Comm：Blk dCoder	CodeLength n=15，InfoBits k=7，Correct t=2，Threshold=0V，Offset=0bits
7	Adder	
8	Operator：ReSample	Rate=10Hz
14	Source：Gauss Noise	Std Dev=1V，Mean=0V
9～12	Sink：Analysis	

编码前后的波形如图 10-9 所示，注意编码后波形相对于编码前波形由于 BCH 编码器引入了固有延迟。

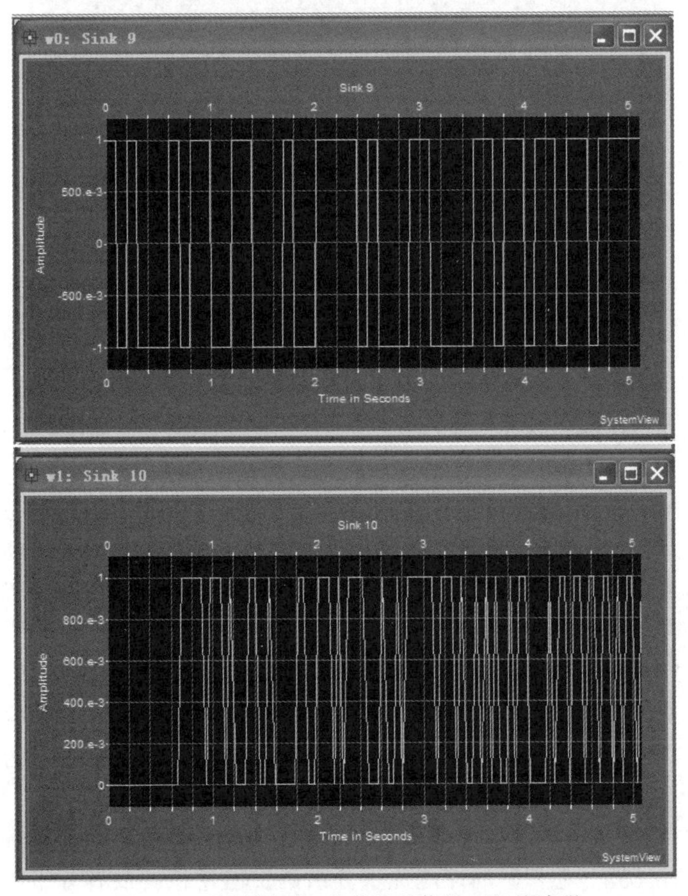

图 10-9　信号源(上)和编码后信号(下)的波形

发送端波形和接收端译码后得到的波形如图 10-10 所示。注意其中译码信号相对于发送端信号源信号的延迟。在这种信道噪声水平下,BCH 编码/译码系统能够正确地对信号完成传输。接收端译码纠正了传输过程中可能产生的错误,并且没有产生不能纠正的错误。

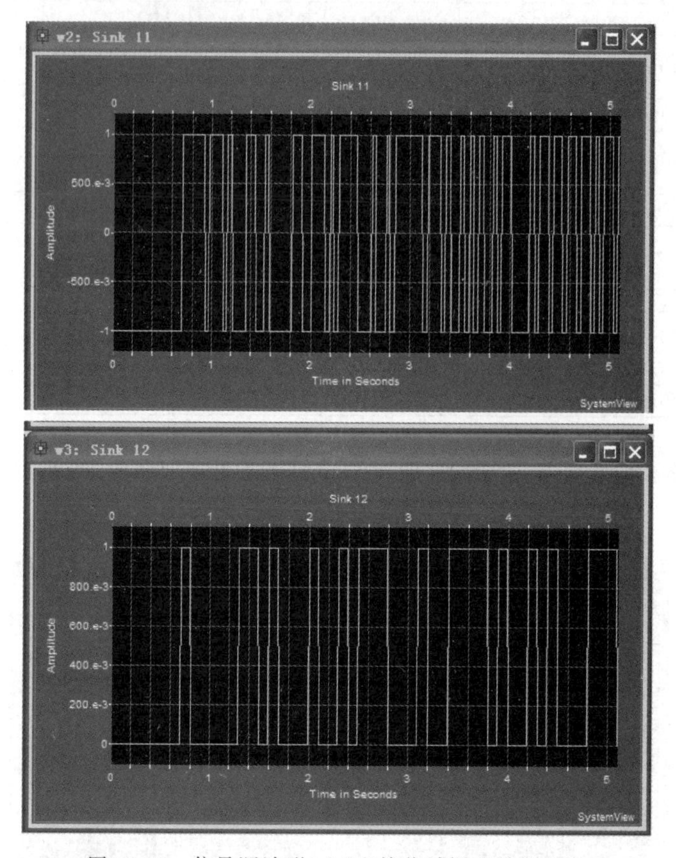

图 10-10 信号源波形(上)和接收端译码波形(下)

10.3 卷积码仿真

分组码是把 k 个信息比特的序列编成 n 个比特的码组,每个码组的 n-k 个校验位仅与本码组的 k 个信息位有关,而与其他码组无关。为了达到一定的纠错能力和编码效率,分组码的码组长度一般都比较大。编译码时必须把整个信息码组存储起来,由此产生的译码延时随 n 的增加而增加。

卷积码是另一种编码方法,它也是将 k 个信息比特编成 n 个比特,但 k 和 n 通常很小,特别适合以串行形式进行传输,时延小。与分组码不同,卷积码编码后的 n 个码元不仅与当前段的 k 个信息有关,还与前面的 $N-1$ 段信息有关,编码过程中互相关联的码元个数为 nN。

卷积码的纠错性能随 N 的增加而增大,而差错率随 N 的增加而指数下降。在编码器复杂性相同的情况下,卷积码的性能优于分组码。但卷积码没有分组码那样严密的数学分析手段，目前大多是通过计算机进行好码的搜索。

卷积码编码器的一般结构形式包括：一个由 N 段组成的输入移位寄存器，每段有 k 个，共 Nk 个寄存器；一组 n 个模 2 和相加器，一个由 n 级组成的输出移位寄存器。对应于每段 k 个比特的输入序列，输出 n 个比特。

卷积码的描述方法有两类：图解法和解析表示。图解法包括树图、状态图、网格图。解析法包括矩阵形式、生成多项式形式。

卷积码的译码方法主要有两种：代数译码和概率译码。代数译码是根据卷积码的本身编码结构进行译码，译码时不考虑信道的统计特性。概率译码在计算时要考虑信道的统计特性。典型的算法如最大似然译码、Viterbi 译码、序列译码等。

在 SystemView 系统中提供了专门的卷积码编码和译码图符，使用户能快速地建立基于卷积码的仿真系统。卷积码编码器的参数设置如图 10-11 所示。在 OutputLen 栏中输入码长 n，即每次输入 k 位信息位输出的比特数。在 Info Bits 栏中输入每次编码的信息位数 k。在 Constraint Len 栏中输入约束长度 L。另外，还需要在 Encode Polynomials 栏内输入卷积码的生成多项式，该多项式用八进制数表示。该生成多项式随不同的约束长度和编码效率而有所不同。

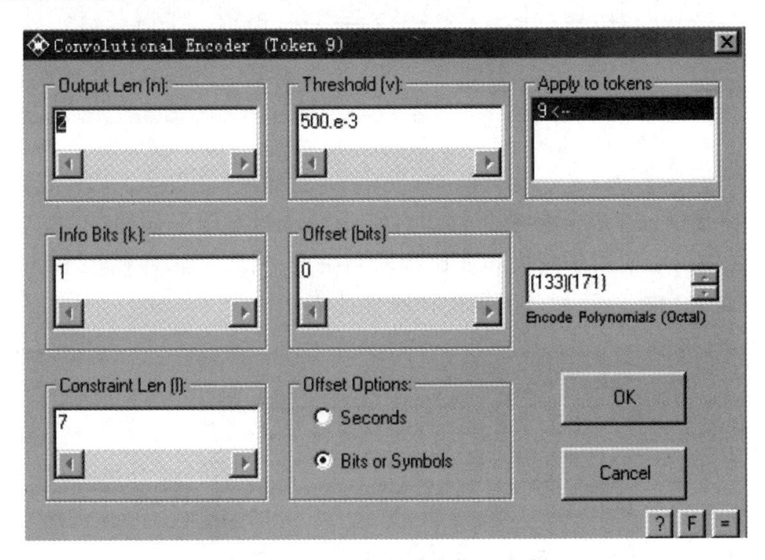

图 10-11 卷积码编码参数设置窗口

卷积码译码器参数输入如图 10-12 所示。除了码长 n、信息位比特数 k 和约束长度 L 以及对应的生成多项式外，还要输入 Path Length（路径长度）参数，通常路径长度要设置为编码约束长度的 5 倍左右。除此之外还要选择硬判决还是软判决。通常软判决比硬判决可多得 1～2dB 的增益。如果采用软判决，还必须输入译码约束长度 No. Bits、信噪比 Eb/No、信号均值 Signal Mean 和软判决的量化值 Bin Size。通常要获得正确的译码，在给定译码约束长度时，信噪比 Eb/No 需要满足一定的要求。如上图的[2,1,7]卷积码的编码约束长度为 7，译码约束长度为 3，则信噪比 Eb/No 应优于 5.1dB，我们近似设为 5dB。通常译码约束长度越长，对信噪比的要求就越低。

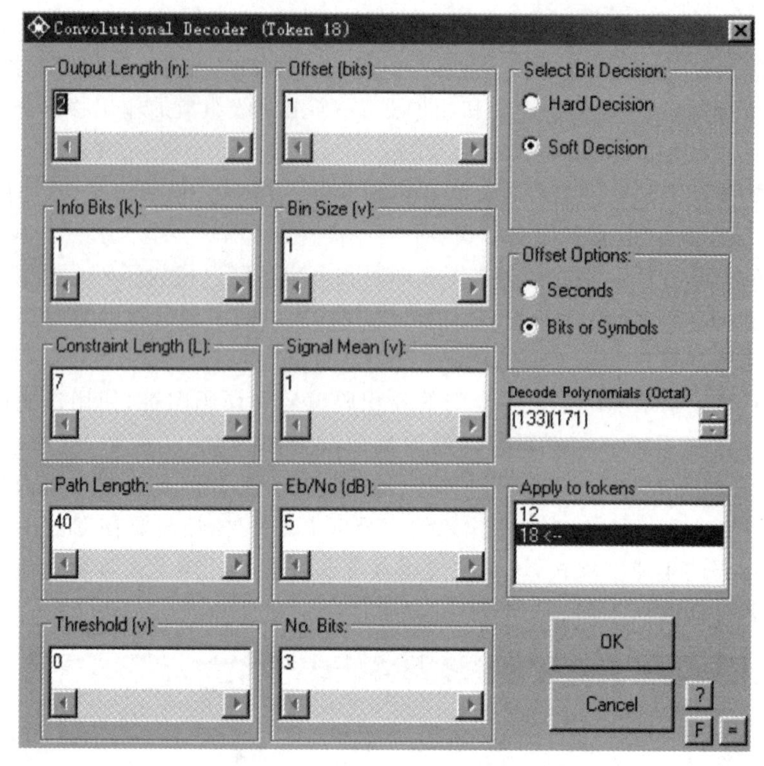

图 10-12　卷积码译码器的参数设置

图 10-13 给出了一个实际的卷积码仿真实验原理图。图中采用(2,1,7)卷积码编码器和译码器,在输出端使用硬判决和 3 比特软判决两种译码器,并使用 BER 图符进行了比特误码率测试,对软、硬两种译码器的译码性能做了比较。

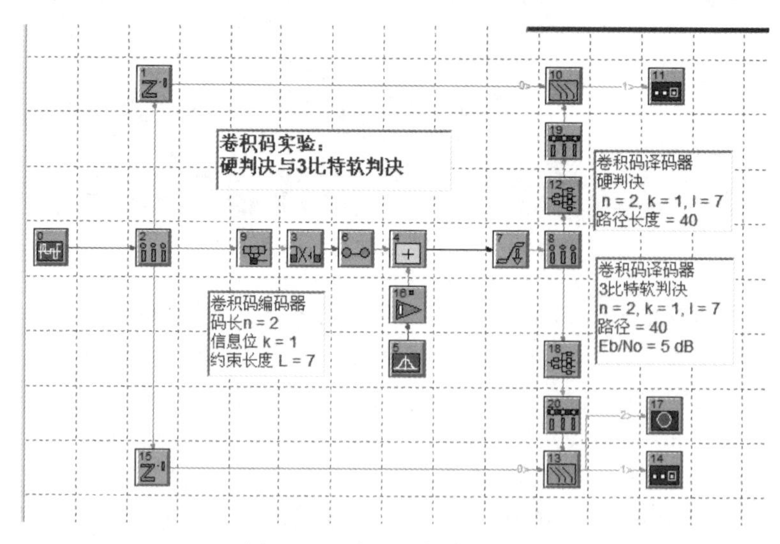

图 10-13　卷积码仿真原理图

系统中个图符的参数设置如表 10-3 所列。

表 10-3　卷积码编解码仿真图符参数设置

图符编号	库/图符名称	参　数
0	Source：PN Seq	Amp＝500. e-3V，Offset＝500. e-3V，Rate＝1Hz，Levels＝2，Phase＝0deg
1,15	Operator：Sampler Delay	Delay＝43samples，Attribute＝Passive，Initial Condition＝0V，Fill Last Register
2	Operator：Sampler	Non-Interp Right，Rate＝1Hz，Aperture＝0sec，Aperture Jitter＝0sec
3	Function：Poly	－1＋(2x)
4	Adder	
5	Source：Gauss Noise	Pwr Density＝1W/Hz，System＝1 ohm，Mean＝0V
6	Operator：Holder	Last Value，Gain＝1
7	Comm：Intg-Dmp	Continuous，Intg Time＝500. e-3s，Office＝0s
8	Operator：Sampler	Non-Interp Right，Rate＝2Hz，Aperture＝0sec，Aperture Jitter＝0sec
9	Comm：Cnv Coder	Code Length n＝2，Info Bits k＝1，Constrain L＝7，Polynomial＝oct，Threshold＝500. e-3V，Offset＝0bit/s
10,13	Comm：BER Rate	No. Trial＝1 bit/s，Threshold＝500. e-3V，Offset＝43bit/s
12	Comm：Cnv Coder	Hard Decision，Code Length n＝2，Info Bits k＝1，Constrain L＝7，Path-Lenth＝40，Polynomial＝oct，Threshold＝0V，Offset＝1bit/s
16	Comm：Gain	全局变量
18	Comm：Cnv Coder	Soft Decision，Code Length n＝2，Info Bits k＝1，Constrain L＝7，Path-Lenth＝40，Polynomial＝oct，Threshold＝0V，Offset＝1bit/s，Bin Size＝1V，Signal Mean＝1V，Eb/No＝5dB，Bit＝3
11,14	Sink：Final Value	
17	Sink：Cndtnl Stop	Action＝Go To Next Loop，Memory＝Retain Last sample，Threshold

图 10-14 是两种译码器仿真实验输出的误码率-信噪比(BER-SNR)关系曲线的比较覆盖图。结果表明，软判决的性能要优于硬判决。

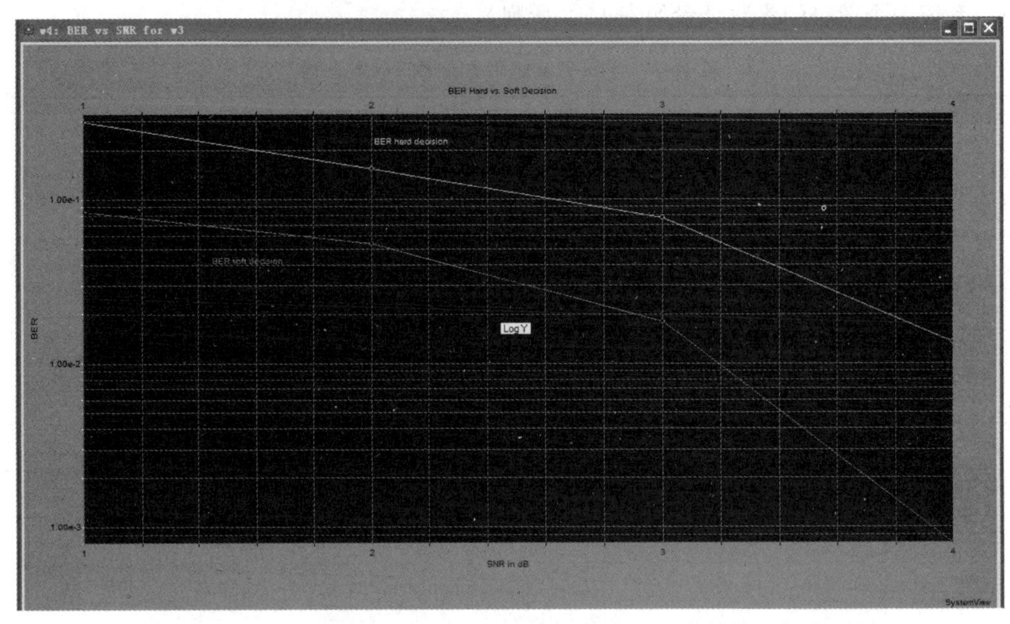

图 10-14 (2,1,7)卷积码的硬判决和软判决译码器 BER 曲线比较覆盖图

10.4 交织码仿真

前面几节所述的所有纠错编码都是用来纠正随机错误的,但在实际通信系统中常常存在突发性错误。突发错误一般是一个错误序列。纠正突发的错误通常采用交织编码。交织编码的基本思路是,将 i 个能纠 t 个错的分组码(n,k)中的码元比特排列成 i 行 n 列的方阵。每个码元比特记作 $B(i,n)$。如图 10-15 所示,交织前如果遇到连续 j 个比特的突发错误,且 $j \gg t$,对其中的两个码组而言,错误数已远远大于纠错能力 t,因而无法正确对出错码组进行纠错。交织后,总的比特数不变,传输次序由原来的 $B(1,1)$,$B(1,2)$,$B(1,3)$,…,$B(1,n)$,$B(2,1)$,$B(2,2)$,$B(2,3)$,…,$B(2,n)$,…,$B(i,1)$,$B(i,2)$,$B(i,3)$,…,$B(i,n)$转变为 $B(1,1)$,$B(2,1)$,$B(3,1)$,…,$B(i,1)$,$B(1,2)$,$B(2,2)$,$B(3,2)$,…,$B(i,2)$,…,$B(1,n)$,$B(2,n)$,$B(3,n)$,…,$B(i,n)$的次序。此时因干扰或衰落引起的突发错误图样正好落在分组码的纠错能力范围内,可以正确纠正错误。通常把码组数 i 称为交织度,用这种方法构造的码称为交织码。

使用交织编码的好处是提高了抗突发错误的能力并且不增加新的监督码元,从而不会降低编码效率。理论上交织度 i 越大,抗突发错误的能力就越强,但是要求译码器的暂存区就越大,而且译码延时也相应加大。因此,实际工程中会根据设计成本和系统的延时要求选取合适的 i。

图 10-16 是交织编码的 SystemView 仿真原理图。在进行交织编码以前,先将数据用格雷码编码器进行了纠错编码,然后再进行 23 行、23 列的交织编码。在传输信道上用了一个周期为 1Hz、脉宽为 100ms、幅度为 2V 的方波信号模拟突发错误。

信息码元　　　　比特输出方向 ⟶　　　　监督码元

B(1,1)	B(1,2)	B(1,3)	B(1,4)	B(1,5)	B(1,6)	B(1,7)	B(1,8)	B(1,9)	…	…	…	…	…	B(1,n)
B(2,1)														B(2,n)
B(3,1)														B(3,n)
B(4,1)		突	发	错	误									B(4,n)
…	…	…	…	…	…	…	…	…	…	…	…	…	…	…
B(i,1)														B(i,n)

(a) 交织前的比特输出及突发错误

信息码元　　　　监督码元

比特输出方向 ↓

B(1,1)	B(1,2)	B(1,3)	B(1,4)	B(1,5)	B(1,6)	B(1,7)	B(1,8)	B(1,9)	…	…	…	…	…	B(1,n)
B(2,1)				突										B(2,n)
B(3,1)				发										B(3,n)
B(4,1)				错										B(4,n)
…	…	…	…	误	…	…	…	…	…	…	…	…	…	…
B(i,1)														B(i,n)

(b) 交织后的比特输出及突发错误

图 10-15　交织编码示意图

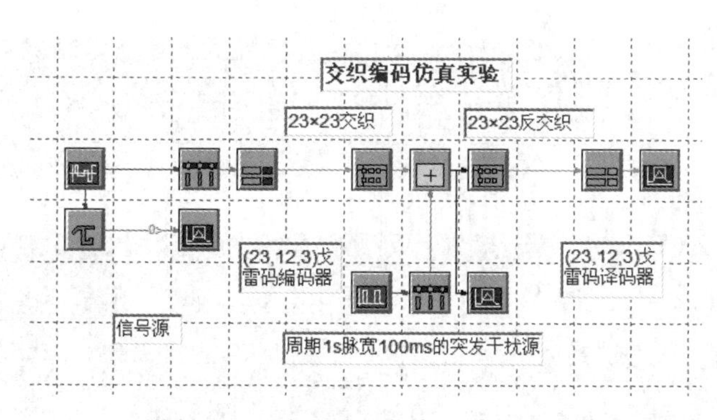

图 10-16　交织编码仿真实验原理图

系统中个图符的参数设置如表 10-4 所列。

表 10-4　交织码编解码仿真图符参数设置

图符编号	库/图符名称	参　数
0	Source：PN Seq	Amp=1V，Offset=0V，Rate=10Hz，Levels=2，Phase=0deg
1	Operator：Sampler	Non-Interp Right，Rate = 10Hz，Aperture = 0sec，Aperture Jitter=0sec
2	Comm：Blk Coder	BCH，CodeLength n = 15，InfoBits k = 7，Correct t = 2，Threshold=500. e-3V，Offset=0bit/s

续表

图符编号	库/图符名称	参　数
3,10,16	Operator：Holder	Last Value,Gain=1
4	Operator：Sampler	Non-Interp Right，Rate = 21.428571Hz，Aperture = 0sec，Aperture Jitter=0sec
5	Function：Poly	−1+(2x)
6	Comm：Blk dCoder	BCH，CodeLength n = 15，InfoBits k = 7，Correct t = 2，Threshold=0V，Offset=0bit/s
11	Adder	
12	Source：Gauss Noise	Std Dev=1V，Mean=0V
13	Comm：Interleave	Mode=Interleave，Rows=15 smpls，Columns=15 smpls
14	Comm：Interleave	Mode=De-Interleave，Rows=15 smpls，Columns=15 smpls
7～9,15	Sink：Analysis	

图 10-17 为输入数据、解码输出及被干扰突发错误的波形覆盖示意图。100ms 的突发错误被完全纠正。由于使用交织编码，所以应该存在 2 倍的编码、解码延时，即 2×23×23 个采样。因此要观察到一个以上完整的反交织周期的数据信号，系统的采样点数应该稍微设置得长一些。

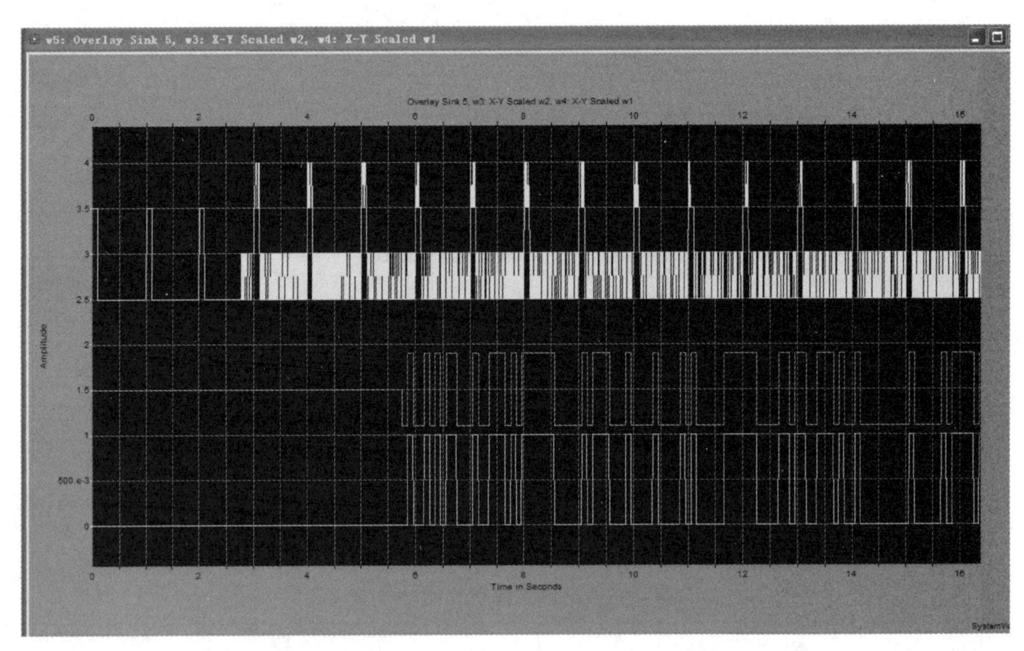

图 10-17　数据波形、解交织输出及突发错误波形覆盖图

除此之外，SystemView 还提供了另外一个交织编码器图符——卷积交织编码。当使用较短的移位寄存器时，该编码器比上述实验中先进行 BCH 编码再交织的方法实时性要好，而且参数设置也相对简单。

第11章 SystemView设计应用实例

如今 SystemView 应用已经十分广泛,几乎涉及通信领域的各个方面,本章将通过三个实际通信系统设计的例子——地面无线数字视频广播(DVB-T)系统、扩频通信系统和CDMA 通信系统来简要介绍 SystemView 在通信系统开发中的应用。

11.1 地面无线数字视频广播(DVB-T)系统仿真

SystemView 带有 DVB 专业库,包括一整套在进行 DVB 系统设计和仿真时可能用到的辅助工具。利用它,可以很方便地完成 ETS300 744 标准下各类 DVB 系统的仿真。本节中分别通过对端对端的完整 DVB 系统的仿真以及对 2k 模式 16QAM 调制方式的具体仿真例子,说明使用 SystemView 对 DVB 系统进行仿真的方法。

11.1.1 数字无线电视广播系统

对比电缆、光缆、卫星、微波等各种广播方式,通过城市环境的无线信道在移动接收的情况下传输信号是条件最恶劣的。为保证传输质量,需要针对这种传输信道的特性设计传输方式。DVB-T(Digital Video Broadcasting Terrestrial)是针对该环境提出的数字电视地面广播标准,采用 COFDM 作为其主要调制方式,已经广泛应用于无线地面数字电视广播的固定与移动接收系统。

DVB-T 采用的 COFDM 信道调制技术提供两种子载波数量 2k 和 8k 模式,三种子载波调制方式(QPSK,16QAM,64QAM),四种保护间隔(1/4,1/8,1/16,1/32),支持组建单频网和多频网,支持等级调制,支持模拟电视 8MHz、7MHz、6MHz 带宽,并提供强大灵活的信道编码,以适应复杂的地面传输环境。DVB-T 传输系统框图如图 11-1 所示。

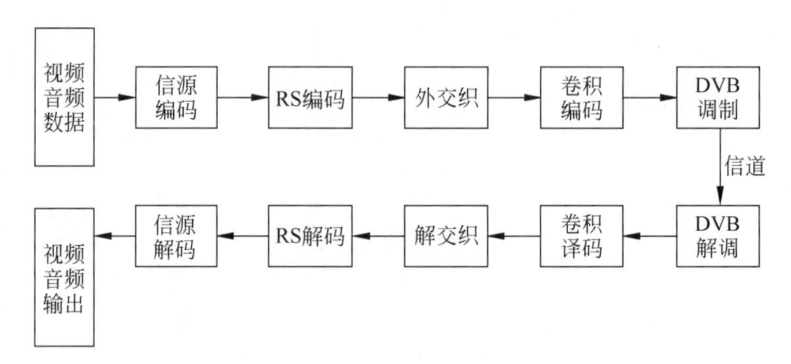

图 11-1 DVB-T 传输系统框图

其中,信道编码包括扰码、RS(204,188)外纠错编码、外交织和卷积编码。

DVB-T 系统可根据实际情况,如地理位置、网络类型及临界接收状况等,选择不同的模式及参数,表 11-1 显示了 8MHz 宽带频道的传输参数。

表 11-1　DVB-T 传输参数

参　　数	2k 模式				8k 模式			
载波间隔/kHz	4.464				1.116kHz			
实际载波数	1705				6817			
系统使用载波数	193				769			
有用数据载波数	1512				6048			
有用带宽/MHz	7.609				7.612			
数据周期/μs	224				896			
保护间隔周期/μs	56	28	14	7	224	112	56	28
发射点间最大距离/km	24	12	6	3	96	48	24	12
保护间隔比率	1/4	1/8	1/16	1/32	1/4	1/8	1/16	1/32

从表中可以看出，2k 模式最大支持 24km 的距离，主要适用于小范围的单发射机网络；8k 模式则更适用于大范围多发射机的网络，例如长回波的山区。在确定保护间隔时，要根据地理情况进行选择，确保能够完全消除多径传播，同时还要综合考虑传输效率，尽量提高传输性能。

在 DVB-T 中，端对端 DVB 调制方式如图 11-2 所示。所谓端到端是指从卷积编码器输出到 OFDM 调制器输出这一段，主要完成了对内交织(比特交织和符号交织)、符号映射以及 OFDM 调制的功能。以图 11-2(b)单支路 16QAM 调制方式为例，首先将具有高、低优先级的码流分别解复用为 4 个子码流，该功能由比特解复用模块完成。然后将解复用后的 4 个子码流分别输入比特交织器中，比特交织完成后，输出的比特流由符号交织器完成符号交织，再由符号映射器完成符号映射，最后进行 OFDM 调制，完成 DVB-T 系统中数字电视信号 COFDM 调制。

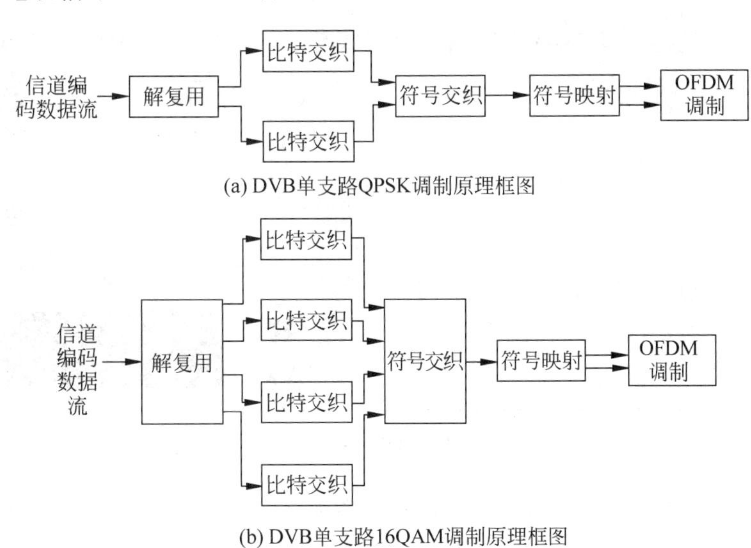

图 11-2　DVB 端对端调制方式原理框图

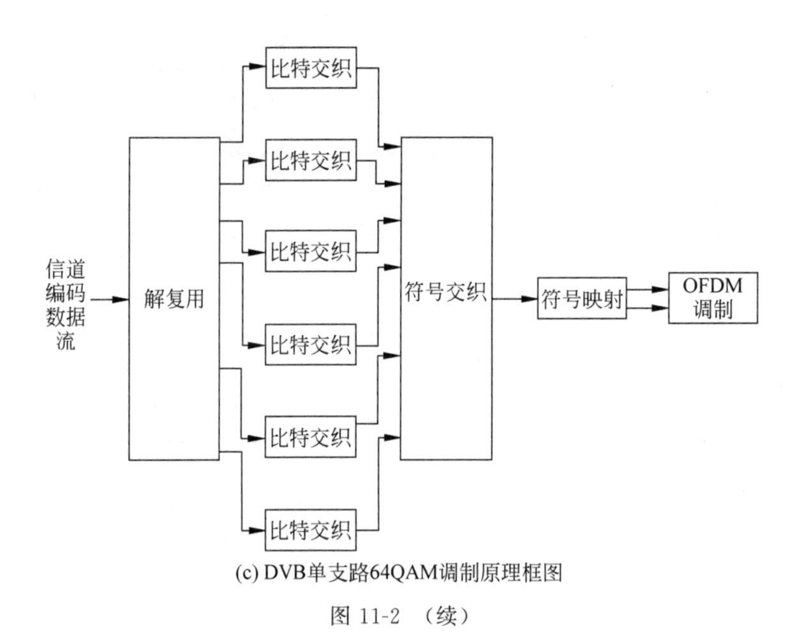

(c) DVB单支路64QAM调制原理框图

图 11-2 （续）

根据上述原理框图，在 SystemView 平台上对整个 DVB 端到端系统仿真的电路图如图 11-3 所示。

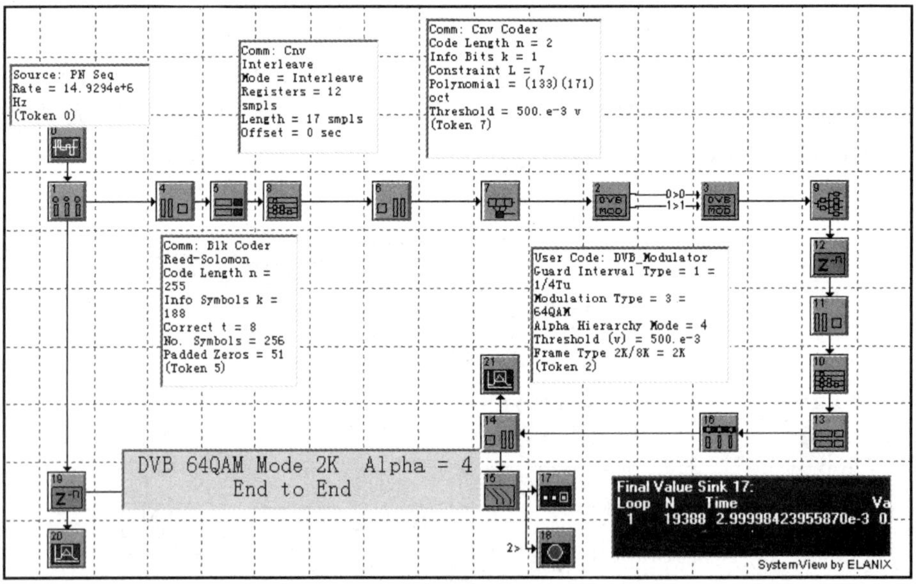

图 11-3 端对端 DVB 系统仿真电路图

其中，系统时钟设置：开始时间 0，采样频率为 32.4kHz，采样点数为 97201，其他数值由 SystemView 自动计算，各个图符的参数设置如表 11-2 所列。

表 11-2　端对端 DVB 系统仿真电路图符参数设置

图符序号	库/图符名称	参　数
0	Source：PN Seq	Amp＝0. 5V，Offset＝0. 5V，Rate＝14. 9294MHz，Level＝2，Phase＝0
1	Operator：Sample	Rate＝14. 9294MHz
2	DVBMOD	Max Inputs＝1，Guard Interval Type＝1，Modulation Type＝3，Conv Code Rates＝0，Alpha Hierarchy Mode＝4，Threshold＝500. e-3V，Frame Type＝2k
3	DVBDEMOD	Max Inputs＝2，Guard Interval Type＝1，Input Delay＝0s，Modulation Type＝3，Alpha Hierarchy Mode＝4，Threshold＝500. e-3V，Frame Type＝2k
4，11	Communications：Bit→Sym	MSB is first bit，Bits/Symbol＝8，Threshold＝0. 5V
5	Communications：Blk Coder	RS Code Length n＝255，Info Symbols k＝188，Correct t＝8，No. Symbols＝256，Padded Zeros＝51，Offset＝0s
6，14	Communications：Sym → Bit	MSB is first bit，Bits/Symbol＝8
7	Communications：Cnv Coder	Code Length n＝2，Info Bits k＝1，Constraint L＝7，Polynomail＝(133)(171)o ，Threshold＝0. 5V
8	Communications：Cnv Interleave	Mode＝ Interleave，Registers＝12samples，Length＝17 samples，Offset＝0s
9	Communications：Cnv dCoder	Hard Decision，Code Length n＝2，Info Bits k＝1，Constraint L＝7，Polynomail＝(133)(171)o，Path Length＝15，Threshold＝0. 5V，Offset＝0s
10	Communications：Cnv Interleave	Mode＝ De-Interleave，Registers＝12samples，Length＝17 samples，Offset＝2367bits
12	Operator：Sample Delay	Delay＝10samples
13	Communications：Blk dCoder	RS Code Length n＝255，Info Symbols k＝188，Correct t＝8，No. Symbols＝256，Padded Zeros＝51，Offset＝4611bits
15	Communications：BER Rate	No. Trails＝1bits，Threshold＝0. 5V，Offset＝25400bits
16	Operator：ReSample	Rate＝1. 866MHz
17	Sink：Final Value	
18	Sink：Stop Sink	Action＝Go To Next Loop，Memory＝Retain last sample，Threshold＝10
19	Operator：Sample Delay	Delay＝37106samples
20，21	Sink：Analysis	

运行系统，可以发现误码率为 0(Token15，17)。源信号和经过调制/解调输出的信号分别由观察窗 20、21 显示，对比可以发现，两路信号完全相同，如图 11-4 所示。

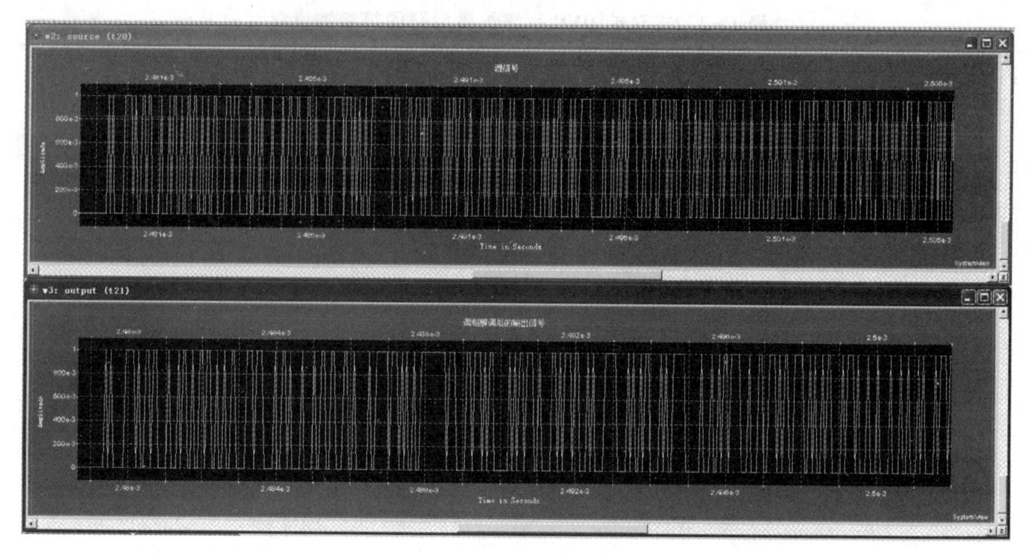

图 11-4　源信息与调制/解调后的输出波形对比

11.1.2　数字无线电视广播的调制与解调

在 11.1.1 节的例子中,使用了 DVB 调制/解调图符。该图符的功能也可由用户采用 DVB 库中的其他图符结合基本库、通信库中的相关图符来组合完成,如图 11-5 所示。

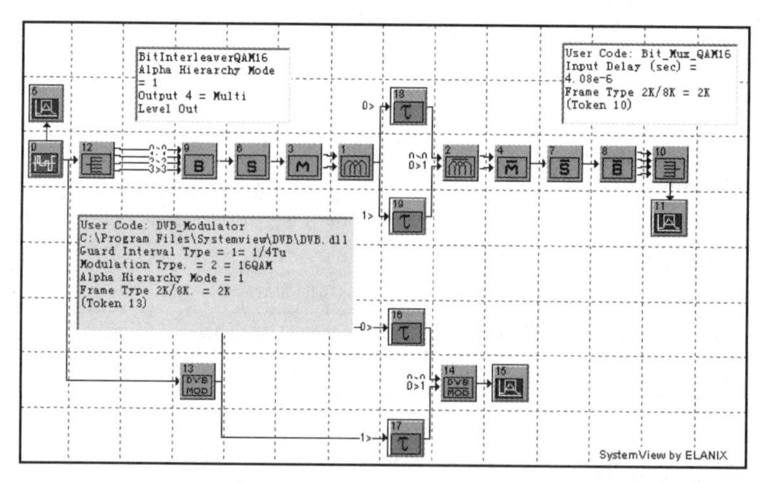

图 11-5　DVB 系统 16QAM 2k 模式调制/解调仿真图

图 11-5 的上半部分是完整端到端 DVB 系统中由收缩卷积编码器输出到 OFDM 调制/解调输出之间的部分,下半部分是一个由 DVB 调制器和 DVB 解调器组成的通路,两部分均由观察窗 15 观察,进行对比。其中,系统时钟设置:开始时间 0,采样频率为 21.6kHz,采样点数为 32401,其他数值由 SystemView 自动计算,各个图符的参数设置如表 11-3 所列。

表 11-3　16QAM 2k 模式调制/解调仿真图符参数设置

图符序号	库/图符名称	参　数
0	Source：PN Seq	Amp=0.5V，Offset=0.5V，Rate=21.6MHz，Level=2，Phase=0
1	DVBOFDMMOD	Guard Interval Type = 1，Modulation Type = 2，Conv Code Rates=0，Alpha Hierarchy Mode=4，Frame Type=2k
2	DVBOFDMDEMOD	Guard Interval Type = 1，Input Delay = 4.08μs，Modulation Type=2，Alpha Hierarchy Mode=1，Frame Type=2k
3	DVBSYMMAP	Modulation Type=2，Alpha Hierarchy Mode=1
4	DVBDEMAP	Modulation Type=2，Alpha Hierarchy Mode=1
5，11，15	Sink：Analysis	
6	DVBSYMINT	Frame Type=2k
7	DVBSYMDINT	Input Delay=4.08μs，Guard Interval Type=1，Frame Type=2k
8	DVBBITDINT	Modulation Type = 2，Input Delay = 4.08μs，Guard Interval Type=1，Frame Type=2k
9	DVBBITINT16	Max Inputs=4，Alpha Hierarchy Mode=1
10	DVBBMXQAM16	Guard Interval Type = 1，Alpha Hierarchy Mode = 1，Input Delay=4.08μs，Frame Type=2k
12	DVBBITDMUX	Modulation Type=2，Alpha Hierarchy Mode=1，Threhold=0
13	DVBMOD	Guard Interval Type = 1，Modulation Type = 2，Conv Code Rates=0，Alpha Hierarchy Mode=1，Threhold=0.5v，Frame Type=2k
14	DVBDEMOD	Guard Interval Type = 1，Input Delay = 4.08μs ，Modulation Type=2，Alpha Hierarchy Mode=1，Frame Type=2k
16-19	Operator：Delays	Delay=4.08μs

运行系统，波形如图 11-6 所示，从图中可以发现两条通路的功能完全相同。

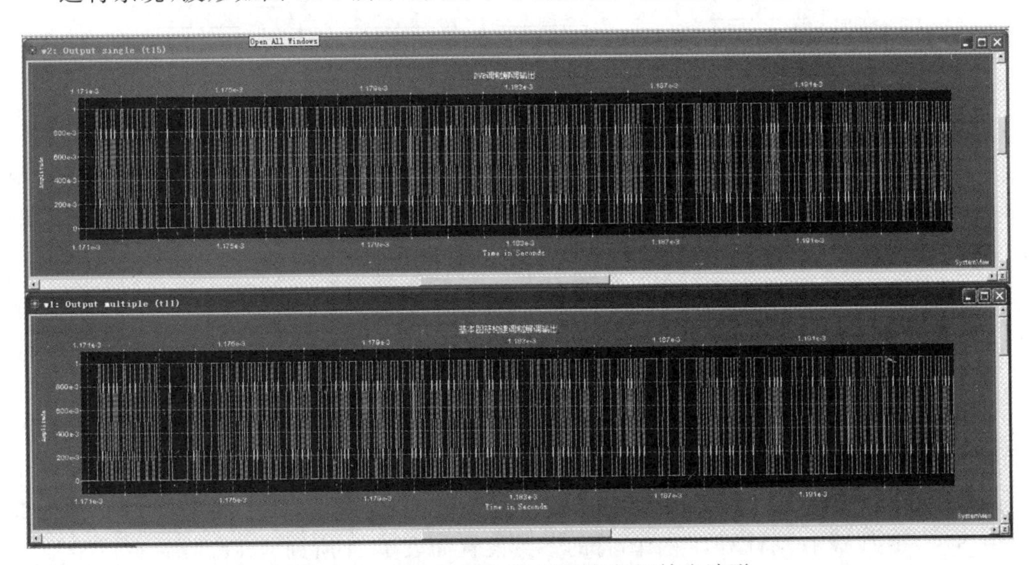

图 11-6　16QAM 2k 模式调制/解调输出波形

11.2 扩频通信系统仿真

扩频通信系统是开始于20世纪四五十年代的一种新的通信体制。所谓扩频技术,一般是指用比信号带宽宽得多的频带宽度来传输信息的技术。为了扩展发射信号的频谱,可能使用不同技术对所传的信息进行处理,从而产生了不同的扩频调制类型。常见的扩频类型有直接序列扩频(DS)、跳频(FH)、跳时(TH)和线性调频脉冲(Chip)等。

11.2.1 直接序列扩频通信原理

直接序列扩频调制就是载波直接被伪随机序列调制。图11-7所示是一个完整的参考法直接序列扩频通信系统(简称参考法直扩系统)原理框图,包括一个发射机和一个接收机。

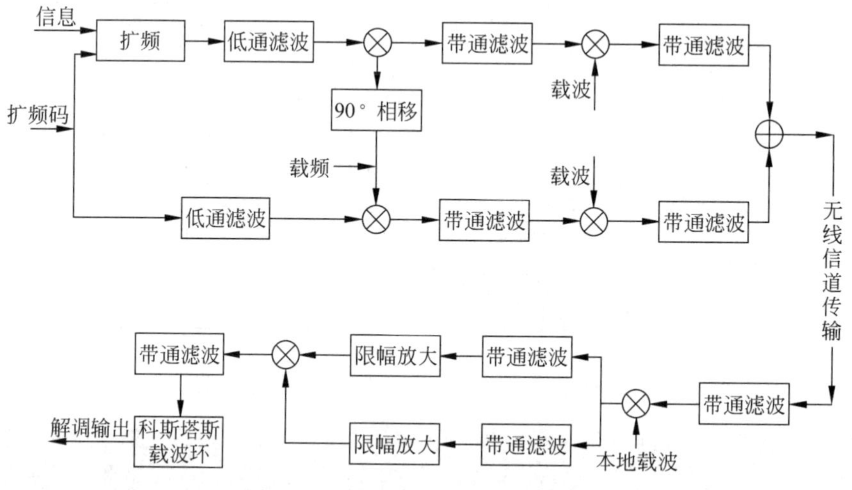

图11-7 参考法直扩系统原理框图

在发射机端,要传送的信息先转换成二进制数据或符号,与伪随机码(PN码)进行模2运算后形成复合码,再用该复合码去直接调制载波。在接收端,用于发射机完全同步的PN码对接收信号进行解扩后经解调器还原输出原始数据信息。

11.2.2 DS-CDMA扩频通信系统仿真

根据上述原理框图,在SystemView平台上对整个直扩系统仿真的电路图如图11-8所示。

其中系统时钟设置:开始时间0,采样频率为1.024GHz,采样点数为16 384,其他数值由SystemView自动计算,各个图符的参数设置如表11-4所列。

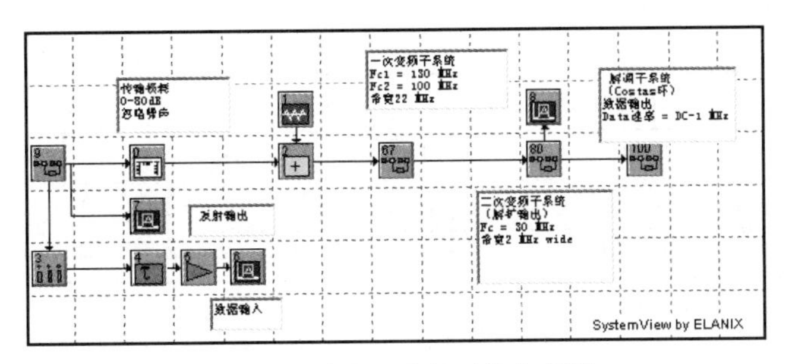

图 11-8　参考法直扩系统仿真图

表 11-4　参考法直扩系统仿真图符参数设置

图符序号	库/图符名称	参　　数
0	RFAnolog：Attn-Fxd	Loss=80dB
1	Source：Thermal	Resistance=50Ω，Noise Temp=300 deg K
2	Operator：Adder	
3	Operator：Decimator	Decimate by 32
4	Operator：Delay	Delay=1.3μs
5	Operator：Gain	Gain=2.5(Linear)
6-8	Sink：Analysis	
9	SubSystem	调制发射子系统
67	SubSystem	第 1 级接收机子系统
80	SubSystem	第 2 级接收机子系统
100	SubSystem	第 3 级接收机子系统

图 11-8 中共使用了 4 个子系统来分别仿真发射机和接收机的一次、二次、三次变频电路。其中，发射机子系统内部仿真图如图 11-9 所示，相关参数设置如表 11-5 所列。

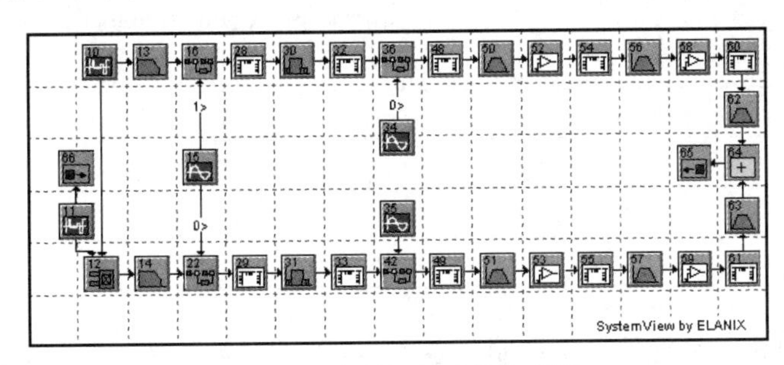

图 11-9　发射机子系统仿真图

表 11-5　发射机子系统仿真图符参数设置

图符序号	库/图符名称	参　　数
10	Source：PN Seq	Amp=0.25V，Offset=0V，Rate=11MHz，Level=2，Phase=0
11	Source：PN Seq	Amp=0.25V，Offset=0V，Rate=1MHz，Level=2，Phase=0

续表

图符序号	库/图符名称	参　数
12	Operator：XOR	Threshold=0，True=0.25，False=−0.25
13，14	Operator：Linear Sys Filters	Butterworth Lowpass IIR，5 Poles，Fc=7.7MHz
15	Source：Sinusoid	Amp=2V，Freq=100MHz，Phase=0
28，29	RFAnolog：Attn-Fxd	Loss=10dB
30，31	Operator：Linear Sys Filters	Bandpass FIR，Low Fc = 94.0032MHz，Hi Fc = 106.086MHz
32，33	RFAnolog：Attn-Fxd	Loss=5dB
34	Source：Sinusoid	Amp=2V，Freq=250MHz，Phase=0
35	Source：Sinusoid	Amp=2V，Freq=220MHz，Phase=0
48，49	RFAnolog：Attn-Fxd	Loss=3dB
50，56，62	Operator：Linear Sys Filters	Bandpass IIR 2 Poles，Low Fc = 338MHz，Hi Fc = 362MHz
51，57，63	Operator：Linear Sys Filters	Bandpass IIR 2 Poles，Low Fc=308M，Hi Fc=332M
52，53	RFAnolog：Amp-Fxd	Gain = 13dB，2nd Order Intercept = 27.5dBm，3rd Order Intercept = 17.5dBm，4th Order Intercept = 100dBm，1dB Compression Pt = 7.5dBm，Noise Figure=8dB
54，55，60，61	RFAnolog：Attn-Fxd	Loss=2dB
58，89	RFAnolog：Amp-Fxd	Gain = 27dB，2nd Order Intercept = 44.5dBm，3rd Order Intercept = 34.5dBm，4th Order Intercept = 100dBm，1dB Compression Pt = 24.5dBm，Noise Figure=8dB
64	Operator：Adder	
65	I/O	Output
66	I/O	Input
16，22，36，42	SubSystem	调制子系统

图 11-9 发射机子系统使用了调制子系统，其内部仿真如图 11-10 所示。相关参数设置如表 11-6 所列。

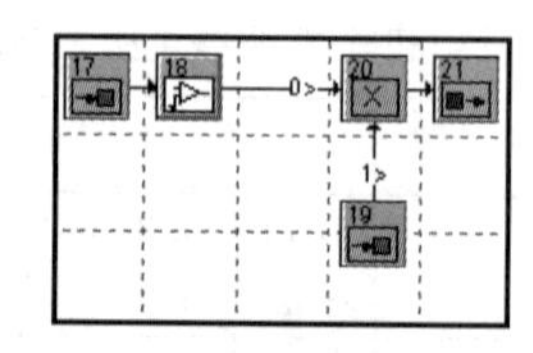

图 11-10　调制子系统仿真图

表 11-6 调制子系统仿真图符参数设置

图符序号	库/图符名称	参数
18,24	RFAnolog：Amp-Fxd	Gain = − 3dB，2nd Order Intercept = 27dBm，3rd Order Intercept = 17dBm，4th Order Intercept = 100dBm，1dB Compression Pt=7dBm，Noise Figure=11dB
38,44	RFAnolog：Amp-Fxd	Gain=−1.2dB，2nd Order Intercept=9.5dBm，3rd Order Intercept=−0.5dBm，4th Order Intercept=100dBm，1dB Compression Pt=−10.5dBm，Noise Figure=11dB
20,26,40,46	Operator：Mulplier	
17，19，23，25，37,39,43,45	I/O	Input
21,27,41,47	I/O	Output

一次变频实现了由射频导中频的变频，其仿真图如图 11-11 所示。相关参数设置如表 11-7 所列。

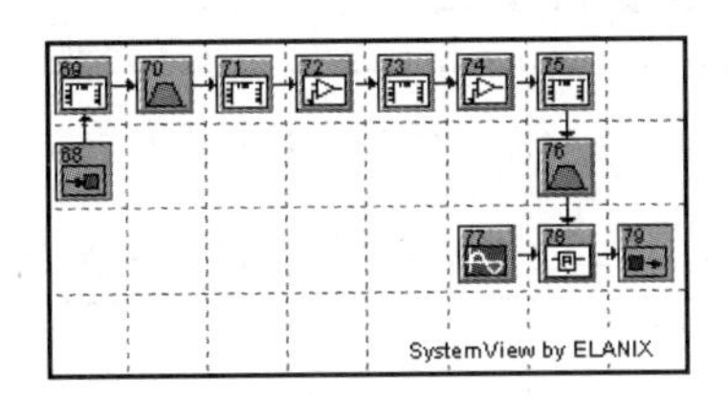

图 11-11 一次变频子系统仿真图

表 11-7 一次变频子系统仿真图符参数设置

图符序号	库/图符名称	参数
69	RFAnolog：Attn-Fxd	Loss=2dB
70	Operator：Linear Sys Filters	Linear Phase Bandpass IIR 2 Poles，Low Fc=308MHz，Hi Fc=362MHz
71	RFAnolog：Attn-Fxd	Loss=1.2dB
72	RFAnolog：Amp-Fxd	Gain = 13dB，2nd Order Intercept = 23dBm，3rd Order Intercept= 13dBm，4th Order Intercept = 100dBm，1dB Compression Pt=3dBm，Noise Figure=1.9dB
73	RFAnolog：Attn-Fxd	Loss=5dB
74	RFAnolog：Amp-Fxd	Gain = 15.6dB，2nd Order Intercept = 25.5dBm，3rd Order Intercept = 15.5dBm，4th Order Intercept = 100dBm，1dB Compression Pt = 5.5dBm，Noise Figure = 3.8dB
75	RFAnolog：Attn-Fxd	Loss=3dB
76	Operator：Linear Sys Filters	Linear Phase Bandpass IIR 2 Poles，Low Fc=308MHz，Hi Fc=362MHz
77	Source：Sinusoid	Amp=2V，Freq=220MHz，Phase=0

续表

图符序号	库/图符名称	参　数
78	RFAnolog：Mix-Act	LO Power＝－6dBm，1dB Cmpr Pt＝－11dBm，3rd Order Int＝－2dBm，Convr Gain＝3dB，RF Isolation＝30dBc，LO Leakage＝－80dBm，2nd Order Int＝8dBm，DC Offset＝0V，Noise Figure＝12dB
68	I/O	Input
79	I/O	Output

二次变频实现了限幅放大器和解扩，其仿真图如图 11-12 所示。相关参数设置如表 11-8 所列。

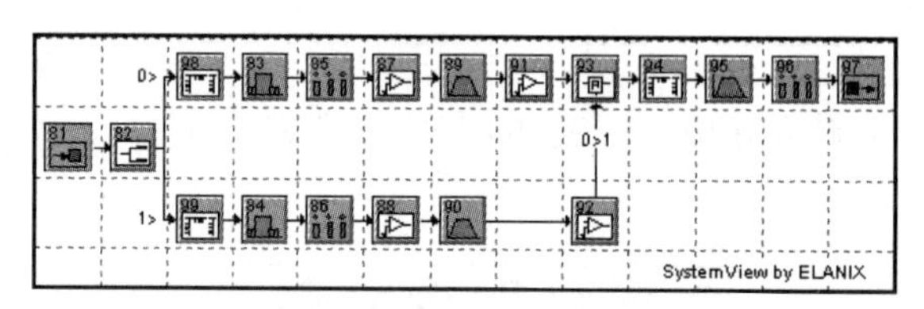

图 11-12　二次变频子系统仿真图

表 11-8　二次变频子系统仿真图符参数设置

图符序号	库/图符名称	参　数
81	I/O	Input
82	RFAnolog：PSplit-2	Loss above 3dB＝0.5dB
83	Operator：Linear Sys Filters	BandpassFIR，Low Fc＝124.006MHz，Hi Fc＝136.09MHz
84	Operator：Linear Sys Filters	Bandpass FIR，Low Fc＝94.0032MHz，Hi Fc＝106.086MHz
85,86,96	Operator：Decimator	Decimate by2
87,88,91,92	RFAnolog：Amp-Fxd	Gain＝45dB，2nd Order Intercept＝15dBm，3rd Order Intercept＝5dBm，4th Order Intercept＝100dBm，1dB Compression Pt＝－5dBm，Noise Figure＝9dB
89	Operator：Linear Sys Filters	Linear Phase Bandpass IIR 2 Poles，Low Fc＝118MHz，Hi Fc＝142MHz
90	Operator：Linear Sys Filters	Linear Phase Bandpass IIR 2 Poles，Low Fc＝88MHz，Hi Fc＝112MHz
93	RFAnolog：Mix-Act	LO Power＝－6dBm，1dB Cmpr Pt＝－3dBm，3rd Order Int＝6dBm，Convr Gain＝11dB，RF Isolation＝30dBc，LO Leakage＝－30dBm，2nd Order Int＝10dBm，DC Offset＝0V，Noise Figure＝11dB
94	RFAnolog：Attn-Fxd	Loss＝2dB
95	Operator：Linear Sys Filters	Linear Phase Bandpass IIR 2 Poles，Low Fc＝29MHz，Hi Fc＝31MHz
97	I/O	Output
98,99	RFAnolog：Attn-Fxd	Loss＝2dB

三次变频实现了最后信息解调的科斯塔斯环，其仿真图如图 11-13 所示。相关参数设置如表 11-9 所列。

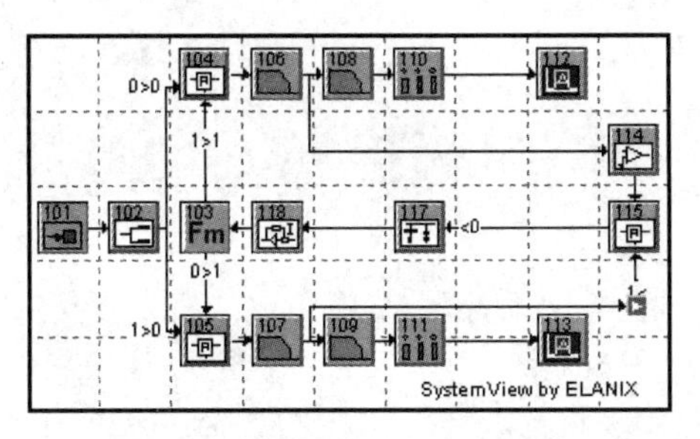

图 11-13　三次变频子系统仿真图

表 11-9　三次变频子系统仿真图符参数设置

图符序号	库/图符名称	参　　数
101	I/O	Input
102	RFAnolog：PSplit-2	Loss above 3dB=0.5dB
103	Function：FreqMod	Amp=1V，Freq=30.2MHz，Phase=0，Mod Gain=2.4MHz/V
104，105，115	RFAnolog：Mix-Act	LO Power=−6dBm，1dB Cmpr Pt=−3dBm，3rd Order Int=6dBm，Convr Gain=11dB，RF Isolation=30dBc，LO Leakage=−30dBm，2nd Order Int=16dBm，DC Offset=0V，Noise Figure=11dB
106，107	Operator：Linear Sys Filters	Bessel Lowpass IIR 2 Poles，Low Fc=10MHz
108，109	Operator：Linear Sys Filters	Bessel Lowpass IIR 2 Poles，Low Fc=500kHz
110，111	Operator：Decimator	Decimate by8
112，113	Sink；Analysis	
114	RFAnolog：Amp-Fxd	Gain=12dB，2nd Order Intercept=15dBm，3rd Order Intercept=5dBm，4th Order Intercept=100dBm，1dB Compression Pt=−5dBm，Noise Figure=3.6dB
117	RFAnolog：RC-PLL	10K，100pF，3.3K，Fc=128kHz
118	RFAnolog：Op-Invert	Limit=15V

运行该系统，可以得到源信息数据和解调输出信号。利用接收计算器的图形重叠功能，结果如图 11-14 所示。图中方波信号为源信息波形图，曲线为解调输出波形。从图中可见，解调输出波形与发送信息数据波形基本一致。

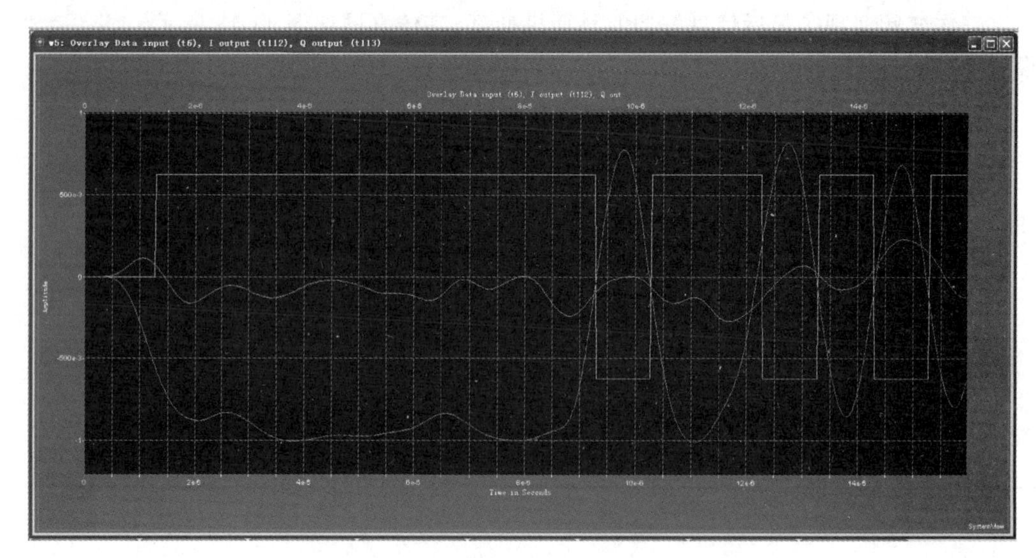

图 11-14　源信息数据波形和解调输出波形对比图

11.3　多路时分复用系统仿真

时分复用系统是利用不同的时隙来传送各路不同信号的复用放置，在现代数字通信系统中有着十分广泛的应用。本节讨论多路时分复用系统的 SystemView 仿真。

11.3.1　时分复用原理

在数字通信中，PCM、ΔM、ADPCM 或者其他模拟信号的数字化，一般都采用时分复用方式来提高信道的传输效率。

时分复用是利用不同时间间隙来传送各路不同信号，其原理示意图如图 11-15(a)所示。首先各路信号通过相应的低通变为带限信号，然后送到采样旋转开关。旋转开关每 T_s 秒将各路信号依次采样一次，这样 N 个样值按先后顺序错开纳入采样间隔 T_s 之内，称为 1 帧。各路信号断续发送，因此必须满足采样定理。例如，语音信号的采样频率为 8kHz，则旋转开关应每秒旋转 8000 次。合成的复用信号是 N 个采样信号之和，如图 11-15(d)所示。相邻两个采样脉冲之间的时间间隔称为时隙。在接收端，若开关同步地旋转，则对应各路的低通滤波器输入端能得到相应路的采样信号。

11.3.2　TDMA 多路时分复用系统仿真

在 TDMA 多路时分复用系统仿真中，可使用 SystemView 提供的时分复用器图符和分路器图符来实现时分复用。要使用时分复用器图符，首先拖曳一个通信库图符到设计区域，然后双击该图符打开通信符库窗口，如图 11-16 所示。

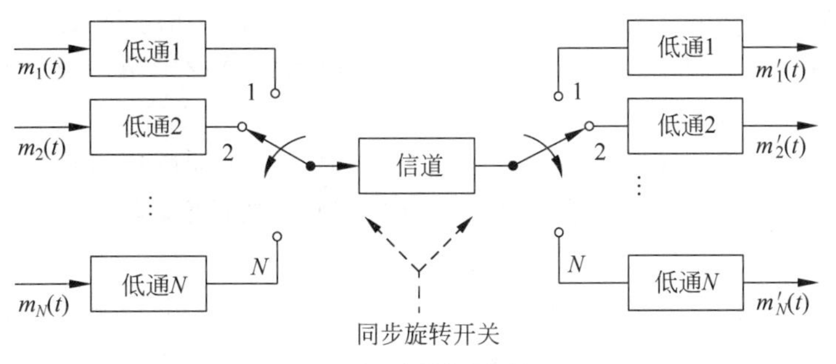

(a) 时分多路复用原理

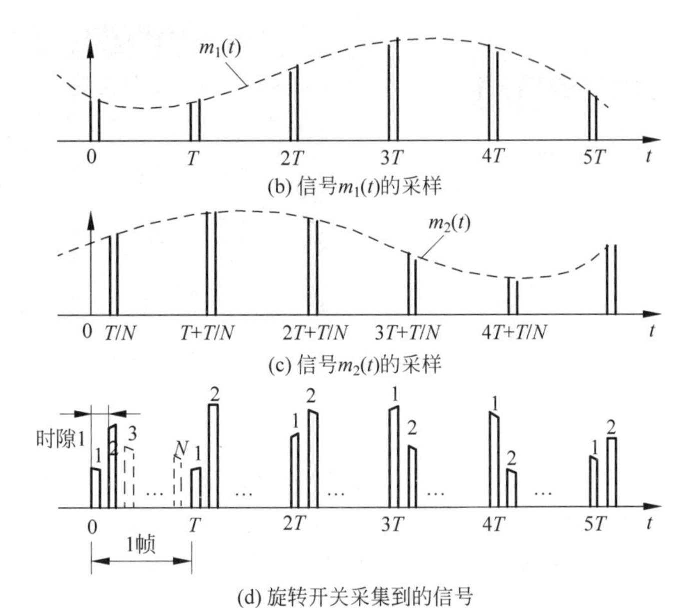
(b) 信号$m_1(t)$的采样

(c) 信号$m_2(t)$的采样

(d) 旋转开关采集到的信号

图 11-15　时分复用原理

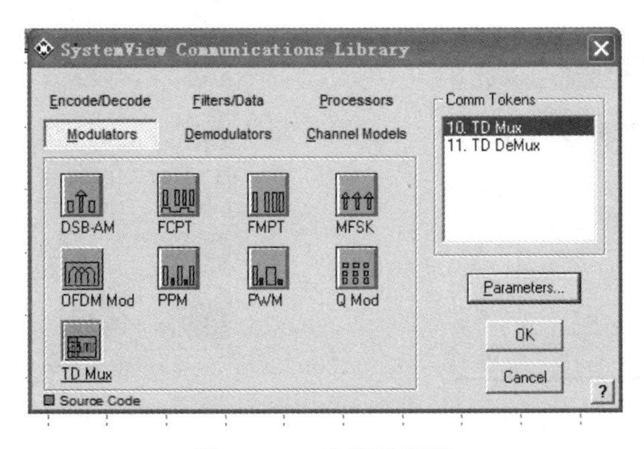

图 11-16　通信图符库

在其中选择 Modulators(调制器)组，然后选择 TD Mux(时分复用)图符，单击 Parameters 按钮，SystemView 将打开如图 11-17 所示的窗口供用户设置时分复用器图符的参数。

其中，Number of Inputs 为输入信号的个数，时分复用器图符根据该参数来自动选择时隙的个数：Time per Input 参数用来定义每个时隙的长度，按照如图所示设置参数，然后单击 OK 按钮完成时分复用器图符的设置。

设置分路器图符时同样是拖曳一个通信库图符到设计区域，然后双击该图符打开通信符库。选择 Demodulators(解调制器)组，然后选择 TD DMux(时分复用解调器)图符，如图 11-18 所示。

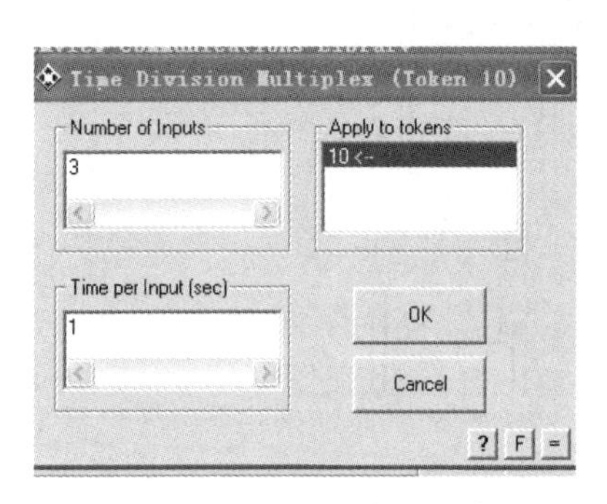

图 11-17　设置时分复用器参数

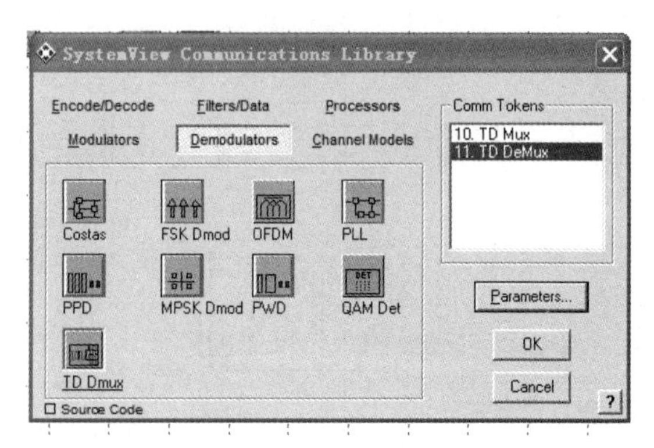

图 11-18　选择分路器图符

单击 Parameters 按钮打开参数设置窗口进行参数设置，如图 11-19 所示。

单击 OK 按钮完成图符的设置，然后再设置好信号源、接收器等图符就完成了整个时分复用系统 SystemView 模型的设计工作，如图 11-20 所示。

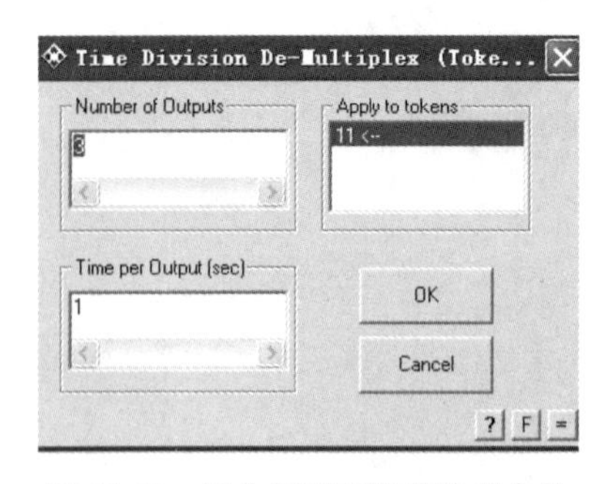

图 11-19　时分复用系统分路器参数

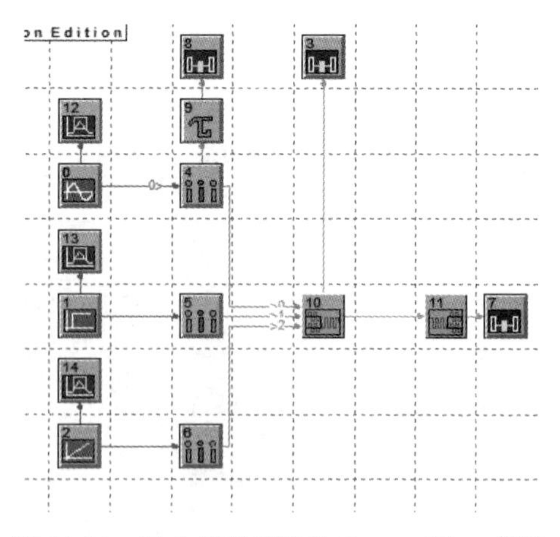

图 11-20　时分复用系统的 SystemView 模型

其中，三路信号的信号源分别是正弦信号、阶跃信号和斜升信号。为了使时分复用器图符能够正常工作，在信号送入时分复用器前进行了重新采样。这是因为如果没有进行重新采样，送入时分复用图符的数据速率和系统的采样频率是相同的，这样时分复用图符器的输出将是系统最大采样频率的 3 倍，这在 SystemView 仿真中是不允许的。最后，设置系统时间参数，如图 11-21 所示。

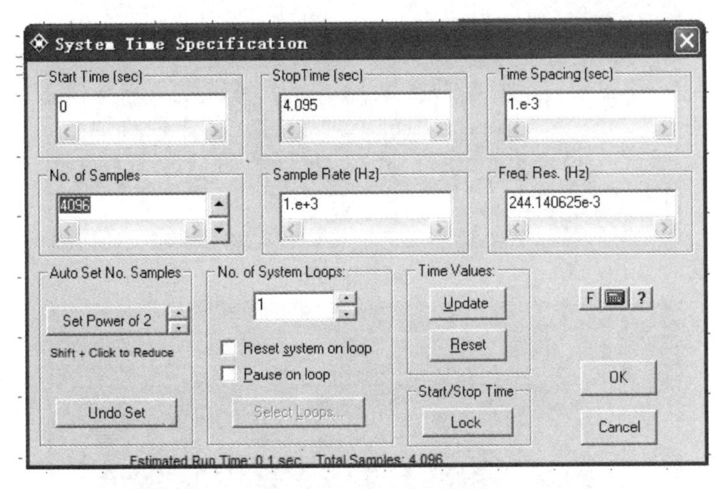

图 11-21　系统时间的设置

系统中各个图符的详细参数设置如表 11-10 所列。

表 11-10　多路时分复用系统图符参数设置

图符编号	库/图符名称	参　数
0	Source：Sinusoid	
1	Source：Step Fct	
2	Source：Time	Gain=200e-3V/sec，Offset=0V
4～6	Operator：Decimator	Decimate By 3
9	Operator：Delay	Non-Interpolating，Delay=10sec
10	Comm：TD Mux	No. Inputs=3，Time per Input=1sec
11	Comm：TD DeMux	No. Outputs=3，Time per Output=1sec
3，7，8	Sink：Real Time	
12～14	Sink：Analysis	

图 11-22 为三路信号与复用后的信号波形图。时分复用系统就是输入信号在时间轴上进行压缩，然后再分别分成和时隙长度相同的段，最后按次序将各个分段的信号放到不同时隙中去。接收端分路的过程与之相反。

图 11-23 为正弦信号源信号与接收端恢复出的第一路信号的对比图。为了便于对比，正弦信号源信号延迟了 2s 的时间。经过时分复用和接收端的分路，能够对信号实现正确传输，该时分复用系统模型的设计是正确的。

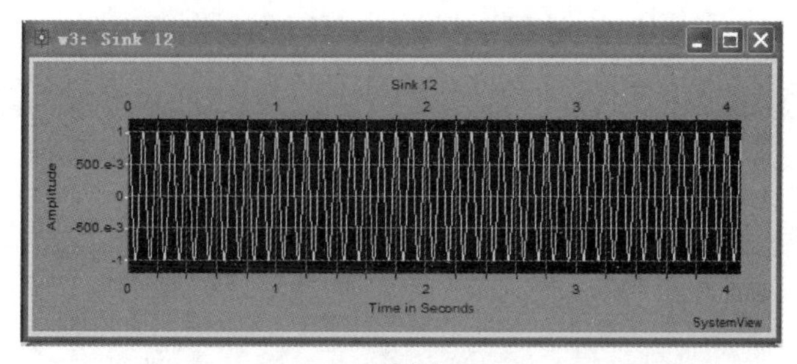

(a) 正弦信号

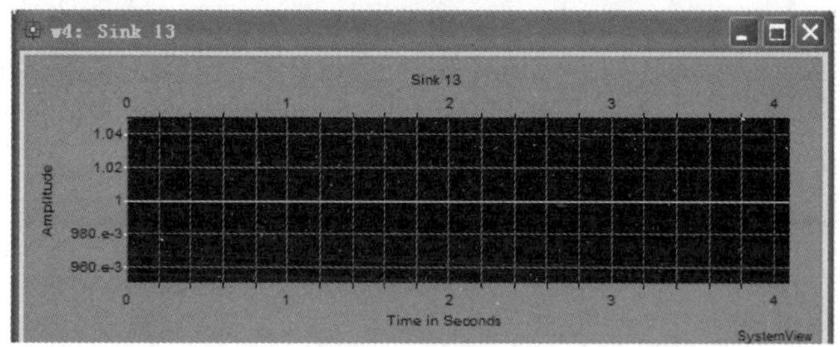

(b) 阶跃信号

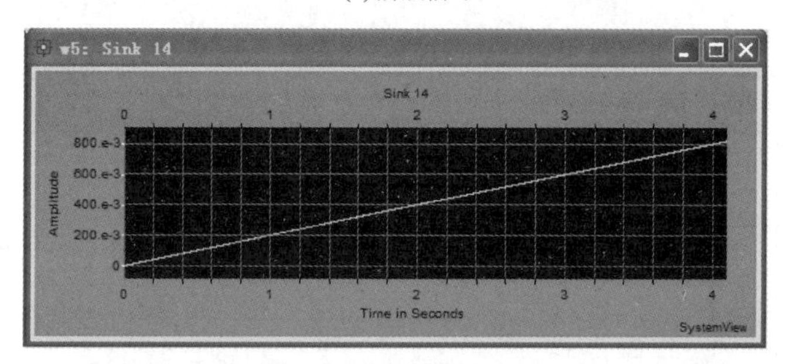

(c) 斜升信号

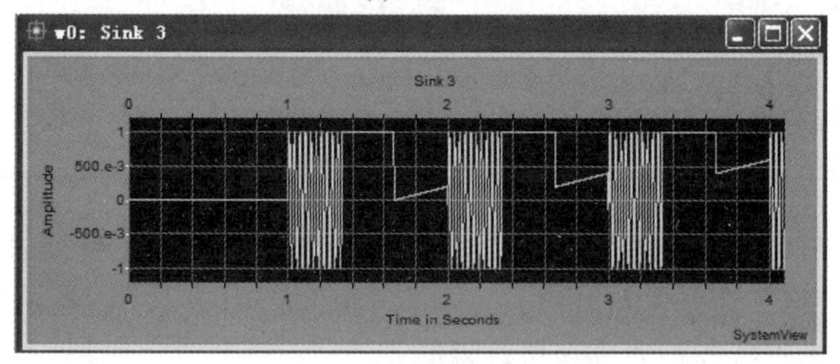

(d) 复用信号

图 11-22　三路独立信号与复用信号的波形对比图

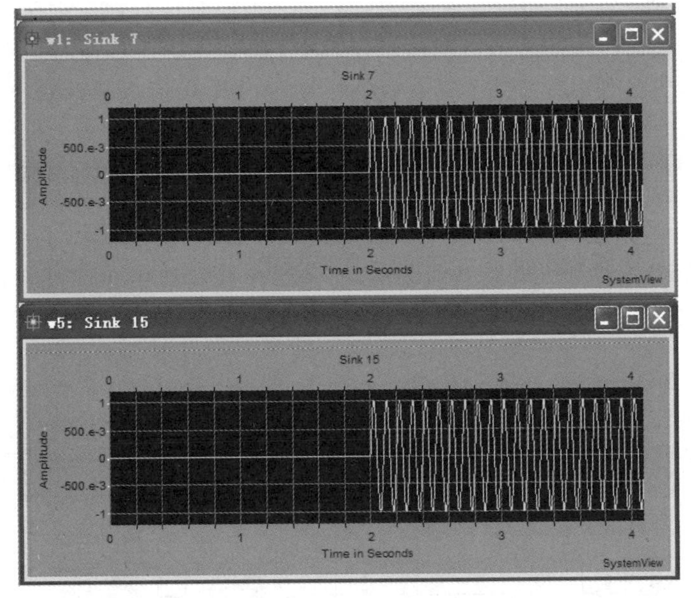

图 11-23 正弦信号源(上)与接收端恢复信号(下)波形

11.4 载波同步系统仿真

当通信系统采用同步解调或相干检测时,接收端需要提供一个与发射端调制载波同频同相的相干载波。获得这个相干载波的过程称为载波提取,也称为载波同步。提取载波的方法一般分为两类:一类是在发送有用信号的同时,在适当的频率位置上,插入一个(或多个)称作导频的正弦波,接收端就由导频提取出载波,这类方法称为插入导频法,也称为外同步法。另一类是不专门发送导频,而在接收端直接从发送信号中提取载波,这类方法称为直接法,也称为自同步法。本节讨论插入导频法的载波同步仿真。

11.4.1 插入导频法

在抑制载波系统中无法从接收信号中直接提取载波。例如,DSB、VSB、SSB 和 2PSK 本身都不含有载波分量或有一定的载波分量也难以从已调信号中分离出来。为了获取载波同步信息,可以采取插入导频的方法。插入导频是在已调信号的频谱中再加入一个低功率的线谱(其对应的正弦波形即称为导频信号)。在接收端可以容易地利用窄带滤波器把它提取出来,经过适当的处理形成接收端的相干波。显然,导频的频率应当与载频有关或者就是载频。插入导频的传输方法有多种,基本原理相似。这里仅介绍抑制载波的双边带信(DSB)中插入导频法。

在 DSB 信号中插入导频时,导频的插入位置应该在信号频谱为零的位置,否则导频与信号频谱成分重叠,接收时不易提取。图 11-24 所示为插入导频的一种方法。

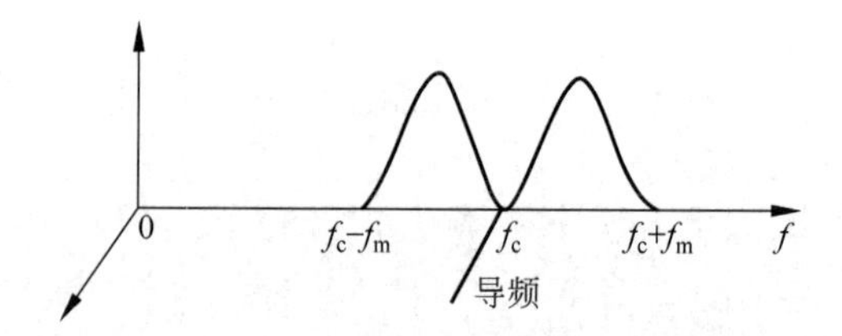

图 11-24 抑制载波双边带信号的导频插入

插入的导频并不是加入调制器的载波,而是将该载波移相 90°后的“正交载波”。其发射接收原理图如图 11-25 所示。

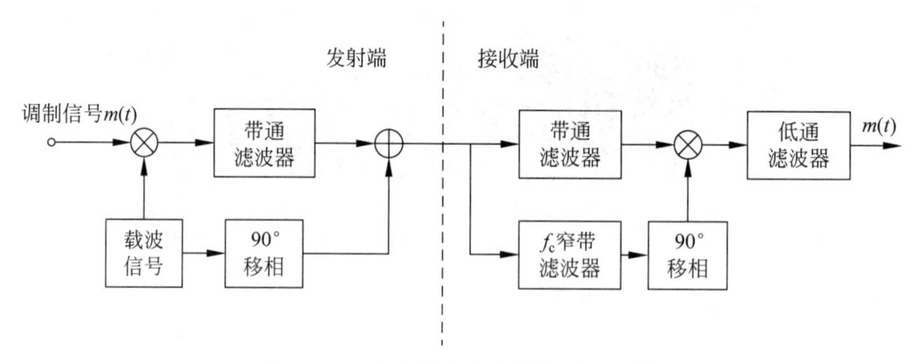

图 11-25 插入导频法发射接收原理图

11.4.2 插入导频法同步仿真

根据上述原理框图,在 SystemView 平台上对插入导频法同步仿真原理图如图 11-26 所示。其中,图符 0 为调制信号,图符 2 为载波信号,频率为 1kHz,其中它的一个输出端(正弦端)与乘法器相连,另一个正交输出端(余弦端)直接经过一个反相器与加法器相连,而未使用移相 90°电路。在接收端,带通滤波器和窄带滤波器分别使用了一个七阶椭圆形滤波器(图符 6)和一个抽头数为 1026 的 FIR 滤波器(图符 7)。移相电路简单地用了一个延时电路替代,因为载波频率为 1kHz,因此移相 90°等价为延时 250ns。由于未考虑两路滤波器间的延时误差,因此这一数值可能不十分精确,但可以近似认为延时后的

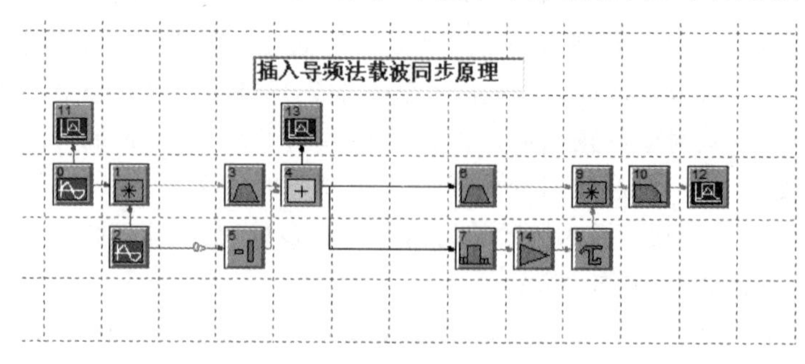

图 11-26 插入导频法载波同步仿真原理图

信号与信号是正交的。

系统中各个图符的详细参数设置如表 11-11 所列。

表 11-11 插入导频法同步系统图符参数设置

图符标号	库/图符名称	参 数
0	Source：Sinusoid	Amp=1V；Freq=50Hz；Phase=0
1,9	Multiplier	
2	Source：Sinusoid	Amp=1V；Freq=1e+3Hz；Phase=0
3	Operator：Linear Sys	Butterworth Bandpass IIR,3 Poles,Low Fc=950 Hz,Hi Fc=1.05e+3Hz,Quant Bits=None,Init Cndtn=Transient,DSP Mode Disabled,Max Rate=10e+3Hz
4	Adder	
5	Operator：Negate	
6	Operator：Linear Sys	Elliptic Bandpass IIR,7 Poles,Low Fc=900Hz,Hi Fc=1.1e+3Hz,Quant Bits=None,Rejection=-50dB,Init Cndtn=Transient,DSP Mode Disabled,Max Rate=10e+3Hz
7	Operator：Linear Sys	Bandpass FIR,999 to 1.001e+3Hz,Decimate By 1,Quant Bits=None,Taps=1062,Ripple=0.1dB,Init Cndtn=Transient,DSP Mode Disabled,Max Rate=10e+3Hz
8	Operator：Delay	Non-Interpolating,Delay=250e-6
10	Operator：Linear Sys	Butterworth Bandpass IIR,3 Poles,Fc=100 Hz,Quant Bits=None,Init Cndtn=Transient,DSP Mode Disabled,Max Rate=10e+3Hz
11～13	Sink：Analysis	

为什么插入的导频要用正交频率呢？通过观察仿真输出结果就很容易理解这个问题了。当发射端使用 90°移相后的正交载波作为导频信号时，在接收端低通滤波器的输出中没有直流分量，如图 11-27 所示；将载波频率的信号直接作为导频信号，这时，在接收端低通滤波器中可以观察到有直流分量存在，如图 11-28 所示。这个直流分量将通过低通滤波器对数字信号产生影响，这就是在发射端插入正交导频信号的原因。

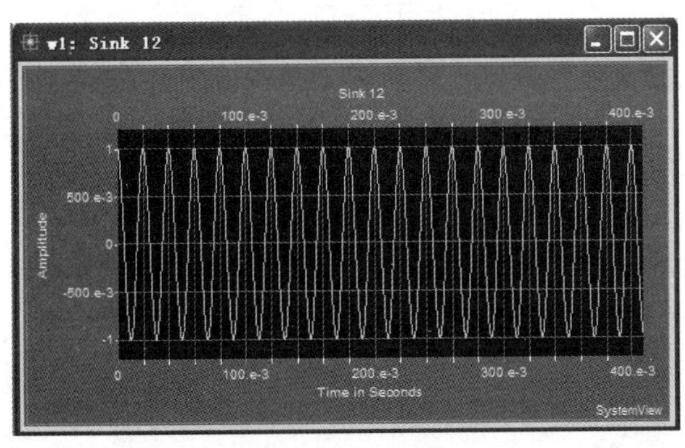

图 11-27 使用正交导频信号调制在接收端解调出的不含直流成分的调制波形图

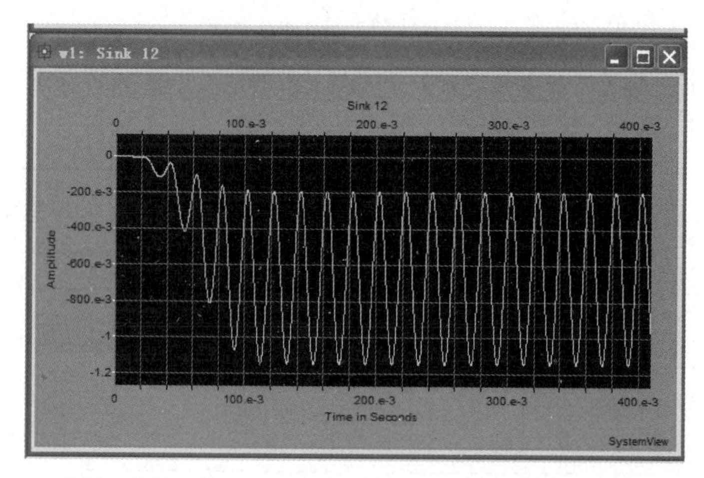

图 11-28　使用正交导频信号调制在接收端解调出的包含直流成分的调制波形图

另外,插入导频法提取载波要使用窄带滤波器,这个窄带滤波器也可以用锁相环来代替,这是因为锁相环本身就是一个性能良好的窄带滤波器,因而使用锁相环后,载波提取的性能将有所改善。

11.5　OFDM 无线通信系统仿真

在无线信道中,可靠、高速的传输数据是无线通信的目标和要求,而 OFDM 技术具有抗多径时延、抗信道衰落、频谱利用率高和硬件实现相对简单的特点,在无线通信领域获得了广泛的应用,成为 4G 的核心技术。本节讨论 OFDM 无线通信系统的仿真。

11.5.1　OFDM 原理

OFDM 的调制过程如图 11-29 上半部分所示。输入比特序列先进行信道编码,目的是提高通信系统性能。根据所采用的调制方式,将传输信号进行数字调制,使转换成载

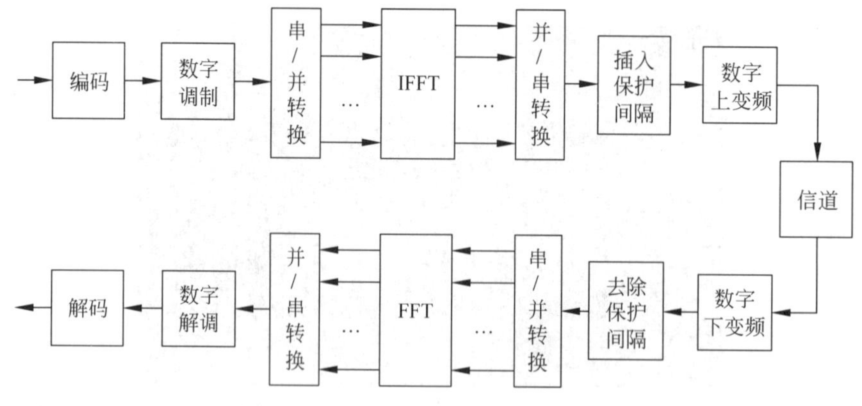

图 11-29　OFDM 调制/解调系统框图

波幅度和相位的映射，形成调制信息序列。对调制信息序列进行 IFFT，将数据的频谱变换到时域上，得到 OFDM 的时域采样序列。对每个 OFDM 符号间插入保护间隔，可进一步抑制符号间的干扰，还可以减少在接收端的定时偏移误差。再进行数字变频，得到 OFDM 已调信号的时域波形。OFDM 的解调过程与调制过程相反，如图 11-29 下半部分所示。

11.5.2 OFDM 的调制与解调仿真

根据上述原理框图，在 SystemView 平台上对 OFDM 调制解调系统仿真如图 11-30 所示，主要通过两路信号：同向分量和正交分量送入 OFDM 调制模块，然后通过加入噪声后分别经过 Rice 信道和多径衰落信道后再次送入 OFDM 进行最后的解调，并通过观察模块观察各路波形。

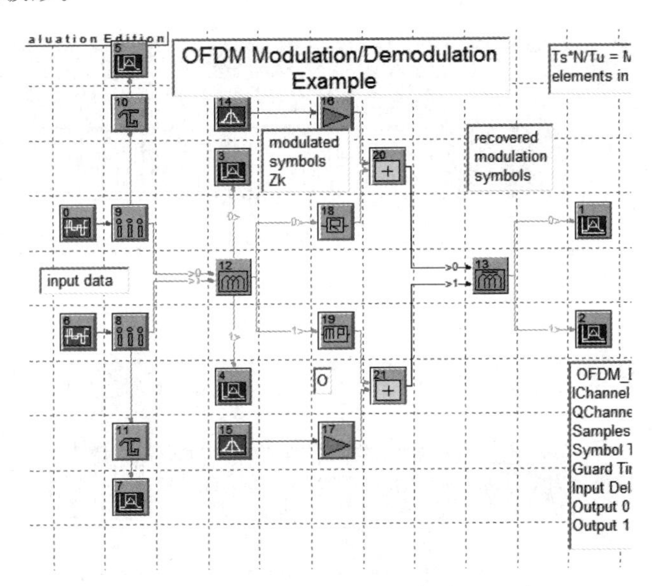

图 11-30 OFDM 调制/解调仿真原理图

系统中各个图符的详细参数设置如表 11-12 所列。

表 11-12 OFDM 调制/解调系统图符参数设置

图符标号	库/图符名称	参数
0,6	PN Seq	Amp = 1V Rate = 64 Hz,Levels = 2
8,9	Sampler Interpolating	Rate = 64 Hz
10,11	Delay Non-Interpolating	Delay =3
12	OFDM Mod	Per Block = 64,Symbol Time=1,Guard Time=0.2
13	OFDM dMod	Per Block = 64,Symbol Time = 1,Guard Time=0.2
14,15	Gauss Noise	Std Dev = 1e-3V,Mean = 0V
16,17	Gain	Gain = 1 Gain,Units = Linear

续表

图 符 标 号	库/图符名称	参　　数
20,21	Adder	-
18	Rice Chnl	Corr Time ＝ 1 sec,K-Factor ＝ 1
19	Mpath Chnl	No. Paths ＝ 3 Max,Delay ＝ 100e-3
1,2	Analysis	-
3,4	Analysis	-
5,7	Analysis	-

系统运行时的主要设置参数为 NO. of Samples＝1024,Sample Rate ＝80Hz,仿真结果如图 11-31～图 11-36 所示。其中 I 路和 Q 路的输入为二进制随机序列,分别如图 11-31、图 11-32 所示；经过射频调制后的 I 路和 Q 路信号分别如图 11-33 和图 11-34 所示；解调输出的 I 路和 Q 路信号分别如图 11-35 和图 11-36 所示。

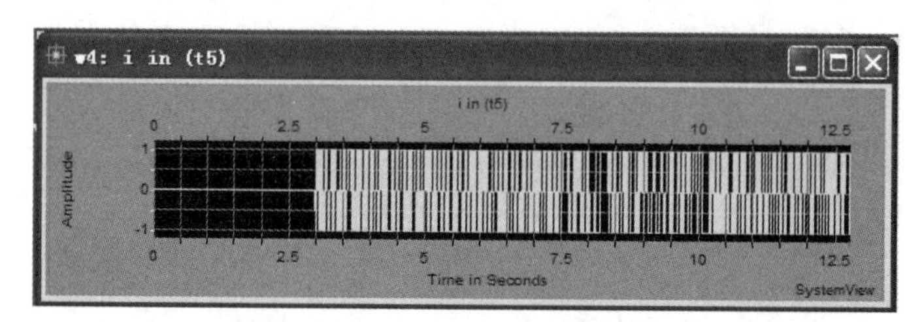

图 11-31　I 路输入序列波形

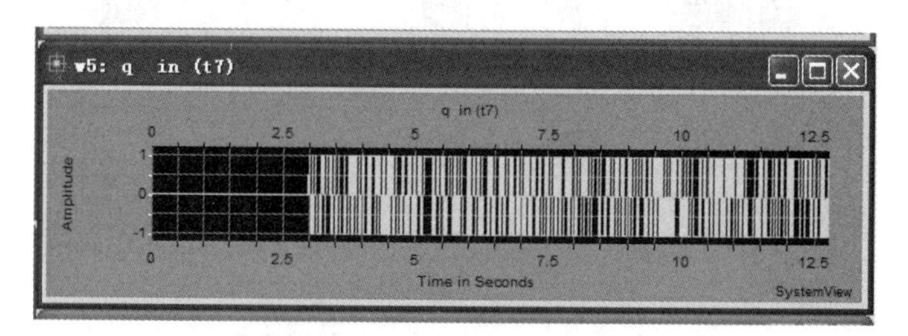

图 11-32　Q 路输入序列波形

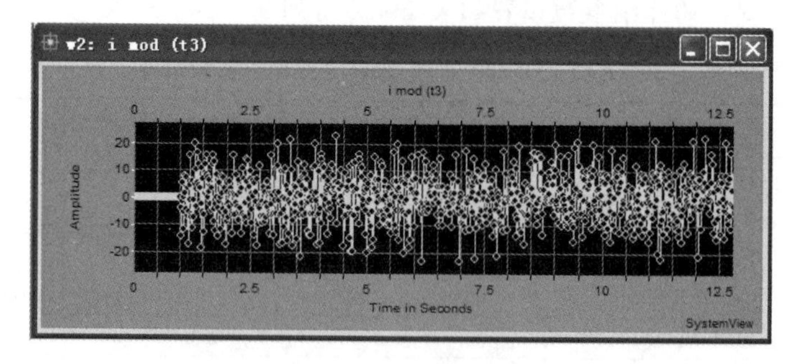

图 11-33　I 路调制信号波形

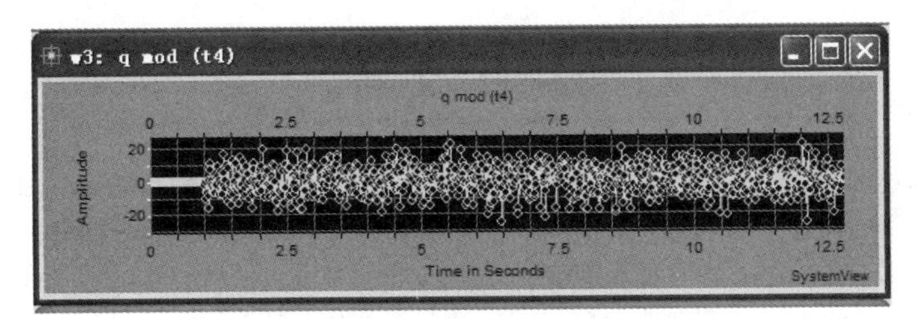

图 11-34　Q 路调制信号波形

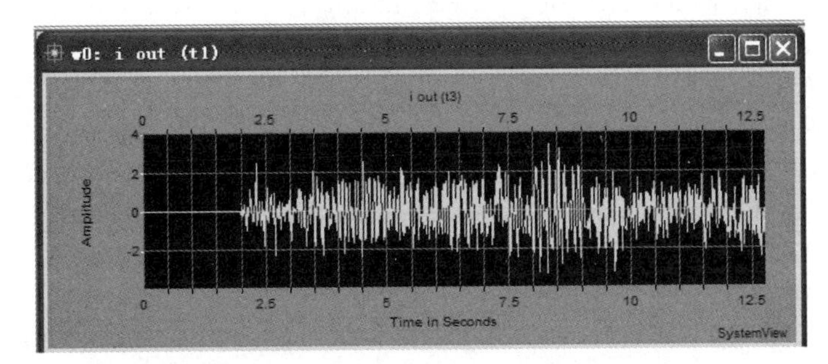

图 11-35　I 路解调输出信号波形

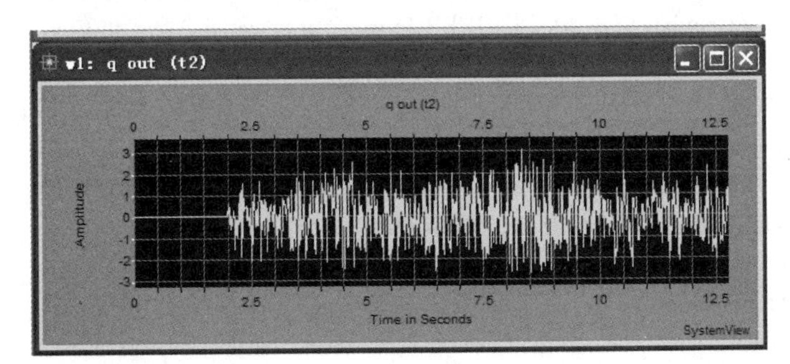

图 11-36　Q 路解调输出信号波形

参考文献

[1] 张瑾,周原,姚巧鸽,等. 基于MATLAB/Simulink的通信系统建模与仿真[M]. 北京：北京航空航天大学出版社,2017.

[2] 吴茂. MATLAB R2016a通信系统建模与仿真28个案例分析[M]. 北京：清华大学出版社,2018.

[3] 张德丰. MATLAB通信工程仿真[M]. 北京：机械工业出版社,2012.

[4] Chang T H, Ma W K, Huang C Y, et al. Noncoherent OSTBC-OFDM for MIMO and Cooperative Communications: Perfect Channel Identfiability and Achievable Diversity Order[J]. IEEE Trans. Signal Process., 2012, 60(9): 4849-4863.

[5] Sendonaris A, Erkip E, Aazhang B. User Cooperation Diversity-Part I and Part Ⅱ[J]. IEEE Transactions on Communications,2003,51(11): 1927-1948.

[6] Andrews J G, Baccelli F, Ganti R K. A Tractable Approach to Coverage and Rate in Cellular Networks[J]. IEEE Transactions on Communications, 2011, 59(11): 3122-3134.

[7] Sendonaris A, Erkip E, Aazhang B. User Cooperation Diversity-Part I,Part Ⅱ[J]. IEEE Trans. Commun., 2003, 51(11): 1927-1948.

[8] Saman A, Yindi J, Hai J, et al. Relay Selection Schemes and Performance Analysis Approximations for Two-Way Networks[J]. IEEE Trans. Commun., 2013, 61(3): 987-998.

[9] Dhillon H S, Ganti R K, Baccelli F, et al. Modeling and Analysis of K-Tier Downlink Heterogeneous Cellular Networks[J]. IEEE Journal on Selected Areas in Communications, 2012, 30(3): 550-560.

[10] Boyer J, David D F, Halim Y. Multihop Diversity in Wireless Relaying Channels[J]. IEEE Trans. Commun., 2004,52(9): 1820-1830.

[11] Laneman J N, Tse D, Wornell G W. Cooperative Diversity in Wireless Networks: Efficient Protocols and Outage Behavior[J]. IEEE Transactions on Information Theory. 2004,50(12): 3062-3080.

[12] Fatemeh M, Mohammed H A. Cooperative Routing in Wireless Networks: A Comprehensive Survey[J]. IEEE Communications Surveys & Tutorials, 2019, 17(2): 604-626.

[13] 王琪,等. 通信原理[M]. 北京：电子工业出版社,2017.

[14] 樊昌信,曹丽娜. 通信原理[M]. 7版. 北京：国防工业出版社,2013.

[15] 孙屹,戴妍峰. SystemView通信仿真开发手册[M]. 北京：国防工业出版社,2004.

[16] 周润景,张斐. 数字信号处理的SystemView设计与分析[M]. 北京：北京航空航天大学出版社,2008.

[17] 戴志平,梅进杰,罗菁,等. SystemView数字通信系统仿真设计[M]. 北京：北京邮电大学出版社,2011.

图 书 资 源 支 持

感谢您一直以来对清华大学出版社图书的支持和爱护。为了配合本书的使用，本书提供配套的资源，有需求的读者请扫描下方的“书圈”微信公众号二维码，在图书专区下载，也可以拨打电话或发送电子邮件咨询。

如果您在使用本书的过程中遇到了什么问题，或者有相关图书出版计划，也请您发邮件告诉我们，以便我们更好地为您服务。

我们的联系方式：

地　　址：北京市海淀区双清路学研大厦 A 座 701

邮　　编：100084

电　　话：010-83470236　010-83470237

资源下载：http://www.tup.com.cn

客服邮箱：2301891038@qq.com

QQ：2301891038（请写明您的单位和姓名）

科技传播・新书资讯

电子电气科技荟

资料下载・样书申请

书圈

用微信扫一扫右边的二维码，即可关注清华大学出版社公众号。